Die Brennkraftmaschinen

Arbeitsverfahren, Brennstoffe, Detonation, Verbrennung Wirkungsgrad, Maschinenuntersuchungen

Von

D. R. Pye

Deputy Director of Scientific Research, Air Ministry
formerly Fellow and Lecturer, Trinity College, Cambridge
and Fellow of New College, Oxford

Übersetzt und bearbeitet
von

Dr.-Ing. F. Wettstädt

Mit 77 Textabbildungen
und 39 Zahlentafeln

Berlin
Verlag von Julius Springer
1933

ISBN-13: 978-3-642-89482-4 e-ISBN-13: 978-3-642-91338-9
DOI: 10.1007/978-3-642-91338-9

Softcover reprint of the hardcover 1st edition 1933

Vorwort zur deutschen Ausgabe.

Die Forschungen von Ricardo und seinen Mitarbeitern, von Burstall, Egerton, Mardles, Pye, Tizard u. a. englischen Gelehrten haben zu vielen neuen, den Bau von Brennkraftmaschinen grundlegend beeinflussenden Erkenntnissen geführt. Es ist daher verdienstlich, daß Pye der Allgemeinheit der Techniker eine Übersicht über diese hervorragenden und vorbildlichen Ingenieurarbeiten gibt. An Hand von Versuchsergebnissen und Berechnungen werden die neueren Erkenntnisse im Motorenbau in einfacher und verständlicher Sprache erklärt und wissenschaftlich begründet. Pye zeigt, wie die planmäßige Forschungsarbeit zu Erfolgen im Motorenbau geführt hat, und welche weitere Entwicklung im Bau von schnellaufenden Vergaser- und Dieselmaschinen folgerichtig zu erwarten ist. Das Buch ist daher nicht nur — wie Pye in seinem Vorwort angibt — für den Studierenden und den Ingenieur beim Eintritt in die Praxis bestimmt, sondern wird auch für den in der Praxis stehenden Jngenieur von Wert sein, um sich mit den neuartigen und grundlegenden Erkenntnissen in müheloser Weise vertraut zu machen, die eigenen Auffassungen und Begriffe zu vertiefen und Einblick in die erfolgreichen Forschungsarbeiten und -Methoden anderer zu bekommen.

Die deutsche Bearbeitung lehnt sich eng an den englischen Originaltext an, um die Eigenart der stofflichen Behandlung durch Pye möglichst unverfälscht wiederzugeben. In einigen Fällen, wo die besonderen Verhältnisse in Deutschland, z. B. Brennstoffragen, von Pye unberücksichtigt gelassen wurden, sind ergänzende Hinweise eingefügt. In diesem Zusammenhang ist der Bearbeiter Herrn Wa. Ostwald zu besonderem Dank verpflichtet.

Der Bearbeiter ist erfreut, daß die Verlagsbuchhandlung Julius Springer trotz der schwierigen Zeitverhältnisse das seiner Überzeugung nach besonders zeitgemäße Buch in vortrefflicher Ausstattung herausgebracht hat.

Berlin, im Dezember 1932.

F. Wettstädt.

Vorwort zur englischen Ausgabe.

Man kann ein Buch über Brennkraftmaschinen in der Absicht schreiben, hauptsächlich die für Entwurf und Betrieb dieser Maschinenart grundsätzlichen Fragen zusammenfassend zu behandeln. Von einem anderen Gesichtspunkt aus kann man den Zweck verfolgen, über bauliche Einzelheiten und Sonderfragen zu unterrichten, die dem praktischen Konstrukteur geläufig sein müssen. Diese zwei Ziele lassen sich in einem Buch nicht gut vereinigen, und ein Verfasser, der es unternimmt, beiden Aufgaben ausführlich zu genügen, läuft Gefahr, keiner von beiden gerecht zu werden.

Das vorliegende Buch befaßt sich mit der ersten Aufgabe und bringt Entwurfseinzelheiten nur insoweit, als hierdurch die Grundlagen beeinflußt oder veranschaulicht werden. Das Buch ist daher in erster Linie für den Studierenden und für den Ingenieur bestimmt, bevor er mit den Schwierigkeiten der Herstellung, mit der Verwendung und dem Verhalten der Sonderwerkstoffe, mit Passungen und Toleranzen, sowie mit den alles beherrschenden Gestehungskosten zu tun bekommt.

Obwohl das Buch sich mehr mit grundsätzlichen Fragen als mit der eigentlichen Praxis befaßt, bezweckt es dennoch, die grundlegenden Kenntnisse für ein praktisches Verständnis des Gesamtgebietes zu vermitteln. Um den Umfang des Buches in bescheidenen Grenzen zu halten, wird von den theoretischen Grundlagen nicht mehr gebracht, als zur Behandlung der Aufgaben der Praxis erforderlich erschien. Für die theoretische Seite des Gebietes kann der Leser auf die Lehr- und Handbücher der Wärmelehre verwiesen werden.

Niemand kann heute über die Brennkraftmaschine schreiben, ohne auf die Arbeiten von H. R. Ricardo weitgehend Bezug zu nehmen. Der Verfasser war in der glücklichen Lage, Jahre hindurch mit ihm und seinem Schaffen in enger Fühlung gestanden zu haben; wie häufig Ricardo in diesem Buch auch genannt sein mag, die große Dankbarkeit des Verfassers kann hierdurch in keiner Weise zum Ausdruck gebracht werden. Verpflichtet fühlt sich der Verfasser auch H. T. Tizard für zahlreiche Anregungen bei der Abfassung des Buches und Dr. A. F. Burstall für vielfache, wertvolle Kritik und für freundliche Durchsicht der Druckabzüge.

In einem späteren Band sollen einige Sonderfragen des Flugmotors in ihrer Bedeutung für die allgemeinen Grundlagen, ferner das allgemeine Problem der Kühlung durch Luft oder Flüssigkeiten in seiner schwierigsten Form für Motoren mit Überladung behandelt werden.

London 1931.

D. R. Pye.

Inhaltsverzeichnis.

I. Einleitung.

1. Der Wirkungsgrad von Wärmekraftmaschinen.

Alle Wärmekraftmaschinen besitzen ein „Triebwerk“, dessen Einzelteile bestimmte Bewegungen in regelmäßiger Folge durchlaufen, und verwenden in Verbindung mit diesen festen Elementen einen gasförmigen „Arbeitsstoff“, der verbraucht wird und ständig erneuert werden muß. Die Wärmekraftmaschine hat die Aufgabe, durch Umwandlung von Wärme in Arbeit mechanische Kraft zu liefern; der Arbeitsstoff dient hierbei als „Träger“, durch den Wärme in die Maschine zu bestimmten Zeitpunkten ihres Arbeitsspieles eingeführt und zu anderen von der Maschine abgestoßen wird. Die Wärme, die die Maschine nicht hat in Arbeit umwandeln können, wird mit dem ausgestoßenen und nicht mehr brauchbaren Arbeitsstoff abgeführt; der in gleichwertige Arbeit umgewandelte Bruchteil der gesamten mit dem Arbeitsstoff zugeführten Wärmeenergie bestimmt den Wirkungsgrad der Wärmekraftmaschine.

Die Wärmezufuhr geschieht in der Regel durch Verbrennung eines Brennstoffes. Da der Brennstoff gekauft werden muß, werden die Kosten für unsere Triebkraft davon abhängen, wieviel von der Verbrennungswärme des Brennstoffes — gleichgültig, ob es sich um Gas, Benzin oder Kohle handelt — an der Kurbelwelle oder am Turbinenlaufrad als Arbeit wiedergewonnen werden kann. Dieser als Nutzarbeit verfügbare Teil der Verbrennungswärme bestimmt den Gesamtwirkungsgrad der Kraftanlage.

Es darf angenommen werden, daß der Leser mit den Grundlagen der Thermodynamik, insbesondere mit dem Kreisprozeß von Carnot vertraut ist. Nach Carnot hängt der Wirkungsgrad der Wärmekraftmaschine von dem Temperaturgefälle, um das die Temperatur des Arbeitsstoffes während eines Arbeitsspieles gesenkt werden kann, ab. In der idealen Maschine von Carnot wird die gesamte vom Arbeitsstoff aufzunehmende Wärme ausschließlich bei einer höchsten absoluten Temperatur T_1 zugeführt und die gesamte abzuführende Wärme ausschließlich bei einer tiefsten absoluten Temperatur T_2 abgestoßen. Carnot zeigt, daß diese Bedingungen erfüllt werden müssen, um den größtmöglichen Wirkungsgrad zu erzielen; unter diesen Voraussetzungen ist der höchste Wirkungsgrad, den eine beliebige, zwischen diesen beiden Temperaturen arbeitende Maschine überhaupt erreichen kann, gleich dem Verhältnis

$$\frac{T_1 - T_2}{T_1}.$$

Den Bedingungen für den idealen Kreisprozeß von Carnot kann in der Praxis niemals entsprochen werden, so daß die tatsächlich erreichten Wirkungsgrade weit unter den Werten der idealen Maschine — bei gleichen höchsten und tiefsten Arbeitstemperaturen — liegen. Trotzdem hat die Praxis die Bedeutung eines großen Temperaturgefälles, die Carnot durch seine theoretischen Untersuchungen aufgedeckt hat, in vollem Umfang bestätigt.

In diesem Zusammenhang ist es von Interesse, die Brennkraftmaschine mit Wärmekraftmaschinen, die Wasserdampf als Arbeitsstoff verwenden, zu vergleichen. Wir werden sehen, daß die Verbrennung des Brennstoffes unmittelbar im Arbeitszylinder der Maschine ein weit größeres Temperaturgefälle zwischen höchsten und tiefsten Temperaturen zuläßt; wir können daher für Brennkraftmaschinen einen größeren Wirkungsgrad bei der Umwandlung der Brennstoffwärmeenergie in mechanische Nutzarbeit von vornherein annehmen.

Dampfmaschinen sind besonders deshalb im Nachteil, weil die gesamte Wärme durch Vermittlung von Metallwandungen, die gegen hohe Drücke widerstandsfähig sein müssen, auf den Wasserdampf zu übertragen ist. Der Höchsttemperatur des Dampfes wurde hierdurch noch vor kurzem eine Grenze von etwa 300° C gesetzt; obwohl die Werkstoffe in der jüngsten Zeit wesentliche Verbesserungen bezüglich der Erhaltung ihrer Festigkeitseigenschaften bei hohen Temperaturen erfahren haben, so daß nunmehr Dampfdrücke von über 1000 at zusammen mit Temperaturen von 470° C in Betracht kommen, liegt dieser Wert als obere Temperaturgrenze dennoch ungefähr 2000° unter den mit Brennkraftmaschinen beherrschbaren Temperaturen. Bei Brennkraftmaschinen nimmt weder der Druck noch die Temperatur hohe Werte an, bevor sich der Arbeitsstoff im Arbeitszylinder befindet; die Wärme wird praktisch ohne Verlust mitten im Arbeitsstoff erzeugt und von ihm unmittelbar aufgenommen. Der Höchsttemperatur sind nur durch die Wärmemenge, welche die Verbrennung des gesamten im Arbeitszylinder vorhandenen Sauerstoffes zu erzeugen vermag, sowie durch die spezifische Wärme der zu erhitzenden Gase Grenzen gesetzt. Die durch diese beiden Faktoren gezogene praktische Grenze liegt ungefähr bei 2800° C.

Soweit also die Höchsttemperatur T_1 in der Wirkungsgradformel von Carnot in Betracht kommt, besitzt die Brennkraftmaschine einen weiten Vorsprung. Bezüglich der tiefsten Temperatur T_2 scheint zunächst kein Grund vorhanden zu sein, warum die untere Temperaturgrenze für beide Maschinen nicht dieselbe — gleich der Temperatur der Maschinenumgebung — sein sollte. Die Dampfturbine erreicht tatsächlich mit ihrem hohen Vakuum und Kondensatortemperaturen von 40° C eine Expansion ihres Arbeitsstoffes fast bis auf die Raumtemperaturen herab. Der Gegensatz zur Brennkraftmaschine wird jedem aufgefallen sein, der einmal in der Nähe des Auspuffrohres eines Hochleistungsmotors gestanden hat. Brüllend und donnernd stößt der Arbeitsstoff ins Freie und verschleudert mit Temperaturen von etwa 1000° C erhebliche Wärmemengen nutzlos. Viele Versuche sind unternommen worden, um die Temperatur der Abgase — zur Ausnutzung wenigstens eines Teiles ihrer Wärme — unter die Kleinsttemperatur zu senken, die bei einfacher Expansion praktisch erreichbar ist. Bei allen diesen Versuchen war bis jetzt kein praktischer Erfolg zu verzeichnen; eine Temperatur von etwa 500° C kann als die unterste Grenze angesehen werden, die im Vollastbetrieb für die Abgase einer Brennkraftmaschine bei Expansion in einem einzigen Zylinder erreichbar ist. Geringere Temperaturen würden sich erzielen lassen, wenn die Expansion des Arbeitsstoffes zunächst in einem Hoch- und dann in einem Niederdruckzylinder, also zweistufig, vorgenommen werden könnte. Der Verwirklichung einer Verbundexpansion sind indessen durch die hohen Durchschnittstemperaturen des Arbeitsverfahrens der Brennkraftmaschine äußerst enge Grenzen gesetzt. Eine Überführung des Arbeitsstoffes von einem Zylinder zum anderen stellt bei Gasen mit Temperaturen über 1000° C ein ganz anderes Problem dar als bei Dampf von 150° C. Sobald Gase von hohen Temperaturen mit beweglichen und daher schmierungsbedürftigen Maschinenteilen in Verbindung gebracht werden, ist es erste Notwendigkeit, größtmögliche Einfachheit im mechanischen Aufbau zu wahren. Zahlreiche Versuche, den thermischen Wirkungsgrad zu verbessern, mußten fehlschlagen, weil dieses unbarmherzige Gesetz des einfachsten Aufbaus als leitender Grundsatz der Konstruktion nicht beachtet wurde. Verbundexpansion ist bei der Brennkraftmaschine sicherlich denkbar; aber bis jetzt besteht noch bei keiner Konstruktion berechtigte Aussicht, die angestrebte Verbesserung des Wirkungsgrades mit der unbedingt zu fordernden Betriebszuverlässigkeit in Einklang zu bringen.

Vergleichen wir das bei dem Arbeitsverfahren der heutigen Brennkraftmaschine verfügbare Temperaturgefälle mit dem von modernen Dampfturbinenanlagen, die mit einem hohen Vakuum im Kondensator arbeiten, so ergibt sich folgendes Bild:

	Brennkraftmaschine	Dampfturbine
Temperatur T_1	3073° abs	743° abs
Temperatur T_2	773° „	313° „
Temperaturgefälle $T_1 - T_2$	2300° „	430° „
Entsprechender Wirkungsgrad des Kreisprozesses von Carnot. . . .	75 v. H.	58 v. H.

Der angegebene Wirkungsgrad der Dampfturbine bezieht sich nur auf die Turbine selbst. Sogar bei den besten Kesselanlagen kommen nicht mehr als 85 v. H. der Verbrennungswärme des Brennstoffes mit dem Dampf in die Turbine, und der Wirkungsgrad der gesamten Turbinenkraftanlage ergibt sich erst aus dem Produkt der Einzelwerte für Turbine und Kessel.

Die im praktischen Betrieb erreichten Höchstwerte für den an der Bremse gemessenen Nutzwirkungsgrad betragen bei der Turbine 33,8 v. H. und bei der unter Vollast laufenden Brennkraftmaschine 40 v. H. Wie bereits ausgeführt, erlaubt indessen nur der Wirkungsgrad der gesamten Turbinenkraftanlage — nämlich 33,8 · 0,85 = 28,7 v. H. — einen unmittelbaren Vergleich mit dem Nutzwirkungsgrad der Brennkraftmaschine. Dieser Wirkungsgrad der Brennkraftmaschine umfaßt bereits alle Vorgänge, da sich die gesamte Krafterzeugung von Anfang bis Ende — von der chemisch aufgespeicherten Brennstoffenergie bis zu dem an der Welle verfügbaren Drehmoment — innerhalb der Maschine selbst abspielt.

Geringer Brennstoffverbrauch je $PS_e h$ bildet natürlich nur einen der wichtigen Posten bei der Wirtschaftlichkeitsberechnung der Krafterzeugung. Brennstoffpreis und Anlagekapital, Ausgaben für Instandhaltung und Wartung sind gleichfalls zu berücksichtigen. Um nicht ungerecht gegen die Dampfturbine zu sein, muß zugegeben werden, daß der Preis für die Tonne des von ihr verarbeiteten Brennstoffes nur ungefähr ein Fünftel des Preises der zur Verbrennung in Brennkraftmaschinen geeigneten Brennstoffe beträgt; denn diese bedürfen zur Vermeidung von Aschen- und anderen schädlichen Rückständen einer sorgfältigen Reinigung. Die Brennkraftmaschine ist ferner im Aufbau weit verwickelter als die Dampfturbine, die in dem vollkommen ausbalanzierten Laufrad die denkbar einfachste Form eines mechanischen Triebwerkes besitzt. Auch kann die Turbine in Einheiten bis zu 50000 PS gebaut werden, ohne daß schwieriger zu beherrschende Konstruktionsprobleme auftreten als beim Entwurf kleinerer Einheiten; im Gegensatz hierzu mehren sich mit größeren Brennkraftmaschineneinheiten in recht bedenklicher Weise auch die thermischen Probleme und die Schwierigkeiten der Schmierung.

Für große Kraftwerke, bei denen reichliches Baugelände zur Verfügung steht und die Belastung einigermaßen gleichmäßig ist, wird die Brennkraftmaschine auf viele Jahre hinaus nicht in der Lage sein, den Wettbewerb mit der Dampfturbine aufzunehmen. Die gegebenen Verwendungsgebiete der Brennkraftmaschine sind die kleineren ortfesten und vor allem die ortbeweglichen Kraftmaschinen, von denen ein häufiges Anhalten und Wiederanfahren verlangt und eine hohe Leistungsfähigkeit bei gleichzeitigen Raum- und Gewichtsbeschränkungen gefordert wird.

2. Der Arbeitsstoff.

Für eine Untersuchung des Arbeitsstoffes der Brennkraftmaschine kommen die flüssigen und in der Hauptsache die gasförmigen Aggregatzustände allein in Frage. Wohl hat man wiederholt versucht, festen Brennstoff in Pulver- oder Staubform im Arbeitszylinder zu verbrennen; aber die Verwirklichung derartiger Bestrebungen hat noch keine praktische Bedeutung erlangt. Gelegentlich werden wir uns auch mit dem Übergang vom flüssigen in den gasförmigen Aggregatzustand zu befassen haben; aber in den meisten Fällen haben wir es mit dem Verhalten von Stoffen zu tun, die soweit von dem flüssigen Aggregatzustand entfernt sind, daß sie den beständigen Gasen nahestehen.

Sowohl in Turbinen als auch in Kolbenmaschinen macht der Arbeitsstoff eine Reihe von Druck- und Volumenänderungen durch, bei denen er kälter wird und hierbei mechanische Arbeit auf das Triebwerk der Maschine überträgt. Falls der Arbeitsstoff aus Wasserdampf besteht, bleibt er in allen Stufen seines Laufes durch die Maschine chemisch unverändert, obwohl er aus dem physikalischen Zustand des überhitzten Dampfes — in dem er sich annähernd wie ein vollkommenes Gas verhält — in den Zustand des teilweise kondensierten oder nassen Dampfes übergeht. Das Gemenge von Gasen, die den Arbeitsstoff der Brennkraftmaschine bilden, bleibt durchweg vom Dampfzustand der einzelnen Gase weit entfernt, ändert aber im Gegensatz zum Wasserdampf seine chemische Natur während eines Arbeitsspieles der Maschine. Das vom Zylinder aufgenommene Gemisch aus Luft und Brennstoff wird nach der Verbrennung zu einem Gemenge aus Stickstoff und den verschiedenen Produkten der durch die Verbrennung ausgelösten chemischen Reaktionen. Ganz allgemein bestehen die Brennstoffe aus Kohlenstoff und Wasserstoff; nach der Verbrennung setzt sich gewichtsmäßig ungefähr ein Viertel des Zylinderinhalts aus Kohlensäure (CO_2) und Wasserdampf (H_2O) zusammen. Dieser Wasserdampf liegt natürlich weit über seiner kritischen Temperatur und verhält sich wie ein beständiges Gas. Während der Verbrennung ändert sich im allgemeinen die Gesamtzahl der beteiligten Moleküle. Hierauf ist bei Berechnungen Rücksicht zu nehmen; denn jede Änderung in der Molekülzahl — und damit in dem Druck bei gleichem Volumen und gleicher Temperatur — bedeutet auch eine Änderung im Energieinhalt des Arbeitsstoffes. Diese kann bis zu 5 v. H. des Gesamtwertes betragen und je nach der chemischen Natur des Brennstoffes positiv oder negativ ausfallen.

Die Brennkraftmaschine braucht im Gegensatz zur Dampfmaschine nicht den gesamten Bedarf an Arbeitsstoff mit sich zu schleppen; sie nimmt den weitaus größten Teil ihres Arbeitsstoffes aus ihrer Umgebung auf und hat nur $^1/_{12}$ bis $^1/_{15}$ dessen Gesamtgewichtes in Form von Brennstoff mit sich zu führen. Diese Tatsache ist von größter Bedeutung für Luftfahrzeuge, bei denen geringstes Gewicht der Kraftanlage und ihrer Betriebsstoffvorräte ein wesentliches Erfordernis bildet.

3. Das vollkommene Gas.

Für Berechnungen des Verhaltens der wirklichen Gase stellt man sich zweckmäßig ein Gas vor, das gewisse Gesetze streng befolgt, die nur annähernd auf die Gase zutreffen, mit denen wir in der Natur zu tun haben. Dieses „ideale" Gas, an dem genaue Berechnungen angestellt werden können, wird als „vollkommenes" Gas bezeichnet. Gase wie Wasserstoff, Sauerstoff, Stickstoff, die in ihrem Verhalten den vollkommenen Gasen sehr nahe stehen, weisen bei Raumtemperaturen kleine Abweichungen auf; diese machen sich in steigendem Maße bei sehr niedrigen Temperaturen und sehr hohen Drücken bemerkbar, je mehr man sich den Bedingungen der Verflüssigung nähert.

Die Beziehungen zwischen Druck, Volumen und Temperatur des vollkommenen Gases werden in der allgemeinen Zustandsgleichung

$$p \cdot v = R \cdot T \tag{1}$$

zusammengefaßt. Der Druck p ist in diese Gleichung wie in alle späteren Beziehungen als absoluter Druck und in kg/m^2, das spezifische Volumen v in m^3/kg einzusetzen; R ist eine Konstante, die für jedes Gas verschieden ist und von dem Molekulargewicht des betreffenden Gases abhängt. Die Zustandsgleichung in der obigen Form gilt für 1 kg Gas. Für eine beliebige Gasmenge G in kg mit dem Volumen V in m^3 lautet die Zustandsgleichung:

$$p \cdot V = G \cdot R \cdot T \tag{1a}$$

Nach dem Gesetz von Avogadro ist in gleichen Rauminhalten aller Gase bei gleicher Temperatur und gleichem Druck die gleiche Anzahl von Molekülen enthalten. Hieraus folgt, daß alle Gasmengen, die ein Gewicht in kg gleich dem Molekulargewicht des betreffenden Gases besitzen, auch die gleiche Anzahl von Molekülen enthalten und den gleichen Raum einnehmen. So besitzen z. B. 2 kg H_2 oder 32 kg O_2 dasselbe Volumen wie 28 kg N_2 vorausgesetzt, daß sie unter gleichem Druck und gleicher Temperatur stehen. Dieses Volumen beträgt für alle Gase im Normalzustand von 0° C und 760 mm Hg 22,4 m^3. Das mittlere Molekulargewicht der Luft, die aus Sauerstoff und Stickstoff im Verhältnis 1 : 3,76 besteht*, beträgt 28,95; auch die Gewichtsmenge von 28,95 kg Luft nimmt im Normalzustand einen Raum von 22,4 m^3 ein.

* Die genauen Werte lauten nach Kaye und Laby in Raumteilen: Sauerstoff 21,0 v. H., Stickstoff 78,05 v. H., Argon 0,95 v. H., Kohlensäure 0,03 bis 0,3 v. H., ferner Spuren von seltenen Gasen.

Um die Gaskonstante für trockene Luft R_L zu berechnen, kann man die Gleichung (1a) benutzen:

$$R_L = p \cdot V \cdot \frac{1}{G} \cdot \frac{1}{T} = \frac{760 \cdot 10000}{735,6} \cdot 22,4 \cdot \frac{1}{28,95} \cdot \frac{1}{273} = 29,27.$$

Die Zustandsgleichung für 1 kg trockener Luft

$$p \cdot v = 29,27 \cdot T \tag{2}$$

kann unter der Annahme, daß die trockene Luft sich wie ein vollkommenes Gas verhält, zur Ermittlung einer der drei Größen benutzt werden, wenn die beiden anderen bekannt sind.

Um die entsprechende Zustandsgleichung für beliebige andere Gase ableiten zu können, ist es zweckmäßig, eine allgemeine Form der Zustandsgleichung (1)

$$p \cdot v = \frac{\mathfrak{R}}{m} \cdot T \tag{3}$$

zu benutzen. Hierin bedeuten $\mathfrak{R}$ die „allgemeine Gaskonstante", die für alle Gase gleich groß ist und den Wert 848 besitzt, und m das Molekulargewicht des betreffenden Gases. Die Gaskonstante eines beliebigen Gases kann aus der Beziehung

$$R = \frac{\mathfrak{R}}{m} = \frac{848}{m} \tag{4}$$

bestimmt werden.

Die Gaskonstante R stellt einen bestimmten Betrag an „Energie der Gewichtseinheit" dar, der einer bestimmten Änderung in der Temperatur entspricht; ihre Dimension ist Meter-Kilogramm je Kilogramm je Temperaturgrad Celsius oder $\frac{\text{m}}{{}^0\text{C}}$. Um dies einzusehen, stelle man sich 1 kg Luft vor, die in einem Zylinder mit beweglichem Kolben enthalten ist und bei gleichbleibendem Druck p_1 von der Temperatur T_1 auf T_2 erwärmt wird, so daß sie sich vom Volumen v_1 auf v_2 ausdehnt. Bei der Ausdehnung verrichtet sie eine Arbeit l in mkg, die unter Benutzung der Gleichung (1) für den Anfangs- und Endzustand geschrieben werden kann:

$$l = p_1 \, (v_2 - v_1) = R \, (T_2 - T_1).$$

Wäre durch die Erwärmung die Temperatur gerade um 1^0 gestiegen, dann würde die verrichtete Arbeit l gleich R sein. Die Gaskonstante R in der Gleichung (1) bedeutet also die Ausdehnungsarbeit in mkg, die 1 kg des betreffenden Gases bei Erwärmung um 1^0 C unter konstantem Druck verrichtet.

Auch die allgemeine Gaskonstante $\mathfrak{R}$ bedeutet eine Arbeit in Meter-Kilogramm je Temperaturgrad, bezieht sich aber auf eine andere Gasmenge. Schreibt man die Gleichung (3) in der Form

$$p \cdot (m \cdot v) = \mathfrak{R} \cdot T = 848 \cdot T, \tag{3a}$$

so sieht man, daß $\mathfrak{R}$ mit seinem festen Wert 848 die von m kg des Gases verrichtete Ausdehnungsarbeit in der gleichen Weise darstellt, wie R in der Gleichung (1) für 1 kg. Die Bezugseinheit für $\mathfrak{R}$ bildet demnach die bereits früher erwähnte Gasmenge, die ein Gewicht in kg gleich dem Molekulargewicht m des betreffenden Gases und im Normalzustand ein Volumen gleich 22,4 m³ besitzt. Diese Mengeneinheit ist so wichtig, daß sie einen besonderen kurzen Abschnitt verdient.

4. Das Kilogramm-Molekül oder Mol.

Um eine klare und scharf umrissene Vorstellung dieses Begriffes zu bekommen, stelle man sich einen hohlen Würfel mit einer Kantenlänge von rund 2,82 m vor. Dieser Würfel mit einem Rauminhalt von 22,4 m³ enthält — gleichgültig, ob er mit Wasserstoff, Sauerstoff, Stickstoff oder einem beliebigen anderen Gas gleichen Drucks und gleicher Temperatur gefüllt ist — nach dem Gesetz von Avogadro immer die gleiche Anzahl von Molekülen des betreffenden Gases. Das Gewicht der Gasfüllung beträgt, falls sich das Gas im Normalzustand von 0° C und 760 mm Hg befindet, soviel kg, wie die Zahl m des Molekulargewichtes des jeweiligen Gases angibt, z. B. für Wasserstoff 2 kg, Sauerstoff 32 kg, Stickstoff 28 kg, trockene Luft 28,95 kg. Die in dem Würfel enthaltene Gasmenge oder mit anderen Worten eine Gewichtsmenge von m kg, die im Normalzustand bei jedem Gas ein Volumen von 22,4 m³ besitzt, wählt man als Einheit und bezeichnet sie als Kilogramm-Molekül oder Mol.

In der Gleichung (3a) des letzten Abschnittes bedeutet der Ausdruck $(m \cdot v)$ das Volumen von 1 Mol des Gases bei dem beliebigen Druck p und der beliebigen Temperatur T; es sei mit $\mathfrak{B}$ bezeichnet. Die Gleichung

$$p \cdot \mathfrak{B} = \mathfrak{R} \cdot T$$

ist daher die allgemeine Zustandsgleichung für 1 Mol als Mengeneinheit in gleicher Weise, wie die Zustandsgleichung

$$p \cdot v = R \cdot T$$

sich auf 1 kg bezieht. Während R für die einzelnen Gase — ihrem Molekulargewicht entsprechend — verschiedene Werte besitzt, ist $\mathfrak{R}$ für alle Gase gleich. In der Zustandsgleichung $p \cdot v = R \cdot T$ besitzen die betrachteten Gasmengen immer das gleiche Gewicht von 1 kg, aber verschiedene Rauminhalte bei Normalzustand; in der Gleichung $p \cdot \mathfrak{B} = \mathfrak{R} \cdot T$ besitzen die Gasmengen immer gleichen Rauminhalt bei Normalzustand, aber verschiedene Gewichte.

Der Zahlenwert für $\mathfrak{R}$ wurde bereits im letzten Abschnitt zu 848 mkg je Mol je ° C angegeben; im Wärmemaß beträgt er 1,985 kcal je Mol je ° C. Verwendet man englische Maßeinheiten, so ergibt sich $\mathfrak{R}$ zu 2780 foot-pounds per pound-molecule per 1 centigrade oder im Wärmemaß zu 1,985 centigrade heat units per pound-molecule. Die im Wärmemaß angegebenen Zahlenwerte für $\mathfrak{R}$ sind also bei beiden Maßsystemen einander gleich.

5. Die spezifische Wärme der Gase.

Um die Temperatur der Einheitsmenge eines beliebigen Stoffes um 1^0 C zu erhöhen, wird ein bestimmter Betrag an Wärme benötigt; aber die erforderliche Wärmemenge hängt außer von der Temperaturerhöhung noch von anderen Bedingungen ab. Für den Fall, daß es sich um ein Gas handelt, ist die zur Erwärmung um 1^0 C benötigte Wärmemenge größer, wenn das zu erwärmende Gas sich bei konstant bleibendem Druck ausdehnen kann, als wenn es bei konstantem Volumen in einem geschlossenen Gefäß enthalten ist.

In der Praxis bleiben bei Erwärmung und Abkühlung von Gasen vielfach weder Druck noch Volumen konstant; um diese verwickelteren Fälle rechnerisch behandeln zu können, ist es nötig, zunächst die beiden Sonderfälle der Erwärmung bei konstantem Volumen und bei konstantem Druck näher zu betrachten.

Wenn 1 kg Gas bei konstantem Volumen von T_1 auf T_2 erwärmt wird, dient die gesamte zugeführte Wärme q dazu, die innere Energie des Gases zu erhöhen; bezeichnet man die spezifische Wärme unter diesen Bedingungen mit c_v, so ergibt sich

$$\text{Wärmezufuhr} = \text{Zuwachs an innerer Energie}$$

$$q = c_v \cdot (T_2 - T_1) \text{ kcal/kg.} \tag{5}$$

Erfolgt die Erwärmung von 1 kg Gas bei konstantem Druck p, wird sich das Gas von v_1 auf v_2 ausdehnen und hierbei — z. B. durch Verschiebung eines Kolbens — eine äußere Arbeit l

$$l = p\,(v_2 - v_1) \text{ mkg/kg}$$

verrichten. Falls ein entsprechender Wärmebetrag nicht von außen zugeführt würde, könnte diese äußere Arbeit nur durch Entnahme aus dem inneren Energievorrat des Gases verrichtet werden. Unter den angenommenen Bedingungen, daß die Temperatur von T_1 auf T_2 zu erhöhen und gleichzeitig die äußere Arbeit $p\,(v_2 - v_1)$ zu verrichten ist, beträgt die zuzuführende Wärmemenge q bei einer spezifischen Wärme c_p:

$$\text{Wärmezufuhr} = \text{Zuwachs an innerer Energie} + \text{Wärmewert der äußeren Arbeit}$$

$$c_p\,(T_2 - T_1) = c_v\,(T_2 - T_1) + A \cdot p\,(v_2 - v_1). \tag{6}$$

Der Zuwachs an innerer Energie ist nach dem im nächsten Abschnitt behandelten Gesetz von Joule bei gleicher Temperaturerhöhung immer der gleiche und wird daher in Gleichung (6) durch den gleichen Ausdruck wie in Gleichung (5), wo die Wärme der Gasmenge bei gleichem Volumen zugeführt wurde, wiedergegeben. Die verrichtete äußere Arbeit ist durch das mechanische Wärmeäquivalent A von mkg in kcal umgerechnet.

Aus Gleichung (1) ergibt sich

$$A\,p\,(v_2 - v_1) = A\,R\,(T_2 - T_1)$$

und hieraus in Verbindung mit Gleichung (6)

$$c_p - c_v = A\,R. \tag{7}$$

Durch diesen Ausdruck wird der Unterschied der spezifischen Wärmen eines Gases zu seiner Gaskonstante R in Beziehung gebracht.

Das Verhältnis der beiden spezifischen Wärmen $\frac{c_p}{c_v}$ hat große Bedeutung und wird mit dem Symbol k bezeichnet. Hieraus folgt weiter die Beziehung:

$$k - 1 = \frac{A \cdot R}{c_v} \tag{8}$$

Für 1 kg Luft von Raumtemperatur betragen die durch Versuch gefundenen spezifischen Wärmen:

$$c_p = 0{,}241 \text{ kcal/kg}^0\text{C}$$

$$c_v = 0{,}172 \text{ kcal/kg}^0\text{C}.$$

Hieraus ergibt sich $c_p - c_v = 0{,}069 \text{ kcal/kg}^0\text{C}$

und $k = \frac{c_p}{c_v} = 1{,}4$

Der Wert für $(c_p - c_v)$ entspricht mit $R = 29{,}27$ und $A = \frac{1}{427}$ den Beziehungen der Gleichung (6).

Bei Maschinenberechnungen arbeitet man im allgemeinen bequemer mit Volumeneinheiten als mit Masseneinheiten; als Einheit wählt man zweckmäßig das Mol, dessen Volumen bei gleichem Zustand für alle Gase gleich ist, und drückt die auf das Mol bezogenen spezifischen Wärmen als „Molekularwärmen“ C_p und C_v in kcal/Mol^{0}C aus.

Da nach Gleichung (4) die Gaskonstante R gleich der durch das Molekulargewicht m dividierten allgemeinen Gaskonstante $\mathfrak{R}$ ist, gehen die Gleichungen (7 u. 8) in die Formen über:

$$C_p - C_v = A \cdot \mathfrak{R} = 1{,}985 \text{ kcal/Mol}^0\text{C} \tag{7a}$$

$$\text{und} \quad k - 1 = \frac{A \cdot \mathfrak{R}}{C_v}. \tag{8a}$$

6. Innere Energie. Gesetz von Joule.

Der erste Hauptsatz der mechanischen Wärmetheorie besagt, daß überall, wo durch Wärme Arbeit verrichtet wird, Wärme verschwindet; das Verhältnis der verschwundenen Wärmemenge zur verrichteten Arbeit ist hierbei konstant, wie auch die Arbeitsleistung zustande gekommen sein mag. Wenn umgekehrt Wärme durch Aufwand mechanischer Arbeit gewonnen wird, tritt an Stelle der verschwundenen mechanischen Energie stets eine proportionale Wärmemenge auf, wenn andere Energieformen ausgeschlossen sind.

Wenn der heiße Arbeitsstoff sich in einem Maschinenzylinder ausdehnt und Arbeit durch Verschiebung des Kolbens verrichtet, so folgt aus dem obigen Gesetz, daß ein entsprechender Betrag an Wärmeenergie verschwunden sein muß. Nehmen wir zunächst an, daß kein Wärmeaustausch mit den Zylinderwandungen stattgefunden hat, so folgt, daß die verschwundene Wärme dem Vorrat an Wärmeenergie entnommen sein muß, den der Arbeitsstoff vor seiner Ausdehnung besessen hat. Mit anderen Worten, die verschwundene Wärmemenge stammt aus der inneren Energie des Arbeitsstoffes.

Jede Gasmenge besitzt in einem bestimmten Zustand eine bestimmte an diesen Zustand gebundene Menge an innerer Energie. Wir haben keine Möglichkeit, den gesamten Energievorrat* eines Gases zu bestimmen, werden aber später sehen, daß die innere Energie nur von der Temperatur abhängt. Wir sind daher berechtigt, einen willkürlichen Nullpunkt zu wählen und festzulegen, daß der innere Energievorrat eines Gases durch den Unterschied gegenüber dem Energieinhalt bei 0^0 C dargestellt wird.

Das Gas kann im Verlauf der Ausdehnung Wärme an die Zylinderwandungen abgegeben oder von ihnen aufgenommen haben; in jedem Fall wird die Abnahme der inneren Energie durch die algebraische Summe aus der verrichteten Arbeitsleistung und diesem äußeren Verlust oder Gewinn an Wärme gebildet.

Drückt man die Energiebilanz symbolisch in Form einer Wärmegleichung aus, so wählt man im allgemeinen Symbole, die einen Gewinn an innerer Energie und einen Gewinn an Wärme von den Wandungen darstellen. Dann ist die vom Arbeitsstoff aufgenommene Wärmemenge Q gleich der Summe aus dem Gewinn an innerer Energie U und der verrichteten äußeren Arbeit L, die durch das Wärmeäquivalent A in kcal umzurechnen ist. Für eine kleine Kolbenbewegung, während der die äußere Arbeit dL verrichtet wird, gilt die Wärmegleichung

$$dQ = dU + A\,dL. \tag{9}$$

Diese Gleichung stellt symbolisch den ersten Hauptsatz dar, der zu Beginn des Abschnittes in Worten ausgesprochen wurde.

Bei adiabatischer Expansion ist $dQ = 0$ und daher

$$A\,dL = -dU. \tag{10}$$

---

* Anmerkung des deutschen Bearbeiters: Mit der Frage des absoluten Betrags der inneren Energie der Körper befaßt sich die theoretische Physik. Nach dem Prinzip der Relativität von Lorentz und Einstein stellt der absolute Energiebetrag eine ungeheuer große Zahl dar, die sich in der Thermodynamik nirgends geltend macht und daher bis heute noch keine praktische Bedeutung gewonnen hat.

Diese Gleichung besagt, wie bereits oben ausgesprochen wurde, daß die während der Ausdehnung des Gases verrichtete äußere Arbeit gleich der Abnahme an innerer Energie ist, falls kein Wärmeaustausch mit den Zylinderwandungen stattgefunden hat.

Das von Joule aufgestellte Energiegesetz lautet: Die innere Energie einer bestimmten Menge eines idealen Gases hängt nur von der Temperatur des Gases ab.

Da Volumen, Druck und Temperatur den Zustand einer Gasmenge eindeutig bestimmen, sind die einzigen weiteren Faktoren, von denen die innere Energie noch abhängen könnte, der Druck und das Volumen. Joule unterzog bei seinem bekannten Versuch ein Gas einer Reihe von Druck- und Volumenänderungen, ohne daß es hierbei äußere Arbeit verrichtete und Wärme aufnahm oder abgab; es konnte daher seinen Vorrat an innerer Energie nicht verändert haben. Er fand, daß unter diesen Umständen die Temperatur des Gases, nachdem Beruhigung eingetreten war, keine Änderung erfahren hatte. Hieraus ergibt sich der logische Schluß, daß eine bestimmte Temperatur immer in Verbindung mit einer bestimmten Menge an innerer Energie steht, und daß der Energiebetrag nicht geändert werden kann — gleichgültig, welche Änderungen im Druck und Volumen stattfinden — wenn nicht die Temperatur verändert wird; mit anderen Worten, die innere Energie hängt nur von der Temperatur und von nichts anderem ab.

Die Temperatur eines Gases wird nach der kinetischen Theorie als Bewegungsenergie der einzelnen Gasmoleküle erklärt; die physikalische Auslegung des Jouleschen Gesetzes besagt demnach, daß die gesamte innere Energie, die ein ideales Gas in einem bestimmten Zustand besitzt, durch die Energie der unabhängigen Molekülbewegungen gebildet wird, und daß kein Teil der inneren Energie an gegenseitige Kräfte zwischen den Molekülen und daher an ihre mittleren gegenseitigen Abstände gebunden ist.

Wie bei allen Gasgesetzen zeigen die wirklichen Gase kleine Abweichungen vom Jouleschen Gesetz, das in strengem Sinne nur für das vollkommene Gas gilt. Diese Abweichungen der wirklichen Gase haben für die Theorie der Brennkraftmaschine keine Bedeutung; aber die Beträge dieser Abweichungen, die als der „Joule-Thomson-Effekt" bezeichnet werden, bilden ein sehr wertvolles Mittel zur genauen Untersuchung der Eigenschaften von wirklichen Gasen.

7. Die Zustandsänderungen.

Es ist nicht beabsichtigt, in diesem Buch alle verschiedenen Zustandsänderungen mit ihren Gleichungen und Druckvolumendiagrammen in vollem Umfang zu behandeln; nur die wichtigen Formeln und Ergebnisse sollen kurz zusammengefaßt werden. Es wird angenommen, daß der Leser mit den in allen Lehrbüchern der Wärmelehre gegebenen Ableitungen vertraut ist.

Zunächst ist aus Abschnitt 3 die allgemeine Zustandsgleichung

$$p \cdot V = G \cdot R \cdot T$$

bekannt, welche mit genügender Genauigkeit die Beziehungen zwischen Druck, Volumen und absoluter Temperatur einer gegebenen Menge der für Brennkraftmaschinen in Frage kommenden Gase wiedergibt.

Werden Druck und Volumen einer gegebenen Gasmenge durch Verdichtung oder Ausdehnung in einem Maschinenzylinder verändert — gleichgültig, ob das Gas bei der Zustandsänderung Wärme aufnimmt oder abgibt — so lassen sich die Beziehungen zwischen Druck und Volumen durch eine Gleichung der Form

$$p \cdot V^m = \text{konst} \tag{11}$$

darstellen. Eine derartige Beziehung zwischen p und V ist im Diagramm der Abb. 1 durch die ausgezogene Kurve wiedergegeben. Wenn eine derartige Druckvolumenänderung in einem Zylinder durch Verschiebung eines Kolbens stattfindet, wird die Arbeit, die durch das Gas bei seiner Ausdehnung von V_1 auf V_2 verrichtet bzw. bei seiner Verdichtung von V_2 auf V_1 vom Gas aufgenommen wird, durch die unter der Kurve liegende, gestrichelte Fläche dargestellt. Diese Arbeit L beträgt für die Gasmenge G

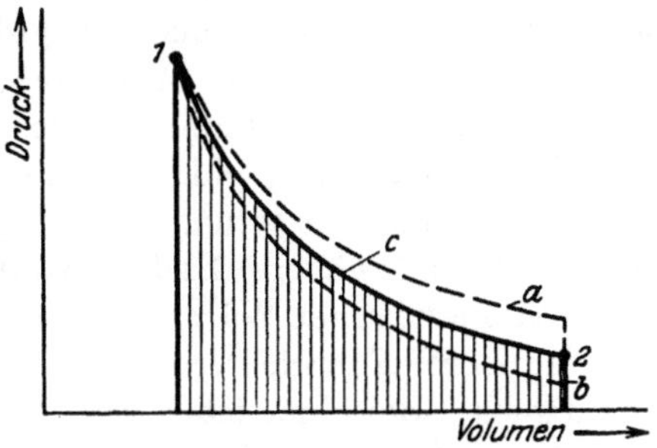

Abb. 1. Verschiedene Formen von Ausdehnungskurven.
a Isotherme $p\,V = \text{konst}$
b Adiabate $p\,V^k = \text{konst}$
c Polytrope $p\,V^m = \text{konst}$

$$L = \frac{p_1 V_1 - p_2 V_2}{m - 1} \text{ mkg.} \tag{12}$$

Der Wert des Exponenten m hängt ab von

1. den spezifischen Wärmen des Gases während der Zustandsänderung,

2. dem Gewinn oder Verlust an Wärme durch Wärmeaustausch mit den Wandungen während der Zustandsänderung.

Die Zahlenwerte von m für praktische Berechnungen an Brennkraftmaschinen werden im Abschnitt 11 eingehend behandelt. Hier sollen nur die beiden Sonderfälle der isothermischen und adiabatischen Ausdehnung bzw. Verdichtung kurz besprochen werden. Sie besitzen beide große theoretische Bedeutung, obwohl der Gesamtverlauf der Druckvolumenänderung in einer wirklichen Maschine auch nicht annähernd den Bedingungen einer adiabatischen oder denen einer isothermischen Zustandsänderung entspricht. Für eine isothermische Zustandsänderung ist $m = 1$ und für eine adiabatische Zustandsänderung $m = k$, wobei k das Verhältnis der spezifischen Wärmen bei konstantem Druck und bei konstantem Volumen darstellt (vgl. Abschnitt 5).

Die während der Zustandsänderung von V_1 auf V_2 verrichtete Arbeit L beträgt für die Gasmenge G bei isothermischer Ausdehnung:

$$L = GRT_1 \ln \frac{V_2}{V_1} \text{ mkg} \tag{13}$$

und bei adiabatischer Ausdehnung:

$$L = \frac{p_1 V_1 - p_2 V_2}{k - 1} = \frac{GR}{k - 1}(T_1 - T_2) \text{ mkg} \tag{14}$$

Man sieht, daß bei isothermischer Ausdehnung mit $m = 1$ die spezifischen Wärmen des Gases weder die Beziehung zwischen p und V noch die verrichtete Arbeit L beeinflussen. Bei adiabatischer Expansion mit $m = k$ wird k um so kleiner, je größer die spezifischen Wärmen des Gases sind. Je kleiner der Wert von m oder k ist, um so flacher verläuft nach Abb. 1 die Ausdehnungskurve. Dies bedeutet, daß bei einer adiabatischen Ausdehnung ein Gas von hoher spezifischer Wärme für eine gegebene Volumenänderung und für gleiche Anfangsdrücke mehr Arbeit verrichtet und höhere Endtemperaturen annimmt als ein Gas von niedriger spezifischer Wärme; mit anderen Worten, ein bestimmter Verlust an innerer Energie verursacht ein geringeres Fallen von Temperatur und Druck. Bei einer isothermischen Ausdehnung findet keine Änderung der inneren Energie statt; es muß daher Wärme von einer äußeren Quelle dem Betrag der verrichteten Arbeit entsprechend zugeführt werden. Diese zuzuführende Wärmemenge Q beträgt für die Gasmenge G:

$$Q = GART_1 \ln \frac{V_2}{V_1} \text{ kcal.}$$

Die einzelnen Beziehungen zwischen Druck, Volumen und Temperatur bei einer adiabatischen Ausdehnung sind der Bequemlichkeit halber noch einmal zusammengestellt:

$$p \cdot V^k = \text{konst} \tag{15}$$

$$T \cdot V^{k-1} = \text{konst} \tag{16}$$

$$T \cdot p^{\frac{1-k}{k}} = \text{konst.} \tag{17}$$

Es mag zweckmäßig sein, auch die Formeln für die Energiemengen bei dem Kreisprozeß von Carnot kurz zusammenzufassen:

Wärmezufuhr an den Arbeitsstoff bei T_1: $Q_1 = GART_1 \ln r$ kcal
Wärmeabfuhr des Arbeitsstoffes bei T_2: $Q_2 = GAR\,T_2 \ln r$ kcal
Verrichtete Arbeit während des Kreisprozesses: $L = GR(T_1 - T_2) \ln r$ mkg
Thermischer Wirkungsgrad des Kreisprozesses: $\eta_{th} = \frac{T_1 - T_2}{T_1}$,

hierin bezeichnet r das isothermische Verdichtungs- und Ausdehnungsverhältnis.

8. Die Veränderlichkeit der spezifischen Wärmen von Gasen.

Wärmetechnische Berechnungen an Brennkraftmaschinen befassen sich mit Temperatur- und Druckänderungen des Arbeitsstoffes, wobei dieser an Wärme gewinnt oder verliert und verdichtet oder ausgedehnt wird. Diese Berechnungen sind besonders verwickelt, da die spezifischen Wärmen der verwendeten Gase sich in sehr beträchtlichem Maße mit der Temperatur verändern; sie ändern sich auch — allerdings nur in geringfügigem Umfang — mit dem Druck.

Bei derartigen Berechnungen haben wir es unmittelbar weniger mit den spezifischen Wärmen als mit den in enger Beziehung hierzu stehenden inneren Energiemengen zu tun. Es ist daher wichtig, sich vollständig mit der Vorstellung vertraut zu machen, daß eine bestimmte Menge innerer Energie immer mit einer gegebenen Gasmenge bei bestimmter Temperatur in Verbindung steht; diese Menge bleibt bei der gleichen Temperatur immer dieselbe — mit Ausnahme der geringfügigen Abweichungen von dem Jouleschen Gesetz. Wenn die spezifische Wärme c_v bei allen Temperaturen unveränderlich bliebe, würde die innere Energie der von dem willkürlichen Nullpunkt von 0^0 C ab gemessenen Temperatur proportional sein. In Wirklichkeit nimmt c_v mit hohen Temperaturen zu, so daß die Beziehung zwischen innerer Energie und Temperatur durch eine Kurve dargestellt wird (vgl. Abb. 13). Obwohl die innere Energie bei wirklichen Gasen in keiner Weise der Temperatur proportional ist, bedeutet dies keinesfalls, daß die Gase sich in ihrem Verhalten nicht ganz eng an das Joulesche Gesetz anlehnen; dieses Gesetz besagt nur, daß bei einer gegebenen Temperatur die innere Energie je kg stets dieselbe ist, wie groß auch das Volumen und der Druck sein mögen.

Die Zunahme der inneren Gasenergie durch Erwärmung bei konstantem Volumen wird nach der kinetischen Theorie mit einer Steigerung der Bewegungsenergie der Gasmoleküle erklärt. Bei einatomigen Gasen, z. B. Argon und Helium, kommt nur eine translatorische, d. h. gradlinig fortschreitende Bewegung des Moleküles in „Zickzackbewegungen nach den drei Richtungen des Raumes" in Frage. Bei mehratomigen Gasen kommen noch die Rotations- oder Kreiselbewegung des Moleküles als Ganzes um die drei Raumachsen sowie innerhalb des Moleküles der Schwingungszustand der Atome gegeneinander hinzu.

Besteht die Energie des Moleküles nur aus der Energie der translatorischen Bewegung, so muß nach der kinetischen Gastheorie das Verhältnis k der spezifischen Wärmen $\frac{5}{3}$ betragen; tatsächlich besitzt auch bei den einatomigen Gasen der durch Versuche gefundene Wert fast genau diese Größe. Auch bei zweiatomigen Gasen wie Stickstoff und Wasserstoff stimmt der durch Versuche gefundene Wert mit dem theoretisch errechneten von $\frac{7}{5}$ gut überein. Für die Ableitung dieses Wertes stellt man sich ein zweiatomiges Molekül als dynamisches System aus zwei kleinen Massen vor, die durch ein elastisches Band zusammengehalten werden. Ein zweiatomiges Molekül kann sich also als Ganzes im Raum translatorisch bewegen und als Ganzes um zwei Raumachsen senkrecht zur Verbindungslinie der beiden Atome rotieren; außerdem können noch die Atome im Molekül gegeneinander in Schwingung geraten. Die Quantentheorie zeigt, daß diese Schwingungsenergie bei Raumtemperatur noch nicht auftreten kann, sondern erst bei höheren Temperaturen allmählich einsetzt; bei ganz tiefen Temperaturen verschwindet aus quantentheoretischen Gründen auch die Rotationsenergie. Die mit der Temperatursteigerung um 1^0 C verbundene Zunahme an innerer Energie fällt also bei hohen Temperaturen größer aus, weil ein ständig wachsender Energiebetrag durch die Oszillationsbewegungen innerhalb der Moleküle aufgenommen wird. Hiermit findet auch die allmähliche Zunahme der spezifischen Wärmen der zweiatomigen Gase mit der Temperatur ihre Erklärung. Erwähnt sei, daß einatomige Gase, bei denen keine Bewegung innerhalb des Moleküles möglich ist, keine nennenswerte Zunahme der spezifischen Wärme mit der Temperatur zeigen.

Bei Molekülen mit mehr als zwei Atomen kann man die gleichen Gedankengänge auf ein verwickelteres dynamisches System anwenden. Auch hier sind die Moleküle als Ganzes in Translations- und Rotationsbewegung, und bei hohen Temperaturen befinden sich noch die Atome der Moleküle „in einem durch ihre gegenseitige Kraftwirkung und durch ihre Massen bedingten Schwingungszustand". Diese Gase sollten theoretisch bei Raumtemperatur ein Verhältnis der spezifischen Wärmen von $\frac{8}{6}$ besitzen. Der gemessene Wert von k ist bei dreiatomigen Gasen wie CO_2 und H_2O merklich kleiner, da die Schwingungsenergie der Atome sich bereits bei Raumtemperaturen bemerkbar macht und infolgodessen die spezifischen Wärmen größer ausfallen, als wenn eine Zunahme der inneren Energie nur einer lebhafteren Bewegung des Moleküles als Ganzes beigemessen wird.

Für Leser, die an einer besonders klaren englischen Darstellung der spezifischen Wärmen auf Grund der kinetischen Gastheorie Interesse haben, wird auf Ewing, Thermodynamics for Engineers verwiesen*. Eine Erörterung der Versuchswerte für die spezifischen Wärmen der

* Als Nachweis entsprechender deutscher Literatur sei genannt: Schüle, Technische Thermodynamik, 2 Bde. Berlin: Julius Springer.

Gase bei hohen Temperaturen und der Methoden zu ihrer Bestimmung findet man in dem späteren Abschnitt 26.

II. Arbeitsverfahren.

9. Der Kreisprozeß mit Luft.

Die Berechnung der Zustandsänderungen in einer wirklichen Maschine wird durch die Veränderlichkeit der spezifischen Wärmen des Arbeitsstoffes und durch den Wärmeaustausch mit den Zylinderwandungen recht verwickelt. Es ist daher zweckmäßig, sich vor Beginn der Berechnung eine klare Vorstellung der Vorgänge in einer vereinfachten Form zu verschaffen. Wir wollen daher annehmen, daß der Arbeitsstoff durch ein vollkommenes Gas gebildet wird, dessen spezifische Wärmen c_p und c_v bei allen Temperaturen gleich den Werten von trockener Luft bei gewöhnlichen Temperaturen sind, und daß kein Wärmeaustausch mit den Zylinderwandungen stattfindet.

Für den Wirkungsgrad der Umwandlung von Wärme in mechanische Arbeit ist es wichtig, daß der Arbeitsstoff — nach seiner Erwärmung durch die Verbrennung des Brennstoffes — durch Ausdehnung um ein möglichst großes Temperaturgefälle abgekühlt wird. Der Enddruck kann durch Ausdehnung in nutzbringender Weise nicht unter den atmosphärischen Druck — im praktischen Vollastbetrieb nicht unter ungefähr 5 at — gesenkt werden; es ist daher wichtig, vor der Verbrennung die Luft oder das brennbare Gemisch in möglichst hohem Grade zu verdichten, um anschließend an die Verbrennung eine möglichst große Ausdehnung erreichen zu können.

Zunächst seien zwei vereinfachte Kreisprozeßverfahren, denen der Arbeitsstoff unterworfen werden kann, betrachtet. Bei dem ersten durch Abb. 2 veranschaulichten Verfahren setzt man voraus, daß der Arbeitsstoff nach seiner adiabatischen Verdichtung durch den rücklaufenden Kolben (1—2) in einem Augenblick bei konstantem Volumen erwärmt (2—3) und nach seiner adiabatischen Ausdehnung (3—4) wieder bei konstantem Volumen abgekühlt (4—1) wird. Bei dem zweiten durch Abb. 3 veranschaulichten Verfahren findet nach Beendigung der adiabatischen Verdichtung (1—2) kein weiterer Druckanstieg statt; die Wärme wird während des ersten Teiles des Ausdehnungshubes in einer solchen Verteilung zugeführt (2—3), daß der Druck konstant bleibt, bis vollständige Verbrennung erreicht ist (Punkt 3). Dann sinkt der Druck nach dem Gesetz der adiabatischen Ausdehnung (3—4) bis auf den atmosphärischen Druck und bleibt während der Abkühlung des Arbeitsstoffes (4—1) konstant.

Ebensowenig wie in Wirklichkeit Verdichtung und Ausdehnung adiabatisch verlaufen, können auch Erwärmung und Abkühlung des

Arbeitsstoffes in einer wirklichen Maschine nicht bei konstantem Volumen oder bei konstantem Druck vorgenommen werden. Aber es ist zweckmäßig, den idealen Kreisprozeß aus Zustandsänderungen, deren Bedingungen einer leichten Berechnung zugänglich sind, aufzubauen. Diese theoretischen Ergebnisse bilden dann, wie wir sehen werden, einen wertvollen Maßstab dessen, was von einer wirklichen Maschine zu erwarten ist.

Bei Berechnung des Wirkungsgrades der idealen, durch Abb. 2 und 3 veranschaulichten Kreisprozesse haben wir es nur mit den vier Vorgängen zu tun, die durch ihren Kurvenverlauf die schraffierte Diagrammfläche

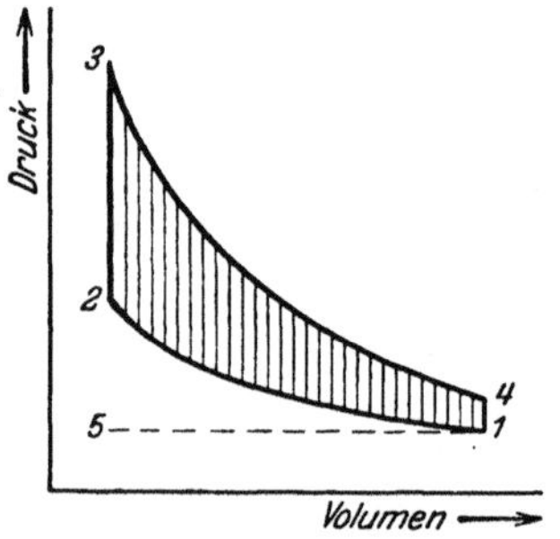

Abb. 2. Gleichraumverfahren.

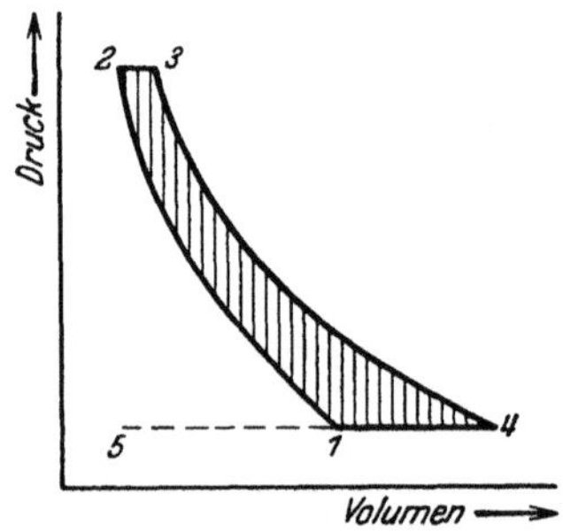

Abb. 3. Gleichdruckverfahren.

(1—2—3—4) abgrenzen. Eine vollständige Darstellung der Vorgänge im Zylinder einer wirklichen Maschine müßte auch den Verlauf des Ladens und Entleerens des Zylinders mit bzw. von Gasen zeigen. Obwohl diese praktischen Fragen einer späteren Erörterung vorbehalten sind, sei an dieser Stelle darauf hingewiesen, daß eine Darstellung des bekannten „Viertaktverfahrens von Otto" auch die punktierten Linien der Abb. 2 und 3 aufweisen muß. Unter der Annahme, daß Laden und Entleeren bei atmosphärischem Druck vor sich gehen, zeigt die Linie (1—5) den Ausschub der verbrauchten Verbrennungsprodukte und in umgekehrter Richtung (5—1) das Ansaugen der frischen Ladung für das nächste Arbeitsspiel. Man achte darauf, daß in Abb. 3 die vollständige Kolbenbewegung durch die Linie (4—5) dargestellt, trotzdem aber angenommen wird, daß Ein- bzw. Auslaßventile nur während der Periode (1—5—1) geöffnet sind.

Bei beiden Kreisprozessen hat man neben der Wärmezufuhr (2—3) sowie der adiabatischen Verdichtung und Ausdehnung den vierten Vorgang (4—1), während dessen Wärmeentziehung entweder bei konstantem Volumen oder bei konstantem Druck vorgenommen wird. Verminderung von Druck bzw. Volumen geht bei beiden Arbeitsprozessen vor sich und entspricht dem durch die Wärmeabfuhr bedingten Temperaturabfall. Der Vorgang (4—1) in Abb. 2 ist mit dem Druckabfall vergleichbar, der in einer wirklichen Maschine auftritt, sobald das Auslaßventil öffnet und bevor der Auspuffhub beginnt.

Für die Berechnung des Wirkungsgrades einer idealen, nach dem Gleichraum-Viertaktverfahren der Abb. 2 arbeitenden Maschine seien Druck, Volumen und absolute Temperatur des Gases im Zylinder zu Beginn der Verdichtung mit p_1, v_1 und T_1 bezeichnet; für die übrigen Punkte des Arbeitsspieles gelten die gleichen Bezeichnungen mit dem jeweiligen Zeiger. Aufnahme oder Abgabe von Wärme durch den Arbeitsstoff findet nur während der Erwärmung von T_2 auf T_3 bzw. während der Abkühlung von T_4 auf T_1 statt, die übrigen Vorgänge (1—2) und (3—4) verlaufen adiabatisch.

Die Diagrammfläche (1—2—3—4) stellt die vom Kolben verrichtete Arbeit L dar und ist der Differenz zwischen der vom Arbeitsstoff aufgenommenen Wärmemenge Q_1 und der von ihm abgegebenen Wärmemenge Q_2 gleichwertig. Der Wärmewert der während eines Kreisprozesses verrichteten Arbeit beträgt für 1 kg Arbeitsstoff

$$AL = Q_1 - Q_2 = c_v\,(T_3 - T_2) - c_v\,(T_4 - T_1). \tag{18}$$

Der Wirkungsgrad η_{th} des Kreisprozesses ergibt sich als Verhältnis aus gleichwertiger Arbeit und Wärmezufuhr zu

$$\eta_{\text{th}} = \frac{Q_1 - Q_2}{Q_1} = 1 - \frac{T_4 - T_1}{T_3 - T_2}.$$

Bezeichnet man das Raumverhältnis der Verdichtung und Ausdehnung mit ε, so gilt

$$\varepsilon = \frac{v_1}{v_2} = \frac{v_4}{v_3}.$$

Dann folgt in Verbindung mit Gleichung (16)

$$\frac{T_1}{T_2} = \frac{T_4}{T_3} = \left(\frac{1}{\varepsilon}\right)^{k-1}$$

und durch einfache Umformung

$$\frac{T_4 - T_1}{T_3 - T_2} = \left(\frac{1}{\varepsilon}\right)^{k-1}$$

und schließlich der Wirkungsgrad des Kreisprozesses

$$\eta_{\text{th}} = 1 - \left(\frac{1}{\varepsilon}\right)^{k-1}. \tag{20}$$

Bei dem Gleichdruckverfahren der Abb. 3 ist die dem Arbeitsstoff nach der Verdichtung zugeführte Wärmemenge $Q_1 = c_p\,(T_3 - T_2)$ und die nach der Ausdehnung abgeführte Wärmemenge $Q_2 = c_p\,(T_4 - T_1)$; Verdichtung und Ausdehnung verlaufen wieder adiabatisch. Die Ausdrücke für die Wärmemengen sind beim Gleichraum- und Gleichdruckverfahren dieselben, wenn man c_v durch c_p ersetzt. Daher hat auch der thermische Wirkungsgrad für beide Verfahren den gleichen

Ausdruck, in dem ε in beiden Fällen das adiabatische Verdichtungs- und Ausdehnungsverhältnis bezeichnet.

Bemerkenswert und wichtig ist an dem durch Gleichung (20) dargestellten Ausdruck für den Wirkungsgrad beider Kreisprozesse, daß nach der Theorie der thermische Wirkungsgrad, falls überhaupt eine nach einem dieser Verfahren tatsächlich arbeitende Maschine gebaut werden könnte, nur von dem adiabatischen Verdichtungs- und Ausdehnungsverhältnis ε abhängen würde. Hätte man zwei Maschinen von gleichem Ausdehnungsverhältnis, aber ungleichen Arbeitstemperaturen — gleichgültig, ob diese Temperaturunterschiede auf eine andere Anfangstemperatur T_1 oder auf verschiedene Wärmezufuhren Q_1 während der Periode (2—3) zurückzuführen sind — so würde der thermische Wirkungsgrad bei beiden Maschinen gleich sein. Wohl könnte eine Maschine mehr Arbeit als die andere verrichten, aber die geleistete Arbeit würde immer im gleichen Verhältnis zur Wärmezufuhr während der Periode (2—3) stehen.

Keine in der Praxis ausgeführte Maschine kann natürlich diese Kreisprozesse genau befolgen; denn weder Verdichtung noch Ausdehnung verlaufen streng adiabatisch, auch ist der Arbeitsstoff kein vollkommenes Gas, ebensowenig kann Wärme bei genau gleichem Druck oder Volumen zugeführt werden. Aber das grundsätzliche Ergebnis unserer Untersuchung an der idealen Maschine gilt auch für alle wirklichen Maschinen: Das Ausdehnungsverhältnis besitzt grundlegende Bedeutung, und der thermische Wirkungsgrad wird um so besser, je größer das Ausdehnungsverhältnis ist, das sich verwirklichen läßt. Die ideale Maschine ergibt den Grenzwert für den Wirkungsgrad, der wohl zum Vergleich mit wirklichen Maschinen benutzt, aber niemals erreicht werden kann. Der Kreisprozeß der idealen Maschine wird in den späteren Ausführungen kurz „Idealprozeß“* und der zugehörige Wirkungsgrad als „Idealwirkungsgrad“* bezeichnet werden.

Zahlentafel 1 enthält die berechneten Werte für den Idealwirkungsgrad bei verschiedenen Ausdehnungsverhältnissen; für k ist der für trockene Luft bei Raumtemperaturen geltende Wert 1,396 eingesetzt.

In Abb. 4 sind die berechneten Idealwirkungsgrade in Abhängigkeit vom Ausdehnungsverhältnis aufgetragen. Man sieht, daß der Wirkungsgrad sich mit zunehmendem Ausdehnungsverhältnis bis zu einem Verhältnis von etwa 5:1 ganz beträchtlich verbessert und von da an allmählich langsamer ansteigt. Im Kapitel VI wird gezeigt werden, daß

* Anmerkung des deutschen Bearbeiters: Der Verfasser wählt hierfür die Bezeichnungen „Luft-Kreisprozeß“ und „Luft-Standardwirkungsgrad“. Diese Bezeichnungen sind nach den Ausführungen des Verfassers „etwas unglücklich, da bei dem Kreisprozeß ein vollkommenes Gas und nicht Luft bei der Durchführung vorausgesetzt werden“.

die im praktischen Betrieb erreichten Wirkungsgrade nur ungefähr zwei Drittel des Idealwirkungsgrades betragen. Trotzdem läuft die Kurve der tatsächlich erzielten Wirkungsgrade ziemlich genau parallel zur Kurve der Idealwirkungsgrade und zu einer weiteren, zwischen beiden liegenden Kurve, bei deren Errechnung nicht das Verhalten eines voll-

Zahlentafel 1.
Thermische Wirkungsgrade des Idealprozesses.

Ausdehnungs-verhältnis ε	Idealwirkungsgrade $\eta_{th} = 1 - \left(\frac{1}{\varepsilon}\right)^{k-1}$
2	0,240
3	0,354
4	0,424
5	0,473
6	0,509
7	0,539
8	0,563
10	0,600
12	0,628
14	0,651
16	0,671
18	0,683
20	0,695

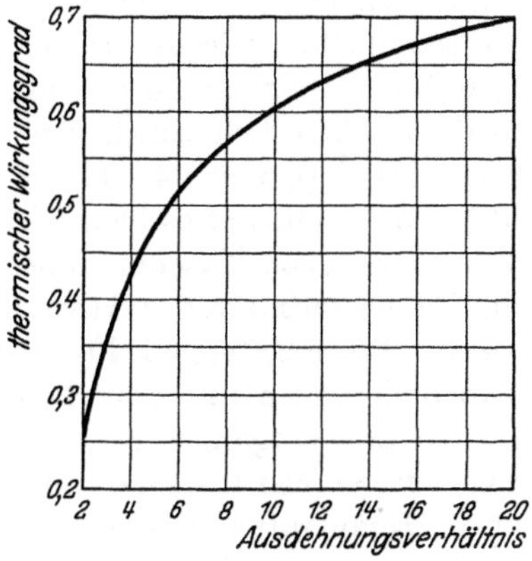

Abb. 4. Idealwirkungsgrade in Abhängigkeit vom Ausdehnungsverhältnis.

kommenen Gases, sondern die durch Versuch ermittelten Eigenschaften des wirklichen Arbeitsstoffes zugrunde gelegt sind.

Aus später erkennbaren Gründen liegt die Grenze für das Verdichtungs- und damit auch für das Ausdehnungsverhältnis bei Benzinmaschinen zur Zeit bei einem Wert von etwa 6 : 1, wenn man von einigen Sondermotoren absieht. Die höheren Verdichtungsverhältnisse bis zu 16 : 1 werden nur in Maschinen angewandt, bei denen nicht ein Gemisch aus Brennstoff und Luft, sondern nahezu reine Luft verdichtet und der Brennstoff kurz vor Beendigung des Verdichtungshubes in die verdichtete Luft eingespritzt wird.

Aus Bequemlichkeitsgründen spricht man meistens von dem Verdichtungs- und nicht von dem Ausdehnungsverhältnis; bei der großen Mehrzahl aller Maschinen sind auch wie beim Idealprozeß Verdichtungs- und Ausdehnungsverhältnis beinahe völlig gleich. Aber man soll stets eingedenk bleiben, daß tatsächlich das Ausdehnungsverhältnis allein den thermischen Wirkungsgrad bestimmt. Wiederholt wurde versucht, Maschinen zu bauen, bei denen Verdichtungs- und Ausdehnungsverhältnis einander nicht gleich waren; hierdurch bezweckte man, die mit einem hohen Verdichtungsverhältnis verbundenen Schwierigkeiten zu umgehen und dennoch die Vorteile eines großen Ausdehnungsverhältnisses für den Wirkungsgrad beizubehalten. Aber die unerbittliche Forderung der Einfachheit im mechanischen Aufbau hat bis jetzt jede bedeutungsvolle Entwicklung in dieser Richtung verhindert.

10. Die Anpassung idealer Kreisprozesse an wirkliche Verhältnisse.

Von den beiden idealen Kreisprozessen paßt sich das durch Abb. 2 veranschaulichte Gleichraumverfahren den Vorgängen in einer wirklichen Maschine ziemlich eng an. Der einzige augenscheinliche Unterschied zwischen dem wirklichen und idealen Verfahren besteht in dem Ablauf des Vorganges (4—1). Während die Menge des im Zylinder befindlichen Arbeitsstoffes beim idealen Kreisprozeß gleich bleibt, wird sie bei der wirklichen Maschine innerhalb dieser Periode durch die Ausdehnung infolge Öffnung des Auspuffventiles auf ungefähr ein Fünftel verringert. Dieser Unterschied ist indessen unwesentlich, soweit Wirkungsgradberechnungen in Frage kommen. In beiden Fällen wird Wärme während des Vorganges (4—1) aus dem Zylinder entfernt und gleichzeitig der Zylinderdruck auf den atmosphärischen Gegendruck gesenkt. Nur die Temperatur- und Druckänderungen berühren die Wirkungsgradberechnung; es ist hierbei gleichgültig, ob sie von einem Wechsel des Arbeitsstoffes begleitet sind oder nicht.

Das Gleichdruckverfahren ist oft als Dieselverfahren bezeichnet worden, obwohl eine große Berechtigung hierzu niemals bestanden hat und heute in Anbetracht der neuzeitlichen Entwicklung der Dieselmaschine weniger als je besteht. Als tatsächliches Ziel strebte Diesel die Verwirklichung des Carnotschen Kreisprozesses an. Hierzu nahm er eine hohe adiabatische Verdichtung der Luft vor, suchte dann den Verlauf der Brennstoffeinspritzung in den Zylinder so zu leiten, daß die Temperatur während des ersten Teiles des Ausdehnungshubes bis zur Beendigung der Einspritzung konstant blieb, und schloß an die für die Dauer der Einspritzung angestrebte isothermische Ausdehnung die adiabatische an. Bei den ersten Versuchsdieselmaschinen ergab sich keine Möglichkeit, dieses Ziel zu verwirklichen; man fand aber, daß es möglich war, einen mehr oder minder konstanten Druck — natürlich bei höherer Mitteltemperatur — während des ersten Teiles der Ausdehnung beizubehalten. So kam man dazu, von dem Kreisprozeß der Abb. 3 als dem Ideal des Dieselverfahrens zu sprechen. Natürlich bestand niemals eine Aussicht oder Absicht, die Ausdehnung (3—4) bis auf den atmosphärischen Gegendruck zu treiben; um über diese Schwierigkeit hinweg zu kommen, hat man ein drittes ideales Arbeitsverfahren, das durch Abb. 5 veranschaulicht wird, in Vorschlag gebracht.

Bei diesem Verfahren nimmt man an, daß ein Teil der Wärme in einem Augenblick bei konstantem Volumen (2—3) und der Rest bei konstantem Druck (3—3′) zugeführt wird. Dann erfolgt adiabatische Ausdehnung (3′—4), bis der Arbeitsstoff wieder sein ursprüngliches Volumen erreicht hat. Das letzte Glied des Kreisprozesses wird ebenso wie beim Verfahren der Abb. 2 durch Abkühlung bei konstantem Volumen gebildet.

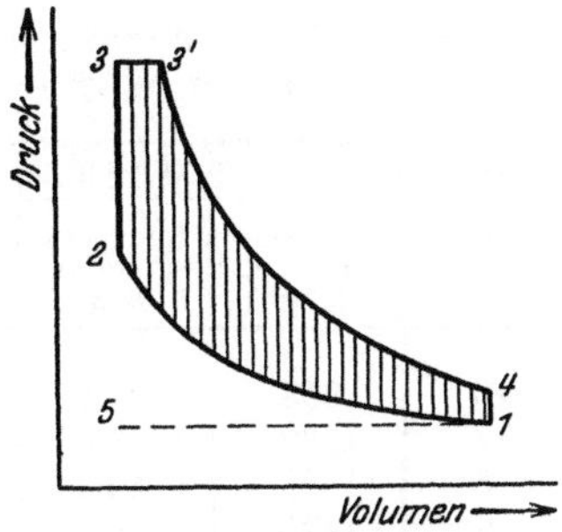

Abb. 5. Raumdruckverfahren.

Mit den Bezeichnungen der Abb. 5 beträgt das Drucksteigerungsverhältnis α durch die Verbrennung

$$\alpha = \frac{p_3}{p_2}$$

und das Ausdehnungsverhältnis β während der Verbrennung

$$\beta = \frac{v_3'}{v_3}.$$

Die Werte von α und β hängen davon ab, wieviel der verfügbaren Gesamtwärme der Annahme nach bei konstantem Volumen und wieviel bei konstantem Druck zugeführt werden.

Der Wirkungsgrad dieses Verfahrens wird durch den in Anhang I abgeleiteten Ausdruck dargestellt:

$$\eta_{\text{th}} = 1 - \left(\frac{1}{\varepsilon}\right)^{k-1} \cdot \frac{a\,\beta^k - 1}{(a-1) + k\,a\,(\beta - 1)}.$$

Dieser in den weiteren Ausführungen mit „Raum-Druckverfahren“ bezeichnete Kreisprozeß hat den Nachteil, daß sein Diagramm und sein Wirkungsgrad von einer willkürlichen Teilung der verfügbaren Gesamtwärme in die vom Arbeitsstoff bei konstantem Volumen und die bei konstantem Druck aufgenommenen Wärmemengen abhängen. Sieht man von diesem Nachteil ab, so bietet das Verfahren ziemlich gute Möglichkeiten, um das Verhalten einiger Bauarten von „Hochverdichtungsmaschinen“ mit Brennstoffeinspritzung rechnerisch zu behandeln. Wie in Kapitel V gezeigt wird, zielt die neuere Entwicklung dieser Art von Maschinen auf eine Gleichraumverbrennung ab, so daß ein Indikatordiagramm an der Stelle des höchsten Druckes eine scharfe Spitze und keine Gleichdruckperiode aufweist (vgl. Abb. 16).

Die Möglichkeit, Gleichraumverbrennung bei hohem Verdichtungsverhältnis und Brennstoffeinspritzung anzuwenden, ist naturgemäß durch das Auftreten der sehr hohen Spitzendrücke begrenzt. Im praktischen Betrieb muß die Brennstoffeinspritzung so beherrscht werden, daß der Spitzendruck nicht über einen bestimmten Höchstwert hinausgeht. Gerade diese Bedingungen lassen sich durch das Raumdruckverfahren der Abb. 5 erfassen, das sich als recht nützlich für die Berechnung der idealen Wirkungsgrade erweist. Die nötigen Voraussetzungen über das Verhältnis der bei konstantem Volumen und bei konstantem Druck zuzuführenden Wärmemengen ergeben sich zwangläufig aus dem Höchstdruck, den man zulassen will.

Zahlentafel 2. Wirkungsgrade des Raumdruckverfahrens bei konstanter Wärmezufuhr und konstantem Höchstdruck.

Verdichtungsverhältnis ε	Verdichtung: Endtemperatur T_2 in ° abs	Verdichtung: Enddruck p_2 in at abs	$\alpha = \frac{p_3}{p_2}$	T_3 in ° abs	T_3' in ° abs	$\beta = \frac{T_3'}{T_3}$	Wirkungsgrade: Raumdruckverfahren	Wirkungsgrade: Gleichdruckverfahren
10	933	25,7	2,735	2550	2550	1,0	0,60	0,60
12	1000	33,0	2,13	2130	2479	1,165	0,623	0,628
15	1093	45,3	1,55	1694	2422	1,434	0,640	0,658
18	1175	58,3	1,205	1415	2402	1,70	0,648	0,683
20	1223	67,6	1,04	1272	2396	1,88	0,651	0,695

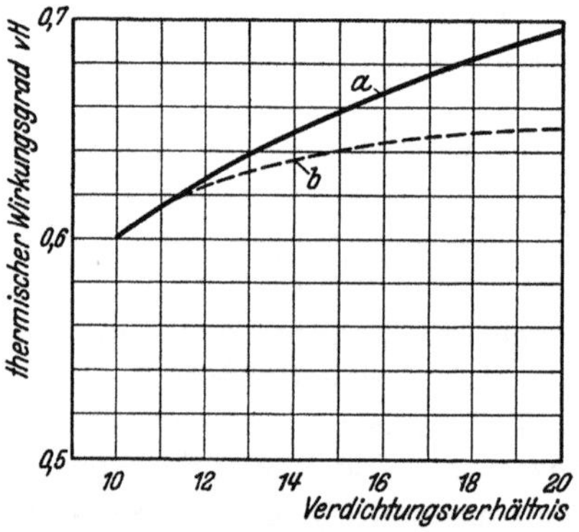

Abb. 6. Vergleich der Wirkungsgrade des Gleichraumverfahrens (*a*) und des Raumdruckverfahrens (*b*) mit Höchstdruckbeschränkung auf 70,3 at.

Zahlentafel 2 und Abb. 6 geben die berechneten idealen Wirkungsgrade des Raumdruckverfahrens für Verdichtungsverhältnisse zwischen 10:1 und 20:1 wieder. Bei den Berechnungen ist neben der üblichen Annahme, daß der Arbeitsstoff aus idealer Luft ohne Wärmeverlust besteht, die Voraussetzung gemacht, daß die gesamte, zugeführte Wärmemenge bei jedem Verdichtungsverhältnis gleich ist. Diese konstante Wärmemenge soll gerade so groß sein, daß sie in ihrem vollen Betrage bei dem kleinsten Verdichtungsverhältnis von 10:1 noch ausschließlich bei konstantem Volumen zugeführt werden kann, ohne daß der willkürlich festgelegte Höchstdruck von 70,3 at überschritten wird. Bei allen über 10:1 liegenden Verdichtungsverhältnissen ist die bei konstantem zuzuführende Wärmemenge um so viel verkleinert, daß der angenommene Höchstdruck von 70,3 at nicht überschritten wird; der Rest der aufzunehmenden Gesamtwärme wird bei konstantem Druck zugeführt. Der für alle Verdichtungsverhältnisse als konstant angenommene Höchstdruck von 70,3 at stellt ungefähr die äußerste Grenze der im praktischen Betrieb noch zulässigen Drücke dar. Anfangsdruck und -Temperatur des Arbeitsstoffes im Zylinder zu Beginn der Verdichtung sind zu 1,033 at und 100° C angenommen.

Das für adiabatische Ausdehnung verfügbare Raumverhältnis beträgt nach der Wärmezufuhr bei konstantem Druck $\frac{v_4}{v_3'}$ an Stelle von $\frac{v_4}{v_3}$ bei konstantem Volumen. Mit anderen Worten, das Ausdehnungsverhältnis ist nicht mehr gleich dem Verdichtungsverhältnis, sondern nur noch gleich $\frac{\varepsilon}{\beta}$. Während das Verdichtungsverhältnis von 10:1 auf 20:1 zunimmt, steigt das Ausdehnungsverhältnis nur von 10:1 auf 10,62:1. Aus der angenäherten Unveränderlichkeit des Ausdehnungsverhältnisses und dem festgelegten Höchstdruck folgt, daß der Enddruck p_4 bei dem Raumdruckverfahren durch die Zunahme des Verdichtungsverhältnisses kaum beeinflußt wird; eine Steigerung des Verdichtungsverhältnisses von 10:1 auf 20:1 bewirkt nur die geringe Senkung des Enddruckes von 2,8 auf 2,6 at.

Die gesamte zugeführte Wärmemenge war bei jedem Verdichtungsverhältnis gleich. Daher kann an Hand der unter dieser Voraussetzung ermittelten Wirkungsgrade auch die Leistungsverbesserung beurteilt werden, die durch Erhöhung des Verdichtungsverhältnisses über 10:1 erreichbar ist, falls der zulässige Höchstdruck auf 70,3 at beschränkt und damit auch dem möglichen Ausdehnungsverhältnis eine Beschränkung auferlegt wird. Ein Vergleich der Wirkungsgradkurven für das Gleichraumverfahren und das Raumdruckverfahren mit Höchstdruckbeschränkung zeigt in Abb. 6, daß durch die Beschränkung des Höchstdruckes auch der Anstieg des Wirkungsgrades — von dem Verdichtungsverhältnis an, bei dem nicht mehr die gesamte Wärme unter konstantem Volumen zuführt werden kann — beschränkt wird; bei größeren Verdichtungsverhältnissen bleibt der Wirkungsgrad des Raumdruckverfahrens in zunehmendem Maße hinter der Wirkungsgradverbesserung zurück, die beim Gleichraumverfahren mit gleichem Verdichtungs- und Ausdehnungsverhältnis erzielbar ist.

In Zahlentafel 2 sind einige der für die Wirkungsgradberechnungen maßgebenden Werte wiedergegeben. Für die Drucksteigerung durch Wärmezufuhr bei konstantem Volumen ersieht man, daß das Drucksteigerungsverhältnis bei dem kleinsten Verdichtungsverhältnis von 10:1 — bei dem die gesamte Wärme noch ausschließlich bei konstantem Volumen zugeführt werden kann — den Wert von 2,735 : 1 besitzt, während es bei dem höchsten Verdichtungsverhältnis von 20:1 nur noch 1,04:1 beträgt und beinahe die gesamte Wärme bei konstantem Druck zugeführt wird. Im Anfang — bei einer Steigerung der Verdichtungsverhältnisse von 10:1 auf 12:1 — nimmt auch der Wirkungsgrad ziemlich rasch zu. Mit größeren Verdichtungsverhältnissen wird aber ein ständig wachsender Teil des Ausdehnungshubes durch die Verbrennung bei konstantem Druck in Anspruch genommen, so daß bei Verdichtungsverhältnissen über 15:1 der Vorteil der höheren Verdichtungsverhältnisse aufgehoben wird und der Wirkungsgrad des Raumdruckverfahrens fast unverändert bleibt; denn maßgebend für den Wirkungsgrad ist das tatsächliche Ausdehnungsverhältnis $\frac{\varepsilon}{\beta}$, das gleichfalls beinahe unverändert bleibt.

Dieser Vergleich ist lehrreich und hat praktische Bedeutung, weil er die veränderten Beziehungen zwischen Verdichtungsverhältnis und idealem Wirkungsgrad aufdeckt, wenn der neue Faktor einer Höchstdruckbeschränkung eingeführt wird. Diese Frage findet in Kapitel VI noch eine weitere Behandlung, wenn die praktischen Grenzen für den Wirkungsgrad untersucht und hierbei die Eigenschaften der wirklichen Gase sowie ihre Abweichungen von der bisher vorausgesetzten, vollkommenen Luft berücksichtigt werden.

11. Der Exponent „m" in $p v^m$ = konst.

Für eine rein adiabatisch verlaufende Verdichtung oder Ausdehnung ist der Exponent m gleich dem Verhältnis k der spezifischen Wärmen; für Luft bei gewöhnlichen Raumtemperaturen kann man $k = 1{,}396$ wählen. Wirkliche Verdichtungen oder Ausdehnungen im Maschinenzylinder verlaufen niemals rein adiabatisch; ebensowenig besitzt der in Frage kommende Arbeitsstoff spezifische Wärmen, die konstant bleiben oder gleich denen von Luft bei Raumtemperaturen sind. Für Maschinenberechnungen ist es daher von einiger Bedeutung, denjenigen Zahlenwert für m festzusetzen, der den praktischen Zwecken und Bedingungen am besten genügt. Jeder irgendwie angenommene Wert muß einen Mittelwert für einen bestimmten Temperaturbereich darstellen, da sich während des betreffenden Vorgangs die spezifischen Wärmen und auch der anteilige Wärmeverlust ändern. Der Wärmeverlust hängt ferner von den Beziehungen zwischen Maschinendrehzahl und Gaswirbelung im Zylinder ab, so daß der angenommene Wert m mehrere veränderliche Größen zu decken und untereinander auszugleichen hat.

Der Umfang der Veränderlichkeit von m fällt bei Ausdehnungskurven weit mehr ins Gewicht als bei Verdichtungskurven; bei Ausdehnungskurven ist die Änderung von m tatsächlich so groß, daß es recht zweifelhaften Wert hat, einen die Ausdehnungskurve in ihrem ganzen Bereich deckenden Mittelwert für m ableiten zu wollen. Da indessen ein Mittelwert von m in der Hauptsache für die Berechnung der Verdichtungsenddrücke und -Temperaturen praktische Bedeutung hat, soll die Erörterung in diesem Abschnitt auf die Verdichtungskurven beschränkt bleiben; Richtlinien für die Behandlung der Ausdehnungskurven werden im nächsten Abschnitt gegeben.

Selbst für Verdichtungskurven gibt es keinen Wert von m, der unter allen Verhältnissen befriedigt; aber es ist möglich, die zu berücksichtigenden Bedingungen nach Hauptgesichtspunkten und unter Anlehnung an typische Maschinen gruppenweise zusammenzufassen und für jede Gruppe einen bestimmten Durchschnittswert mit genügender Genauigkeit anzunehmen. Die drei Hauptgruppen sind:

1. Maschinen mit Benzin-Luftgemischen, Verdichtungsverhältnisse bis zu 7 : 1,
2. Maschinen mit Leuchtgas-Luftgemischen, Verdichtungsverhältnisse bis zu 7 : 1,
3. Maschinen mit Luftverdichtung und Verdichtungszündung, Verdichtungsverhältnisse von 12 : 1 bis 16 : 1.

Selbstverständlich gibt es bei allen drei Gruppen noch eine Reihe von Faktoren, die unmöglich verallgemeinert werden können und einen wichtigen Einfluß auf den bei der einzelnen Maschine erreichten Verdichtungsenddruck besitzen. Abgesehen von dem barometrischen Außendruck gehören hierzu die Wandungstemperaturen des Zylinders, die Ventileinstellung und die Länge der Ansaugleitung. Durch Zusammenwirken der beiden letzten Einflüsse kann der Druck im Zylinder zu Beginn der Verdichtung beträchtlich kleiner, aber auch erheblich höher als der atmosphärische Außendruck ausfallen. In dem letzten Fall wird die kinetische Energie ausgenutzt, welche der Gassäule durch ihre Strömung im Saugrohr eigen ist und sich — einem „hydraulischen Widder" ähnlich — in einem Ladestoß auswirkt. Als Beispiel für den bedeutenden Einfluß der Ventileinstellung sei ein Versuch an einem großen, luftgekühlten Zylinder mit Verdichtungsverhältnis von 12 : 1 angeführt; er ergab einen Verdichtungsenddruck von 29,2 at abs, wenn er im kalten Zustand von außen mit 1100 Uml/min angetrieben wurde, und nur einen Enddruck von 28,2 at abs, wenn er in heißem Zustand unmittelbar nach einem Vollastlauf untersucht wurde. Da bei dieser Drehzahl ein Gasverlust durch Undichtigkeiten ganz vernachlässigt werden kann, liegt die Ursache für den Druckabfall zweifellos in der bei heißem Zustand auftretenden Ausdehnung des Zylinders, durch die ein früherer Schluß des Einlaßventiles und ein geringerer volumetrischer Wirkungsgrad herbeigeführt wurde. Dieser Abfall des volumetrischen Wirkungsgrades war trotz der Drucksteigerung durch die heißen Zylinderwandungen so beträchtlich, daß der Verdichtungsenddruck von 29,2 at auf 28,2 at gesenkt wurde.

Diese Unsicherheit in den Einzeleinflüssen kann auch bei Maschinen mit gleichen Verdichtungsverhältnissen und sogar an der gleichen Maschine zu verschiedenen Zeiten große Unterschiede in den Verdichtungsenddrücken und -Temperaturen herbeiführen. Unter diesen schwierigen Umständen ist der zweckmäßigste Ausweg, der Untersuchung und Berechnung theoretischer Wirkungsgrade eine rein adiabatische Verdichtung — vom atmosphärischen Druck ausgehend — zugrunde zu legen. Dann wird $m = k$, und k kann aus den mittleren spezifischen Wärmen zwischen Verdichtungsanfangs- und -Endtemperatur der Zylindergase genau bestimmt werden.

Auf einen Punkt, der in Abschnitt 36 noch ausführlicher behandelt wird, sei an dieser Stelle hingewiesen. Vor und während der Verdichtung besteht der Zylinderinhalt aus einem Gemenge von Gasen, die z. T. als frische Ladung während des Saughubes in den Zylinder gelangt und z. T. als Abgasrest im Verbrennungsraum nach dem letzten Auspuffhub verblieben sind. Ungefähr 20 v. H. Raumteile des Abgasrestes bestehen aus dreiatomigen Gasen CO_2 und H_2O mit hoher spezifischer Wärme; ihr Einfluß darf bei einer genauen Berechnung der mittleren spezifischen Wärme des zu verdichtenden Zylinderinhalts nicht vernachlässigt werden. Bei einer Maschine mit einem Verdichtungsverhältnis von 5 : 1 wird die mittlere spezifische Wärme des Zylinderinhalts zwischen 100° C und der Verdichtungsendtemperatur durch den Abgasrest um ungefähr 0,5 v. H. erhöht und dadurch der Wert von $(k - 1)$ in demselben Verhältnis verkleinert (vgl. Gleichung [8]).

Gesondert von den für theoretische Untersuchungen anzunehmenden Bedingungen, sollen nunmehr die zur Ermittlung von Verdichtungsenddrücken und -Temperaturen geeignetsten Mittelwerte von m für die obigen drei Hauptgruppen erörtert werden.

Bevor wir der Frage des für alle Gruppen bedeutungsvollen Wärmeverlustes nähertreten, wollen wir uns mit dem Einfluß des Brennstoffdampfes in der ersten Gruppe auseinandersetzen. In einem Benzin-Luftgemisch mit einem vollständige Verbrennung von Benzin und Sauerstoff ergebenden Mischungsverhältnis bestehen ungefähr 7 v. H. Gewichtsteile aus schweren Kohlenwasserstoffdämpfen, deren hohe spezifische Wärme einen merkbaren Einfluß auf den Wert von m ausübt. In dieser Hinsicht unterscheidet sich Gruppe 1 von den beiden anderen Gruppen. Denn in Gruppe 3 wird überhaupt nur Luft angesaugt und in Gruppe 2 sogar durch einen hohen Leuchtgasanteil von 20 v. H. die mittlere spezifische Wärme des Zylinderinhalts nur in geringem Maße beeinflußt. Leuchtgas besteht zu ungefähr 75 v. H. aus den zweiatomigen Gasen Wasserstoff und Kohlenoxyd, den Rest von 25 v. H. bildet in der Hauptsache Methan. Legen wir diese Zahlen zugrunde, so ergibt sich für ein Leuchtgas-Luftgemisch bei einem Mischungsverhältnis von 1 : 4 eine Erhöhung der mittleren spezifischen Wärme um 2 v. H. gegenüber der von reiner Luft. Dieser Wert ist bereits ein Grenzwert, da das Mischungsverhältnis von Leuchtgas und Luft nur selten so reich wie 1 : 4 gewählt wird und gewöhnlich etwa 1 : 8 beträgt.

Tizard[1] hat gezeigt, daß die spezifischen Wärmen bei konstantem

Volumen aller der Paraffinreihe zugehörigen Kohlenwasserstoffdämpfe vom Pentan an aufwärts (vgl. Abschnitt 16) einander sehr gleich sind und zwischen 0^0 C und 300^0 C den Wert von 0,218 kcal/kg besitzen; das Verhältnis k der spezifischen Wärmen kann daher für Benzin-Luftgemische mit beliebigem Mischungsverhältnis berechnet werden. Diese für die verschiedenen Mischungsverhältnisse errechneten Werte von k sind in Abb. 7 als ausgezogene Linie aufgetragen. Man ersieht, daß k sich von 1,35 bei einem Gemisch mit 20 v. H. Brennstoffmangel auf ungefähr 1,32 bei einem Gemisch mit 50 v. H. Brennstoffüberschuß ändert; bei dem „chemisch genauen" Mischungsverhältnis — d. i. die nach der Verbrennungsgleichung zur vollständigen Verbrennung des Brennstoffes und des Sauerstoffes erforderliche Gemischzusammensetzung — beträgt k ungefähr 1,34. Diese Werte von k könnten ohne weiteres bei der Verdichtung von Benzin-Luftgemischen für den Exponenten m gewählt werden, wenn sich jeder Wärmeverlust an die Zylinderwandung vermeiden ließe. Der Wärmeverlust spielt indessen für die Berechnung der Verdichtungsdrücke bei allen Verdichtungsverhältnissen eine wichtige Rolle und soll daher im einzelnen näher besprochen werden.

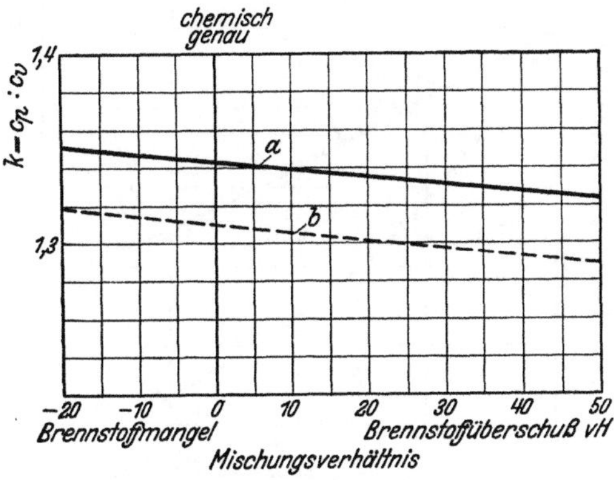

Abb. 7. Werte für den Exponenten „m" bei Verdichtung von Benzin-Luftgemischen.

a Berechnete Werte für $k = \frac{c_p}{c_v}$

b Versuchswerte mit Wärmeverlust.

In der angezogenen Veröffentlichung[1] gibt Tizard die Ergebnisse einer großen Zahl von Versuchen wieder, die an der in Abschnitt 33 beschriebenen „Eintakt-Verdichtungsmaschine" angestellt wurden. Bei dieser Versuchsmaschine macht der Kolben nur einen einzigen schnellen Verdichtungshub und wird dann in seinem oberen Totpunkt aufgefangen; die Verdichtung kann mit reiner Luft oder einem beliebigen Brennstoff-Luftgemisch durchgeführt werden. Aus den Messungen des Anfangs- und Enddruckes sowie des räumlichen Verdichtungsverhältnisses kann der Wert des Exponenten m bestimmt werden. Die auf diese Weise für Verdichtungsverhältnisse unter 7 : 1 ermittelten Werte sind in Abb. 7 als gestrichelte Linie eingetragen. Die Versuchswerte weisen die gleiche Abhängigkeit vom Verdichtungsverhältnis auf wie die berechneten Werte der ausgezogenen Kurve; der Versuchswert für m beträgt bei chemisch genauem Mischungsverhältnis 1,31 und fällt auf 1,29 bei einem

Gemisch mit 50 v. H. Brennstoffüberschuß ab. Der Vertikalabstand zwischen der errechneten und durch Versuch ermittelten Kurve der Abb. 7 kennzeichnet den Einfluß des Wärmeverlustes. Bei den Versuchen befand sich das Gas vor der Verdichtung in ruhigem Zustand, während im praktischen Betrieb einer Maschine immer eine beträchtliche Wirbelbewegung der Gase auftritt, durch welche die Wärmeverluste noch vergrößert werden. Dem kann man entgegenhalten, daß die Verdichtung bei den Versuchen von Tizard sehr viel länger als bei einer schnelllaufenden Maschine dauerte; die Verdichtungszeit betrug hier etwa 0,1 sek gegenüber 0,03 sek bei einer Maschine mit 1000 Uml/min. Wir müssen daher untersuchen, wie sich die entgegengesetzten Einflüsse von Wirbelung und Drehzahl bei ihrem gleichzeitigen Auftreten auf den Wärmeverlust auswirken.

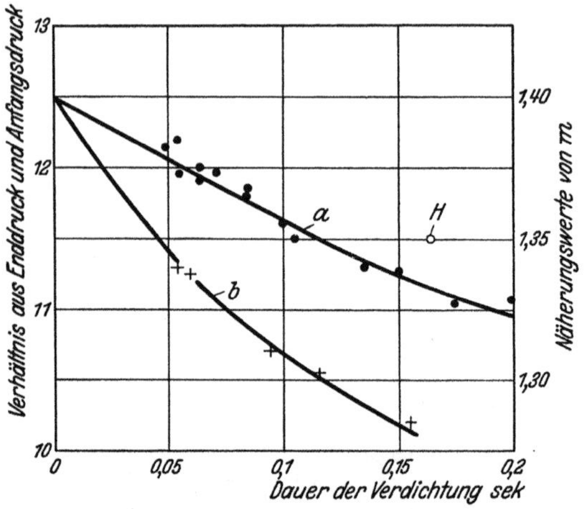

Abb. 8. Verdichtungsenddrücke bei verschiedenen Verdichtungsgeschwindigkeiten. Verdichtungsverhältnis 6,09 : 1. *a* Luft, *b* Wasserstoff.

Bevor wir zu der schnellaufenden Maschine mit ihrem hohen Grad von Gaswirbelung übergehen, sind die Ergebnisse einer weiteren Reihe von Versuchen[16] von Interesse, die an der Eintakt-Verdichtungsmaschine zur Untersuchung des Einflusses der Verdichtungsdauer auf den Verdichtungsenddruck und den Exponenten m unternommen wurden. Die Ergebnisse für Verdichtungen sowohl von Luft als auch von Wasserstoff bei einem räumlichen Verdichtungsverhältnis von 6,09 : 1 sind in Abb. 8 wiedergegeben. Die stärker ausgesprochene Wirkung des Wärmeverlustes bei Wasserstoff (Kurve *b*), auf die besonders hingewiesen sei, ist auf die größere Wärmeleitfähigkeit des Wasserstoffes zurückzuführen. Aus mechanischen Gründen war es unmöglich, die Verdichtungsdauer kleiner als 0,05 sek zu bemessen; trotzdem zeigen die Beobachtungen, daß das Drucksteigerungsverhältnis um so näher an den durch rein adiabatische Verdichtung bestimmten Wert von 12,5 herankommt, je kürzer die für eine Wärmeabgabe verfügbare Zeit wird.

Professor B. Hopkinson[3] hat die Verdichtungs- und Ausdehnungskurve an einer großen, langsam laufenden Maschine mit einem Verdichtungsverhältnis von 6,37 : 1 untersucht und hierbei festgestellt, daß der Mittelwert von m bei Verdichtung von reiner Luft nur 1,35 betrug.

Der Wert von m änderte sich während des Verdichtungshubes in weiten Grenzen; in der ersten Hälfte des Hubes ergab sich ein Mittelwert von 1,41, und in der zweiten Hälfte von 1,31. Die Umdrehungszahl betrug 180 Uml/min, so daß für die Verdichtung eine Zeit von 0,166 sek zur Verfügung stand. Das dem Wert $m = 1{,}35$ entsprechende Drucksteigerungsverhältnis ist als Punkt H in die Abb. 8 eingetragen. Trotz der Wirbelung war der anteilige Wärmeverlust bei der Maschine von Hopkinson offensichtlich geringer als bei der Verdichtungsmaschine. Diese Erscheinung läßt sich aber leicht auf den erheblichen Unterschied in den Zylinderabmessungen zurückführen; die Maschine von Hopkinson besaß eine Bohrung von 292 mm und einen Hub von 534 mm gegenüber 76 mm und 203 mm bei der Verdichtungsmaschine.

Man könnte bei einer Betrachtung der Abb. 8 zu der Ansicht kommen, daß bei Drehzahlen von 1000 Uml/min und darüber — entsprechend einer Verdichtungsdauer von 0,03 sek und darunter — das Drucksteigerungsverhältnis sich bereits eng an den durch die adiabatische Verdichtung bestimmten Wert anlehne. Bei diesem Trugschlusse würde man aber den Einfluß der Wirbelung übersehen. Die Wirkungen der Wirbelung und der Drehzahl kann man sich am besten an Hand der Zahlentafel 3 klarmachen. Die dort angegebenen Werte für den Exponenten m beziehen sich auf Verdichtungen von reiner Luft und sind bei verschiedenen Drehzahlen der Verdichtungsmaschine, ferner an einer Maschine mit Ventilsteuerung sowie einer Maschine mit Schiebersteuerung und regelbarem Wirbelungsgrad sorgfältig ermittelt. In einigen Fällen mag der Einfluß der Drehzahl bis zu einem gewissen Grade durch eine Änderung des Druckes vor der Verdichtung verschleiert werden, da eine genaue Kontrolle nicht immer möglich war; aber die Werte verhalten sich übereinstimmend und sind wahrscheinlich auf zwei Dezimalstellen genau.

Zahlentafel 3. Zahlenwerte für den Exponenten „m“ bei Luftverdichtung unter verschiedenen Bedingungen.

Räumliches Verdichtungsverhältnis	Drehzahl bzw. Verdichtungsdauer	Exponent m, beobachtet in Maschine			
		Eintakt-Verdichtungsmaschine	Ventilsteuerung	Schiebersteuerung, schwache Wirbelung	Schiebersteuerung, starke Wirbelung
6,09 : 1	0,1 sek	1,36	—	—	—
6,0 : 1	1500 Uml/min	—	1,375	—	—
13,8 : 1	0,1 sek	1,31	—	—	—
12,5 : 1	1000 Uml/min	—	1,32	—	—
12,5 : 1	1800 „	—	1,325	—	—
13,8 : 1	1000 „	—	—	1,305	1,29
13,8 : 1	1500 „	—	—	1,315	1,30

Ein Vergleich mit den Zahlenwerten des Drucksteigerungsverhältnisses der Abb. 8 zeigt zunächst, daß in der Ventilmaschine mit einem Verdichtungsverhältnis von 6 : 1 bei einer Drehzahl von 1500 Uml/min — entsprechend einer Verdichtungsdauer von 0,02 sek — der Wert für m mit 1,375 ungefähr gleich dem in der Verdichtungsmaschine ist, wenn deren Verdichtungsdauer 0,06 sek beträgt. Mit anderen Worten, die Wirbelung muß die Geschwindigkeit des Wärmeverlustes im Verhältnis der beiden Verdichtungszeiten $\frac{0,06}{0,02}$ verdreifacht haben.

In den beiden letzten Spalten wird der Einfluß der Wirbelung noch auf eine andere Weise veranschaulicht. Diese Zahlenwerte wurden an einer Maschine mit Schiebersteuerung ermittelt, bei der durch die Ausbildung der Zylindereinlaßorgane die Luft in eine kräftige Drehbewegung um die Zylinderachse versetzt wurde; die Geschwindigkeit dieser geordneten Wirbelbewegung konnte gemessen und nach Belieben verändert werden. Bei den mit „starke Wirbelung“ bezeichneten Bedingungen betrug die Drehgeschwindigkeit des Luftwirbels ungefähr 250 Uml/sek; bei „schwacher Wirbelung“ war sie ungefähr halb so groß. Verdoppelung der Wirbelgeschwindigkeit verringerte unter sonst unveränderten Bedingungen das Drucksteigerungsverhältnis der Verdichtung um 4 v. H. bei den beiden angegebenen Maschinendrehzahlen. Auch zwischen der Verdichtungsmaschine und der Schiebermaschine läßt sich ein interessanter Vergleich ziehen; bei gleichem Verdichtungsverhältnis von 13,8 : 1 ergab die Verdichtungsmaschine, wenn ruhende Luft in 0,1 sek verdichtet wurde, innerhalb der erreichbaren Genauigkeit den gleichen Wert für das Drucksteigerungsverhältnis wie die Schiebermaschine bei schwacher Wirbelung und einer Verdichtungsdauer von 0,025 sek. Hieraus kann man schließen, daß der geordnete Luftwirbel die Geschwindigkeit des Wärmeverlustes im Verhältnis der beiden Verdichtungszeiten $\frac{0,1}{0,025}$ auf das Vierfache des bei Verdichtung von ruhender Luft auftretenden Wertes vergrößert hat; man vergleiche hiermit die Verdreifachung des Wärmeverlustes durch die „turbulente“, d. i. ungeordnete Wirbelung bei der Ventilmaschine. Es sei indessen bemerkt, daß diesem Vergleich, soweit die Schiebermaschine in Frage kommt, eine gewisse Unsicherheit über das tatsächliche Verdichtungsverhältnis anhaftet. Gemessen wurde ein Verdichtungsverhältnis von 13,8 : 1, aber die Indikatordiagramme ließen nicht mit Sicherheit den Augenblick erkennen, wo der Zylinderdruck gleich dem atmosphärischen Druck war.

Ausreichende Unterlagen zur Wahl der geeignetsten Mittelwerte für den Exponenten m in jeder der drei obigen Gruppen sind nunmehr vorhanden.

Für die Festsetzung des Zahlenwertes in der ersten Gruppe kann man davon ausgehen, daß der an der Verdichtungsmaschine ermittelte Wert von m bei einem chemisch genauem Benzin-Luftgemisch gleich 1,31 war, wenn die Verdichtungsdauer 0,1 sek betrug, und daß dieser Wert auf 1,36 stieg, wenn nur Luft verdichtet wurde. Im Vergleich zu dem Wert 1,375 für die Verdichtung reiner Luft bei einem Verdichtungsverhältnis von 6:1 und 1500 Uml/min kann $m = 1{,}33$ als der beste Mittelwert für schnellaufende Benzinmaschinen der ersten Gruppe, bei der die Drehzahlen im allgemeinen über 1500 Uml/min liegen, angenommen werden. Allerdings ist der Vorbehalt zu machen, daß der richtige Wert für m bei brennstoffreichen Benzin-Luftgemischen auf 1,31 sinken und bei brennstoffarmen auf 1,335 bis 1,34 steigen kann.

Für die zweite Gruppe kann man $m = 1{,}37$ annehmen. Denn der Wert von 1,375 wurde bei reiner Luft und einem Verdichtungsverhältnis von 6:1 durch Versuch ermittelt; ferner ist zu erwarten, daß durch den Einfluß des Methans im Leuchtgas sowie in geringem Maße auch durch den Abgasrest der Wert $(k - 1)$ der Gleichung (8) um etwa 1,5 bis 2 v. H. gesenkt wird. Die Drehzahlen von Gasmaschinen liegen in den meisten Fällen weit unter 1500 Uml/min; bei dieser Drehzahl wurde der Wert der Zahlentafel 3 ermittelt, aber als Ausgleich sind die Zylinderabmessungen bei Gasmaschinen größer. Diese beiden Faktoren beeinflussen den Wärmeverlust während der Verdichtung in entgegengesetzter Richtung, und es dürfte daher berechtigt sein, den Wert der Zahlentafel 3 mit der obigen kleinen Änderung auf die ganze Gruppe der Gasmaschinen mit genügender Genauigkeit anzuwenden.

Die dritte Gruppe muß nach Maschinen mit Ventilsteuerung und Maschinen mit Schieber- oder Schlitzsteuerung unterteilt werden; denn unter den hochverdichtenden Maschinen mit Brennstoffeinspritzung stellen die Maschinen mit Schiebersteuerung den Typus der Maschine mit hoher Wirbelung dar. Ein angemessener Wert wird hier $m = 1{,}30$ sein, während bei der entsprechenden Ventilmaschine der beste Mittelwert eher bei 1,32 liegt.

Wohlverstanden bilden diese Zahlen nur ganz rohe Durchschnittswerte von m für den praktischen Zweck der Berechnung von Verdichtungsenddrücken und -Temperaturen. Hierbei ist die Voraussetzung gemacht, daß das volle Verdichtungsverhältnis auch tatsächlich erreicht wird und der Zylinderdruck zu Beginn der Verdichtung gleich dem atmosphärischen Druck ist. Die Werte von m werden sowohl durch den Wärmeverlust als auch durch die spezifische Wärme der Gase während der Verdichtung in dem angegebenenen Umfang beeinflußt; aber auch die Ventileinstellung und die Ausbildung der Ansaugleitung können einen ebenso großen Einfluß wie einer dieser Faktoren auf den bei der einzelnen Maschine tatsächlich erreichten Verdichtungsenddruck besitzen.

12. Die Berechnung der Kreisprozeßtemperaturen.

In diesem Abschnitt wird die Berechnung der Verbrennungstemperaturen und Endtemperaturen nach der Ausdehnung unter der Annahme, daß keine Dissoziation stattfindet, gezeigt und lediglich die Beeinflussung der Verbrennungstemperaturen durch Dissoziation festgestellt. Gleichzeitig bilden diese Berechnungen die Grundlage für die im nächsten Kapitel behandelten Verfahren, den genauen Zustand des Arbeitsstoffes in einer Maschine unter Berücksichtigung der Dissoziation zu ermitteln.

Zunächst sei angenommen, daß die Maschine ein Verdichtungsverhältnis von 5 : 1 besitzt und mit dem typischen Kohlenwasserstoff Benzol (C_6H_6) betrieben wird; das Brennstoff-Luftgemisch soll vor der Verdichtung normalen atmosphärischen Druck von 760 mm Hg und eine Temperatur von 100° C besitzen.

Wird Benzol mit Luft im chemisch genauen Mischungsverhältnis gemischt und der gesamte Gehalt an C zu CO_2 und an H zu H_2O verbrannt, so beträgt die durch die Verbrennung eines Mol Brennstoffluftgemisches erzeugte Wärmemenge Q_1

$$Q_1 = 20700 \text{ kcal/Mol.}$$

Wird die dem Brennstoff-Luftgemisch durch die vorausgehende Verdichtung zugeführte Wärmeenergie mit Q_c und der innere Energieinhalt der aus einem Mol ursprünglichen Brennstoff-Luftgemisches entstandenen Verbrennungsprodukte bei der absoluten Temperatur T mit E_T bezeichnet, dann gilt:

$$E_T = Q_1 + Q_c \text{ kcal/Mol.}$$

E_T wird von dem willkürlichen Nullpunkt von 100° C aus gemessen, und Q_c stellt natürlich die während der Verdichtung des Gemisches verrichtete Arbeit dar. Für das chemisch genaue Mischungsverhältnis des Benzol-Luftgemisches und bei dem Verdichtungsverhältnis von 5:1 beträgt

$$Q_c = 1590 \text{ kcal/Mol.}$$

Daher ergibt sich bei der Temperatur T_3 der Energiegehalt E_{T3} zu

$$E_{T3} = 20700 + 1590 = 22290 \text{ kcal/Mol.}$$

Um die Höchsttemperatur T_3 des Kreisprozesses (vgl. Abb. 2) zu berechnen, müssen wir die mittlere spezifische Wärme der Verbrennungsprodukte in einem Temperaturbereich zwischen 100° C und der Höchsttemperatur kennen. Hierbei kann die mittlere spezifische Wärme des Brennstoff-Luftgemisches während der adiabatischen Verdichtung mit genügender Genauigkeit gleich der der Verbrennungsprodukte bis zur Verdichtungstemperatur angenommen werden. Bei Maschinenberechnungen arbeitet es sich mit Volumeneinheiten des Arbeitsstoffes angenehmer als mit Gewichtseinheiten; als Einheit wählt man zweckmäßig das Mol, dessen Volumen im Normalzustand für alle Gase 22,4 m^3 beträgt, und drückt die auf das Mol bezogene spezifische Wärme als „Molekularwärme" C_v und C_p in kcal/Mol °C aus. Die mittlere Molekularwärme des Gemenges der Verbrennungsprodukte in einer Maschine kann aus den mittleren Molekularwärmen von N_2, CO_2 und H_2O, die in Zahlentafel 10 angegeben sind, berechnet werden; statt dessen kann sie auch einer Kurve, die in Abb. 13 für die Verbrennungsprodukte eines Benzol-Luftgemisches von chemisch genauem Mischungsverhältnis aufgezeichnet ist, entnommen werden.

E_T kann für die Verbrennungsprodukte eines Mol ursprünglichen Gemisches innerhalb eines Temperaturbereiches von 100° C bis zu einer zwischen 2000° C bis 3000° C liegenden Höchsttemperatur T mit guter Genauigkeit durch eine Gleichung ausgedrückt werden:

$$E_T = 549\left(\frac{T-373}{100}\right) + 7{,}03\left(\frac{T-373}{100}\right)^2 . \tag{21}$$

Die absolute Höchsttemperatur T_3 ist daher gegeben durch

$$22290 = 549\left(\frac{T_3-373}{100}\right) + 7{,}03\left(\frac{T_3-373}{100}\right)^2,$$

hieraus folgt

$$T_3 = 3321^0 \text{ abs} = 3048^0 \text{ C}.$$

Während des Ausdehnungshubes fällt die Temperatur des Arbeitsstoffes um mehr als 1000° C, und die Molekularwärme der Gase ändert sich erheblich während dieses Vorganges. Es muß sich also auch der Wert von k, wenn die Ausdehnungskurven durch eine Beziehung von $p\,v^k =$ konst dargestellt werden soll, sehr beträchtlich ändern. Aber die Endtemperatur T_4 kann mit einer kleinen Einbuße an Genauigkeit nach einer Methode ermittelt werden, bei der man einen mittleren konstanten Wert von k für die ganze Ausdehnung entsprechend einem mittleren C_v annimmt. Die Berechnung geschieht in der Weise, daß man zunächst einen Wert für k schätzt, die Temperatur T_4 aus der Gleichung (16) berechnet, wobei

$$T_4 = \frac{T_3}{5k-1}$$

ist, und dann den mittleren Wert $C_{v\,m}$, welcher der gefundenen Temperatur entspricht, findet. Hierzu wird erst E_{T_4} aus der Gleichung (21) bestimmt und dann die Beziehung benutzt:

$$C_{v\,m} = \frac{E_{T_3} - E_{T_4}}{T_3 - T_4}$$

Schließlich ist k entsprechend diesem Wert von $C_{v\,m}$ aus Gleichung (8) zu ermitteln; falls der gefundene Wert nicht mit dem vorher geschätzten Wert übereinstimmt, wird die Berechnung mit dem neuen Wert von k noch einmal durchgeführt.

Z. B. sei $k = 1{,}225$ angenommen. Dann ist

$$T_4 = 3321 \cdot \frac{1}{5^{0,225}} = 2313^0\,\text{abs} = 2040\,^0\text{C},$$

$$E_{T_4} = 549 \cdot 19{,}40 + 7{,}03 \cdot (19{,}40)^2 \quad \text{(aus Gleichung 21)}$$
$$= 10650 + 2650 = 13300\ \text{kcal/Mol.}$$

Der Mittelwert $C_{v\,m}$ zwischen T_3 und T_4 ist

$$C_{v\,m} = \frac{22290 - 13300}{2331 - 2313} = 8{,}920\ \text{kcal/Mol}\,^0\text{C}$$

und hieraus

$$k = 1 + \frac{2{,}01\,*}{8{,}920} = 1{,}2255.$$

Wenn man die Berechnung noch einmal mit dem Wert $k = 1{,}2255$ durchführt, erhält man eine Temperatur $T_4 = 2311^0$ abs, und der nunmehr gefundene Wert von k stimmt genau mit dem Ausgangswert überein.

Die Endtemperatur des berechneten Kreisprozesses beträgt also 2038^0 C und E_{T_4} ergibt sich zu 13280 kcal/Mol.

Hieraus erhält man die während der adiabatischen Ausdehnung verrichtete Arbeit:

$$E_{T_3} - E_{T_4} = 22900 - 13280 = 9010\ \text{kcal/Mol.}$$

Die während des Kreisprozesses verrichtete Arbeit AL ist gleich der Differenz zwischen der während der Ausdehnung verrichteten und der für die Verdichtung benötigten Arbeit:

$AL = 9010 - 1590 = 7240$ kcal/Mol ursprüngliches Gemisch.

Wenn die je Arbeitsspiel verrichtete Arbeit AL durch die Verbrennungswärme Q_1 des Benzol-Luftgemisches dividiert wird, ergibt sich der theoretische Wirkungsgrad η_{th} in diesem Beispiel zu

$$\eta_{\text{th}} = \frac{AL}{Q_1} = \frac{7240}{20700} = 35{,}8\ \text{v. H.}$$

Die bisherigen Berechnungen beruhen auf der Annahme, daß der volle Betrag der Verbrennungswärme des Benzol-Luftgemisches von 20700 kcal/Mol auch tatsächlich zur Entwicklung kommt, wenn die Entflammung stattfindet. Werden indessen CO_2-Moleküle und H_2O-Moleküle auf die im Maschinenzylinder erzeugten, sehr hohen Temperaturen erhitzt, so wird eine bestimmte Anzahl der insgesamt vorhandenen Moleküle, die von der herrschenden Temperatur und in geringerem Grade von dem vorhandenen Druck abhängt, nach den Gleichungen aufgespalten:

$$2\,CO_2 \rightleftarrows 2\,CO + O_2 \qquad (22)$$

$$2\,H_2O \rightleftarrows 2\,H_2 + O_2 \qquad (23)$$

---

* $2{,}01 = 1{,}985 \cdot 1{,}013$. Da die Anzahl der im Gemisch vorhandenen Moleküle um 1,3 v. H. während der Verbrennung zugenommen hat (vgl. Abschnitt 5 und Gleichung [29] in Abschnitt 22), entspricht der Wert $C_{v\,m} = 8{,}920$ nicht 1 Mol, sondern 1,013 Mol Verbrennungsprodukte.

Es bildet sich dann ein „chemischer Gleichgewichtszustand", in dem das vollständige Molekül und seine Bestandteile nebeneinander in bestimmten festen Verhältnissen, die hauptsächlich von der Temperatur abhängen, vorkommen.

Wird also ein Gemisch aus Luft und einem beliebigen Kohlenwasserstoff verbrannt, so tritt — falls die Temperatur hoch genug wird — ein Punkt auf, bei dem die Wärme erzeugende Vereinigung des Sauerstoffes mit Kohlenstoff und Wasserstoff aufhört, obwohl sie erst teilweise durchgeführt ist. Bei der höchsten Temperatur werden also nicht nur CO_2 und H_2O, sondern auch CO, O_2 und H_2 in ungebundenem Zustand vorhanden sein. Bei diesen hohen Temperaturen können die fünf Gase in einem Gleichgewicht nebeneinander bestehen; die erreichte Temperatur wird niedriger sein als die oben berechnete Temperatur von 3048^0 C, weil die Hemmung der erst teilweise durchgeführten Oxydation von Kohlenstoff und Wasserstoff darauf hinausläuft, daß der volle Betrag der Verbrennungswärme noch nicht bei der höchsten Temperatur entwickelt worden ist. Sinkt die Temperatur des Zylinderinhaltes infolge der Ausdehnung unter den Höchstwert, nimmt der Teil von CO_2 und H_2O, der in dissoziiertem Zustand bestehen kann, äußerst schnell ab; der gesamte Kohlenstoff und Wasserstoff wird bald vollständig oxydiert, natürlich nur dann, wenn nicht etwa ein Überschuß von Brennstoff vorhanden ist, so daß es an genügenden Sauerstoffmengen zur vollständigen Verbrennung des Kohlenstoffes und Wasserstoffes mangelt. Die Methode, um den bei der höchsten Temperatur unter Berücksichtigung der Dissoziation tatsächlich entwickelten Wärmebetrag zu berechnen, wird im nächsten Kapitel erklärt werden. Bei dem im Beispiel angenommenen Benzol-Luftgemisch mit chemisch genauem Mischungsverhältnis beträgt die höchste Verbrennungstemperatur unter Berücksichtigung der Dissoziation 2755^0 C statt 3048^0 C ohne Berücksichtigung der Dissoziation, so daß die Höchsttemperatur um rund 300^0 C durch die Dissoziation gesenkt wird.

13. Vergleich von drei Arbeitsverfahren.

Die im letzten Abschnitt erörterten Methoden ermöglichen die Berechnung der Temperatur an beliebigen Punkten des Kreisprozesses mit Ausnahme der genauen Verbrennungstemperatur, falls die Dissoziation zu berücksichtigen ist. In diesem Abschnitt werden drei typische Arbeitsverfahren untersucht und die Drücke und Temperaturen für jeden bedeutsamen Punkt des Diagrammes berechnet. Der Einfluß der Dissoziation wird wie im letzten Abschnitt lediglich zahlenmäßig festgestellt und für die Berechnung auf das Ende des Kapitels III verwiesen.

Folgende drei Arbeitsverfahren sollen untersucht werden:

1. Vergasermaschine mit einem Verdichtungsverhältnis von 5 : 1;
2. Gasmaschine mit einem Verdichtungsverhältnis von 7 : 1;
3. Maschine mit Verdichtungszündung und einem Verdichtungsverhältnis von 12 : 1.

Obgleich die berechneten Diagramme der Bedingung, daß kein Wärmeverlust an die Zylinderwandungen auftritt, unterliegen, kommen sie in anderer Hinsicht den wirklichen Verhältnissen ziemlich nahe und ermöglichen einen interessanten Vergleich der bei diesen drei Maschinenarten zu erwartenden Drücke und Temperaturen. Die Wärmezufuhr durch Verbrennung des Brennstoffes ist bei den drei Arbeitsverfahren nicht gleich. Bei dem ersten Verfahren wird angenommen, daß die Wärme durch Verbrennung eines chemisch genauen Benzol-Luftgemisches erzeugt wird. Bei dem zweiten Verfahren wird die Verbrennung eines chemisch genauen Gemisches aus Luft und dem typischen Leuchtgas, dessen Zusammensetzung aus Zahlentafel 5 zu ersehen ist, vorausgesetzt. Für das dritte Verfahren wird angenommen, daß nur soviel Brennstoff in den Zylinder gespritzt wird, um mit 80 v. H. der im Zylinder enthaltenen Luft in Verbindung zu gehen. Diese Voraussetzung bringt das berechnete Diagramm den wirklichen Verhältnissen näher; denn bis jetzt war es im praktischen Betrieb einer Maschine mit Verdichtungszündung nicht möglich, mehr als ungefähr 75 v. H. der im Zylinder enthaltenen Luft zu verbrauchen.

Die Diagramme für die einzelnen Verfahren stehen in Abb. 9 nebeneinander, sie besitzen gleiche Hublänge und gleichen Druckmaßstab. Die Bedingungen zu Beginn der Verdichtung sind in allen Diagrammen als gleich mit 760 mm Hg und 100° C angenommen. Dem könnte man entgegenhalten, daß die Anfangstemperaturen bei den drei Verfahren im praktischen Betrieb wahrscheinlich nicht gleich sind. Das ist richtig; im Abschnitt 36 wird gezeigt, daß der Wert von 100° C ungefähr auf die Gasmaschine mit einem Verdichtungsverhältnis von 7 : 1 zutrifft, während bei den geringeren Verdichtungsverhältnissen der Vergasermaschine der größere Anteil der heißen Restgase im Zylinder eher einen Wert von 120° C als wahrscheinlich erscheinen läßt. Umgekehrt wird bei der Maschine mit Verdichtungszündung die Anfangstemperatur entsprechend unter 100° C liegen. Jedenfalls können für den beabsichtigten, vorläufigen Vergleich auch viele Gründe angegeben werden, die zugunsten der Annahme einer gemeinsamen Anfangstemperatur sprechen. Zum Beispiel wird hierdurch zum Ausdruck gebracht, daß mit zunehmendem Verdichtungsverhältnis ein stetiger Abfall der Höchsttemperatur auftritt; die berechneten Unterschiede würden durch Annahme von Anfangstemperaturen, die dem jeweiligen Verdichtungsverhältnis näher angepaßt sind, etwas größer ausfallen. Wäre der Einfluß der Dissoziation bei der

Aufstellung der Diagramme nicht berücksichtigt worden, so würden sich bei den drei Verfahren Höchsttemperaturen von 3048° C — wie im letzten Abschnitt ermittelt —, von 2800° C und von 2700° C ergeben. Es sei darauf hingewiesen, daß natürlich der Abfall der Höchsttemperatur bei zunehmendem Verdichtungsverhältnis nicht auf die Steigerung des Verdichtungsverhältnisses an sich, sondern auf andere hiermit zufällig einherlaufende Bedingungen zurückzuführen ist.

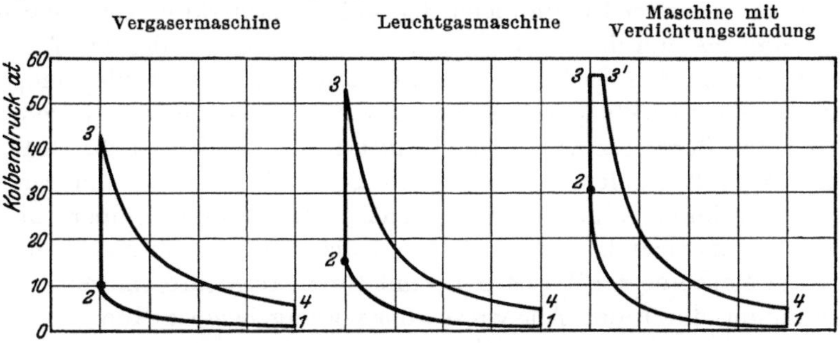

Abb. 9. Berechnete Diagramme von drei typischen Arbeitsverfahren.

	Vergasermaschine	Leuchtgasmaschine	Maschine mit Verdichtungszündung
Verdichtungsverhältnis	5 : 1	7 : 1	12 : 1
Temperatur in Punkt 2	372° C	508° C	683° C
Druck in Punkt 2 .	9 at	15,1 at	31,7 at
Temperatur in Punkt 3	2755° C	2705° C	—
Druck in Punkt 3 .	43,2 at	54,8 at	56,2 at
Temperatur in Punkt 3	—	—	2570° C
Druck in Punkt 3 .	—	—	56,2 at
Temperatur in Punkt 4	1822° C	1603° C	1495° C
Druck in Punkt 4 .	6,01 at	4,95 at	5,02 at
Exponent k_m während der Ausdehnung	1,226	1,237	1,245

Unter Berücksichtigung der Eigenschaften des wirklichen Arbeitsstoffes und der Dissoziation errechnet, Verdichtung und Ausdehnung verlaufen adiabatisch. Anfangsdruck p_1 = 1,033 at, Anfangstemperatur t_1 = 100° C.

Bei der Gasmaschine wird je Mol chemisch genauen Brennstoff-Luftgemisches weniger Wärme erzeugt als bei der Vergasermaschine; bei der Maschine mit Verdichtungszündung ist die Voraussetzung gemacht, daß nur soviel Brennstoff in den Zylinder eingespritzt wird, um mit 80 v. H. der im Zylinder enthaltenen Luft in Verbindung zu gehen. Auch wird bei dem letzten Arbeitsverfahren ein Teil der Verbrennungswärme während der Gleichdruckausdehnung in Arbeit verwandelt und bleibt für die Erhöhung der Gastemperatur unwirksam. Diese Gleichdruck ausdehnung während der Verbrennung vermindert das adiabatische Ausdehnungsverhältnis von 12:1 auf 6,95:1; trotzdem liegt die Endtemperatur T_4 noch um rund 100° C unter der der Gasmaschine und um rund 300° C unter der der Vergasermaschine. Die geringeren Abgastemperaturen des Verfahrens mit Verdichtungszündung sind für den praktischen Betrieb sehr beachtlich, ebenso wie auch der im allgemeinen kühlere Zylinderzustand während des Vollastbetriebes von Bedeutung ist.

Die bei den drei Diagrammen der Abb. 9 vermerkten Temperaturen sollen zunächst nur die unterschiedlichen Eigenschaften der drei Arbeitsverfahren zum Ausdruck bringen. Sie stellen nicht etwa die Temperaturen in einer wirklichen Maschine dar, wie sie so genau als möglich unter voller Berücksichtigung der praktischen Verhältnisse durch Rechnung ermittelt werden können. Zum Beispiel erschien — neben der bereits erwähnten Annahme einer gemeinsamen Anfangstemperatur von 100° C — aus Gründen der Einfachheit die Voraussetzung ratsam, daß bei jeder Maschine der Zylinder nur mit Brennstoff-Luftgemisch — ohne Verdünnung durch den Abgasrest vom vorhergehenden Hub — gefüllt ist. Dies hat den Vorteil, daß die berechneten Temperaturen die gleichen sind wie die in Kapitel III ermittelten Werte, wo die Verbrennung bestimmter Brennstoff-Luftgemische an Hand der chemischen Gleichungen (28 u. 29) näher behandelt wird. Man bedenke, daß sich Abgasreste in der Zylinderladung in einer beträchtlichen Senkung der Höchsttemperatur auswirken. Bei einem Verdichtungsverhältnis von 5:1 stehen während der Verdichtung Abgasrest und frische Gemischladung im Gewichtsverhältnis von 1:13 (vgl. Zahlentafel 20); in erster Annäherung wird daher der Temperaturanstieg während der Verbrennung durch den Einfluß dieses „inerten" Gasballastes im Verhältnis 13:14 — das sind ungefähr 170° C — verringert. Bei größeren Verdichtungsverhältnissen macht sich die Wirkung der Restgase weniger geltend. Die Methoden des Kapitels III können auf die Berechnung der tatsächlich auftretenden Höchsttemperatur in beliebigen Einzelfällen angewendet werden, sobald die Bedingungen bezüglich Verdichtungsverhältnis, Mischungsverhältnis usw. festliegen.

Die Anwesenheit von Restgasen in der Zylinderladung ist im Zusammenhang mit dem Vorgang der Detonation von großer Bedeutung (vgl. Kapitel VI). An dieser Stelle sei darauf hingewiesen, daß jedes Hunderstel Restgase, welches das frische Brennstoff-Luftgemisch verdünnt, den Temperaturanstieg während der Verbrennung in gleichem Verhältnis — d. h. um etwa 20° C und mehr — vermindert.

Je höher die Höchsttemperatur bei den drei Verfahren der Abb. 9 liegt, um so größer wird auch die mittlere Molekularwärme der sich ausdehnenden Gase sein; diese Tatsache kommt in den fallenden Werten des mittleren Ausdehnungs-Exponenten k_m, die bei den Diagrammen vermerkt sind, zum Ausdruck. Die Endtemperaturen und die Werte für k_m während der Ausdehnung sind nach der im letzten Abschnitt beschriebenen Methode ermittelt; hierbei wurde von den unter Berücksichtigung der Dissoziation errechneten Höchsttemperaturen, die gleichfalls bei dem Diagramm vermerkt sind, ausgegangen.

Während der Verdichtung entspricht der Zahlenwert des Exponenten k_m der mittleren Molekularwärme $C_{v\,m}$ im jeweiligen Temperaturbereich des Benzol-Luftgemisches beim ersten Arbeitsverfahren, des Leuchtgas-Luftgemisches beim zweiten Arbeitsverfahren und der reinen Luft beim dritten Arbeitsverfahren. Die einzelnen Zahlenwerte für $C_{v\,m}$ und k_m während der Verdichtung sind für die drei Verfahren der Abb. 9 in der Zahlentafel 4 gegenüber gestellt.

Zahlentafel 4. Zahlenwerte für $C_{v\,m}$ und k_m während des Verdichtungshubes der drei Verfahren.

Arbeitsverfahren	Verdichtetes Gas	Verdichtungsverhältnis	Temperaturbereich von 100° C bis °C	Mittlere Molekularwärme C_{vm} kcal/Mol °C	Exponent k_m	Adiabatische Verdichtungswärme kcal/Mol
1	Luft + Benzoldampf	5 : 1	372	5,83	1,3405	1590
2	Luft + Leuchtgas	7 : 1	508	5,22	1,380	2130
3	reine Luft	12 : 1	683	5,24	1,379	3055

Außer dem Verdichtungsverhältnis und dem Temperaturanstieg wirkt eine Änderung in der Gesamtzahl der während der Verbrennung im Zylinder vorhandenen Moleküle auf die Höchsttemperaturen bei den beiden ersten Verfahren ein. Die Änderung wird beim ersten Verfahren durch einen Zuwachs von 3,5 v. H. und beim zweiten Verfahren durch eine Abnahme von 5 v. H. gebildet. Auf diese Werte übt natürlich auch die Dissoziation ihren Einfluß aus, indem die Anzahl der bei der Höchsttemperatur vorhandenen Moleküle gegenüber der Molekülzahl ohne Dissoziation vergrößert wird. Dieser Punkt wird nach dem Studium des nächsten Kapitels klar werden.

III. Brennstoffe und ihre Verbrennung.

14. Die Verbrennungsgleichungen.

Von den beiden Hauptbestandteilen der Luft hat Stickstoff als „schlafender Partner" an den chemischen Reaktionen, die sich in einem Maschinenzylinder abspielen, keinen tätigen Anteil. Er wird lediglich angesaugt, durch die aktiven Vorgänge des Sauerstoffes erhitzt und ohne nennenswerte chemische Veränderungen nach der Ausdehnung durch das Auslaßventil wieder ausgestoßen. Es ist gut, sich von Anfang an klar zu machen, daß dem Gewicht nach nahezu drei Viertel des gasförmigen Arbeitsstoffes im Maschinenzylinder aus diesem inerten Stickstoff bestehen.

Während des als Verbrennung bezeichneten Vorganges — gleichgültig, ob es sich um Kohle bei einer Feuerung oder um Brennstoff in einer Maschine handelt — geht „der aktive Partner" Sauerstoff chemische Verbindungen mit den Elementen des Brennstoffes ein. Diese werden hierbei unter gleichzeitiger Entwicklung einer bestimmten Wärmemenge, die von der Art des Brennstoffes abhängt, oxydiert. Gewöhnlich spricht man von einer Verbrennung des Brennstoffes; aber es liegt kein Grund vor, warum man nicht mit demselben Recht auch von einer Verbrennung der Luft sprechen sollte, und es ist in manchen Fällen bequemer, die Luft als den verbrennenden Teil anzunehmen. Man sagt z. B. von einem Feuer, daß es keine Wärme mehr liefert, wenn der Brennstoff vollständig verbrannt ist, weil die Verbrennungsluft in unbegrenzten Mengen verfügbar ist. In einem Maschinenzylinder ist auf der anderen Seite die Menge der verfügbaren Luft beschränkt, und man hat häufig mit einem Überschuß an Brennstoff — in der landläufigen Ausdrucksweise mit einem „reichen Gemisch" — zu tun; unter diesen Verhältnissen wird der Grenzbetrag der Wärmeentwicklung erreicht, wenn die gesamte Luft verbrannt ist, und der Überschuß an Brennstoff geht in unverbranntem oder teilweise verbranntem Zustand durch das Auslaßventil nutzlos ins Freie.

Die beiden Elemente Kohlenstoff und Wasserstoff bilden den Hauptteil aller Brennstoffe. Hiervon verbrennt der Wasserstoff nur zu Wasser; aber Kohlenstoff kann in einer vollständigen Verbrennung zu Kohlensäure (CO_2) oder in einer Teilverbrennung, falls es an Sauerstoff mangelt, zu Kohlenoxyd (CO) oxydiert werden.

Die verschiedenen Verbrennungsvorgänge und die hierbei entwickelten Wärmemengen werden symbolisch in Form nachstehender „Verbrennungsgleichungen" ausgedrückt:

$$\underset{(12)}{C} + \underset{(32)}{O_2} = \underset{(44)}{CO_2} + 97\,300 \text{ kcal} \tag{24}$$

$$\underset{(24)}{2\,C} + \underset{(32)}{O_2} = \underset{(56)}{2\,CO} + 58\,000 \text{ kcal} \tag{25}$$

$$\underset{(56)}{2\,CO} + \underset{(32)}{O_2} = \underset{(88)}{2\,CO_2} + 136\,600 \text{ kcal} \tag{26}$$

$$\underset{(4)}{2\,H_2} + \underset{(32)}{O_2} = \underset{(36)}{2\,H_2O} + 116\,200 \text{ kcal} \tag{27}$$

Jeder Buchstabe in den chemischen Gleichungen stellt ein Atom Kohlenstoff, Sauerstoff, Wasserstoff oder eines anderen Elementes dar;

die in Klammern vermerkten Zahlen, die man durch Multiplikation der Atomgewichte mit der Anzahl der vorhandenen Atome erhält, drücken die in Verbindung gehenden Gewichtsverhältnisse jedes reagierenden Körpers aus. Das Atom Sauerstoff kann niemals in freiem Zustande, sondern nur als Molekül O_2 bestehen; daher geben die Gleichungen (25 bis 27) die kleinste Brennstoffmenge wieder, die zur Verbindung mit einem Molekül Sauerstoff als der kleinsten ungebunden vorkommenden Einheit erforderlich ist.

Die in Klammern vermerkten Zahlen geben neben den Gewichtsverhältnissen auch die tatsächlichen Gewichte der reagierenden Stoffe in kg an, durch welche die auf der rechten Seite der Gleichung stehenden Wärmemengen in kcal erzeugt werden. Alle reagierenden Stoffe in den Gleichungen (26 u. 27) sind Gase, und das Volumen eines jeden Gases ist nach dem Gesetz von Avogadro der Molekülzahl proportional. Daher verbinden sich zwei Volumina CO mit einem Volumen O_2, um zwei Volumina CO_2 zu bilden. Wählt man überdies als Volumeneinheit das Kilogrammolekül oder Mol (vgl. Abschnitt 4), so drücken die Gleichungen (24 bis 27) sowohl sich verbindende Gewichte als auch sich verbindende Volumina aus, und der gleiche Zahlenwert der Reaktionswärme bleibt richtig, wie auch die Gleichung zu bequemster Verwendung im Einzelfall ausgelegt wird. Hierin liegt der besondere Vorteil, den das Mol als Einheit bietet. Z.B. besagt die Gleichung (27), daß 4 kg Wasserstoff mit 32 kg Sauerstoff in Verbindung gehen, um 36 kg Wasser zu bilden und hierbei 116200 kcal zu entwickeln, oder daß sich 2 Mol Wasserstoff — $2 \cdot 22{,}4$ m³ — mit 1 Mol Sauerstoff — $1 \cdot 22{,}4$ m³ — verbinden, um 2 Mol Wasserdampf — $2 \cdot 22{,}4$ m³ — mit der gleichen Wärmeentwicklung von 116200 kcal zu ergeben.

Da nach der Definition 1 Mol eines beliebigen Gases ein Gewicht gleich dem Molekulargewicht des betreffenden Gases besitzt, so folgt, daß die Anzahl der Mol in einer beliebigen Gleichung gleich der Anzahl der Moleküle ist und abgelesen werden kann, wenn die Gleichung richtig niedergeschrieben ist. Die oben in m³ angegebenen Volumina beziehen sich auf den Normalzustand von 0^0 C und 760 mm Hg und sind an jener Stelle lediglich hinzugesetzt, um den Leser daran zu erinnern, daß das Mol jederzeit in eine der Vorstellung vertraute Menge umgewandelt werden kann; im allgemeinen besteht durchaus keine Notwendigkeit, die Gleichungen durch derartige Zusätze zu erschweren.

In der Gleichung (27) ist angenommen, daß das erzeugte Wasser in Dampfform verbleibt; denn in diesem Zustand verläßt es auch die Brennkraftmaschine. Falls man den Dampf abkühlen und kondensieren läßt, drückt die Gleichung natürlich keine Volumina mehr aus, obwohl die in Verbindung gehenden Gewichte unverändert verwandt werden können. Man beachte indessen, daß ein zusätzlicher Wärmebetrag infolge der Verdampfungswärme an die Umgebung abgegeben wird. Die Verdampfungswärme beläuft sich auf 539 kcal/kg, wenn die Kondensation bei atmosphärischem Druck vom 760 mm Hg vor sich geht; man muß daher einen weiteren Betrag von $36 \cdot 539 = 19\,400$ kcal der Reaktionswärme zuschlagen, falls man den Dampf nach seiner Bildung abkühlen läßt.

Errechnet man aus den obigen Gleichungen (24, 25 u. 27) die durch Verbrennung von 1 kg Wasserstoff bzw. Kohlenstoff entwickelten Wärmemengen, so erhält man:

Die Verbrennung von	1 kg	Wasserstoff zu	H_2O (Dampfform)	liefert	29 050 kcal
,, ,, ,,	1 ,,	Kohlenstoff zu	CO_2	,,	8130 ,,
,, ,, ,,	1 ,,	Kohlenstoff zu	CO	,,	2450 ,, .

Bemerkenswert ist hier die sehr große Verbrennungswärme des Wasserstoffes, wenn diese mit der von Kohlenstoff unter Beziehung auf das Gewicht verglichen wird. Auch auf die Teilverbrennung des Kohlenstoffes zu Kohlenoxyd sei hingewiesen, die im Verhältnis zur gesamten Verbrennungswärme des Kohlenstoffes bei der Kohlensäurebildung nur eine geringe Wärmemenge liefert. Der hohe Heizwert des Wasserstoffes ist von großer Bedeutung für die leichtflüchtigen Brennstoffe der Brennkraftmaschinen; denn die in vieler Hinsicht einen idealen Brennstoff darstellenden aromatischen Kohlenwasserstoffe (vgl. Abschnitt 16) bleiben in dem auf 1 kg bezogenen Heizwert in einem Ausmaß von etwa 10 v. H. hinter den Brennstoffen der Paraffinreihe zurück, da das Verhältnis von Wasserstoff zu Kohlenstoff in ihren Molekülen kleiner ist.

15. Gasförmige Brennstoffe.

Für Krafterzeugung kommen ungefähr sechs verschiedene Arten von gasförmigen Brennstoffen in Frage; sie sind in Zahlentafel 5 zum Vergleich ihrer verschiedenen Zusammensetzungen gegenübergestellt. Die für ihre Bestandteile angegebenen Hundertstel stellen nicht mehr als rohe Durchschnittswerte dar, da die Zusammensetzung jeder Gasart je nach den besonderen Erzeugungsbedingungen in weiten Grenzen schwankt.

Zahlentafel 5.
Zusammensetzung verschiedener gasförmiger Brennstoffe.

Gasart	Zusammensetzung in Raumteilen v. H.					Unterer Heizwert in kcal für 1 m³ bei 0° C und 760 mm Hg
	Wasserstoff	Methan und andere Kohlenwasserstoffe	Kohlenoxyd	Stickstoff	Kohlensäure	
Leuchtgas. . .	48	22,5	19	6	4,5	4140
Koksofengas. .	53	30	10	5	2	3525
Generatorgas .	15	2	28	50	5	1361
Gichtgas . . .	4	1	25	65	5	946
Erdgas	0	95	0	4	1	8205
Ölgas	6	85	0	6	3	9610 bis 13 130

Von den obenstehenden Gasen sind gewöhnliches Leuchtgas und Koksofengas in der Zusammensetzung einander sehr ähnlich. Dies ließ sich auch erwarten, da beide in einem Entgasungsvorgang durch Erhitzung von Steinkohle in Retorten erzeugt werden. Während Leuchtgas in einer Gasanstalt mit Koks als Nebenprodukt gewonnen wird, hat eine Koksofenanlage den Hauptzweck, einen harten, für Hochofenbetrieb geeigneten Koks zu erzeugen, wobei das Gas als Nebenprodukt anfällt. 1 t Steinkohle liefert etwa 250 m^3 Koksofengas. Bei der Herstellung des für die Erschmelzung von 1 t Roheisen benötigten Kokses werden etwa 275 m^3 Koksofengas freigesetzt, so daß man bei der in die Millionen von t gehenden jährlichen Roheisenerzeugung die beträchtlichen Mengen der anfallenden Koksofengase ermessen kann. Die Verwendung des von Teer, Cyan und Schwefel gereinigten Koksofengases in Gasmaschinen wird durch den Wasserstoffgehalt etwas erschwert. In neuerer Zeit findet es in gleicher Weise wie Leuchtgas für allgemeine Heiz- und Beleuchtungszwecke und besonders auch für Ferngasversorgungen vielfache Verwendung.

Generatorgas[4] wird aus festen Brennstoffen — hauptsächlich aus Anthrazit, Koks, Braunkohle, seltener aus Steinkohle, Torf und Holzabfällen, — gewöhnlich unmittelbar am Verwendungsort erzeugt, indem ein Gemisch aus Wasserdampf und Luft durch die hoch erhitzte Brennstoffschicht geblasen oder gesaugt wird. Hierbei wird der Wasserdampf in Wasserstoff und Sauerstoff zersetzt; dieser Sauerstoff sowie der der Luft verbinden sich mit dem Kohlenstoff in einer unvollkommenen Verbrennung zu CO. Die durch die Bildung des CO entwickelte Wärme hält die Temperatur des Generators aufrecht. Aus 1 t Anthrazit oder Koks werden durch diesen Vergasungsvorgang etwa 4500 bis 4800 m^3 Generatorgas gewonnen. Es besitzt nur einen geringen Heizwert, da es beträchtliche Mengen inerten Stickstoffes enthält; aber die Einfachheit und Geschlossenheit der ganzen Krafterzeugungsanlage haben in Verbindung mit dem guten Wirkungsgrad der Gaserzeuger — bis zu 88 v.H. — und mit der hohen Ausnutzung des gasförmigen Brennstoffes in der Gasmaschine dem Generatorgas eine große wirtschaftliche Bedeutung verschafft. In Fällen, wo Maschinen von hoher Leistung und kleinem Raum- und Gewichtsbedarf verlangt werden, kann es wegen seines geringen Heizwertes nicht mit Vorteil verwandt werden. Über Wirkungsweise und Bauart der verschiedenen Generatoren s. Literaturnachweis[4].

Gichtgas wird als Nebenprodukt des Hochofenbetriebes gewonnen. Auf 1 t Roheisen entfallen etwa 4000 m^3 Gichtgas, von denen etwa die Hälfte für den Hochofenbetrieb selbst benötigt wird. Den brennbaren Hauptbestandteil bildet Kohlenoxyd; durch Verbrennung von 1 m^3 CO zu CO_2 wird eine Wärmemenge von 3050 kcal erzeugt gegenüber 4340 kcal falls das gleiche Volumen CO_2 unmittelbar durch Verbrennung von Koks gebildet wird. Der hohe Gehalt an Stickstoff sowie der Umstand, daß der einzige brennbare Bestandteil bereits zum Teil verbrannt ist, haben einen sehr geringen Heizwert zur Folge. Trotzdem lassen die von dem mitgerissenen Staub sorgfältig zu reinigenden Gichtgase eine wirtschaftliche Ausnutzung in großen, langsam laufenden Gasmaschinen zu; auf 1 t tägliche Roheisenerzeugung können ungefähr 25 PS für andere Zwecke nutzbar gewonnen werden.

Erd- oder Naturgas, das fast ganz aus Methan besteht, bildet einen vorzüglichen Brennstoff von hohem Heizwert für Gasmaschinen. Es wird in gewaltigen Mengen aus den Erdölquellen und in der Nachbarschaft der Erdölfelder in den Vereinigten Staaten und anderen Teilen der Welt gewonnen. Seine Verwendbarkeit in größeren Entfernungen von der Fundstelle ist durch die Kosten der Fernleitungen beschränkt; vielfache Verwendung findet es in einigen Gegenden Amerikas für Beleuchtungs- und Kraftzwecke.

Ölgas [5] wurde früher in großen Mengen für die Beleuchtung der Eisenbahnzüge hergestellt. Es wird durch Verdampfung und Zersetzung von schweren Ölen in geschlossenen Retorten bei Temperaturen von 700 bis 900° C gewonnen. Heizwert und Dichte können innerhalb der in Zahlentafel 8 angegebenen Grenzen durch die Höhe der Zersetzungstemperatur nach Bedarf verändert werden. Es besitzt eine ähnliche Zusammensetzung wie das Erdgas, enthält aber neben Methan (CH_4) noch eine beträchtliche Menge von Äthylen (C_2H_4) und anderen schweren Kohlenwasserstoffen, die ihm eine größere Dichte und einen größeren Heizwert als Erdgas verleihen.

Als Beispiel für die Anwendung der Verbrennungsgleichungen bei gasförmigen Brennstoffen sei das typische Leuchtgas mit der in Zahlentafel 5 angegebenen Zusammensetzung gewählt. Hierbei sei angenommen, daß von den in Spalte 3 mit 22,5 v. H. aufgeführten Kohlenwasserstoffen 21 v. H. auf Methan (CH_4) und 1,5 v. H. auf Benzol (C_6H_6) entfallen. Falls durch die Analyse des Leuchtgases noch andere verwickeltere Bestandteile festgestellt werden, muß die chemische Gleichung entsprechend erweitert werden; solche Verfeinerungen sind indessen im allgemeinen nicht erforderlich.

Berücksichtigt man, daß die Anzahl der Moleküle eines jeden Gases in der Verbrennungsgleichung dem Volumen eines jeden Bestandteiles proportional ist, so läßt sich die Verbrennungsgleichung für 1 Mol des Leuchtgases mit der zur vollständigen Verbrennung des Kohlenstoffes und Wasserstoffes gerade ausreichenden Luftmenge aufstellen. Da das Gesamtvolumen aller Bestandteile des Gases mit 1 Mol anzusetzen ist, wird die Anzahl der Moleküle eines jeden Bestandteiles in bequemer Weise mit den Bruchteilen eines Mol des einzelnen Bestandteiles gleichgesetzt. Mit den in Zahlentafel 5 angegebenen Raumteilen gilt die Gleichung:

$$\text{Leuchtgas} + \text{Verbrennungsluft} = \text{Verbrennungsprodukte} \qquad (28)$$

Hierin ist Leuchtgas:

$$0{,}48\ H_2 + 0{,}21\ CH_4 + 0{,}015\ C_6H_6 + 0{,}19\ CO + 0{,}06\ N_2 + 0{,}045\ CO_2$$

Verbrennungsluft:

$$0{,}8675\ O_2 + 3{,}262\ N_2$$

Verbrennungsprodukte:

$$\underbrace{(0{,}06\ N_2 + 0{,}045\ CO_2)}_{\text{aus dem Leuchtgas}} + 0{,}945\ H_2O + 0{,}49\ CO_2 + 3{,}262\ N_2$$
$$= 0{,}945\ H_2O + 0{,}535\ CO_2 + 3{,}32\ N_2.$$

Diese Gleichung kennzeichnet die Verbrennungsprodukte bei vollständiger Verbrennung von Kohlenstoff und Wasserstoff zu CO_2 und H_2O. Sie gilt nicht bei hohen Temperaturen, wenn man die Dissoziation berücksichtigt. In Abschnitt 23 wird gezeigt, daß die Verbrennungsprodukte bei den höchsten Temperaturen unter dem Einfluß der Dissoziation bestimmte Anteile an freiem Sauerstoff sowie an Kohlenoxyd und Wasserstoff enthalten. Die vollständige Verbrennung zu Kohlensäure und Wasserdampf nach Gleichung (28) wird erst erreicht, wenn die Temperatur im Verlauf der Ausdehnung etwas gesunken ist.

Aus der Gleichung (28) kann man sofort die während der Verbrennung eingetretene Änderung des spezifischen Volumens des Brennstoff-Luftgemisches ablesen. Die Gesamtzahl der Moleküle beträgt im Brennstoff-Luftgemisch vor der Verbrennung 5,13 und in den Endprodukten nach der Verbrennung 4,80. Das Verhältnis der spezifischen Volumina ist daher $\frac{4{,}80}{5{,}13} = 0{,}935$, und man ersieht, daß bei der Verbrennung eine Volumenverkleinerung von 6,5 v.H. stattgefunden hat.

Um den Heizwert des Leuchtgases zu berechnen, müssen entweder die Verbrennungswärmen oder die Bildungswärmen der beiden Kohlenwasserstoffe CH_4 und C_6H_6 bekannt sein. Die Verbrennungswärmen können unmittelbar benutzt werden, um die Wärmeentwicklung während der durch Gleichung (28) gekennzeichneten Reaktion zu berechnen. Kennt man die Bildungswärmen, so können die Gleichungen (24, 26 u. 27) des letzten Abschnittes benutzt werden. Nachstehende Wärmemengen werden demnach entwickelt:

58100	kcal	durch	Bildung	von	1	Mol	H_2O (Dampfform)
97300	,,	,,	,,	,,	1	,,	CO_2 aus C und O_2
68300	,,	,,	,,	,,	1	,,	CO_2 aus CO und O_2.

Während der Verbrennung des Leuchtgases werden 0,30 Mol CO_2 aus C und O_2 sowie 0,19 Mol CO_2 aus CO und O_2 gebildet. Bei der Verbrennung von 1 Mol Leuchtgas werden daher nachstehende Wärmemengen entwickelt:

$0{,}945 \cdot 58\,100 = 55\,000$ kcal durch Bildung von H_2O (Dampfform)
$0{,}30 \cdot 29\,200 = 29\,200$ „ „ „ „ CO_2 aus C und O_2
$0{,}19 \cdot 68\,300 = 13\,000$ „ „ „ „ CO_2 aus CO und O_2.
Summe: 97200 kcal

Die Summe von 97200 kcal darf indessen nicht als die Verbrennungswärme von 1 Mol Leuchtgas angesehen werden, da die Wärmemengen, die bei der Zerlegung der Kohlenwasserstoffmoleküle in Kohlenstoff und Wasserstoff frei oder gebunden werden, noch nicht berücksichtigt sind. Bei der Bildung von CH_4 werden 21700 kcal/Mol frei, die gleiche Wärmemenge ist auch für die Zerlegung der Moleküle aufzuwenden. C_6H_6 besitzt im Gegensatz zu CH_4 eine negative Bildungswärme von 12500 kcal/Mol, so daß bei der Zerlegung Wärme gewonnen wird. Bei der obigen Summe von 97200 kcal ist daher als Wärmeaufwand für die Zerlegung von CH_4 ein Betrag von $0{,}21 \cdot 21\,700$ kcal abzuziehen und als Wärmegewinn bei der Zerlegung von C_6H_6 ein Betrag von $0{,}015 \cdot 12\,500$ kcal zuzuzählen, so daß sich als Verbrennungswärme von 1 Mol Leuchtgas ein Gesamtbetrag von 92800 kcal ergibt. Da ein Mol im Normalzustand ein Volumen von 22,4 m^3 besitzt, ergibt sich ein unterer Heizwert für Leuchtgas von 4140 kcal/m^3 bei 0^0 C und 760 mm Hg.

Auch die Zahlenwerte für die spezifische Dichte des Leuchtgases und für das chemisch genaue Mischungsverhältnis aus Leuchtgas und Luft lassen sich leicht aus der obigen Verbrennungsgleichung ableiten. Unter „chemisch genau“ wird die durch Gleichung (28) dargestellte Gemischzusammensetzung verstanden; bei diesem Mischungsverhältnis ist die Verbrennung sowohl bezüglich des Brennstoffes als auch bezüglich der Luft vollständig, und der gesamte Gehalt an Kohlenstoff und Wasserstoff verbrennt zu CO_2 und H_2O, ohne daß freier Sauerstoff übrig bleibt. Das auf Raumteile bezogene Mischungsverhältnis von Leuchtgas und Luft kann sofort aus der Molekülzahl des Leuchtgases und der Molekülzahl der Luft vor der Verbrennung — nämlich 1 und 4,13 — abgelesen werden, so daß sich das chemisch genaue Mischungsverhältnis für Leuchtgas und Luft zu 1 : 4,13 ergibt. Um die Dichte des Gases zu ermitteln, hat man nur die Anzahl der Mol eines jeden Bestandteiles mit seinem Molekulargewicht zu multiplizieren und die einzelnen Produkte zu addieren. Diese Summe beträgt 14,46 kg und stellt das Gesamtgewicht von 1 Mol Leuchtgas dar. Da nach Abschnitt 3 ein Mol Luft ein Gewicht von 28,95 kg besitzt, ergibt sich die auf Luft bezogene Dichte des Leuchtgases zu $\frac{14{,}46}{28{,}95} = 0{,}50$.

16. Flüssige Brennstoffe.

Die flüssigen Brennstoffe teilt man nach ihrer Verdampfbarkeit zweckmäßig in leichtflüchtige und schwerflüchtige Brennstoffe ein, trotzdem eine scharfe Grenze zwischen den beiden Gruppen nicht besteht.

Die leichtflüchtigen Brennstoffe werden in Vergasermaschinen verwendet und dem Maschinenzylinder zusammen mit der Verbrennungsluft in teilweise verdampftem Zustand zugeführt. Die Gruppe der schwerflüchtigen Brennstoffe umfaßt die „schweren Öle", die in Dieselmaschinen und deren Abarten verwendet und in den Zylinder mittels einer Zerstäuberdüse gespritzt werden. Zunächst haben wir es nur mit den leichtflüchtigen Brennstoffen zu tun.

Alle diese Brennstoffe — mit Ausnahme des Spiritus, der Sauerstoff enthält — sind Mischungen sog. Kohlenwasserstoffe. Diese Kohlenwasserstoffe sind insofern alle einander ähnlich, als ihre Moleküle nur Kohlenstoff- und Wasserstoffatome enthalten, unterscheiden sich aber durch die Anordnung und durch die Zahl der zu einem Molekül vereinigten Atome. Nach der Art der Anordnung unterteilt man das weite Gebiet der in Frage kommenden Kohlenwasserstoffe in bestimmte charakteristische Gruppen, von denen die Gruppe der „aromatischen" Kohlenwasserstoffe — auch „Benzolreihe" genannt — und die Gruppe der „aliphatischen" Kohlenwasserstoffe — auch „Paraffinreihe" genannt — für uns die wichtigsten sind. Die zur ersten Gruppe gehörenden Verbindungen besitzen „ringförmige Bindung" und die Verbindungen der zweiten Gruppe „kettenförmige Bindung"; diese Bezeichnungen kennzeichnen die Art, wie die Kohlenstoffatome innerhalb eines Moleküls zueinander gestellt sind. Der Unterschied in der Anordnung wird durch nachstehende schematische Bilder veranschaulicht, die einen aromatischen Kohlenwasserstoff, Benzol, und einen aliphatischen Kohlenwasserstoff, Hexan, — beide mit je 6 Kohlenstoffatomen im Molekül — als typische Beispiele einer ringförmigen und einer kettenförmigen Bindung darstellen.

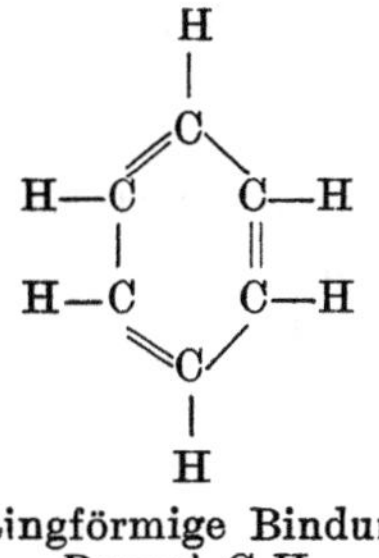

Ringförmige Bindung
Benzol C_6H_6

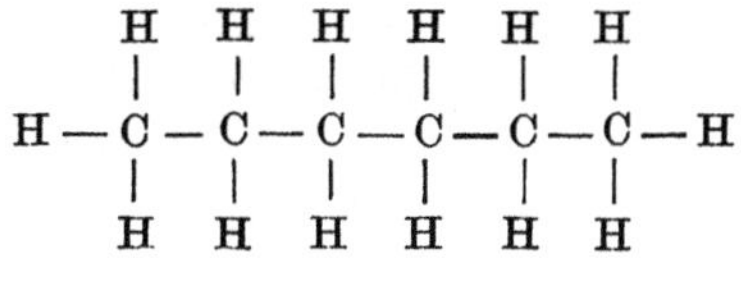

Kettenförmige Bindung
Hexan C_6H_{14}

In den meisten Benzinen sind neben Verbindungen aus der Benzol- und Paraffinreihe noch bestimmte Anteile aus der Naphthenreihe enthalten; die im „Krackverfahren" gewonnenen Benzine weisen ferner beträchtliche Mengen von Olefinen auf.

In jeder Kohlenwasserstoffreihe besitzen die verschiedenen Verbindungen gewisse gemeinsame Eigenschaften, die für die chemischen

Reaktionen und das motorische Verhalten der ganzen Brennstoffgruppe kennzeichnend sind. Bei der Beurteilung der Güte eines für Vergasermaschinen geeigneten Brennstoffes spielt seine „Neigung zum Detonieren“ oder seine „Klopffestigkeit“ eine maßgebende Rolle; in dieser Hinsicht weichen die einzelnen Kohlenwasserstoffreihen erheblich voneinander ab. Alle Brennstoffe mit ringförmigen Bindungen, aromatische und naphthenartige Kohlenwasserstoffe, sind den übrigen überlegen; bei weitem am besten sind die aromatischen Kohlenwasserstoffe, am schlechtesten schneiden die paraffinartigen ab, während die naphthenartigen in der Mitte stehen. Olefine verhalten sich in frischem Zustand bezüglich der Klopffestigkeit günstig, sind aber etwas unbeständig; sie werden nur in Mischungen mit anderen Kohlenwasserstoffen gewonnen, so daß ihr motorisches Verhalten zahlenmäßig noch nicht festgestellt ist. Die Olefine gehören zu den „ungesättigten“ Verbindungen, bei denen die Anzahl der Wasserstoffatome in einem Molekül nicht ausreichend ist, um die vorhandenen Kohlenstoffatome abzusättigen. Dieser ungesättigte Zustand der Moleküle hat zur Folge, daß die Moleküle der Olefine chemisch besonders aktiv sind und die Neigung zeigen, sich zusammenzuschließen und größere und verwickeltere Moleküle zu bilden oder — wie der chemische Ausdruck für diesen Vorgang lautet — sich zu „polymerisieren“. Frisch hergestellte Olefingemische bilden einen ausgezeichneten Brennstoff; aber ihre Polymerisationsneigung kann während des Lagerns und in noch stärkerem Maße unter dem Einfluß von Licht und Wärme zur Bildung von gummiartigen Niederschlägen führen, die bei größeren Mengen die Olefingemische als motorischen Betriebsstoff ungeeignet machen. Diese Polymerisationsneigung ist bei den einzelnen Olefinen außerordentlich verschieden; so lassen sich heute Paraffine durch besondere Verfahren zu Olefinen kracken, die fast gar keine Neigung zur Polymerisation besitzen.

Jede dieser Gruppen umfaßt eine Reihe von verschiedenen Verbindungen, die sich durch die Zahl der zu einem Molekül vereinigten Atome unterscheiden, und in jeder Gruppe liegt mit zunehmender Atomzahl auch der Siedepunkt der Verbindung höher. In der aromatischen Reihe besitzt Benzol mit 6 Kohlenstoffatomen das kleinste Molekül. Die Paraffinreihe beginnt bei Methan mit nur einem Kohlenstoffatom; ihre vier ersten Verbindungen sind bei Raumtemperaturen gasförmig. Für die Hauptgruppen sind die chemischen Formeln, spezifischen Gewichte und Siedepunkte einiger Verbindungen, die von größerer Bedeutung als leichtflüchtige Brennstoffe für Brennkraftmaschinen sind, in Zahlentafel 6 zusammengestellt. Ein gutes Fliegerbenzin besteht im Durchschnitt zu etwa 50 v. H. aus aliphatischen, zwischen Pentan und Decan liegenden Kohlenwasserstoffen, zu etwa 30 v. H. aus aromatischen und zu etwa 20 v. H. aus naphthenartigen Verbindungen. In der Zahlentafel ist nur Cyclohexan als typischer Kohlenwasserstoff für die Napthenreihe aufgeführt, das auch als einzige Verbindung dieser Gruppe in großen Mengen und genügender Reinheit vorkommt, so daß seine charakteristischen motorischen Eigenschaften bestimmt sind. Die in natürlichen Benzinen vorkommenden Naphthene sind nur äußerst schwer von den übrigen Bestandteilen zu trennen, aber Cyclohexan wird neuerdings in großen Mengen synthetisch hergestellt.

Zahlentafel 6. Kohlenwasserstoffverbindungen leichtflüchtiger Motorenbrennstoffe.

Verbindung	Formel	Spezifisches Gewicht bei 15° C	Siedepunkt ° C
Aliphathische Kohlenwasserstoffe (Paraffinreihe)			
Methan	CH_4	gasförmig	—160
Äthan	C_2H_6	,,	— 89
Propan	C_3H_8	,,	— 44
Butan	C_4H_{10}	,,	— 0,3
Pentan	C_5H_{12}	0,63	+ 36
Hexan	C_6H_{14}	0,66	+ 69
Heptan	C_7H_{16}	0,69	+ 98
Octan	C_8H_{18}	0,72	+124,5
Nonan	C_9H_{20}	0,73	+150
Decan	$C_{10}H_{22}$	0,74	+173
Allgemeine Formel	C_nH_{2n+2}		
Aromatische Kohlenwasserstoffe (Benzolreihe)			
Benzol	C_6H_6	0,88	+ 80
Toluol	C_7H_8	0,87	+110
Xylol	C_8H_{10}	0,86	+144
Allgemeine Formel	C_nH_{2n-6}		
Naphthene			
Cyclohexan	C_6H_{12}	0,78	+ 81
Allgemeine Formel	C_nH_{2n}		

Eine typische Siedekurve eines leichtflüchtigen Brennstoffes ist in Abb. 10 wiedergegeben. Ein kleiner Anteil aus sehr leicht flüchtigen Verbindungen beginnt bei 35° C überzudestillieren; dieser Teil ist für leichtes Anspringen des Motors bei kaltem Wetter besonders wichtig. Der Hauptteil des Brennstoffes destilliert bei Temperaturen von 60 bis 120° C über, bei 160° C sind nur noch wenige Hundertstel von „schweren Fraktionen“ vorhanden, und bei etwa 180° C liegt der Endpunkt.

In keiner Gruppe schließt die Reihe mit der letzten in Zahlentafel 6 angegebenen Verbindung ab, sondern läuft beständig weiter zu immer schwereren Molekülen — über Petroleum und Dieselmaschinentreiböle bis zu den Bestandteilen der Schmieröle, deren Siedepunkte im Bereich von 400 bis 500° C liegen. Erwähnt sei, daß bei der Mehrzahl der Bestandteile des Schmieröles wahrscheinlich eine Spaltung der Moleküle eintritt, bevor eine tatsächliche Verdampfung erreicht ist. Eine genaue Untersuchung ist mit den heutigen Methoden des Chemikers nur bei den leichtflüchtigen Verbindungen durchführbar; aber auch die schweren Schmieröle zeigen im Maschinenbetrieb je nach ihrer Herkunft das kennzeichnende Verhalten der paraffin- oder naphthenartigen Verbindungen oder anderer Typen von Rohölen.

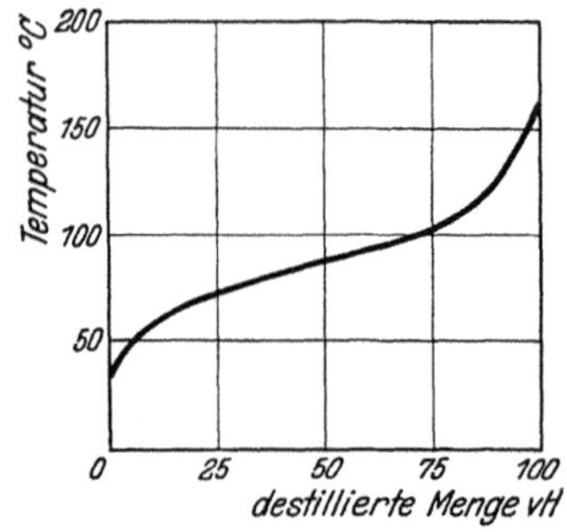

Abb. 10. Typische Siedekurve eines Fliegerbenzins.

Das Rohöl enthält im Zustand der Gewinnung an den Rohölquellen die verschiedenartigsten Kohlenwasserstoffe von dicken, teerigen Massen bis zum Methan, das als Gas in gewaltigen Mengen abgeblasen wird. Das Rohöl wird in Destillieranlagen erhitzt, die einzelnen übergehenden „Fraktionen" werden in verschiedenen Kondensatoren je nach ihren Siedepunkten und den Verwendungszwecken niedergeschlagen. Zunächst erhält man die Benzine, dann die Fraktionen des Petroleums, weiter die Gasöle und Treiböle und schließlich die Schmieröle.

17. Die Zusammensetzung von „Benzol" und „Benzin".

Beide Namen sind landläufige Bezeichnungen für Mischungen aus Kohlenwasserstoffen, die im einzelnen aus sehr verschiedenartigen Verbindungen zusammengesetzt sein können.

Unter „Benzol" versteht man in chemischem Sinne den bestimmten Kohlenwasserstoff „Reinbenzol" C_6H_6. Trotz des niedrigen Siedepunktes ist dieses Benzol für Motorenbetrieb unbrauchbar, da es nicht rußfrei im Motor verbrennt und schon bei $+5{,}4^0$ C erstarrt; sein Heizwert ist etwa 10 v. H. kleiner als der von Paraffinen. Auch die sog. „Handelsbenzole" sind noch kein geeigneter motorischer Betriebsstoff; erst durch Beimischung bestimmter Mengen höherer Verbindungen aus der aromatischen Reihe — in der Hauptsache Toluol, Xylol — entsteht aus dem Reinbenzol ein brauchbares „Motorenbenzol". Die Zusammensetzung dieses Motorenbenzols ist durch die Normvorschriften des Benzolverbandes festgelegt; in Deutschland gelangt es als „B.-V.-Benzol" in einheitlicher Güte in den Handel.

Benzine enthalten Verbindungen aus drei, womöglich vier verschiedenen Kohlenwasserstoffgruppen, wobei die Bestandteile aus der Paraffinreihe überwiegen. Nur die aus Braunkohle und im „Krackverfahren" gewonnenen Benzine weisen im allgemeinen reichliche Anteile aus der Gruppe der Olefine auf.

Aromatische Verbindungen sind den aliphatischen in der wichtigen Eigenschaft der Klopffestigkeit weit überlegen, Naphthene und Olefine stehen in dieser Hinsicht in der Mitte zwischen den beiden anderen Gruppen. Ein bestimmter Gehalt an aromatischen Verbindungen ist praktisch für jeden Brennstoff einer Hochleistungsmaschine erforderlich, falls nicht an ihrer Stelle bestimmte chemische Zusätze als „Klopfschutzmittel" beigegeben werden.

Die Überlegenheit der aus bestimmten Ölbezirken der Welt, z. B. Borneo, stammenden Benzine beruht auf dem ungewöhnlich hohen Gehalt an aromatischen Verbindungen, den diese Brennstoffe bereits im natürlichen Zustand an den Erdölquellen besitzen. Andererseits weisen Benzine aus persischen Rohölquellen einen hohen Gehalt an paraffinartigen Verbindungen, einen kleinen an Naphthenen und nur etwa 10 bis 12 v. H. aromatische Bestandteile auf, so daß Benzol oder andere Klopfschutzmittel beigemischt werden müssen, um diese Benzine auf die heute geforderte normale Güte zu bringen. Der Benzolzusatz zum Benzin vergrößert also lediglich den bereits im natürlichen Benzin — je nach Ursprungsquelle mehr oder minder — vorhandenen Gehalt an aromatischen Kohlenwasserstoffen und hängt ganz von den Eigenschaften des zu veredelnden Benzins ab; durch entsprechenden Benzolzusatz läßt sich den verschiedenartigsten Ansprüchen genügen, die an die Klopffestigkeit des Brennstoffes gestellt werden können. Der Anteil aromatischer Verbindungen darf nicht über etwa 50 v. H. hinaus gesteigert werden, falls die Eigenart des Betriebes eine Abkühlung des Brennstoffes auf Temperaturen unter ungefähr —20° C mit sich bringt, da die Gefahr der Ausscheidung fester Bestandteile und der Verstopfung von Leitungen und Vergaser vorliegt.

18. Die Erzeugung von Benzin und Benzol.

Nachdem die mehr leichtflüchtigen Verbindungen aus dem Erdöl durch Destillieren unmittelbar entfernt sind, sind noch beträchtliche Mengen von Erdölbestandteilen vorhanden, die zu einem erheblichen Teil ohne besonderen Verwendungszweck als „Ladenhüter" auf dem Markt verbleiben würden; auch ist die natürliche Ausbeute an leichtsiedenden Bestandteilen durch einfaches Abdestillieren — etwa 20 v. H. des Rohöles — für den steigenden Brennstoffverbrauch an sich zu gering. Um auch aus den schwereren Ölen leichtere Benzine zu gewinnen, sind daher in den letzten Jahren verschiedene „Krackverfahren“ in Aufnahme gekommen. Bei diesen Verfahren durchlaufen die schweren Erdölbestandteile bei hohen Temperaturen und Drücken in Abwesenheit von Luft ein Röhrensystem der Krackanlage, wobei die schweren Moleküle in zwei oder mehr kleinere, leichtsiedende Kohlenwasserstoffmoleküle unter gleichzeitiger Koks- und Gasbildung aufgespalten werden und die schließlich herauskommenden Produkte einen ganz beträchtlichen Anteil leichter siedender Fraktionen enthalten. Das Kracken kann in flüssigem oder dampfförmigem Zustand der schweren Erdölbestandteile je nach der Regelung der bei den Vorgängen herrschenden Drücke und Temperaturen vorgenommen werden. Die Krackbenzine enthalten neben kleineren Anteilen an aromatischen Kohlenwasserstoffen in der Regel große Mengen von ungesättigten Olefinen, die bei Mischung mit natürlichen Destillationsprodukten des Erdöles einen vorzüglichen Motorenbrennstoff darstellen, aber die unangenehme Neigung zeigen, während des Lagerns gummiartige Abscheidungen zu bilden. Diese Abscheidungen stammen aus einem umgekehrt zum Krackverfahren verlaufenden Vorgang, bei dem ein Zusammenschluß kleinerer Moleküle zu größeren und verwickelteren eintritt; sie können durch sorgfältige Reinigung und Zusatz von Stoffen, die als chemische „Stabilisatoren“ wirken, weitgehend verringert werden. Trotzdem gibt es noch kein wirklich befriedigendes oder wenigstens genügend wirtschaftliches Verfahren, Krackbenzine so zu behandeln, daß sie auch ohne Mischung mit leichtsiedenden Fraktionen, die im einfachen Destillationsverfahren gewonnen sind, in Hochleistungsmaschinen betriebssicher sind. Es besteht immer die Gefahr, daß sich die Ausscheidungen an den Einlaßventilschäften festsetzen und ein Hängenbleiben der Ventile verursachen.

Steinkohle enthält außer Kohlenstoff eine große Reihe verschiedener Kohlenwasserstoffverbindungen von dicken, schweren Teersorten bis zu Benzol und anderen leichtflüchtigen Verbindungen, die alle durch die starke Erhitzung der Steinkohle bei der „Trockendestillation“ abgetrieben und in Form von Gasen und Teerdämpfen aufgefangen werden. Der Teer wird ähnlich wie das Erdöl durch Destillation zu den verschiedenen Kohlenwasserstoffverbindungen aufgearbeitet, auch aus dem Gas wird das Benzol durch Öl ausgewaschen und aus dem angereicherten Waschöl in Benzolfabriken abdestilliert. Die Steinkohlendestillation in Kokereien bildet die Hauptquelle für Benzol und die benzolartigen Kohlenwasserstoffe, die hierbei erzeugten leichtflüchtigen Verbindungen gehören fast alle der aromatischen Reihe an. Die Produkte der Steinkohlendestillation ändern sich — von den durch die Ursprungskohle und die Bauart des Destillationsofens bedingten Unterschieden abgesehen — ganz erheblich je nach der Destillationstemperatur. In Hochtemperaturretorten mit Temperaturen von ungefähr 1350° C entstehen wasserfreier

Koks und Leuchtgas, das beträchtliche Mengen von Wasserstoff, Methan, Kohlenoxyd und einen verhältnismäßig geringen Gehalt an Benzol und anderen Kohlenwasserstoffen aufweist. Der Wasserstoff stammt — von dem geringen Betrag des in der Kohle vorhandenen freien Waserstoffs abgesehen — aus dem während der Hochtemperaturdestillation aufgebrochenen Kohlenwasserstoffmolekülen. Wird die Steinkohle bei geringeren Temperaturen — nicht über 650° C — destilliert, so entstehen Halbkoks, der noch reichliche Anteile schwerer Kohlenwasserstoffe enthält, ferner beträchtliche Mengen abgetriebener Kohlenwasserstoffe mit verschiedenen, sich über einen großen Temperaturbereich erstreckenden Siedepunkten und nur sehr wenig Wasserstoff. Die Erhitzung bei der Destillation können im wesentlichen nur solche Verbindungen unzersetzt überstehen, die selbst weitgehend temperaturfest sind. Auf dieser „Wärmeauslese“ bei der Gewinnung beruht auch zum größten Teil die Klopffestigkeit der aromatischen Moleküle.

19. Synthetisches Benzin.

Ein Verfahren, Kohlenwasserstoffe durch die Reaktion von Kohle und Wasserstoff synthetisch aufzubauen, ist gegenwärtig — soweit industrielle Großerzeugung in Frage kommt — kaum über das Versuchsstadium hinaus gediehen, kann aber zu seiner Zeit die allergrößte Bedeutung gewinnen. Dies gilt besonders für unser Land, da wir gleichzeitig unsere Kohlenvorräte ausnutzen und uns von dem gegenwärtigen Zwang, nahezu alle unsere flüssigen Brennstoffe einführen zu müssen, frei machen könnten. Bei diesem Verfahren wird Wasserstoff mit feingemahlener Kohle in besonderen Reaktionsgefäßen bei Drücken von etwa 250 at und Temperaturen von 450 bis 480° C in Gegenwart eines „Katalysators“ zur Berührung gebracht, so daß ein unmittelbarer Zusammenschluß von Kohle und Wasserstoff unter Bildung zahlreicher verschiedenster Kohlenwasserstoffe eintritt. Die gemahlene Kohle wird vor dem Einbringen in die Reaktionsgefäße mit schweren Ölen, die selbst Erzeugnisse des „Kohleverflüssigungsverfahrens“ sind, zu einem Brei vermischt. Auf diese Weise erhält man ein zusammenhängendes Arbeitsverfahren: Kohle und die schweren Produkte der vorhergehenden „Hydrierung“ werden laufend in die Retorten eingebracht, um flüssige Kohlenwasserstoffe von jedwedem Siedegrad zu liefern. Von diesen Erzeugnissen werden die leichtflüchtigen Bestandteile abgezogen und getrennt niedergeschlagen, während der zurückbleibende, schwerflüchtige Rest seinerseits wieder als Träger für die weiterhin einzubringende Kohle dient. Bei der praktischen Durchführung des Verfahrens häufen sich die Schwierigkeiten; besonders sei auf die Schwierigkeit hingewiesen, einen geeigneten Werkstoff für die Reaktionsgefäße zu erhalten, das den schwierigen Betriebsbedingungen auf längere Zeit gewachsen ist.

Zahlentafel 7. Erzeugnisse des Kohleverflüssigungsverfahrens.
Kohlenverbrauch 1 t und Wasserstoffverbrauch 51 kg.

Bestandteile mit einem Siedepunkt von 0—170° C	37 kg
„ „ „ „ „ 170—230° C	93 „
„ „ „ „ „ 230—270° C	88 „
„ „ „ „ „ 270—310° C	47 „
„ „ „ „ „ 310—360° C	93 „
Pech	146 „
Gasbenzol	19 „
Gas	145 „
Nicht umgewandelte Kohle	162 „
Wasser	80 „
Asche aus der Kohle	72 „
Verluste	69 „
Summe:	1051 kg.

In Zahlentafel 7 sind die offiziellen Ergebnisse[6] einer Versuchsanlage wiedergegeben. Man ersieht hieraus, daß auf 1 t Kohle ungefähr ½ t flüssiger Kohlenwasserstoffe aller Art erzeugt wird; trotzdem sind hierin nur 37 kg oder ungefähr 45,5 l Bestandteile mit einem Siedepunkt unter 170° C enthalten.

Die Ausbeute an leichten Bestandteilen kann bis zu einem gewissen Grade durch Änderung der Reaktionstemperatur und der Geschwindigkeit der Beschickung mit Rohmaterialien beeinflußt werden; sie läßt sich ferner durch weitere Behandlung einiger Erzeugnisse mit höherem Siedepunkt entweder im einfachen Krackverfahren oder in einem kombinierten Krack- und Hydrierverfahren steigern. Aber alle diese Nachbehandlungen erhöhen die Erzeugungskosten. Obwohl die Erzeugung von Motorenbrennstoffen aus Kohle heute technisch eine vollendete Tatsache ist, sind die vorliegenden Erfahrungen noch nicht umfassend genug, um die Entwicklungsmöglichkeiten des Verfahrens vom Gesichtspunkt der Gestehungskosten und des Verkaufspreises vorauszusehen.

Zusatz des deutschen Bearbeiters:

Technische Weiterentwicklung der Hydrierung.

Die obige Darstellung Pyes wird dem heutigen Stand der Hydrierung nicht mehr gerecht.

Das Hydrierverfahren ist durch die Entwicklung der letzten Jahre auf Grund von Arbeiten der I. G. Farbenindustrie derart gefördert worden, daß es in Deutschland zur Zeit einen Faktor von ständig zunehmender Bedeutung in der Benzinversorgung bildet. Auch in Amerika gewinnt die Anwendung des Verfahrens für die dort zur Verfügung stehenden Erdölprodukte an Boden, wie die neuen Veröffentlichungen der Standard Oil zeigen.

Die technische Entwicklung des Verfahrens erfolgte in drei Richtungen:

1. Herstellung von Benzin aus schweren Kohlenwasserstoffen;
2. Gewinnung von Sonderprodukten durch Druckhydrierung;
3. Herstellung von Benzin aus Kohle.

1. Das Verfahren ermöglicht nicht nur die Gewinnung von Benzin aus solchen Erdölen, die auch durch Krackung in Benzin übergeführt werden können, sondern es gestattet auch die vollständige Benzinierung schwerer asphalt- und schwefelhaltiger Rohöle, sämtlicher Braunkohlen-Schwelteere und sogar der Generatorteere, ferner der Steinkohlenteere und sonstiger Steinkohlenöle.

Die Verarbeitung schwerer Öle erfolgt in zwei Stufen. In erster Stufe werden die Öle durch Behandlung in flüssiger Phase in Gegenwart fein verteilter Kontaktmassen in Mittelöle, die schon einen beträchtlichen Anteil von Benzin enthalten, übergeführt. In der zweiten Stufe erfolgt die Benzinierung der Mittelöle, die in Dampfform über festangeordnete Kontakte geleitet werden. Verunreinigte, schwefelhaltige Schwelbenzine und Leichtöle können mit geringen Verlusten dadurch raffiniert werden, daß sie in der Gasphase über festangeordneten Kontakten behandelt werden. Bei der Behandlung entstehen keinerlei koksartige Rückstände. Es wird eine Benzinausbeute von fast 100 v. H. Raumteilen erreicht gegenüber höchstens 60 v. H. beim Kracken.

Die Hydrierung gestattet, je nach der Art der Kontakte ein mehr oder weniger klopffestes Benzin herzustellen, so daß unter Berücksichtigung der zur Verfügung stehenden Rohstoffe Variationen in der Behandlungsweise vorgenommen werden können, die bei andern Verfahren nicht möglich sind. Dies ist auch vorteilhaft bei der Herstellung von Mischbenzinen unter Verwendung von Alkohol bzw. Benzol.

Die Hydrieranlage der I. G. in Leuna stellt zur Zeit etwa 100 000 t Benzin im Jahr her; die Leistungsfähigkeit der Anlage gestattet aber ohne weiteres eine Erhöhung der Fabrikation auf etwa 350 000 t im Jahr.

Die technische Verwertung des Verfahrens in der ganzen Welt ist gemäß einem Abkommen zwischen der I. G. Farbenindustrie und der Standard Oil Co. einer von beiden Firmen gegründeten Gesellschaft der Standard I. G. Co. übertragen worden; dieser Gesellschaft ist jetzt der größte Teil der amerikanischen Ölindustrie beigetreten. In Deutschland hat sich die I. G. Farbenindustrie alle Rechte vorbehalten.

2. Eine besondere Bedeutung des Verfahrens liegt in der Möglichkeit, Sonderprodukte verschiedenster Art herzustellen.

Die Herstellung von Leuchtölen läßt sich ohne weiteres in die Benzinfabrikation einordnen, indem Mittelöle, die mit gewissen Kontakten beim ersten Durchgang durch den Hochdruckofen nicht völlig in Benzin umgewandelt werden, aus dem Arbeitsprozeß herausgenommen werden. Durch Änderungen der Arbeitsbedingungen lassen sich die Produkte weitgehend den besonderen Anforderungen der Verbraucher anpassen.

Die Standard Oil stellt aus einer Fraktion von Kolumbia Öl ein Schmieröl „Essolube" her, das seitens der Standard in großem Maße in den Verkehr gebracht werden soll. Die besonders günstigen Eigenschaften dieses Produktes werden von der Standard Oil folgendermaßen gekennzeichnet:

a) es behält auch bei extrem niedrigen Temperaturen seinen Flüssigkeitsgrad und bei hohen Temperaturen seinen Körper;

b) es bleibt bei tiefen Temperaturen pumpfähig;

c) es verliert seine Schmierqualitäten bei hohen Temperaturen nicht;

d) es ist nicht rückstandsbildend;

e) es unterliegt keinem zu raschen Verbrauch.

Von Bedeutung ist auch die Herstellung eines Ersatzstoffes für Benzol. In Amerika sind die Anforderungen an die Benzine durch Heraufsetzung der durchschnittlichen Oktanzahl (vgl. Abschnitt 58) in den letzten Jahren ständig gesteigert worden. Da die Benzolfabrikation in Amerika verhältnismäßig gering ist, ist die Herstellung klopffester Benzine, die als Benzolersatz dienen können, für Amerika besonders bedeutungsvoll. In andern Ländern wird hierdurch ein Einfluß auf die Gestaltung der Benzolmärkte ausgeübt werden können.

3. Für kohlenreiche, erdölarme Länder wie Deutschland und England ist besonders die direkte Gewinnung von Benzin aus Kohle durch Hydrierung von Bedeutung. Hier ist gegenüber der Darstellung von Pye ein bedeutender Fortschritt dadurch erzielt worden, daß die Verflüssigungsprodukte, die bei dem Verfahren neu gewonnen werden, vorwiegend als Mittelöl und Benzin anfallen. Es wird nach den neuen Ergebnissen eine Umwandlung von mehr als 95 v. H. des Kohlenstoffs der eingebrachten Kohle erzielt. Die Werkstoffschwierigkeiten sind durch Entwicklung zuverlässiger, hochlegierter Sonderstähle überwunden worden.

Die direkte Kohlehydrierung, die zeitweise wegen der Möglichkeit und Notwendigkeit, andere Rohstoffe zu verarbeiten, zurückgestellt worden war, ist in Leuna im technischen Großbetrieb wieder aufgenommen worden.

Bei der großen Bedeutung der Hydrierung für die künftige Gestaltung der Brennstoffwirtschaft seien nachstehend die wichtigsten Veröffentlichungen zusammengestellt.

Boyer: Hydrogen adapted to the Oil Refinery. Chem. u. Metall.-Eng. Dezember 1930.

Haslam u. Bauer: Gasoline and Lubs by Hydrigenation. Oil and Gas Journal vom 29. Januar 1931.

— u. Russel: Hydrogenation of Petroleum. Ind. and Eng. Chem. Vol. 22, Nr. 10.

Krauch: Technische und wirtschaftliche Betrachtungen über Kohleveredlung unter besonderer Berücksichtigung der Hochdruckverfahren. Stahl und Eisen 1927, Nr. 27.

— Die Katalyse und ihre Anwendung auf die Umwandlung von Kohlenwasserstoffen. Petroleum, Jahrg. 25, 1929, S. 699—706.

— u. Pier: Kohleveredlung und katalytische Druckhydrierung. Zeitschrift für angew. Chemie vom 12. Dezmber 1931.

Mockler: Explain Main Features of Hydrogenation Process and announce Plans for New Motor Oils. Oil and Gas Journal vom 18. August 1932.

Pier: Leunabenzin und katalytische Druckhydrierung. Chemikerzeitung 1932, Jahrg. 56, Nr. 1.

Tägl. Ber. ü. d. Petr. Industrie Nr. 258, vom 24. November 1931. Die Hydrierung und ihre wirtschaftliche Bedeutung.

Wilke: Stand und Ziele der Kohleverflüssigung. Brennstoff und Wärmewirtschaft 1929, Heft 22.

Zerbe: Die Druckhydrierung fester Brennstoffe. Chemikerzeitung 1931, Nr. 1, 2, 4, 10, 12, 14, 16. — Ausführliche Literaturzusammenstellung unter besonderer Berücksichtigung der Patentliteratur.

20. Alkohole als Motorenbrennstoff.

Als Motorenbrennstoffe kommen in erster Linie Methylalkohol (CH_4O) und Äthylalkohol (C_2H_6O) in Frage. Obgleich Alkohole gegenwärtig noch nicht in großem Ausmaß als Motorenbrennstoff verwandt werden, können sie jeder Zeit eine große Bedeutung erlangen, falls die Versorgung mit anderen Kohlenwasserstoffen aus irgendeinem Grunde unzureichend werden sollte. Denn Alkohole lassen sich ziemlich leicht durch Vergärung pflanzlicher Rohstoffe gewinnen und werden heute schon synthetisch nach verschiedenen Verfahren, z. B. aus Wassergas bei hohem Druck in Gegenwart eines Katalysators hergestellt. Alkohole besitzen als Motorenbrennstoff gewisse einzigartige, besonders wertvolle Eigenschaften, die trotz des hohen Preises in Sonderfällen zu ihrer Verwendung führen.

Sowohl Äthyl- als auch Methylalkohol sind äußerst leichtflüchtige Flüssigkeiten mit Siedepunkten von 78 bzw. 65° C. Ihre spezifischen Gewichte liegen etwa bei 0,79; der handelsübliche Spiritus enthält Wasser und ist daher schwerer. Besondere Beachtung verdienen die hohen Verdampfungswärmen, die das Dreifache bzw. das Dreiundeinhalbfache der Verdampfungswärme von Benzin betragen.

Die große Schwäche der Alkohole liegt in ihrem geringen Heizwert. Die Verbrennung von 1 kg handelsüblichen Spiritus entwickelt nur 6360 kcal gegenüber rund 10000 kcal von Benzin. Abgesehen von der unvermeidlichen Folge, daß bei gleicher Motorenleistung ein beinahe um 50 v. H. größeres Brennstoffgewicht mitzuschleppen ist, müßte Spiritus, um im Preise den Wettbewerb mit Benzin aufnehmen zu können, zu ungefähr zwei Drittel des Benzinpreises käuflich sein statt wie heute zum annähernd dreifachen Benzinpreis.

Zusatz des deutschen Bearbeiters:

Spiritusgemische.

Spiritus als Zugabe zu Benzin oder Benzin-Benzolgemischen hat sich in einer Reihe von Ländern, die im Interesse der Landwirtschaft und einer nationalen Brennstoffwirtschaft Erzeugung und Verbrauch von Spiritus stark begünstigen, eingeführt. Namentlich bei höherer Betriebstemperatur und größeren Verdichtungsgraden haben sich gute Leistungen und Wirkungsgrade ergeben. Auch in Deutschland, wo Spiritusgemische durch die Reichs-Kraftspritgesellschaft unter dem Namen „Monopolin“ bereits seit längerer Zeit vertrieben wurden, liegen ähnliche Erfahrungen vor.

Die Zusammensetzung der spiritushaltigen Kraftstoffe ist im Laufe der Entwicklung insofern wesentlich verbessert worden, als statt des früher verwendeten wasserhaltigen Spiritus ein in technischen Großanlagen praktisch wasserfrei gemachter Alkohol zur Beimischung gelangt; ebenso ist auch die Menge des zugesetzten Spiritus auf etwa die Hälfte des früheren Anteils herabgesetzt worden. Die heutigen Monopolin-Brennstoffe enthalten etwa 65 bis 75 v. H. Benzin und 35 bis 25 v. H. Spiritus mit einem Alkoholgehalt von 99,7 v. H. Die neuen Monopolin-Brennstoffe besitzen nicht mehr die unangenehme Eigenschaft der Entmischbarkeit bei gelegentlichen Änderungen in der Zusammensetzung, da ihnen der Wassergehalt entzogen ist; sie können ohne Umstellung in jedem auf Benzin eingeregelten Motor verarbeitet werden, sind erheblich klopffester als reines Benzin, sparsam im Gebrauch, weich und sauber in der Verbrennung. Sie bleiben naturgemäß sehr empfindlich gegen Wasser. Im Kraftwagenbetrieb ist eine Benetzung lacküberzogener Teile durch Spritgemische zu vermeiden, da Spiritus als Lösungsmittel für Lacke wirkt.

Während der Frage des Spirituszusatzes in Deutschland in früheren Jahren verhältnismäßig geringe Bedeutung beigemessen wurde, ist in der jüngsten Zeit die Spiritusbeimischung in Form eines gesetzlichen Zwanges in den Vordergrund der Kraftstofffragen gerückt. Mit dieser behördlichen Regelung, die durch die Reichs-Monopolwirtschaft auch die künstliche Preisgestaltung des Spiritus umfaßt, wird die Frage der Spiritusbeimischung von der technischen Seite in das Gebiet wirtschafts- und steuerpolitischer Maßnahmen verschoben, die hier nicht zur Erörterung stehen.

21. Heizwert und Verdampfungswärme.

Unter Heizwert versteht man die mittels Kalorimeter gemessene Anzahl von Wärmeeinheiten, die bei der vollständigen Verbrennung von 1 kg Brennstoff und bei Abkühlung der Verbrennungserzeugnisse auf Raumtemperatur frei wird. Die gemessene Wärmemenge umfaßt also auch die Kondensationswärme des Wassers, das bei der Verbrennung des im Brennstoff enthaltenen Wasserstoffes gebildet wurde. Da die Abgase die Maschine mit weit über dem Siedepunkt des Wassers liegenden Temperaturen verlassen, kann die Maschine diese zusätzliche Kondensationswärme des Wasserdampfes niemals nutzbar machen. Als Heizwert des Brennstoffes wählt man daher — wofern er als Grundlage zur Berechnung der Wärmezufuhr an Maschinen dienen soll — den „unteren Heizwert", der sich von dem mittels Kalorimeter gemessenen „oberen Heizwert" um den Betrag der Kondensationswärme des bei der Verbrennung gebildeten Wassers unterscheidet; diese Kondensationswärme beträgt 14,3 v. H. der gesamten Verbrennungswärme des im Brennstoff enthaltenen Wasserstoffes (vgl. Abschnitt 14).

Die Wärme erzeugenden Bestandteile fast aller flüssigen oder gasförmigen Brennstoffe werden — soweit sie für die Brennkraftmaschine in Frage kommen — entweder durch Wasserstoff allein oder durch Wasserstoff und Kohlenstoff in molekularer Vereinigung gebildet; nur Kohlenoxyd und Alkohol machen eine Ausnahme. Wie bereits erwähnt, besitzt Spiritus im Vergleich zu anderen flüssigen Brennstoffen einen sehr niedrigen Heizwert; diese Erscheinung ist darauf zurückzuführen, daß ein Teil der brennfähigen Bestandteile bereits im Brennstoffmolekül selbst mit Sauerstoff verbunden und daher für eine Wärmeerzeugung durch Oxydation mit Luft nicht mehr verfügbar ist.

Alle leichtflüchtigen Brennstoffe werden, bevor sie im Zylinder zur Verbrennung gelangen, verdampft und können daher als gasförmige Brennstoffe angesehen werden — mit der einzigen Einschränkung, daß sie zu ihrer Verdampfung Wärme benötigen. Diese Verdampfungswärme macht sich in doppelter Hinsicht bemerkbar. Sie hat zunächst eine Änderung in dem Zahlenwert, der als „nutzbarer" Heizwert des Brennstoffes anzunehmen ist, zur Folge. Nach den obigen Ausführungen ist bei Berechnung der einer Maschine zugeführten Wärmemenge von dem mittels Kalorimeter gemessenen Heizwert die Kondensationswärme des nach der Verbrennung niedergeschlagenen Wassers abzuziehen. Eine weitere

Berichtigung ist mit Rücksicht auf die Verdampfungswärme des Brennstoffes selbst erforderlich; denn ein Teil der während der Verbrennung im Kalorimeter entwickelten Wärme wird bei einem flüssigen Brennstoff dazu verwandt, die Flüssigkeit in die Dampfform überzuführen. Mit anderen Worten: wäre derselbe Brennstoff in Dampfform dem Kalorimeter zugeführt worden, so hätte sich ein um den Betrag der Verdampfungswärme des Brennstoffes höherer Heizwert ergeben. Nun werden bei Vergasermaschinen die leichtflüchtigen Brennstoffe in der praktischen Auswirkung in Dampfform der Maschine zugeführt, da die Verdampfung bis zum Zeitpunkt des Einlaßventilschlusses immer so gut wie beendet ist. Bei der Berechnung der dem Zylinder zugeführten Wärmemenge ist daher die Verdampfungswärme des flüssigen Brennstoffes dem unteren Heizwert zuzuschlagen. Diese Erwägungen treffen nur auf Vergasermaschinen zu, die leichtsiedende, flüssige Brennstoffe verarbeiten; für Maschinen nach dem Dieseltypus, bei denen der Brennstoff in flüssigem Zustand in den Zylinder eingespritzt wird, ist als die je Kilogramm Brennstoff verfügbare Wärme nur der untere Heizwert anzusehen. Bei reinem Benzol (C_6H_6) beträgt z. B. der untere Heizwert 9640 kcal/kg und die Verdampfungswärme 95 kcal/kg; für Wärmeberechnungen an Vergasermaschinen ergibt sich also ein nutzbarer Heizwert von 9735 kcal/kg.

Ferner wirkt sich die Verdampfungswärme des flüssigen Brennstoffes in einer Abkühlung des Brennstoff-Luftgemisches auf dem Weg vom Vergaser bis in den Zylinder aus. Wie bereits ausgeführt, ist bei allen Brennstoffen mit Ausnahme von Spiritus die Verdampfung bis zum Zeitpunkt des Einlaßventilschlusses praktisch beendet; die hierfür erforderliche Wärme ist teils durch die heißen Ansaugleitungen, Ventile und Zylinderwandungen, teils durch die Ansaugluft selbst geliefert worden. Die aus der Ansaugluft entnommene Wärmemenge ist groß genug, um eine beträchtliche Temperatursenkung im angesaugten Gemisch hervorzurufen. Bei einem chemisch genauen Gemisch aus Luft und Heptan als einem typischen Vertreter der Paraffinreihe würde die Temperatursenkung, falls die ganze Verdampfungswärme aus der Ansaugluft entnommen würde, 18° C betragen; für ein chemisch genaues Benzol-Luftgemisch würden sich 26° C und für ein Durchschnittsbenzin etwa 21° C ergeben. Diese Temperatursenkung ist von großer praktischer Bedeutung, da hierdurch ein größeres Luftgewicht je Hub angesaugt (vgl. Abschnitt 55) und dementsprechend bei gegebenen Zylinderabmessungen eine höhere Leistung erreicht werden kann. Die Verdampfungswärme von Äthylalkohol beträgt 226 kcal/kg, also rund das Dreifache der eines Durchschnittsbenzins; es ist daher im Gegensatz zu Benzin und Benzol bei Äthylalkohol trotz der großen Leichtflüchtigkeit im allgemeinen nicht möglich, dem Gemisch bis zum Einlaßventilschluß genügend Wärme zur vollständigen Verdampfung zuzuführen.

Diese Kühlwirkung durch Verdampfung des Brennstoffes hat einen sehr beträchtlichen Einfluß auf die erzielbare Höchstleistung bei allen flüssigen Brennstoffen; bei Spiritus ist die Abkühlung sogar so stark, daß durch die Senkung aller Arbeitsstofftemperaturen innerhalb des Arbeitsspieles auch der thermische Wirkungsgrad höher als der Bestwert ausfällt, der sich bei gleichem Verdichtungsverhältnis mit Benzin erreichen läßt.

Zahlentafel 8. Gase.

Brennstoff	Auf Luft bezogene Dichte	Unterer Heizwert in kcal/m³ bei 0° C und 760 mm Hg
Leuchtgas	0,50	4140
Ölgas	0,72 bis 1,05	9610 bis 13130 entsprechend der Dichte

Flüssige Brennstoffe.

Brennstoff	Spez. Gewicht bei 15° C	Verdampfungswärme kcal/kg	Unterer Heizwert kcal/kg	Nutzbarer Heizwert kcal/kg
Benzol	0,88	95	9640	9735
Heptan	0,69	75	10700	10775
Alkohol	0,80	225	6360	6585
Durchschnittsbenzin .	0,75	75	10500	10575
Dieselmotorentreiböl .	0,87	—	10100	10100

In den Zahlentafeln 39 und 40 sind nach den Tabellen von Ricardo und Burstall untere Heizwerte und Verdampfungswärmen für eine Reihe von Brennstoffen auszugsweise wiedergegeben; einige typische Werte, die in den nächsten Abschnitten Verwendung finden, sind auch in vorstehender Zahlentafel 8 zusammengestellt.

22. Brennstoff-Luftgemische.

Die Verbrennung von Leuchtgas und Luft ist als Beispiel einer Verbrennungsgleichung bereits in Abschnitt 15 behandelt. Bei den durch diese Gleichung dargestellten Reaktionen waren Luft und Brennstoff in solchen Mengen vorhanden, daß der gesamte Wasserstoff zu Wasser und der gesamte Kohlenstoff zu Kohlensäure verbrannt wurden, ohne daß freier Sauerstoff nach der Verbrennung übrig blieb. Eine derartige Zusammensetzung des Brennstoff-Luftgemisches wird als „chemisch genau“ bezeichnet. Wenn in einem Brennstoff-Luftgemisch nicht genügend Luft vorhanden ist, um eine vollständige Verbrennung des Brennstoffes zu ermöglichen, ist das Brennstoff-Luftgemisch „brennstoffreich“ oder „reich“; wenn die Luft im Überschuß vorhanden ist, so daß freier Sauerstoff nach der Verbrennung zurückbleibt, ist das Gemisch „brennstoffarm“ oder „arm“. Bei dem chemisch genauen Mischungsverhältnis hängen die Gewichts- bzw. Volumenverhältnisse von Brennstoff zu

Luft von der Art des Brennstoffes ab; für einen beliebigen Brennstoff und für eine beliebige Gemischzusammensetzung können die in Verbindung gehenden Gewichts- bzw. Volumenverhältnisse sofort ermittelt werden, sobald die chemische Gleichung aufgestellt ist.

Als Beispiele für die Verbrennung von flüssigen Brennstoffen sollen der Einfachheit halber reines Benzol (C_6H_6) und reines Heptan (C_7H_{16}) angenommen werden. Das eine stellt den Hauptbestandteil des Motorenbenzols und das andere einen typischen Vertreter der im Benzin überwiegenden paraffinartigen Bestandteile dar. Eine vollständige Verbrennung von Brennstoff und Luft würde nach den Gleichungen verlaufen:

$$2\,C_6H_6 + \underbrace{15\,O_2 + 56{,}4\,N_2} = \underbrace{12\,CO_2 + 6\,H_2O + 56{,}4\,N_2} + 1{,}52 \cdot 10^6\,\text{kcal} \qquad (29)$$

Gewichte:	156 +	2060	=	2216
Volumina:	2	71,4	=	74,4

$$2\,C_7H_{16} + \underbrace{22\,O_2 + 82{,}8\,N_2} = \underbrace{14\,CO_2 + 16\,H_2O + 82{,}8\,N_2} + 2{,}155 \cdot 10^6\,\text{kcal} \qquad (30)$$

Gewichte:	200 +	3020	=	3220
Volumina:	2	104,8		112,8

In beiden Gleichungen zeigt die linke Seite die in Verbindung gehenden Gewichte und Volumina von Brennstoff und Luft vor der Verbrennung, die rechte Seite die Produkte nach der vollständigen Verbrennung. Der gebildete Wasserdampf bleibt natürlich während der ganzen hier in Frage kommenden Zeit gasförmig, falls man nicht etwa annimmt, daß die Maschine mit einem Abgaskalorimeter zur Abkühlung der Gase auf Raumtemperatur ausgerüstet ist.

Die Verbrennung eines reichen oder armen Gemisches kann z. B. für Benzol durch eine Gleichung folgender Art dargestellt werden:

$$2(1+\alpha)\,C_6H_6 + 15\,O_2 + 56{,}4\,N_2 = a \cdot CO_2 + b \cdot CO + c \cdot H_2O + d \cdot H_2 + e \cdot O_2 + 56{,}4\,N_2 \qquad (31)$$

In dieser Gleichung kennzeichnet der Faktor α den Brennstoffgehalt. α ist gleich Null bei chemisch genauem Mischungsverhältnis; wenn das Gemisch einen Brennstoffüberschuß von 5 v. H. besitzt, ist $\alpha = +\,0{,}05$; wenn das Gemisch einen Brennstoffmangel von 5 v. H. aufweist, ist $\alpha = -\,0{,}05$ usw. für beliebige Hundertstel.

Die Koeffizienten a, b, c, d, e kennzeichnen den Anteil der betreffenden Gase an den Verbrennungsprodukten; sie hängen von der Verbrennungstemperatur und in geringerem Maße von dem Verbrennungsdruck ab. Falls keine Dissoziation aufträte, könnte in den Verbrennungsprodukten niemals freier Sauerstoff gleichzeitig mit freiem Wasserstoff und Kohlenoxyd bestehen. Aber wie bereits in Kapitel II ausgeführt, wird bei hohen Temperaturen ein bestimmter Teil der Kohlensäure- und Wasserdampfmoleküle in Kohlenoxyd, Wasserstoff und Sauerstoff aufgespalten; die anteilige Menge der dissozierten Moleküle nimmt oberhalb von 2700° C rasch zu. Bei diesen hohen Temperaturen können die drei Gase nebeneinander im Gleichgewicht bestehen. Sobald durch die einsetzende Expansion die Temperatur im Zylinder fällt, findet eine Wiedervereinigung statt, so daß schließlich freier Sauerstoff nur übrigbleibt, falls das Gemisch brennstoffarm ist, und Kohlenoxyd, falls das Gemisch brennstoffreich ist. Freier Wasserstoff bleibt in nennenswerten Mengen nicht einmal bei einem reichen Gemisch bestehen. Sein außerordentlich hohes Verbindungsbestreben zum Sauerstoff hat zur Folge, daß vorzugsweise Wasserstoff und Sauerstoff in Verbindung gehen und ein Mangel an Sauerstoff sich nur in einer unvollständigen Verbrennung des Kohlenstoffes zu Kohlenoxyd auswirkt. Der Betrag an dissoziiertem Wasserdampf ist unter den üblichen Maschinenverhältnissen selbst bei der Höchsttemperatur nicht groß, der Dissoziation der Kohlensäure hingegen kommt bei der Erklärung bestimmter allbekannter Erscheinungen im Maschinenverhalten eine grundlegende Bedeutung zu.

Die Dissoziation wird im nächsten Abschnitt genauer behandelt. Hier genügt die Angabe, daß man unter Verwendung bestimmter durch Versuch ermittelter Werte über die Gleichgewichtsbedingungen von CO, H_2, CO_2 und O_2 — die sog. „Dissoziationskonstanten" — in der Lage ist, die fünf Koeffizienten a, b, c, d, e in der Gleichung (31) für die Höchsttemperatur und den Höchstdruck im Zylinder zu berechnen und hierdurch die Zusammensetzung der Verbrennungsprodukte zu bestimmen. Bei dieser Gelegenheit sei nochmals darauf hingewiesen, daß auch die erreichbare Höchsttemperatur durch die Dissoziation der Kohlensäure beeinflußt wird, da die Verbrennungswärme des Brennstoffes in ihrem möglichen Gesamtbetrag noch nicht zur Entwicklung gelangt ist, solange noch Kohlenoxyd, Wasserstoff und Sauerstoff in unverbundenem Zustande nebeneinander bestehen.

In den Verbrennungsprodukten eines chemisch genauen Benzol-Luftgemisches tritt bei der Höchsttemperatur ein Kohlenoxydgehalt von ungefähr 4 v. H. Raumteilen auf; er steigt auf 16 v. H. an, wenn das Gemisch einen Brennstoffüberschuß von 50 v. H. ($\alpha = +0{,}5$) besitzt. Bei einem Gemisch mit Brennstoffmangel von 20 v. H. ($\alpha = -0{,}2$) tritt ein Gehalt an freiem Sauerstoff von ungefähr 5,3 v. H. auf, bei chemisch genauem Mischungsverhältnis fällt er auf 2,6 v. H. Diese für Kohlenoxyd und Sauerstoff angegebenen Mengen sind nur bei der Höchsttemperatur vorhanden. Von der Abgaszusammensetzung bei Öffnung des Auslaßventiles kann man sich ein gutes Bild verschaffen, wenn man Kohlenoxyd und Sauerstoff rechnerisch solange in Verbindung gehen läßt, bis das eine oder das andere — je nach dem, ob das Gemisch arm oder reich ist — auf Null gebracht ist. Bei einem Gemisch mit 50 v. H. Brennstoffüberschuß ist bei der Höchsttemperatur der Gehalt an freiem Sauerstoff praktisch Null, während bei einem Gemisch von 20 v. H. Brennstoffmangel bei der Höchsttemperatur der Gehalt an Kohlenoxyd ungefähr 2,5 v. H. beträgt.

23. Berechnung der Verbrennungsprodukte unter Berücksichtigung der Dissoziation.

Nach Veröffentlichungen von Tizard und dem Verfasser[7] entspricht die bekannte Eigenschaft des Benzinmotors, die Höchstleistung bei einer Gemischzusammensetzung mit 10 bis 20 v. H. Brennstoffüberschuß herzugeben, genau den theoretischen Erwartungen, wenn man das Auftreten der Dissoziation berücksichtigt. Eine ausführliche Darstellung der Berechnungsverfahren und der Ergebnisse für typische Brennstoffe findet man in der angezogenen Originalveröffentlichung. Die Verfasser mußten sich seinerzeit auf die damals verfügbaren Versuchswerte der Molekularwärmen und der Dissoziationskonstanten auf Grund der Arbeiten von Nernst, Bjerrum u. a. stützen. Jüngere Versuchsergebnisse von Fenning[3] haben zu einer Berichtigung der Dissoziationskonstanten geführt, so daß die hier angegebenen Zahlenwerte in einigen Fällen von den Werten der Veröffentlichung[7] abweichen.

Die Höchsttemperatur in einer Benzinmaschine dürfte etwa 2500 bis 2700° C betragen; bei diesen Temperaturen besteht der Zylinderinhalt aus einem Gemenge von N_2, CO_2, H_2O, CO, H_2 und O_2. Die letzten drei Gase können bei diesen hohen Temperaturen in bestimmten Mengenverhältnissen, die hauptsächlich von der Temperatur abhängen, im Gleichgewicht nebeneinander bestehen. Die Mengenverhältnisse dieser Gase werden durch zwei „Dissoziationskonstanten" K_1 und K, die durch Versuch ermittelt sind, bestimmt; die Bezeichnungen K_1 und K sind in Übereinstimmung mit der Veröffentlichung[7] gewählt.

Die Konstante K_1 bringt die gleichzeitig in einem Gasgemenge bei der absoluten Temperatur T herrschenden Partialdrücke von CO_2, CO und O_2 miteinander in Verbindung:

$$\frac{(p_{CO})^2 \cdot p_{O_2}}{(p_{CO_2})^2} = K_1 \tag{32}$$

und

$$\log K_1 = 8{,}46 - \frac{28\,600}{T} \tag{33}$$

Hierin stellt p_{CO} usw. den Partialdruck von CO usw. dar, welcher der Anzahl der Moleküle eines jeden im Gemenge vorhandenen Gases proportional ist.

Eine weitere Beziehung zwischen den Partialdrücken der vorhandenen Gase wird durch die zweite Konstante K geliefert:

$$\frac{p_{CO} \cdot p_{H_2O}}{p_{CO_2} \cdot p_{H_2}} = K \tag{34}$$

$$\log K = 1{,}405 - \frac{1550}{T} \tag{35}$$

In Tabelle 9 sind die ausgerechneten Zahlenwerte für K_1 und K im Temperaturbereich von 2000 bis 3000° abs zusammengestellt.

Zahlentafel 9. Zahlenwerte der Dissoziationskonstanten K_1 und K bei verschiedenen Temperaturen.

Temperatur °abs	K_1*	K
2000	$1{,}45 \cdot 10^{-6}$	4,3
2100	$7{,}08 \cdot 10^{-6}$	4,6
2200	$2{,}89 \cdot 10^{-5}$	5,0
2300	$1{,}05 \cdot 10^{-4}$	5,4
2400	$3{,}55 \cdot 10^{-4}$	5,75
2500	$1{,}07 \cdot 10^{-3}$	6,1
2600	$2{,}88 \cdot 10^{-3}$	6,45
2700	$7{,}25 \cdot 10^{-3}$	6,75
2800	$1{,}78 \cdot 10^{-2}$	7,1
2900	$3{,}98 \cdot 10^{-2}$	7,4
3000	$8{,}51 \cdot 10^{-2}$	7,7

* Zahlenwerte für K_1 bei Zwischentemperaturen müssen aus Gleichung (33) ermittelt werden.

Nach der Gleichung (31) im letzten Abschnitt wurden die Verbrennungsprodukte durch den Ausdruck dargestellt:

$$\alpha \cdot CO_2 + b \cdot CO + c \cdot H_2O + d \cdot H_2 + e \cdot O_2 + 56{,}4\, N_2.$$

Um die bei der Höchsttemperatur vorhandene Menge eines jeden Gases zu ermitteln, sind zunächst die fünf Konstanten a, b, c, d und e zu bestimmen. Drei Gleichungen können sofort durch Gleichsetzen der Anzahl der Atome der verschiedenen Elemente vor und nach der Verbrennung aufgestellt werden. Für ein chemisch genaues Benzol-Luftgemisch nach Gleichung (31) mit $\alpha = 0$ ergibt sich:

$$a + b = 12$$
$$2a + b + c + 2e = 30$$
$$2c + 2d = 12.$$

Berücksichtigt man, daß der Partialdruck eines Gases der Anzahl seiner vorhandenen Moleküle proportional ist, so lassen sich aus den Gleichungen (32 u. 34) zwei weitere Gleichungen aufstellen, so daß nunmehr fünf Gleichungen zur Bestimmung der fünf unbekannten Koeffizienten zur Verfügung stehen. Diese noch fehlenden Gleichungen lauten:

$$\frac{b^2}{a^2} \cdot p_{O_2} = K_1 \qquad (32a)$$

und

$$\frac{b \cdot c}{a \cdot d} = K \qquad (34a)$$

Der Partialdruck p_{O_2} in Gleichung (32a) kann nur als Verhältnis $\frac{e}{x}$ des höchsten Verbrennungsdruckes ermittelt werden, wobei x die Gesamtzahl aller bei der höchsten Temperatur vorhandenen Moleküle darstellt:

$$x = a + b + c + d + e + 56{,}4.$$

Der Höchstdruck p_e ist noch unbekannt ebenso wie die absolute Höchsttemperatur T_e. Zwischen beiden besteht aber die Beziehung:

$$p_e = \frac{x}{73{,}4} \cdot 5 \cdot \frac{T_e}{373} \text{ at} \qquad (36)$$

Diese Gleichung ergibt sich aus der Molekülzahl vor der Verbrennung, die nach Gleichung (29) 73,4 beträgt, ferner aus dem Verdichtungsverhältnis der Maschine, das mit 5:1 angenommen ist, und der Anfangstemperatur, die mit 100° C festgelegt ist.

Aus diesen Beziehungen werden die fünf Konstanten indirekt ermittelt. Zunächst wird eine Höchsttemperatur geschätzt und dann die Werte für die fünf Konstanten errechnet. Die im einzelnen gefundenen Werte für die durch die Verbrennung gebildeten Mengen von CO_2, H_2O und CO entsprechen einer bestimmten Wärmeerzeugung und einer bestimmten Molekularwärme der Verbrennungsprodukte. Dann erhebt sich die Frage, ob diese erzeugte Wärmemenge und diese mittlere Molekularwärme auch tatsächlich die Höchsttemperatur ergeben, die ursprünglich angenommen wurde. Falls dies nicht zutrifft, muß eine neue Höchsttemperatur, die der berechneten näherliegt, geschätzt und der gleiche Rechengang von neuem durchgeführt werden, bis die berechnete Höchsttemperatur mit der geschätzten Temperatur übereinstimmt.

In dem Beispiel der Verbrennung eines Benzol-Luftgemisches sei die Höchsttemperatur zunächst zu 2500° C geschätzt.

Dann ergibt sich

$$T_e = 2773^0 \text{ abs}$$
$$K_1 = 0{,}014$$
$$K = 7{,}0$$
$$p_{O_2} = \frac{e}{x}\, p_e = \frac{e \cdot 5}{73{,}4} \cdot \frac{2773}{373} = 0{,}506\, e \quad \text{at}$$
$$\frac{b^2}{a^2}\, e = \frac{K_1}{0{,}506} = 0{,}0277$$
$$\frac{b \cdot c}{a \cdot d} = 7{,}0\,.$$

Nunmehr geht man auf die fünf Gleichungen zur Bestimmung der fünf Konstanten über und erhält als erste Lösung:

$$a = 10{,}25$$
$$b = 1{,}75$$
$$c = 5{,}85$$
$$d = 0{,}15$$
$$e = 0{,}95.$$

Die während der Bildung dieser Verbrennungsprodukte erzeugte Wärmemenge stellt die Verbrennungswärme von zwei Mol Benzoldampf (156 · 9735 kcal laut Gleichung 29 und Zahlentafel 8) abzüglich der Verbrennungswärme von 1,75 Mol Kohlenoxyd (1,75 · 68300 kcal laut Gleichung 26) und der Verbrennungswärme von 0,15 Mol Wasserstoff (0,15 · 58100 kcal laut Gleichung 27) dar. Die bei der höchsten Temperatur erzeugte Wärmemenge beläuft sich also auf 18950 kcal je Mol ursprünglichen Brennstoff-Luftgemisches. Die mittlere Molekularwärme der Verbrennungsprodukte zwischen 100° und 2500° C beträgt 7,11 kcal je Mol ursprünglichen Brennstoff-Luftgemisches. Während der Verdichtung bei dem Verdichtungsverhältnis von 5 : 1 und der Ausgangstemperatur von 100^0 C sind 1590 kcal je Mol ursprünglichen Gemisches dem Gemisch zugeführt worden. Die gesamte Temperaturerhöhung beträgt daher

$$\frac{18\,950 + 1590}{7{,}11} = 2889^0 .$$

Die Höchsttemperatur beträgt also 2989^0 C und ist viel größer als die geschätzte Temperatur von 2500^0 C.

Für die erneute Durchführung der Rechnung sei eine Höchsttemperatur von 2750^0 C geschätzt. Man erhält dann

$$\frac{b \cdot c}{a \cdot d} = K = 7{,}8$$

$$\frac{b^2}{a^2} e = \frac{K_1}{0{,}552} = 0{,}186.$$

Die Auflösung der fünf Gleichungen für *a*, *b*, *c*, *d* und *e* ergibt nachstehende Zusammensetzung der Verbrennungsprodukte bei der Höchsttemperatur:

$$8{,}98\, CO_2 + 3{,}02\, CO + 5{,}75\, H_2O + 0{,}25\, H_2 + 1{,}64\, O_2 + 56{,}4\, N_2 .$$

Aus dieser Zusammensetzung der Verbrennungsprodukte ersieht man, daß entsprechend der höher geschätzten Temperatur beträchtlich mehr Dissoziationsprodukte als in dem Ergebnis der ersten Berechnung auftreten; daher fällt auch die erzeugte Wärmemenge geringer aus und beträgt nur 17690 kcal/Mol gegenüber 18950 kcal/Mol in der ersten Berechnung. Die mittlere Molekularwärme des Gemisches wird entsprechend dem größeren Temperaturbereich größer und beträgt 7,26 kcal je Mol ursprünglichen Gemisches gegenüber 7,11 in der ersten Rechnung. Aus beiden Gründen wird die berechnete Höchsttemperatur kleiner als vorher und beträgt

$$\frac{17\,690 + 1590}{7{,}26} + 100 = 2755^0\,\mathrm{C}.$$

Diese berechnete Höchsttemperatur liegt sehr nahe bei dem der zweiten Berechnung zugrunde gelegten Wert; sie kann daher als tatsächliche Höchsttemperatur für die Verbrennung eines chemisch genauen Benzol-Luftgemisches gelten, wenn ein Verdichtungsverhältnis von 5 : 1 und eine Gleichraumverbrennung vorausgesetzt werden sowie die Dissoziation voll berücksichtigt wird. Man ersieht aus der Zusammensetzung der Verbrennungsprodukte, daß bei der höchsten Temperatur ungefähr 25 v.H. des im Benzol enthaltenen Kohlenstoffes nur zu Kohlenoxyd verbrannt und noch etwa 4 v. H. des im Benzol enthaltenen Wasserstoffs in freiem Zustand vorhanden sind.

In dem obigen Beispiel wurde ein chemisch genaues Benzol-Luftgemisch nach Gleichung (29) zugrunde gelegt. Bei einem brennstoffreichen oder brennstoffarmen Gemisch wäre die Gleichung (31) mit dem entsprechenden Wert von α zu benutzen. Bei der Berechnung der Höchsttemperatur würde sich als einziger Unterschied ergeben, daß zwei von den obigen fünf Gleichungen zur Bestimmung der fünf Koeffizienten kleine Unterschiede in den Zahlenwerten aufweisen. Unter den neuen Bedingungen gilt

$$a + b = 12\ (1 + \alpha)$$
$$2c + 2d = 12\ (1 + \alpha)\,.$$

Von da an ist der Rechengang unverändert. Auch für die Berechnung des Leuchtgas-Luftgemisches, deren Ergebnisse in Abschnitt 13 angegeben sind, gilt der gleiche Rechengang. Für die Verbrennungsprodukte eines Leuchtgas-Luftgemisches nach Gleichung (28) ergibt sich bei der Höchsttemperatur von 2705° C eine Zusammensetzung von

$$0{,}41\ CO_2 + 0{,}12\ CO + 0{,}91\ H_2O + 0{,}035\ H_2 + 0{,}08\ O_2 + 3{,}32\ N_2$$

an Stelle der auf der rechten Seite der Gleichung (28) für vollständige Verbrennung unter Vernachlässigung der Dissoziation angegebenen Verbrennungsprodukte von einfacherer Zusammensetzung. In Gleichung (28) betrug die Gesamtzahl der Moleküle im Brennstoff-Luftgemisch vor der Verbrennung 5,13 und in den Verbrennungsprodukten nach der Verbrennung 4,80, so daß sich das Volumenverhältnis σ zu $\frac{4{,}80}{5{,}13} = 0{,}935$ errechnete. Unter Berücksichtigung der Dissoziation beträgt das Volumenverhältnis σ bei der Höchsttemperatur $\frac{4{,}87}{5{,}13} = 0{,}95$; dieser Wert ist Berechnungen des Höchstdruckes zugrunde zu legen.

Auch die Berechnung der Höchsttemperatur von 2570° C in dem Beispiel des Arbeitsverfahrens mit Verdichtungszündung (vgl. Abb. 9) erfolgt in gleicher Weise mit der Ausnahme, daß hier der Höchstdruck nicht von der zu ermittelnden Temperatur abhängt und daher unbekannt ist, sondern willkürlich auf 56,2 at festgesetzt ist. Die Gleichung (36) dieses Abschnittes geht dann über in

$$p_e = \frac{x}{73{,}0} \cdot \frac{56{,}2}{1{,}033}$$

und $$p_{O_2} = \frac{e}{x}\, p_e = \frac{e}{73{,}0} \cdot \frac{56{,}2}{1{,}033}, \quad \text{so daß} \quad \frac{b^2}{a^2}\, e = \frac{K_1}{0{,}745}\,.$$

Da die Voraussetzung gemacht wurde, daß nur soviel Brennstoff eingespritzt wird, um 80 v. H. der Luft zu verbrennen, beträgt die Gesamtzahl der Moleküle vor der Verbrennung 73,0 an Stelle von 73,4 in Gleichung (29). Die Zusammensetzung der Verbrennungsprodukte bei der höchsten Temperatur ergibt sich daher zu

$$8{,}62\ CO_2 + 0{,}98\ CO + 4{,}73\ H_2O + 0{,}07\ H_2 + 3{,}52\ O_2 + 56{,}4\ N_2.$$

Die gesamte Verbrennungswärme errechnet sich zu

$$\frac{1{,}60 \cdot 759 \cdot 10^3}{73{,}0} = 16{,}65 \cdot 10^3 \text{ kcal je Mol Brennstoff-Luftgemisch.}$$

Von dieser Wärmemenge wird ein Betrag von 4510 kcal/Mol bei konstantem Volumen zugeführt, um den Druck von 31,7 at auf 56,2 at zu erhöhen. Die für Erwärmung bei konstantem Druck verfügbare Wärmemenge errechnet sich daher zu

$$16650 - 4510 - \frac{0{,}98 \cdot 68\,300 + 0{,}07 \cdot 58\,100}{73{,}0} = 11\,170 \text{ kcal/Mol.}$$

Die mittlere Molekularwärme bei konstantem Druck beträgt für den in Frage kommenden Temperaturbereich 9,71 kcal/Mol ^{0} C; hieraus ergibt sich eine Temperaturerhöhung bei konstantem Druck um 1148^0. Das Volumenverhältnis σ bei der höchsten Temperatur spielt in diesem Kreisprozeß eine Rolle, wenn das tatsächliche Ausdehnungsverhältnis berechnet werden soll; denn das Ausdehnungsverhältnis bei konstantem Druck ($v_3' : v_3$ in Abb. 5) ist gleich

$$\sigma \frac{T_3}{T_3} = \frac{74{,}3 \cdot 2843}{73{,}0 \cdot 1695} = 1{,}72,$$

und das Ausdehnungsverhältnis der adiabatischen Expansion wird gleich

$$\frac{12}{1{,}72} = 6{,}95.$$

Die Berechnung der Ausdehnungsendtemperatur von 1495^0 C wird nach dem in Abschnitt 12 erklärten Verfahren vorgenommen.

Um auf die Berechnung der Höchsttemperaturen bei verschiedenen Mischungsverhältnissen zurückzukommen, so sind diese in der angezogenen Veröffentlichung[7] für Benzol-Luftgemische mit einem Brennstoffüberschuß von 50 v. H. bis zu einem Brennstoffmangel von 50 v. H. errechnet und angegeben. Aus der Abb. 11 geht hervor, in welcher Weise sich die Höchsttemperatur mit dem Mischungsverhältnis ändert. Während die Höchsttemperaturen ohne Berücksichtigung der Dissoziation annähernd geradlinigen Anstieg und Abfall zeigen, bleibt die mit Berücksichtigung der Dissoziation errechnete Temperaturkurve unterhalb der beiden Geraden. Würde man die Dissoziation vernachlässigen, so läge der errechnete Höchstbetrag der durch die Verbrennung entwickelten Wärme beim chemisch genauen Mischungsverhältnis, und rechts und links davon fiele die Höchsttemperatur linear ab. Bei Berücksichtigung der Dissoziation liegt der errechnete

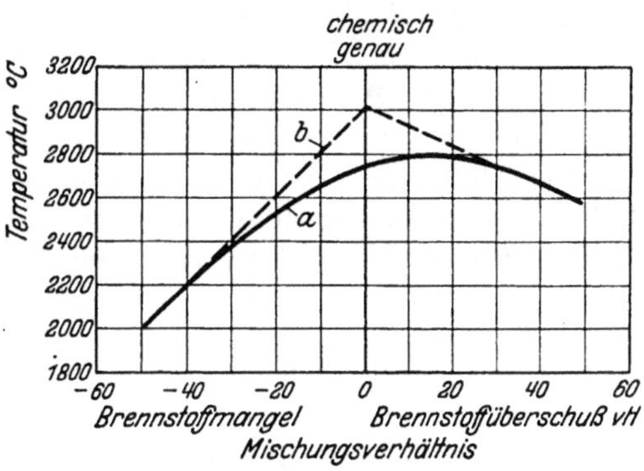

Abb. 11. Berechnete Höchsttemperaturen von Benzol-Luftgemischen.
a unter Berücksichtigung der Dissoziation,
b ohne Berücksichtigung der Dissoziation.

Höchstbetrag der entwickelten Wärme bei einem Mischungsverhältnis von knapp 20 v. H. Brennstoffüberschuß, und die Höchsttemperaturen weisen im Bereich der brennstoffreichen Gemische nur eine verhältnismäßig geringe Änderung auf. Unter sonst gleichen Bedingungen wird sich die Leistung einer Maschine mit der durch die Verbrennung erreichten Höchsttemperatur ändern; die Form der unteren Kurve in Abb. 11 deckt sich mit der bekannten Leistungscharakteristik einer Vergasermaschine bei veränderlichem Mischungsverhältnis und bestätigt durch die Übereinstimmung die Richtigkeit der theoretischen Gedankengänge sowie des hierauf beruhenden Berechnungsverfahrens (vgl. besonders Abb. 28).

Professor G. A. Goodenough[35] ist durch eine andere Berechnungsmethode zu Zahlenwerten für die Höchsttemperaturen von Benzol-Luftgemischen gekommen, die mit den Ergebnissen des hier angewandten Verfahrens weitgehend übereinstimmen. Die von ihm errechnete Höchsttemperatur für das chemisch genaue Mischungsverhältnis liegt um 30^0 höher als der in den ursprünglichen Veröffentlichungen[7] angegebene Wert. Goodenough hat eine Reihe sehr umfassender theoretischer Untersuchungen über die Verbrennung der verschiedensten Brennstoffe durchgeführt; Leser, die an der mathematischen Behandlung der chemischen Gleichgewichtsbedingungen Interesse haben, seien auf die entsprechende Literatur[35] verwiesen. Diese Veröffentlichungen enthalten auch eine kritische Untersuchung der Versuchswerte für Verbrennungswärmen und Molekularwärmen, die recht wertvoll ist, trotzdem spätere Arbeiten bereits die Notwendigkeit der Berichtigung einiger Schlußfolgerungen gezeigt haben. Auf die neuerliche Berichtigung der Dissoziationskonstanten wurde bereits hingewiesen, die Frage der Molekularwärmen wird ausführlich in Abschnitt 26 behandelt werden. An dieser Stelle genügt die abschließende Feststellung, daß eine absolute Genauigkeit für keine der berechneten Temperaturen beansprucht werden kann, solange nicht zuverlässigere Zahlenwerte der Molekularwärmen der Zylindergase bei hohen Temperaturen zur Verfügung stehen. Dies beeinträchtigt natürlich in keiner Weise den Nutzen der relativen Zahlenwerte für das Verständnis des Verhaltens einer Maschine.

Wenn wirklich zuverlässige Werte für die Molekularwärmen verfügbar werden, dann ist die Zeit für eine vollständige Revision aller derartiger Berechnungen unter Verwendung der genauesten Werte für alle physikalischen und chemischen Größen gekommen. Bis dahin kann man von den hier gegebenen Zahlenwerten getrost behaupten, daß sie jede Genauigkeit, die angesichts der unvollkommenen Zahlenunterlagen möglich ist, besitzen.

24. Die Gesamtenergie eines Brennstoff-Luftgemisches.

In den Berechnungen der beiden letzten Abschnitte wurden alle Wärmemengen auf ein Mol des ursprünglichen Brennstoff-Luftgemisches bezogen. Die berechnete Leistung einer Maschine ist dem Produkt aus der je Mol erzeugten Wärmemenge und dem Volumenverhältnis σ während der Verbrennung proportional. Dieses Volumenverhältnis muß als „potentielle Energie" eines Brennstoff-Luftgemisches — mit anderen Worten: als Gewinn oder Verlust für die motorische Leistung — berücksichtigt werden, wenn man den Wert eines Brennstoff-Luftgemisches als Arbeitsstoff beurteilen will; hierbei ist das bei vollständiger Verbrennung auftretende Volumenverhältnis σ zugrunde zu legen. Bei dem chemisch genauen Benzol-Luftgemisch ist, wie wir sahen, der Faktor $\sigma = 1{,}013$; für alle Kohlenwasserstoff-Brennstoffe ist σ größer als die Einheit, da der Zahlenwert von σ mit dem Molekulargewicht des Brennstoffes zunimmt. Für Heptan, dessen Verbrennung in Gleichung (30) wiedergegeben ist, ist $\sigma = 1{,}056$. Für Leuchtgas wirkt sich andererseits der Faktor σ in ungünstigem Sinne aus, da er für das typische Leuchtgas der Zahlentafel 5 nur 0,935 beträgt. Dieser niedrige Wert rührt von dem hohen Gehalt an Wasserstoff und Kohlenoxyd her; denn die Verbrennung eines jeden dieser beiden Bestandteile mit Sauerstoff zieht eine Volumenverkleinerung der reagierenden Gase um ein Drittel nach sich.

Es ist lehrreich, die verschiedenen Brennstoffarten an Hand einer besonderen Kennziffer, die als „Gesamtenergie je Mol chemisch genauen Brennstoffluftgemisches" bezeichnet werden kann, zu vergleichen.

Der nutzbare Heizwert eines reinen Brennstoffes (unterer Heizwert plus etwaige Verdampfungswärme) betrage H in kcal/kg, ferner sei die chemische Formel des Brennstoffes bekannt. Setzt man die Verbrennungsgleichung an, in der n_b Brennstoffmoleküle vom Molekulargewicht m mit n_l Luftmolekülen in Verbindung gehen, um $\sigma\,(n_b + n_l)$ Moleküle von Verbrennungsprodukten zu bilden, so beträgt die je Mol Brennstoff-Luftgemisch erzeugte Wärmemenge

$$\frac{n_b \cdot H}{n_b + n_l} \cdot m \text{ kcal/Mol}$$

und die Gesamtenergie je Mol Brennstoff-Luftgemisch

$$\sigma\,\frac{n_b \cdot H}{n_b + n_l} \cdot m \text{ kcal/Mol.}$$

Setzt man die entsprechenden Zahlenwerte für Benzol ein, so ergibt sich die Gesamtenergie

$$\frac{1{,}013 \cdot 2 \cdot 9735}{73{,}4} \cdot 78 = 20\,950 \text{ kcal/Mol.}$$

Dieser Wert stellt die Kennziffer für die verfügbare Gesamtenergie eines chemisch genauen Benzol-Luftgemisches dar. Der auf das Volumenverhältnis σ entfallende Anteil beträgt in diesem Falle nur 1,3 v. H.; es sei aber daran erinnert, daß er für Heptan 5,6 v. H. beträgt und für ein Durchschnittsbenzin mit ungefähr 5 v. H. angenommen werden kann. Für die verwickelte Kohlenwasserstoffmischung eines Durchschnittsbenzins kann man natürlich das Molekulargewicht nicht bestimmen noch die Verbrennungsgleichungen in derselben Weise aufstellen, wie es für die reinen Kohlenwasserstoffe Benzol und Heptan möglich war — zum mindesten würde es eine recht mühselige Arbeit bedeuten. Es kann aber auf die von Ricardo veröffentlichten Zahlentafeln verwiesen werden, welche diese wichtige Kennziffer der Gesamtenergie eines chemisch genauen Brennstoff-Luftgemisches für die verschiedensten Brennstoffe angeben. Zahlentafel 39 enthält eine Auswahl der hauptsächlichen Brennstoffe aus den Ricardoschen Tafeln. Man ersieht hieraus die wichtige Tatsache, daß die verfügbare Gesamtenergie des Brennstoffluftgemisches bei allen flüssigen Brennstoffen nahezu gleich ist, obwohl der Heizwert der aromatischen Kohlenwasserstoffe um etwa 10 v. H. unter dem der Paraffine liegt und der Heizwert von Äthylalkohol nicht mehr als zwei Drittel von dem der aromatischen beträgt. Dieser Umstand ist für die Maschinenleistung von großer Bedeutung; denn ganz allgemein ist die erreichbare Höchstleistung einer Maschine der Gesamtenergie des angesaugten Brennstoff-Luftgemisches proportional. Werden richtige Vergleichsbedingungen zugrunde gelegt, so wird die Unveränderlichkeit der höchsten Leistung bei allen Brennstoffen voll bestätigt — trotz der gegenteiligen Behauptungen der Anhänger von Sonderbrennstoffen.

Als weiteres Beispiel der Berechnung der verfügbaren Gesamtenergie eines Brennstoff-Luftgemisches sei Äthylalkohol behandelt. Dies Beispiel dient gleichzeitig dazu, die Verwendung der Verbrennungsgleichungen für Brennstoffe, die keine Kohlenwasserstoffe sind, zu zeigen; ferner geht daraus hervor, warum ein Brennstoff mit einem so geringen Heizwert dennoch ein Brennstoff-Luftgemisch mit einer Gesamtenergie, die sogar noch etwas höher als die eines Benzol-Luftgemisches ist, ergibt. Obwohl der Heizwert je Kilogramm nur gering ist, ist auch das Luftgewicht, das zur Lieferung des je Kilogramm Brennstoff nötigen Sauerstoffes erforderlich ist, klein, so daß die je Kilogramm Brennstoff-Luftgemisch verfügbare Wärmemenge nicht kleiner als bei anderen flüssigen Brennstoffen mit größerem Luftbedarf wird. Der nutzbare Heizwert je Kilogramm Spiritus mit 2,5 v. H. Wassergehalt beträgt 6585 kcal (vgl. Zahlentafel 39). Daher lautet die Verbrennungsgleichung:

$$2\,C_2H_6O + 6\,O_2 + 22{,}6\,N_2 = 6\,H_2O + 4\,CO_2 + 22{,}6\,N_2 + 0{,}605 \cdot 10^6\,\text{kcal}. \quad (37)$$

Die je Mol Brennstoff-Luftgemisch erzeugte Wärmemenge beträgt

$$\frac{0{,}605 \cdot 10^6}{30{,}6} = 19\,750\ \text{kcal/Mol}.$$

Aus dem Volumenverhältnis $\sigma = \frac{32{,}6}{30{,}6} = 1{,}065$ ergibt sich die Gesamtenergie zu

$$1{,}065 \cdot 19750 = 21050 \text{ kcal/Mol}.$$

Für ein Durchschnittsbenzin errechnet sich der entsprechende Zahlenwert der Gesamtenergie zu 21400 kcal/Mol.

25. Versuche in geschlossenen Gefäßen zur Bestimmung der Molekularwärmen.

In diesem Abschnitt sollen die verschiedenen Methoden, die Molekularwärmen durch Verbrennungsversuche in geschlossenen Gefäßen bei konstantem Volumen zu bestimmen, näher behandelt werden.

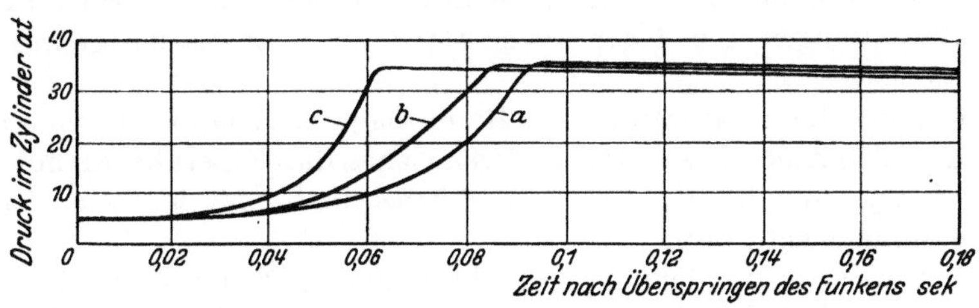

Abb. 12. Druck-Zeitdiagramme bei Bombenversuchen.
a Gemisch bestehend aus $7\,(CO + 0{,}0008\,H_2) + O_2$,
b Gemisch bestehend aus $7\,(CO + 0{,}0008\,H_2) + O_2$ plus 0,09 v. H. Zusatz von $7\,H_2 + O_2$,
c Gemisch bestehend aus $7\,(CO + 0{,}0008\,H_2) + O_2$ plus 0,12 v. H. Zusatz von $7\,H_2 + O_2$.

Wird ein Brennstoff-Luftgemisch von bekannter Zusammensetzung bei einem vorher bestimmten Druck und einer vorher bestimmten Temperatur in einer Bombe von konstantem Volumen eingeschlossen und durch einen elektrischen Funken entzündet, so ergibt sich in der Bombe ein Druckverlauf, wie er in Abb. 12 für drei typische Beispiele von Verbrennungen mit verschiedenen Brenngeschwindigkeiten wiedergegeben ist. Der in den Druck-Zeitdiagrammen angezeigte Höchstdruck hängt von verschiedenen Einflüssen ab. Bei einem Benzol-Luftgemisch wird eine Wärmemenge von ungefähr 20600 kcal je Mol Verbrennungsprodukte entwickelt. Würde diese gesamte Wärmemenge ohne Wärmeverlust an die Gefäßwandungen zur Entwicklung gelangen und die Molekularwärme des Gasinhaltes bei allen Temperaturen gleich der von Luft bei 15° C — 5 kcal/Mol° C — sein, so müßte der Temperaturanstieg im Verbrennungsgefäß ungefähr 4000° C und der Enddruck nahezu das Fünfzehnfache des Anfangsdruckes betragen. Der im Diagramm angezeigte Druck bleibt indessen unter der Hälfte dieses Wertes. Die an diesem „Druckverlust" beteiligten Einflüsse sind in ungefährer Reihenfolge ihrer Bedeutung folgende:

1. Zunahme der mittleren Molekularwärme der Verbrennungsprodukte bei hohen Temperaturen, insbesondere des Wasserdampfes und

der Kohlensäure, die zusammen ungefähr ein Viertel des Gesamtvolumens ausmachen.

2. Wärmeverlust an die Gefäßwandungen durch Strahlung und Leitung vor dem Erreichen des Höchstdruckes. Die Größe dieses Wärmeverlustes hängt ab von der durch die Verbrennung erzeugten Gaswirbelung, von der Ausbreitungsgeschwindigkeit der Flamme und von der Lage der Entflammungsstelle im Gefäß; alle drei Faktoren stehen in enger Beziehung zueinander.

3. Da die Temperatur über 2500° C steigt, kann ein bestimmter Teil der normalerweise gebildeten Wasserdampf- und Kohlensäuremengen in dissoziiertem Zustande als Kohlenoxyd, Wasserstoff und Sauerstoff verbleiben; die Bildungswärme eines Teiles der Endprodukte gelangt also erst dann zur Entwicklung, wenn durch den Wärmeverlust an die Gefäßwandungen die Temperatur unter die Dissoziationsgrenze gesunken ist.

4. Falls die Gefäßwandungen Raumtemperatur besitzen, kann eine dünne Schicht des Brennstoff-Luftgemisches durch Berührung mit den Wandungen in kühleren Zustand verbleiben und somit der rechtzeitigen Verbrennung entgehen.

5. Unter der Bezeichnung „Nachbrennen“ hat man als weitere Ursache angegeben, daß die molekulare Neuanordnung, die bei der Bildung von Wasserdampf und Kohlensäure vor sich geht, bis zu ihrer Beendigung eine merkliche Zeit erfordert und daß die Zeit zur Entwicklung der gesamten verfügbaren Wärme vor dem Höchstdruck nicht gereicht hat. Diese Deutung des „Nachbrennens“ geht weiter als eine einfache Annahme, daß die Flamme sich nicht vollständig im ganzen Gefäßinhalt ausgebreitet hat, so daß im Augenblick des Höchstdruckes noch unverbrannter Brennstoff übrig ist.

Die unter Ziffer 5 wiedergegebene Theorie hat zur Voraussetzung, daß eine einmal eingeleitete chemische Reaktion zu ihrem völligen Ablauf eine Zeit von ganz anderer Größenordnung als bei sonstigen Atom- und Molekularbewegungen erfordert. Diese Theorie mag etwas Wahres für sich haben; aber bis jetzt ist kein überzeugender Beweis gelungen, daß die chemischen Reaktionen im Augenblick des Höchstdruckes noch unvollständig sind. Vielmehr sprechen eine Reihe von Tatsachen gegen die Ansicht, daß eine einmal eingeleitete chemische Reaktion zu ihrem völligen Ablauf eine nennenswerte Zeit benötigt. Z. B. beträgt die kürzeste Zeit zwischen Zündung und Höchstdruck bei einem Versuch im geschlossenen Gefäß — Gemische von Wasserstoff und Luft ausgenommen — ungefähr 0,03 sek. Wird ferner die Ausbreitung der Flamme durch Wirbelung wie in einem Maschinenzylinder gefördert, so ist es sogar möglich, in einem Zehntel dieser Zeit Verbrennungen durchzuführen, die ausreichend sind, um Druckspitzen wie im Indikatordiagramm der Abb. 15

zu erzielen. Diese beiden Punkte bilden zusammen einen sehr starken Beweis, daß die Abkürzung der Verbrennungszeit in einer Maschine fast ausschließlich auf eine Frage der Beschleunigung der Flammenausbreitung innerhalb des von den brennbaren Gasen eingenommenen Raumes hinausläuft. Dies wäre nicht der Fall, wenn die chemische Reaktion selbst, nachdem sie einmal richtig in Gang gebracht ist, zu ihrer Beendigung eine nennenswerte Zeit benötigen würde.

Der Einfluß der bei höheren Drehzahlen gesteigerten Wirbelbewegung auf die Beschleunigung der Flammenausbreitung im Maschinenzylinder ist durch Glyde[29] und Withrow, Lovell und Boyd[33], über deren Versuche im Abschnitt 29 ausführlich berichtet wird, unmittelbar beobachtet worden. Bei diesen Versuchen wurde überdies der direkte Beweis erbracht, daß die Verbrennung auf eine verhältnismäßig schmale Zone, die sich von der Entflammungsstelle äußerst schnell ausbreitet, beschränkt bleibt und daß hinter dieser Verbrennungszone die chemischen Reaktionen, wie aus dem Verschwinden des gesamten Sauerstoffes hervorgeht, beendet sind.

Von den verschiedenen, für den Druckverlust in der Bombe angegebenen Ursachen ist die Zunahme der Molekularwärmen weitaus am wichtigsten. Die Messung des bei derartigen Versuchen erreichten Höchstdruckes stellt den einzigen gangbaren Weg dar, um die mittleren Molekularwärmen von Gasen bis zu den höchsten Temperaturen zu bestimmen. Die denkbar einfachste Form eines derartigen Versuches, die indessen praktisch nicht durchführbar ist, bestände in der Verbrennung eines Gemisches aus zwei Raumteilen Kohlenoxyd und einem Raumteil Sauerstoff. Aus dem gemessenen Druckanstieg könnte die höchste Temperatur und hieraus der Temperaturanstieg, z. B. von T_1 auf T_2 errechnet werden. Würde H die durch Verbrennung erzeugte Wärmemenge in kcal/Mol und h die an die Gefäßwandungen vor Erreichung des Höchstdruckes abgegebene Wärmemenge darstellen, so ergäbe sich die mittlere Molekularwärme der Kohlensäure zwischen den Temperaturen T_1 und T_2 zu

$$\frac{H-h}{T_2-T_1}.$$

Dieser gedachte Versuch ist mit Kohlenoxyd nicht durchführbar, weil die Verbrennung so langsam verliefe und die Zeit bis zur Erreichung des Höchstdruckes so groß wäre, daß der in seiner Größe immer schwer zu bestimmende Wärmeverlust h im Verhältnis zur Gesamtwärme H zu erheblich würde, um genaue Ergebnisse möglich zu machen. Die typischen Druck-Zeitdiagramme der Abb. 12 zeigen die auffallende Wirkung von kleinsten Beigaben eines Wasserstoff-Sauerstoffgemisches auf die Beschleunigung der Brenngeschwindigkeit des von Natur aus langsam brennenden Kohlenoxyd-Sauerstoffgemisches. Eine möglichst genaue Schätzung des Wärmeverlustes vor Erreichung des Höchstdrukkes bildet die große Schwierigkeit bei allen Bestimmungen der Molekularwärme. Im Vergleich zu der sich hieraus ergebenden Unsicherheit sind alle anderen Ursachen des Druckverlustes, die auf die Bestimmung der Molekularwärmen von Einfluß sein könnten, wahrscheinlich von untergeordneter Bedeutung oder können durch besondere Versuchsanordnungen anderweitig ausgeschaltet werden. Es ist z. B. richtig, daß der volle Wert von H bis zum Augenblick des Höchstdruckes und der Höchsttemperatur nicht entwickelt werden könnte, falls Dissoziation aufträte; dies müßte natürlich zu kleineren Höchstwerten führen. Der Ausfall an Wärmeerzeugung auf Grund der Dissoziation würde die gleiche Wirkung auf die Verkleinerung der Höchstwerte ausüben wie eine wirkliche Erhöhung der Molekularwärmen der zu erwärmenden Gase; es wäre daher bei keinem Versuch möglich, diese beiden Ursachen des Druckverlustes auseinanderzuhalten. Indessen ist man in der Lage, die wirkliche Erhöhung der Molekularwärmen für sich allein zu messen, wenn man durch besondere Vorkehrungen den Betrag der Dissoziation auf einen Kleinstwert bringt. Dies erreicht man durch einen reichlichen Überschuß von einem der an den Reaktionen beteiligten Gase. Bei den Gemischen, deren Druck-Zeitdiagramme in Abb. 12 wiedergegeben sind, war z. B. ein reichlicher Überschuß an Kohlenoxyd vorhanden, der weit über das für die Verbindung des gesamten Sauerstoffes erforderliche Maß hinaus ging.

Die Bestimmung der Molekularwärmen durch Versuche wird im nächsten Abschnitt weiter behandelt; dort findet man auch Hinweise auf die Literatur, in der ausführliche Beschreibungen der angewandten Methoden enthalten sind.

Bei Maschinenberechnungen kommt weniger die Molekularwärme an sich als der Betrag der inneren Energie, der dem Arbeitsstoff bei den einzelnen Temperaturen eigen ist, in Betracht. Benötigt werden die Beziehungen zwischen innerer Energie und Temperatur; sie sind je nach der Zusammensetzung des Arbeitsstoffes verschieden. In der Hauptsache ist der Gehalt an Wasserdampf und Kohlensäure für die Zunahme der Molekularwärme mit der Temperatur entscheidend; die Beziehungen zwischen innerer Energie und Temperatur sind daher bei brennstoffreichen Gemischen andere als bei brennstoffarmen, da bei armen Gemischen der Anteil dreiatomiger Gase in den Verbrennungsprodukten geringer ist. Für ein chemisch genaues Leuchtgas-Luftgemisch nach Gleichung (28) beträgt dieser Anteil gewichtsmäßig 30 v. H. und geht bei einem Gemisch mit 50 v. H. Brennstoffmangel auf 15,7 v. H. zurück.

Um die Beziehungen zwischen innerer Energie und Temperatur bei einem bestimmten Arbeitsstoff zu ermitteln, bestimmt man zunächst die mittleren Molekularwärmen seiner Bestandteile zwischen einer festen Anfangstemperatur und schrittweise vergrößerten Endtemperaturen. Als Anfangstemperatur wählt man zweckmäßig 100° C, um alle Schwierigkeiten durch Kondensation des Wasserdampfes in den Verbrennungsprodukten auszuschalten. Diese gruppenweisen Verbrennungsversuche mit Gemischen von verschiedener Zusammensetzung und verschiedenem Wärmeinhalt ermöglichen es, die mittlere Molekularwärme bis zu verschiedenen Höchsttemperaturen für Wasserdampf, Kohlensäure und schließlich für die zweiatomigen Gase, deren Molekularwärmen alle als gleich angenommen werden können, zu berechnen. Aus diesen Molekularwärmen der Einzelbestandteile eines beliebigen Arbeitsstoffes kann die mittlere Molekularwärme für eine besondere Zusammensetzung schnell errechnet werden.

26. Versuchswerte für die Molekularwärme von Gasen.

Außer in geschlossenen Verbrennungsbomben hat man Bestimmungen der Molekularwärmen auch nach anderen Verfahren ausgeführt. Bei einer Methode wird das Gas erhitzt, während es sich in gleichförmiger Strömung bei konstantem — im allgemeinen atmosphärischem — Druck befindet. Bei einem anderen Verfahren wird das Gas in einer Maschine abwechselnd verdichtet und ausgedehnt; aus dem mittels Indikator aufgenommenem Druckverlauf lassen sich die Änderungen der mittleren Temperatur bestimmen und zu den gemessenen Arbeitsbeträgen, die vom Kolben auf das Gas übertragen oder vom Gas verrichtet werden, in Beziehung setzen. Versuche dieser Art hat Clerk[9] bis zu Temperaturen von etwa 1400° C durchgeführt. Aber die Genauigkeit dieser Versuche hängt in sehr erheblichem Maße von der richtigen Aufteilung des Wärmeverlustes an die Zylinderwandungen zwischen den Verdichtungs- und Ausdehnungshüben ab. Auf den Wärmeverlust hat die ständig wechselnde und in ihrer Größe völlig unbekannte Wirbelung der Gase ganz bedeutenden Einfluß; daher ist eine einigermaßen zuverlässige Bestimmung der bei den jeweiligen Zeitpunkten auftretenden Wärmeverluste in der praktischen Durchführung zu schwierig, um mit dieser Methode Ergebnisse, welche die erforderliche Genauigkeit besitzen, erzielen zu können.

Versuchsbestimmungen bei konstantem Druck ist durch eine Höchsttemperatur von etwa 1400° C eine Grenze gesetzt; es bleibt fraglich, ob Versuche bei höheren Temperaturen noch Zweck haben, da genaue Temperaturmessungen in diesem Bereich mit sehr großen technischen Schwierigkeiten verknüpft sind. Für Luft und Kohlensäure liegen sehr genaue Zahlenwerte für 20° C und 100° C vor, die Swann in Versuchen bei konstantem Druck ermittelt hat. Seine Versuchsergebnisse bilden recht wertvolle Grundlagen für die Molekularwärmen bei kleinen Temperaturen; die Zahlenwerte lauten:

	bei 20° C	bei 100° C
Luft	5,01 kcal/Mol ° C	5,05 kcal/Mol ° C
Kohlensäure . .	6,85 kcal/Mol ° C	7,72 kcal/Mol ° C

Zahlreiche Versuche in geschlossenen Verbrennungsgefäßen sind von verschiedensten Forschern zur Bestimmung der mittleren Molekularwärmen der Bombeninhalte zwischen der Anfangs- und der Höchsttemperatur[10] durchgeführt worden. Trotzdem kann auch heute noch nicht behauptet werden, daß zuverlässige Zahlenwerte der Molekularwärmen bei hohen Temperaturen für Kohlensäure, Wasserdampf, ja nicht einmal für die zweiatomigen Gase vorhanden sind. Gerade die jüngsten Versuche lassen mit noch größerer Deutlichkeit die außerordentliche Schwierigkeit erkennen, wirklich zuverlässige Versuchswerte für die Molekularwärmen im Temperaturbereich bis zu 3000° abs zu erzielen.

Bei den noch nicht veröffentlichten Arbeiten von Fenning am „National Physical Laboratory" — auf die hier mit seiner freundlichen Erlaubnis Bezug genommen werden kann — sind die Druckmessungen und die Bestimmungen der Verbrennungsverhältnisse mit der denkbar größten Feinheit in der Versuchstechnik durchgeführt worden, so daß vollkommene Druckdiagramme, die eine Gleichmäßigkeit von 1 : 500 aufwiesen, aufgenommen werden konnten. Vollkommene Versuchstechnik bildet die Grundlage, ist aber erst der halbe Weg zum Erfolg; denn diese letzten Versuche haben wie nie zuvor gezeigt, daß die Bestimmung der genauen Größe der an die Gefäßwandungen vor Erreichung des Höchstdruckes abgegebenen Wärmemengen von entscheidender Bedeutung ist. Nach diesen Versuchen scheint bei den Zahlenwerten von Pier und Bjerrum, die bisher mit Recht als die zuverlässigsten Werte galten, der Wärmeverlust nicht genügend berücksichtigt zu sein.

Fenning hat seine Versuche an einer kugelförmigen Bombe durchgeführt, welche Funkenzündung im Mittelpunkt sowie hochpolierte, verchromte Innenwandungen besaß, so daß der Strahlungsverlust auf einen Kleinstwert verringert wurde. Wie Abb. 12 zeigt, war er in der Lage, die Zeit der Verbrennung bei sonst gleichen Versuchsbedingungen so genau zu bestimmen und derart zu verändern, daß der Einfluß der Zeit und der Gaswirbelung auf den gesamten Wärmeverlust nachgewiesen werden konnte. Diese Versuche beziehen sich nur auf Kohlensäure und die zweiatomigen Gase, bei denen gleiche Molekularwärme angenommen wird. Für den nicht weniger wichtigen Wasserdampf ist der bisherige Stand noch unbefriedigend. Dies gilt bis zu einem gewissen Grade auch für die zweiatomigen Gase und Kohlensäure; denn alle Versuchsergebnisse von Fenning drehen sich um die genaue Kenntnis der Bildungswärme von Stickstoffoxydul (N_2O), und die hierfür in der Literatur angegebenen Zahlenwerte weisen Unterschiede von mehr als 10 v H. auf. Trotzdem hat Fenning mit seinen Arbeiten diese gesamte Versuchsmethode auf eine gesunde Grundlage gestellt; mit genaueren Zahlenwerten für Stickstoffoxydul und bei einer Erweiterung der gleichen Versuchstechnik auf Wasserdampf lassen sich wirklich einwandfreie Unterlagen für Maschinenberechnungen aufstellen. Bis die neuen Zahlenwerte aus den Arbeiten von Fenning vervollständigt sind und abgeschlossen vorliegen, scheint es zur Zeit am besten zu sein, die in „Empire Motor Fuels Committee Report“[7] angegebenen Zahlenwerte zugrunde zu legen. Diese Werte sind daher ohne Änderung in Zahlentafel 10 zusammengestellt.

Zahlentafel 10.
Mittlere Molekularwärmen von 100° C an aufwärts in kcal/Mol° C.

von 100° C bis	500°	1000°	1500°	2000°	2500°	3000°
Zweiatomige Gase	5,18	5,29	5,52	5,75	6,01	6,32
Wasserdampf .	6,26	6,96	7,66	8,49	9,73	11,18
Kohlensäure. .	6,27	9,57	10,06	10,49	10,86	10,95

Für die Molekularwärmen der Gase wird häufig die vereinfachende Annahme gemacht, daß sie linear mit der Temperatur ansteigen. Mit anderen Worten, die Molekularwärme C_v bei der beliebigen Temperatur t ist durch die Beziehung gegeben:

$$C_v = (C_v)_0 + \alpha t.$$

Für praktische Zwecke wird indessen nicht die Molekularwärme *bei* einer bestimmten Temperatur, sondern ihr Mittelwert über einen bestimmten Temperaturbereich, für den die mit der Temperaturänderung verbundene Änderung der inneren Energie zu berechnen ist, gebraucht. Überdies besteht der Arbeitsstoff, dessen Energieänderung ermittelt werden soll, aus einem Gemenge von zweiatomigen Gasen, Kohlensäure und Wasserdampf. Obwohl bei zweiatomigen Gasen die Änderung der Molekularwärme durch eine einfache lineare Gleichung der obigen Art mit ziemlicher Genauigkeit dargestellt werden kann, läßt sich dies für dreiatomige Gase überhaupt nicht durchführen und ergibt für die in der Praxis vorkommenden Arbeitsstoffe über den vollen Temperaturbereich von 100° C bis 3000° C keine wirklich befriedigenden Werte. Für überschlägliche Rechnungen ist es zweckmäßig, mit Kurven wie in Abb. 13 zu arbeiten; hierin stellt die ausgezogene Kurve *a* die innere Energie in Abhängigkeit von der Temperatur für ein Mol Verbrennungsprodukte eines chemisch genauen Benzol-Luftgemisches dar. Die Kurve ist aus der Zusammensetzung der Verbrennungsprodukte auf der rechten Seite der Gleichung (29) und den mittleren Molekularwärmen der Zahlentafel 10 ermittelt.

Die Verbrennungsprodukte und damit auch die Energie-Temperaturkurve sind für jeden Brennstoff und jedes Mischungsverhältnis natürlich verschieden; glücklicherweise ist die Änderung aber nicht groß, da mindestens drei Viertel des Arbeitsstoffes immer aus Stickstoff bestehen. Um den Bereich der möglichen Änderungen zu zeigen, ist in Abb. 13 die gestrichelte Kurve *b* eingetragen, welche die Beziehungen zwischen innerer Energie und Temperatur für ein Leuchtgas-Luftgemisch mit 50 v. H. Brennstoffmangel wiedergibt. Die Verbrennungsprodukte eines derartigen Brennstoff-Luftgemisches besitzen ungefähr den höchsten Gehalt an zweiatomigen Gasen und damit die kleinsten Werte für die Molekularwärmen, die im praktischen Betrieb der Brennkraftmaschinen überhaupt vorkommen.

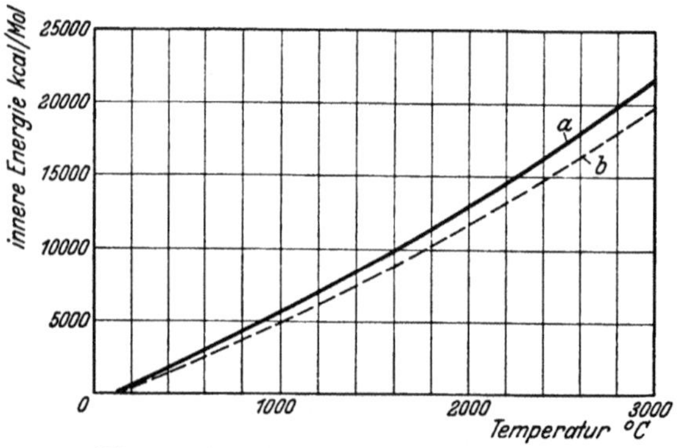

Abb. 13. Abhängigkeit der inneren Energie der Verbrennungsprodukte von der Temperatur.
a chemisch genaues Benzol-Luftgemisch,
b Leuchtgas-Luftgemisch mit 50 v. H. Brennstoffmangel.

Die zu den beiden Kurven der Abb. 13 gehörenden Zahlenwerte für Temperatur und innere Energie sind in Zahlentafel 11 gegenübergestellt. An Hand dieser Zahlentafel können die Kurven zum praktischen Gebrauch schnell in größerem Maßstab aufgetragen werden.

Zahlentafel 11. Temperatur und innere Energie der Verbrennungsprodukte eines chemisch genauen Benzol-Luftgemisches und eines Leuchtgas-Luftgemisches mit 50 v. H. Brennstoffmangel.

Temperatur °C	Benzol-Luftgemisch chemisch genau	Leuchtgas-Luftgemisch 50 v. H. Brennstoffmangel
100	0 kcal/Mol	0 kcal/Mol
500	2330 ,,	2120 ,,
1000	5570 ,,	4970 ,,
1500	9100 ,,	8090 ,,
2000	12950 ,,	11600 ,,
2500	17220 ,,	15530 ,,
3000	21880 ,,	19900 ,,

Für genaues Arbeiten muß eine Gleichung nach Art der Gleichung (21) für das jeweils in Frage kommende Gasgemisch abgeleitet werden. Falls die mittlere Molekularwärme für einen besonderen Temperaturbereich gebraucht wird, müssen die Molekularwärmen eines jeden Bestandteils innerhalb des betreffenden Temperaturbereiches durch Interpolation aus Zahlentafel 10 ermittelt und hieraus die mittlere Molekularwärme des Gemisches entsprechend der Zusammensetzung in Raumteilen bestimmt werden.

Wiederholt hat man verschiedene empirische Formeln vorgeschlagen, um die Änderungen von C_v für CO_2 und H_2O im ganzen Bereich bis zu den hohen Temperaturen darzustellen[36]. Bei dem gegenwärtigen Stand der Experimentalforschung sind indessen derartige Versuche verfrüht und irreführend. Derartige Formeln sind für die Zwecke des Brennkraftmaschinen-Ingenieurs nicht erforderlich, und es ist ratsamer, zuverlässigere Versuchsunterlagen abzuwarten, bevor man den wahrscheinlichen Verlauf von C_v formelmäßig festlegt.

IV. Detonation.

27. Der Vorgang der Detonation. Unterschied von der Frühzündung.

Die Detonation — auch als „Klopfen“ oder „Klingeln“ bezeichnet — ist ein interessantes Beispiel für einen Vorgang, mit dem der praktische Ingenieur schon lange vertraut war, bevor ihre weitreichende Bedeutung wissenschaftlich erkannt wurde. In den Kreisen der Praktiker war die Kenntnis von dem Auftreten dieser Erscheinung sogar ziemlich allgemein verbreitet; jeder Fahrer eines Motorrades mit luftgekühltem Motor wußte, daß er seine Zusatzluftdrossel schließen und mit reicherem Gemisch fahren mußte, wenn seine Maschine zu klopfen begann.

Ricardo hat als erster gezeigt, daß von allen Einflüssen, welche Leistung und Wirkungsgrad der Vergasermaschinen begrenzen, der Detonation die größte Bedeutung zukommt. In den späteren Eröterungen über die Maschinenleistung wird wiederholt hierauf zurückzukommen sein. Es ist daher gut, sich im voraus eine Vorstellung von dem Wesen und den Ursachen der Detonation zu verschaffen. Das Auftreten der Detonation ist eng mit Fragen der Maschinenbauart verknüpft; trotzdem haben neuere Forschungen gezeigt, daß Detonation dem Wesen nach ein chemisches und physikalisches Problem darstellt. Diese Seite des Problems kann mit Vorteil hier behandelt und der Einfluß der baulichen Einzelheiten den späteren Eröterungen überlassen werden.

Das Geräusch, nach dem die Detonation als „Klopfen“ bezeichnet wird, entspricht dem Klang, den ein scharfer, auf die metallischen Zylinderwandungen geführter Schlag verursacht. Früher nahm man tatsächlich eine mechanische Ursache an, die in einem übermäßigen Spiel beweglicher Teile bestehen sollte. Versuche haben bald die Unhaltbarkeit dieser Annahme gezeigt. Nach der heutigen Ansicht ist dieses Klopfen nicht in einem Aufeinanderschlagen von zwei metallischen Maschinenteilen zu suchen, sondern auf einen Schlag zurückzuführen, den eine Hochdruckwelle, die sich mit großer Geschwindigkeit durch den Arbeitsstoff fortpflanzt, gegen die Zylinderwandungen vollführt. Wer sich nicht vorzustellen vermag, daß ein Ton auf diese Weise zustande kommen kann, denke daran, daß der Klang eines Hammerschlages auf die Schwingungen zurückzuführen ist, die durch den plötzlichen, örtlich sehr hohen Druck unter dem Hammer verursacht werden. Daß scharfe, örtliche hohe Drücke tatsächlich in dem Gasinhalt des Zylinders beim Auftreten der Detonation entstehen, ist oft bewiesen worden.

Im Zylinder der Vergasermaschine wird bei normalem Betrieb die Verbrennung durch einen elektrischen Funken eingeleitet, der in einem bestimmten Zeitpunkt gegen Ende des Verdichtungshubes überspringt. Die genaue Einstellung des Zündzeitpunktes hängt von der Maschinendrehzahl und anderen Einflüssen ab; aber niemals soll eine Entflammung des Zylinderinhalts stattfinden, bevor der Funke übergesprungen ist. Wenn diese trotzdem durch überhitzte Zündkerzenelektroden oder glühende Ölkohlekruste eintritt, so arbeitet die Maschine mit „Frühzündung". Dieser Zustand kann selten längere Zeit bestehen, ohne daß heftiges Stoßen auftritt und übermäßige Drücke vor Ende des Verdichtungshubes entwickelt werden, wodurch die Maschine bald zum Stillstand gebracht wird. Im Gegensatz hierzu ist Detonation eine Erscheinung, die erst nach der durch den Funken in der normalen Weise eingeleiteten Entzündung auftritt und — falls sie nicht heftig ist — lange Zeit bestehen kann, ohne den Gang der Maschine ungünstig zu beeinflussen. Wenn die Detonation heftiger wird, kann sie leicht zur Überhitzung der Zündkerzenelektroden führen und hierdurch das Auftreten der Frühzündung vorbereiten. Beide Erscheinungen sind grundverschieden voneinander. Die Detonation erfolgt später, dagegen die Frühzündung — wie der Name sagt — früher als der Funke.

Solange keine Detonation auftritt, breitet sich die durch den Funken eingeleitete Entflammung gleichmäßig durch den Verbrennungsraum mit einer Geschwindigkeit aus, die hauptsächlich von der Gaswirbelung sowie von dem Druck und der Temperatur vor der Zündung abhängt. Unter bestimmten Verhältnissen, die von der chemischen Natur des Brennstoffes abhängen, wird die Ausbreitungsgeschwindigkeit der Verbrennung beschleunigt und eine „Detonationswelle" erzeugt, an deren Kopf der Gasdruck weit über den mittleren Zylinderdruck ansteigen kann. Tatsächlich sind wiederholt Kolben unter dem hammerartigen Schlag, den diese Detonationswelle auszuüben vermag, zusammengebrochen; prallt bei weniger heftigem Auftreten der Detonation die Wellenfront gegen die Zylinderwandung, so entsteht das charakteristische „Klopfen".

Wie bereits angegeben, ist das Entstehen der Detonation in hohem Maße von der Bauart der Maschine abhängig. Z. B. üben die Form des Verbrennungsraumes, die gegenseitige Lage von Zündkerze und Auslaßventil einen besonderen Einfluß aus; aber diese Gesichtspunkte sollen einer späteren Erörterung überlassen bleiben, und zunächst die grundlegenden physikalischen und chemischen Verhältnisse, unter denen eine Detonationswelle entsteht, sowie die Ansichten verschiedener Fachleute über die Tragweite der einzelnen Einflüsse ausführlich behandelt werden. Bevor im einzelnen hierzu übergegangen wird, ist es zweckmäßig, einige Angaben über die „Klopffestigkeit" verschiedener Brennstoffe zu machen.

28. Einleitende Angaben über Brennstoffe und Klopfschutzmittel.

Man hat festgestellt, daß sich die Neigung zur Detonation in derselben Maschine bei gleichem Verdichtungsverhältnis und gleichen Temperaturbedingungen je nach dem verwandten Brennstoff in weiten Grenzen ändert. Z. B. ist bei Leuchtgas niemals eine Detonation beobachtet worden. Von den drei Hauptgruppen von Kohlenwasserstoffen, aus denen die leichtsiedenden flüssigen Brennstoffen bestehen, verhalten sich bezüglich Klopffestigkeit die aromatischen Verbindungen am günstigsten, am schlechtesten schneiden die Paraffine ab, während die Naphthene etwa in der Mitte stehen.

Einen sehr kräftigen Einfluß auf die Auslösung der Detonation übt eine Erhöhung des Verdichtungsverhältnisses aus; Ricardo hat den Begriff des „höchsten nutzbaren Verdichtungsverhältnisses" geprägt, um das Verhalten der verschiedenen Brennstoffe zahlenmäßig zu kennzeichnen. Er versteht hierunter das höchste Verdichtungsverhältnis, bei dem der Brennstoff in der Maschine mit voll geöffneter Drossel verarbeitet werden kann, ohne daß Detonation auftritt. Eine derartige Kennziffer hängt von der zum Versuch benutzten Maschine ebenso wie von anderen Einflüssen wie Drehzahl, Zündzeitpunkt und Einlaßtemperatur der Luft ab; sie behält trotzdem ihren großen Wert, um die relative Güte eines Brennstoffes unter ganz bestimmten Versuchsbedingungen zu kennzeichnen.

Die in Zahlentafel 12 für einige reine Brennstoffe zusammengestellten Zahlenwerte des höchsten nutzbaren Verdichtungsverhältnisses sind von Ricardo und anderen an der Ricardoschen Versuchsmaschine „E. 35", deren Verdichtungsverhältnis während des Vollastbetriebes verändert werden kann, unter gleichen Bedingungen bezüglich Drehzahl, Temperatur, Zündung usw. ermittelt worden.

Zahlentafel 12. Höchstes nutzbares Verdichtungsverhältnis am Ricardo-Versuchsmotor.

Drehzahl: 1500/Min. Drosselklappe: ganz geöffnet.
Kühlwasserabflußtemperatur: 60° C. Vergaserheizung: 1300 Watt.
Zündung: durch zwei gegenüberliegende Zündkerzen mit 30° Vorzündung.

Brennstoff	Höchstes nutzbares Verdichtungsverhältnis	Molekulargewicht	Siedepunkt oder Destillationsbereich ° C
Benzolreihe			
Benzol (rein)	6,9*	78	80
Toluol (zu 99 v.H. rein) .	>7,0	92	110
Xylol (zu 91 v.H. rein) .	>7,0	106	84—110
Naphthene			
Cyclohexan (zu 93 v.H. rein)	5,9*	84	80,8—81,0
Paraffinreihe			
Pentan	5,85	72	36
Hexan.	5,2	86	69,5—71,5
Heptan	3,75	100	98
Octan	4,6	114	126,5—135,0
Nonan.	3,9	128	151,8—154,6
Äthylalkohol	>7,5	46	78

* Bei diesen Verdichtungsverhältnissen trat bei dem betreffenden Brennstoff Frühzündung, aber keine Detonation auf.

Bei den gleichen Untersuchungsbedingungen würde ein durchschnittliches Handelsbenzin ein höchstes nutzbares Verdichtungsverhältnis von ungefähr 5,0 und ein Fliegerbenzin ein solches von ungefähr 5,5 aufweisen. Mit Ausnahme von Heptan zeigen die paraffinartigen Verbindungen mit dem Anwachsen des Molekulargewichtes und Siedepunktes einen stetigen Abfall des höchsten nutzbaren Verdichtungsverhältnisses. Handelspetroleum besteht aus verschiedenen, zwischen 100 und 300° C siedenden Verbindungen der Paraffingruppe und besitzt ein höchstes nutzbares Verdichtungsverhältnis in der Gegend von 3,7. Heptan verhält sich unregelmäßig; hier muß erwähnt werden, daß die Trennung und Bestimmung der verschiedenen Verbindungen dieser Gruppe — an sich schon eine ziemlich schwierige Aufgabe — ganz besonders verwickelt wird durch das Auftreten von „Isomeren", d.h. Körpern, die sich trotz gleichen Molekulargewichtes und nahezu gleichen Siedepunktes durch die Atomanordnungen und chemischen Eigenschaften voneinander unterscheiden. Es gibt von Heptan sieben mögliche Isomeren und von Octan achtzehn, so daß die Schwierigkeit ihrer genauen Bestimmung reichlichen Spielraum für unregelmäßiges Verhalten offen läßt. Gewisse Anzeichen für die Reinheit der untersuchten Verbindungen kann man, falls ein bestimmter Siedepunkt nicht angegeben ist, aus dem Destillationsbereich entnehmen. Trotzdem ist ein enger Siedebereich oder selbst ein bestimmter Siedepunkt noch kein Beweis für die Abwesenheit von Isomeren.

Brennstoffe, die ausschließlich aus paraffinartigen Verbindungen bestehen, sind wegen des Auftretens der Detonation unbrauchbar. Daher enthalten alle Handelsbenzine gewisse Mengen von aromatischen und naphthenartigen Verbindungen; wenn Beimischungen aromatischer Verbindungen erforderlich sind, werden diese in Form von Motorenbenzol zugesetzt, das für alle Zwecke und in jeder Hinsicht einen nichtklopfenden Brennstoff bildet und in jeder Menge als Klopfschutzzusatz verwendbar ist. Durch Zusatz von Motorenbenzol kann das höchste nutzbare Verdichtungsverhältnis eines beliebigen Brennstoffes ungefähr im Verhältnis zum Gesamtgehalt an aromatischen Verbindungen gesteigert werden. Die durch Benzolzusatz mögliche Steigerung des Verdichtungsverhältnisses ist um so größer, je weniger klopffest ein Brennstoff ist. Um das höchste nutzbare Verdichtungsverhältnis eines minderwertigen Brennstoffes bis auf den für einen Hochleistungsflugmotor erforderlichen Wert zu verbessern, muß Motorenbenzol in Mengen bis zu 40 v. H. zugesetzt werden; dies ist in verschiedener Hinsicht wenig wünschenswert. Benzol ist nicht nur verhältnismäßig knapp und daher teuer; auch sein Heizwert je kg ist um 10 v. H. kleiner als der von paraffinartigen Kohlenwasserstoffen, und sein Gefrierpunkt liegt bei $+5^0$ C im Vergleich zu den sehr tiefen Gefrierpunkten unter -50^0 C bei Kohlenwasserstoffen der Paraffinreihe.

Es gibt verschiedene Stoffe, die als Benzinzusatz selbst in ganz kleinen Beigaben eine ausgesprochen klopfhindernde Wirkung ausüben. Am wichtigsten von diesen Stoffen ist das von Midgley und Boyd[11] entdeckte Bleitetraäthyl Pb $(C_2H_5)_4$; es ist eine farblose Flüssigkeit, die sich leicht in Benzin auflöst und bei Erhitzung auf 210^0 C zersetzt. In reinem Zustand ist es außerordentlich giftig. Mit Äthylendibromid $(C_2H_4Br_2)$ versetztes Bleitetraäthyl wird als „Äthylbrennstoffzusatz" bezeichnet. Das Äthylendibromid soll die Absetzung des Bleies im Zylinder nach der Zersetzung des Bleitetraäthyles verhindern. Blei und Bromid verbinden sich und werden mit den Abgasen als Bleibromid ausgestoßen, das zum größeren Teil nicht niedergeschlagen wird, bis das Gas mit den kühleren Teilen der Auspuffleitung in Berührung kommt.

Gibt man Äthylbrennstoffzusatz in der verhältnismäßig kleinen Menge von 1:900 (Raumverhältnis) als Klopfschutzmittel dem Benzin bei, so wird das höchste nutzbare Verdichtungsverhältnis um ungefähr 15 v. H. gesteigert; die gleiche Wirkung läßt sich durch einen Benzolzusatz von 30 v. H. Raumteilen erzielen.

Außerdem gibt es noch andere metallische Klopfschutzmittel z. B.

Eisen- und Nickelcarbonyl, $Fe(CO)_5$ und $Ni(CO)_4$, die indessen nicht so wirksam sind und Rückstände im Zylinder hinterlassen*. Außer diesen organischen Metallverbindungen hat man eine große Anzahl nichtmetallischer Stoffe untersucht, um ein Klopfschutzmittel zu entdecken, das die beiden großen Nachteile des Äthylbrennstoffzusatzes — Giftigkeit und Neigung zu schädlichen Rückständen — nicht besitzt; obwohl durch die Verbindung von Äthylendibromid mit Bleitetraäthyl sich die Ablagerungen zum großen Teil verringern lassen, reicht die Wirkung nicht aus, um Rückstände gänzlich zu verhüten. Wenn die Beigabe von Äthylbrennstoffzusatz nicht mehr als 1:900 (Raumverhältnis) beträgt, sind die Rückstände für die meisten Maschinen bei jeder Drehzahl ziemlich unschädlich; werden aber die Zusatzmengen darüber hinaus gesteigert, treten bald Störungen durch Zündkerzenbelag und hängenbleibende Ventile auf. Eine einfache Rechnung zeigt, daß selbst bei einem Zusatz von 1:900 einer Maschine von 50 PS innerhalb 9 Stunden Betriebszeit etwa 100 g metallischen Bleies im Brennstoff zugeführt werden; selbst wenn nur ein sehr kleiner Teil dieser Menge in den Zylindern verbleibt, müssen mit der Zeit zwangsläufig Störungen auftreten. Eine Beigabe von Äthylbrennstoffzusatz im Raumverhältnis 1:900 steigert das höchste nutzbare Verdichtungsverhältnis bei einem Benzin durchschnittlicher Güte um ungefähr 0,8. Da es beträchtliche Mengen durch unmittelbare Destillation gewonnener Benzine mit einem höchsten nutzbaren Verdichtungsverhältnis von 4,8 gibt, das man gerne auf 7 und höher steigern würde, so dürften sich für ein wirklich vollkommenes Klopfschutzmittel große Aussichten bieten.

Unter den zahlreichen Stoffen aller Gebiete, die man auf der Suche nach einem vollkommenen Klopfschutzmittel durchforscht hat, gibt es mehrere nichtmetallische Stoffe, die in der Unterdrückung der Detonation viel wirksamer als Benzol sind, aber in der Wirkung bei weitem nicht an Äthylbrennstoffzusatz heranreichen und kaum die Bezeichnung „Klopfschutzmittel" verdienen. Einige der wirksamsten Klopfschutzmittel sind in Zahlentafel 13 zusammengestellt. Dort ist für ein Benzin besserer Handelsgüte die Verbesserung des höchsten nutzbaren Verdichtungsverhältnisses in Teilen v. H. angegeben für den Fall, daß die Zusatzmengen des betreffenden Stoffes gleich sind und 5 v. H.

---

* Anmerkung des deutschen Bearbeiters. Eisenkarbonyl ist in dem unter dem Namen „M o t a l i n" in den Handel gebrachten Benzin-Kraftstoff enthalten. Motalin hinterläßt an den Wandungen des Verbrennungsraumes einen dünnen, roten Puderbelag von Eisenoxyd, der sich indessen leicht abwischen läßt und im allgemeinen unschädlich ist.

Ein Eisenkarbonyl-Präparat befindet sich unter dem Namen „M o t y l" in Patronenform im Handel und ist als Klopfschutzmittel bei hochverdichtenden Motoren für Fahrten in Ländern, in denen nur Benzine mit geringer Klopffestigkeit erhältlich sind, besonders zweckmäßig.

Raumteile betragen. Die entsprechende Verbesserung durch Benzolzusatz beträgt 1,0, so daß die Zahlenwerte der Spalte 4 gleichzeitig die Wirksamkeit im Verhältnis zu Benzol angeben. Auf dieser Vergleichsgrundlage würde Äthylbrennstoffzusatz auf den Wert 700 und reines Bleitetraäthyl auf ungefähr 1000 kommen.

Zahlentafel 13. Steigerung des höchsten nutzbaren Verdichtungsverhältnisses durch Klopfschutzmittel.

Zusatzmittel	Chemische Formel	Siedepunkt °C	Steigerung des höchsten nutzbaren Verdichtungsverhältnisses v. H.
Benzol	C_6H_6	80	1,0
Anilin	C_6H_7N	184	21,7
Methylanilin	C_7H_9N	194	22,2
Äthylanilin	$C_8H_{11}N$	204	10,4
Benzylanilin	$C_{13}H_{13}N$	310	9,5
Toluidin	C_7H_9N	200	18,3
Xylidin	$C_8H_{11}N$	215	22,3
Cresol	C_7H_8O	190	5,8
Phenol	C_6H_6O	181	4,4

Eine ausführliche Darstellung der Untersuchungen einer großen Anzahl von Stoffen findet man in den Veröffentlichungen von Callendar[12] u. a. Hier genügt die Angabe, daß Bleitetraäthyl bis jetzt unter den handelsmäßig herstellbaren Stoffen in der Wirksamkeit an der Spitze steht; im Vergleich hierzu sind alle nichtmetallischen Klopfschutzmittel zu wenig wirksam, um eine Einführung im großen Maßstab lohnend erscheinen zu lassen, trotzdem sie den großen Vorteil besitzen, keinerlei nichtflüchtige, zu Rückständen im Zylinder führende Produkte zu bilden.

29. Detonation als physikalisches und chemisches Problem.

Im vorletzten Abschnitt wurde ausgeführt, daß die Detonation von einer durch die brennenden Gase laufenden Hochdruck-Detonationswelle begleitet wird und daß diese entsteht, wenn die Brenngeschwindigkeit eines Teiles des brennfähigen Gemisches ins Außerordentliche gesteigert wird. Egerton[13] hat darauf hingewiesen, daß es wahrscheinlich unrichtig ist, die Detonationswelle in einer Maschine als die gleiche Erscheinung anzusehen wie die Vorgänge, die für die detonierende Verbrennung in einer langen Röhre charakteristisch sind; daß aber Hochdruckwellen in einem Maschinenzylinder entstehen, wird allgemein angenommen und kann auch als ziemlich gut begründet angesehen werden.

Erweitert man indessen die Fragestellung auf die Ursachen der Detonation und die Mittel zu ihrer Beherrschung, so ist die Antwort hierauf bis zu einem gewissen Grade noch Ansichtssache. Der Grund hierfür liegt hauptsächlich in der außerordentlichen Schwierigkeit, genaue Untersuchungen während des Betriebes der Maschine vorzunehmen; im besonderen Maße gilt dies für die chemische Seite des Problems. Es besteht kein Zweifel darüber, daß während der Anfangsstufen der Verbrennung verwickelte chemische Reaktionen vor sich gehen, deren Beobachtung praktisch unmöglich ist. Denn die durch das Auslaßventil ausgestoßenen Verbrennungsendprodukte lassen nur wenig Rückschlüsse auf die Anfangsvorgänge zu. Abgesehen von der außerordentlichen Schwierigkeit, in der kurzen verfügbaren Zeit Proben zu entnehmen, besteht keinerlei Sicherheit, daß die Proben bis zu ihrer Abkühlung und Untersuchung nicht weitere chemische Änderungen durchgemacht haben.

In einigen jüngeren Arbeiten gelang es Withrow, Lovell und Boyd[30], die chemischen Verbrennungsvorgänge in ihren späteren Stufen bis zu einem gewissen Grade zu verfolgen, indem der Verlauf der Sauerstoffabnahme aus dem Zylinderinhalt untersucht wurde. Hierzu wurden Gasproben an verschiedenen Stellen des Zylinderkopfes und zu verschiedenen Zeiten entnommen. Besonders schwierig ist es hierbei, die Entnahme der Proben genügend schnell durchzuführen und das Entnahmeventil auf einen genau bestimmten Zeitpunkt einzustellen. In den angezogenen Versuchen wurden die Proben bei einer Drehzahl von 900 Uml/min in Abständen von 2^0 Kurbelwinkel entnommen. Die hochinteressanten Ergebnisse lassen eine scharf abgegrenzte und verhältnismäßig schmale Brennzone erkennen, die sich von der Zündkerze aus mit einer von der Drehzahl — mit anderen Worten, von der Gaswirbelung — abhängigen Geschwindigkeit fortpflanzt; weiter zeigen die Ergebnisse, daß sich die Verbrennungszone in der Nähe der Zylinderwandungen langsamer vorwärtsbewegt. Aus den Versuchen geht ferner hervor, daß unmittelbar hinter dieser schmalen Brennzone die Verbrennung anscheinend vollständig ist, soweit dies wenigstens aus dem völligen Verschwinden des Sauerstoffes aus den Analysen gefolgert werden kann.

Bei Auftreten von Detonation wurde die Fortpflanzungsgeschwindigkeit der Brennzone — allerdings nur im letzten Viertel des größten Brennweges von der Zündkerze aus — augenscheinlich gesteigert. Die Detonation schien ohne Einfluß auf den Verlauf der Sauerstoffabnahme zu sein, bis ungefähr drei Viertel der Ladung verbrannt waren.

Bisher wurde noch nicht versucht, dieses auf die späteren Verbrennungsstufen mit Erfolg angewandte Verfahren auch auf die Entnahme von Proben des Zylinderinhalts vor dem Überspringen des Funkens zu erweitern. Es steht zu hoffen, daß dies noch geschieht, obwohl eine zuverlässige Auslegung der Analysen bei den während dieser ersten Stufen entnommenen Gasproben wahrscheinlich weit schwieriger ist als ein Beweis, der sich auf den einfachen Vorgang des Sauerstoffverschwindens bei den späteren Entflammungsstufen stützt.

Bevor diese Versuche angestellt wurden, haben Ricardo u.a. erschöpfende Untersuchungen der Detonation fast nach allen in der Maschine wahrnehmbaren Seiten hin unternommen; aber die Ergebnisse dieser Art von Untersuchungen sind bezüglich des Wesens der Detonation recht beschränkt. Es lassen sich kaum weitergehende Schlüsse ziehen, als daß ein Auftreten oder Nichtauftreten der Detonation hauptsächlich von der Brenngeschwindigkeit des zuerst entzündeten Teiles des Arbeitsstoffes abhängt. Dieser Teil der Ladung verdichtet infolge seiner Ausdehnung den noch nicht entflammten Ladungsteil vor sich her; überschreitet die Geschwindigkeit der Temperatursteigerung des unverbrannten Gemisches — die durch die Verdichtung unter dem Einfluß des brennenden Teils der Ladung hervorgerufen wird — das „Maß, bei dem die unverbrannte Ladung ihren Wärmeüberschuß noch mit einer gewissen Sicherheit durch Leitung, Berührung usw. abgeben kann, so entzündet sich der Rest der Ladung plötzlich und fast gleichzeitig in seiner ganzen Masse" (Ricardo 1931). Diese Maschinenversuche lassen keine weiteren Schlußfolgerungen zu, als daß der Unterschied zwischen einem detonierenden und nichtdetonierenden Brennstoff gänzlich auf der verschiedenen Brenngeschwindigkeit unmittelbar nach dem Überspringen des Funkens beruht und daß diese Brenngeschwindigkeit ihrerseits mit der Selbstentzündungstemperatur des Brennstoff-Luftgemisches verknüpft ist.

Zahlenwerte für die Selbstentzündungstemperatur eines Brennstoffes hängen in hohem Maße von der Art der Versuchsausführung ab. Derartige Versuche können nach dem von Moore[14] angegebenen Verfahren, bei dem man einen Brennstofftropfen in einen erhitzten Platintiegel fallen läßt, vorgenommen werden. Andere Ergebnisse erhält man, wenn ein Brennstoff-Luftgemisch in einem Verdichtungsapparat plötzlich verdichtet und die kleinste Temperatur, bei der die Verdichtungswärme gerade zur Entzündung des Gemisches hinreicht, errechnet wird. Man kann auch das Brennstoff-Luftgemisch durch eine Röhre, die in einem elektrischen Ofen erhitzt wird, strömen lassen und die Temperatur messen, bei der die Verbrennung einsetzt; der Beginn der Verbrennung wird hierbei aus dem Auftreten von Verbrennungsprodukten am Ende der Röhre bestimmt. Bei jeder Methode erzielt man andere Ergebnisse. Die bei dem Tiegelverfahren gefundenen Temperaturen liegen im allgemeinen höher als bei den beiden anderen Verfahren. Dies war von vornherein zu erwarten; denn obwohl die Bestimmung und genaue Deutung der Vorgänge im Tiegel schwierig sind, kann doch mit ziemlicher Sicherheit behauptet werden, daß bei der Verdampfung des Tropfens vor seiner Verbrennung eine heftige, örtliche Abkühlung auftritt. Hierdurch wird eine höhere Tiegeltemperatur erforderlich, als zur eigentlichen Entzündung des Brennstofftropfens benötigt würde.

Bei den beiden anderen Verfahren beziehen sich die ermittelten Temperaturen auf zwei verschiedene Vorgänge. Die im Verdichtungsapparat erreichte Temperatur bildet die wahre Selbstenzündungstemperatur, bei der unmittelbar die Entflammung der Ladung mit beschleunigtem Ablauf der chemischen Reaktionen einsetzt. Im elektrischen Ofen werden die ersten Anzeichen der Verbrennung aus dem Auftreten oxydierter Produkte bestimmt; sie setzen bereits bei einer Temperatur ein, die weit unter der allgemeinen Entflammungstemperatur liegt. Daß diese Temperaturen der Anfangsverbrennung unter den im Verdichtungsapparat beobachteten Selbstentzündungstemperaturen liegen, läßt sich von vornherein erwarten und entspricht auch den tatsächlichen Ergebnissen.

Zahlentafel 14.
Temperaturen der Anfangsverbrennung im elektrischen Ofen und Selbstentzündungstemperaturen durch adiabatische Verdichtung.

Brennstoff	Temperatur der Anfangsverbrennung °C	Selbstentzündungstemperatur °C
Pentan	295	316—336
Hexan	266	307
Heptan	230	284—298
Octan	215	275—297
Nonan	210	—
Decan	210	—
Benzol	670	373—380
Toluol	550	—
Xylol	540	—
Anilin	502	—
Äthylalkohol	520	—
Äther	145	212
Schwefelkohlenstoff	195	253

In Zahlentafel 14 sind einige Zahlenwerte für die Temperaturen der Anfangsverbrennung, die Mardles[14] im elektrischen Ofen beobachtet hat, und für die Selbstentzündungstemperaturen, die Tizard[1] und der Verfasser[16] im Verdichtungsapparat ermittelt haben, gegenübergestellt. Man ersieht, daß die entsprechenden Zahlenwerte für die Temperaturen der Anfangsverbrennung um 30 bis 60° C unter den Selbstentzündungstemperaturen liegen; beide Zahlenreihen zeigen übereinstimmend, daß die Paraffine bereits bei viel kleineren Temperaturen reagieren als die nichtdetonierenden Brennstoffe der aromatischen Gruppe, der Aniline und Alkohole. Ferner ersieht man, daß innerhalb der Paraffinreihe die stärkere Klopfneigung der größeren Moleküle mit der niedrigeren Selbstentzündungstemperatur in Verbindung steht. Benzol zeigte im elektrischen Ofen ein ganz besonders auffallendes Verhalten, da sich keine einleitenden Verbrennungsstufen nachweisen ließen; es traten keinerlei

Oxydationsanzeichen auf, bis die Temperatur erreicht wurde, bei der eine vollständige Entflammung einsetzte. Im Zusammenhang mit der in Zahlentafel 12 angegebenen Erscheinung, daß für Benzol bei sehr hohen Verdichtungsverhältnissen Frühzündung ohne vorhergehende Detonation beobachtet wurde, verdient dieses Verhalten des Benzoles besondere Beachtung. Hierin liegt ein deutlicher Hinweis, daß Detonation durch Vorgänge angeregt wird, die sich im Zylinder während der ersten Stufen der chemischen Reaktionen vor dem Einsetzen einer allgemeinen Entflammung abspielen. Auf dieser Grundlage bauen die im nächsten Abschnitt erörterten Theorien auf.

Der Zusammenhang einer geringen Selbstentzündungstemperatur und hohen Brenngeschwindigkeit mit einer Neigung zum Klopfen ist mit einer oder zwei später zu besprechenden Ausnahmen für zahlreiche verschiedene Stoffe durch weitere Versuche nachgewiesen worden. Diese einfache Form einer Detonationstheorie ist von Tizard in den bereits angezogenen Veröffentlichungen einen Schritt weiter entwickelt worden, wobei er seine Beweisführungen sowohl auf Maschinenversuche als auch auf Versuche am Verdichtungsapparat stützt. Um den Ausführungen Tizards zu folgen, so weiß man aus Beobachtungen an langsam verlaufenden chemischen Reaktionen bei geringeren Temperaturen, daß sich die Reaktionsgeschwindigkeiten mit der absoluten Temperatur T nach einem empirischen Gesetz

$$k = A\,e^{-\frac{B}{T}}$$

ändern; hierin ist k die Geschwindigkeitskonstante der Reaktion, A und B sind zwei weitere Konstanten, B wird als „Temperaturkoeffizient" bezeichnet. Die Konstanten A und B können solche Zahlenwerte annehmen, daß die Reaktionsgeschwindigkeit ganz außerordentlich mit der Temperatursteigerung anwächst. Viele Reaktionsgeschwindigkeiten werden bei einer Zunahme der Temperatur um 10^{0} C mehr als verdoppelt. Wenn der Temperaturkoeffizient für schnelle Reaktionen wie die Verbrennung eines Kohlenwasserstoffes die gleiche Größenanordnung besitzt, dann bildet die außerordentlich schnelle, mit der Detonation in Verbindung stehende Verbrennung nur die normale Geschwindigkeit bei der Flammentemperatur bestimmter Reaktionen mit genügend hohem Temperaturkoeffizient. Nach dieser Ansicht gibt es keine bestimmte Temperatur, oberhalb der eine Entzündung auftritt und unterhalb der sie ausbleibt. Chemische Reaktionen treten bei allen Temperaturen oberhalb des absoluten Nullpunktes auf; aber bei gewöhnlichen Temperaturen können sie so langsam verlaufen, daß ihre Wahrnehmung nicht mehr möglich ist.

Nach der Theorie von Tizard bildet die höchste Flammentemperatur den beherrschenden Faktor für die Geschwindigkeit der chemischen

Reaktion und damit für das Entstehen einer Detonationswelle. Die einzelnen Brennstoffe unterscheiden sich nicht nur durch die Entzündungstemperatur, sondern auch durch den Temperaturkoeffizienten ihrer Reaktion mit Luft. Eine zuverlässige Messung des Temperaturkoeffizienten ist schwierig; aber aus Versuchen am Verdichtungsapparat konnten die Zahlenwerte für einige Stoffe ermittelt werden und stützen — besonders in dem Fall von Schwefelkohlenstoff — die Theorie. Schwefelkohlenstoff besitzt eine sehr niedrige Entzündungstemperatur und wirkt trotzdem, wenn es dem Benzin zugesetzt wird, klopfhindernd. Bei der Untersuchung seines Temperaturkoeffizienten fand man einen ganz außergewöhnlich niedrigen Wert, der nach der Theorie von Tizard auch sein in anderer Hinsicht ungewöhnliches Verhalten erklärt. Der Zusammenhang klopfhindernder Eigenschaften mit einem niedrigen Temperaturkoeffizienten der betreffenden Reaktion ist seitdem durch spätere Versuche im elektrischen Ofen bestätigt worden, und die Theorie schien im allgemeinen gut mit allen Detonationsvorgängen vereinbar zu sein, bis die Einführung der „Klopfschutzmittel" eine neue Erklärung verlangte.

Die Tatsache, daß durch die Beigabe einer ganz geringfügigen Menge von Bleitetraäthyl die Klopfeigenschaften einer weit größeren Brennstoffmenge von Grund auf beeinflußt werden, stellte die Wissenschaft vor ein neues Problem. Für die Erklärung dieser Erscheinung genügt es nicht, sich nur mit den physikalischen Bedingungen des Brennstoff-Luftgemisches als Ganzes zu befassen. Stellt man sich das Brennstoff-Luftgemisch und den geringfügigen Zusatz des Klopfschutzmittels vor, so drängt sich unwillkürlich die Frage auf, wie es möglich ist, daß die wenigen, spärlich zerstreuten Moleküle des Klopfschutzmittels die chemischen Reaktionen von mehr als tausendmal so vielen Brennstoffmolekülen beeinflussen können. Wenn sich hierfür überhaupt eine Erklärung geben lassen soll, so muß die Forschungsmethode sicherlich weit tiefer in den Chemismus der Verbrennung eindringen, als es mit einer praktischen Maschine oder mit einem Apparat, bei dem nur bestimmte physikalische Bedingungen der reagierenden Gasmasse als Ganzes auferlegt werden können, möglich ist.

30. Forschungen von Callendar und Egerton.

Zur Lösung der chemischen Seite des Problems hat man zwei Wege beschritten, die beide sorgfältige Laboratoriumsversuche und quantitative Messungen ermöglichen. Egerton[13] ist den genauen Bedingungen nachgegangen, unter denen ein chemischer Vorgang bis auf die im Zusammenhang mit Detonation auftretende Geschwindigkeit beschleunigt werden kann; das brennbare Gemisch wurde hierbei in einer Röhre entzündet und die Fortpflanzungsgeschwindigkeit der Explosionswellen gemessen. Callendar[32] hat eine Reihe von Untersuchungen über die chemischen Reaktionen angestellt, die während der ersten Stufen der Verbrennung von Kohlenwasserstoffen in Luft auftreten.

Um die Wirkung der kleinsten Mengen von Klopfschutzmitteln zu erklären, hat Callendar die Theorie des „Kerntröpfchens" aufgestellt. Obgleich der Wert seiner Untersuchungen nicht von der Richtigkeit der Kerntheorie abhängt, soll an dieser Stelle kurz hierauf eingegangen werden. Callendar geht davon aus, daß im Gegensatz zu gesättigtem Wasserdampf, der eine Neigung zur Kondensation bei plötzlicher Ausdehnung und zur Wiederverdampfung bei einer Verdichtung besitzt, bestimmte Kohlenwasserstoffe ein umgekehrtes Verhalten zeigen und durch eine plötzliche Verdichtung kondensiert werden können. Er führt weiter aus, daß während des Verdichtungshubes der zuletzt zur Verdampfung kommende, geringe Gehalt an schwerflüchtigen Benzinfraktionen als verhältnismäßig kleine Anzahl von „Kerntröpfchen" bestehen bleibt; selbst wenn die Dampfspannung des Brennstoffes zu niedrig ist, um eine Wiederkondensation infolge der Verdichtung zuzulassen, wird dennoch die Neigung der Kohlenwasserstoffe, bei steigendem Druck wiederzukondensieren, auf jeden Fall eine vollständige Verdampfung vor dem Ende der Verdichtung verhindern. Man weiß, daß bei den Brennstoffen der Paraffinreihe Schwerflüchtigkeit und hohes Molekulargewicht mit niedriger Selbstentzündungstemperatur und Klopfneigung verknüpft sind; Callendar nimmt daher an, daß die Detonationsneigung eines Brennstoffes an die Beständigkeit dieser Kerntröpfchen von geringer Selbstentzündungstemperatur gebunden ist.

Ein Klopfschutzmittel wie Bleitetraäthyl wird sich nach der Verdampfung der leichteren Fraktionen natürlich in den Kerntröpfchen ansammeln, zumal sein eigener Siedepunkt von derselben Größenordnung — ungefähr 210° C — ist. Die Anzahl der Kerntröpfchen ist im Vergleich zur Zahl der Brennstoffmoleküle naturgemäß klein. Nimmt man nun an, daß das Klopfschutzmittel innerhalb eines jeden Tröpfchens als „Bremse" auf die chemische Aktivität des Kerntröpfchens einwirkt, so wäre mit dieser Erklärung wenigstens die Schwierigkeit beseitigt, daß ein Klopfschutzmolekül einen so auffallend großen Wirkungsbereich besitzt.

Dieser Theorie stehen augenfällige Schwierigkeiten entgegen. Zunächst läuft die Erklärung durch den Begriff der „chemischen Bremse" auf ein Ausweichen und ein Geständnis, eigentlich nichts zu wissen, hinaus; ungelegen kommt ferner die Tatsache, daß bestimmte gasförmige Brennstoffe, die keine Kerntröpfchen zu bilden vermögen, doch zum Detonieren gebracht werden können. Macht man ferner den Versuch, flüssiges Hexan vor der Einführung in den Zylinder vollständig zu verdampfen, so bleiben seine Klopfeigenschaften dennoch unverändert. Trotzdem hat die Kerntheorie als hypothetische Grundlage und besonders als Anreiz zur Erforschung der Vorgänge, die sich bei Temperaturen weit unterhalb der Entzündungs- oder — wie sie eher bezeichnet werden sollte — Entflammungstemperatur abspielen, ihren großen Wert gehabt. Auf das von Mardles angewandte Verfahren zur Untersuchung der Produkte, die während der ersten Verbrennungsstufen gebildet werden, wurde bereits hingewiesen. Er ließ Gemische aus Luft und den Dämpfen verschiedener reiner Stoffe durch Glasröhren strömen, die in einem elektrischen Ofen bei genau beherrschbarer und meßbarer Temperatur erhitzt wurden. Auf diese Weise ließ sich zunächst nachweisen, daß ganz allgemein bei den zum Klopfen neigenden Paraffinen eine langsame Verbrennung bereits bei einer geringen Temperatur einsetzt, während die aromatischen Verbindungen durchweg eine viel größere Festigkeit zeigen. Ein interessantes Beispiel bietet Äthyläther ($C_4H_{10}O$), der stärker als jeder andere Stoff zum Klopfen neigt und Anzeichen einer Anfangsverbrennung bereits bei 145° C aufweist. Obwohl Äthyläther für sich allein im Maschinenbetrieb nicht verwandt wurde, hat man aus der Wirkung, die Äthyläther in Mischungen mit anderen Brennstoffen auf Förderung der Detonation ausübt, auf ein höchstes nutzbares Verdichtungsverhältnis des Äthyläthers von ungefähr 2,6 geschlossen.

Mardles hat ferner den äußerst interessanten und wichtigen Nachweis geführt, daß in den Anfangsstufen dieser „Tieftemperatur-Oxydation“ bei Temperaturen zwischen 200 und 300° C gewisse in hohem Maße unbeständige Stoffe, sog. „Peroxyde“ gebildet werden, die bei höheren Temperaturen leicht mit explosiver Heftigkeit aufbrechen. Die zur Einleitung der Peroxydbildung erforderlichen Temperaturen treten normalerweise während des Verdichtungshubes in der Maschine auf; es liegt daher die Schlußfolgerung sehr nahe, daß Detonation mit der Bildung und dem nachfolgenden heftigen Aufbrechen der Peroxyde im Zylinder in engem Zusammenhang steht. Weiter fand er, daß die Bildung von Peroxyden sowie die gesamte „chemische Tieftemperatur-Aktivität“ klopfender Brennstoffe durch Zusatz von Bleitetraäthyl vollständig unterdrückt wurde. Hieraus ergibt sich in einer beinahe zwingenden Schlußfolgerung die Grundbedingung für das Auftreten der Detonation: das Gemisch muß vor dem Überspringen des Funkens durch einleitende chemische Vorgänge, die bei ganz niedrigen Temperaturen während des Verdichtungshubes ausgelöst werden können, auf die Detonation vorbereitet worden sein; von diesen chemischen Reaktionen ist die Anlagerung eines Sauerstoffmoleküles an die Brennstoffmoleküle zwecks Bildung von Peroxyden am wichtigsten.

Die Kerntropfentheorie bot keine weitere Möglichkeit, den umfassenden Wirkungsbereich einiger metallischer Klopfschutzmittel zu erklären; welche großen Schwierigkeiten aus der Annahme entstehen, daß beim Auftreten der Detonation immer Kerntropfen zugegen sind, haben wir gesehen. Egerton[11, 13] kam daher auf Grund seiner eigenen und fremden Versuchsergebnisse zu einer Theorie, die gut mit den Schlußfolgerungen aus den Versuchen über Tieftemperatur-Oxydation übereinstimmt und gleichzeitig die Wirkung der Klopfschutzmittel erklärt. Nach seinen Annahmen beginnt die chemische Reaktion bei verhältnismäßig wenig „Kernpunkten hoher Energie" überall da, wo zwei besonders aktive Brennstoff- und Sauerstoffmoleküle zufällig zusammentreffen und in Verbindung gehen. Das erste Ergebnis eines derartigen Zusammentreffens ist die Aufnahme des Sauerstoffmoleküles in das Brennstoffmolekül und die vorübergehende Bildung eines der unbeständigen, organischen Peroxyde. Dieser vermutliche Vorgang kann durch nachstehende symbolische Darstellung der Molekularveränderungen zum Ausdruck gebracht werden. Hierbei sei das Brennstoffmolekül vor seinem Zusammentreffen mit einem Sauerstoffmolekül durch ein Schema

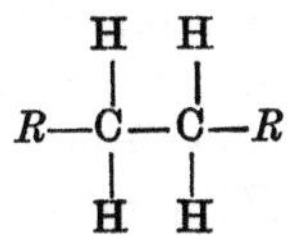

dargestellt, worin *R* in abkürzender Form eine beliebige Verbindung von Kohlenstoff- und Wasserstoffatomen bezeichnet und von dem Molekulargewicht des betreffenden Kohlenwasserstoffs abhängt; z. B. würde jedes *R* für Hexan den Ausdruck CH_2CH_3 darstellen (vgl. Abschnitt 16). Man nimmt nun an, daß das Sauerstoffmolekül nach seinem Zusammenstoß mit dem Brennstoffmolekül von diesem aufgenommen wird, so daß ein Verbundmolekül von einer der beiden Formen

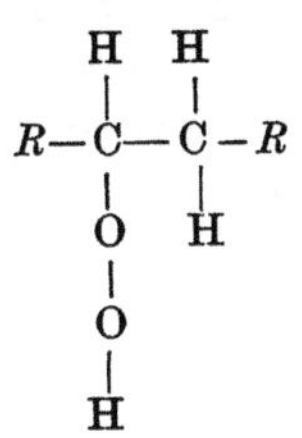

Alkyl Wasserstoffperoxyd

oder

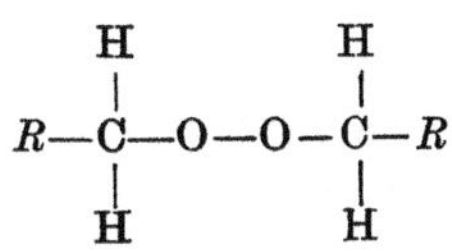

Dialkyl Peroxyd

entsteht. Welches Peroxyd auch gebildet wird, das Verbundmolekül ist immer ein unbeständiger Körper im Zustand hoher Energie, und die vielseitigsten Vorgänge sind nun möglich. Das neugebildete Verbundmolekül kann mit einem anderen Brennstoff- oder mit einem anderen Sauerstoffmolekül zusammenstoßen, mit dem es in Reaktion tritt und weitere hochaktive Produkte erzeugt. Diese Produkte können ihrerseits wieder mit anderen Brennstoffmolekülen zusammenstoßen und reagieren usf., so daß eine „Reaktionskette" von Zwischenprodukten entsteht. Egerton nimmt an, daß die Tieftemperatur-Oxydation sich nur auf dem Wege derartiger Reaktionsketten fortsetzen kann, da die durchschnittliche Molekularenergie unter derjenigen liegt, welche der Selbstentzündungstemperatur entspricht. Jeder Vorgang, der die Reaktionskette zu brechen oder anzuhalten vermag, wird die frühzeitige Oxydation und die Bildung einer zur Detonationseinleitung genügenden Menge hochaktiver Peroxyde unterbinden.

Zunächst werden diese Reaktionsketten nur in geringer Anzahl auftreten; denn das Entstehen einer jeden Kette hängt von dem Zusammenstoß von Brennstoff- und Sauerstoffmolekülen ab, welche beide eine weit größere Energie besitzen müssen, als die durch die Temperatur des Gemisches bestimmte mittlere Molekularenergie beträgt. Das Produkt eines dieser zufälligen Zusammenstöße vermag eine Kette von Reaktionen zu erregen, die immer größere Energiemengen freimachen und so die Kette fortpflanzen. Wenn aber eines der ersten Zusammenstoßprodukte auf ein verhältnismäßig inaktives, metallisches Peroxyd wie Bleidioxyd (PbO_2) anstatt auf ein anderes Brennstoff- oder Sauerstoffmolekül treffen sollte, so würde weit weniger Energie erzeugt und die Kette zum Stillstand gebracht werden. Während des Verdichtungshubes werden die Bleitetraäthylmoleküle $Pb(C_2H_5)_4$ sicherlich zersetzt und zunächst Bleidioxyd PbO_2 gebildet. Hier ist schon eine Möglichkeit zur Unterbrechung der Kette gegeben. Egerton hat noch verschiedene andere Beobachtungen von großer Bedeutung gemacht, die zur weiteren Erklärung des großen Wirkungsbereiches der metallischen Klopfschutzmittel dienen können. Von mehreren Forschern war bereits festgestellt worden, daß bei den metallischen Klopfschutzmitteln das Metallradikal die Hauptrolle spielt; Egerton hat gezeigt, daß alle Metalle mit klopfhindernden Wirkungen zwei Oxydationsprodukte — eine niedrigere und eine höhere Stufe, z. B. Bleioxyd (PbO) und Bleidioxyd (PbO_2) — zu bilden vermögen und daß zwischen diesen beiden bei den am Ende der Verdichtung im Zylinder herrschenden Temperaturen ein Gleichgewichtszustand bestehen kann. Wenn also das Bleidioxydmolekül mit einem Verbund-Brennstoffperoxydmolekül in Reaktion tritt und hierbei PbO_2 zu PbO reduziert wird, kann das Bleioxydmolekül durch den nächsten geeigneten Zusammenstoß mit einem Sauerstoffmolekül wieder zu PbO_2 regeneriert werden. Jede derartige Regenerierung bedeutet, daß ein aus einem Bleitetraäthylmolekül stammendes Bleiatom nochmals und immer wieder und wieder wirksam werden und hierdurch dazu beitragen kann, eine Reaktionskette zu brechen.

Bereits früher wurde erwähnt und durch Zahlentafel 13 erläutert, daß einige organische Stoffe, z. B. Anilin und die aromatischen Amine, wohl einen kräftigen, klopfhindernden Einfluß ausüben, aber trotzdem im Vergleich zu den hochaktiven, metallischen Verbindungen in der Wirkung zu schwach sind, um eine Einreihung unter die eigentlichen Klopfschutzmittel zu rechtfertigen. Im oxydierten Zustand ist ihr Verhalten dem der metallischen Klopfschutzmittel sehr ähnlich. Es fehlt aber die Vervielfachung in der Wirksamkeit, da bei ihnen eine Regenerierung wie bei den metallischen Klopfschutzmitteln nicht möglich ist; der organische Stoff unterliegt bei den Temperaturen, wo er erhöhte Wirksamkeit ausüben sollte, selbst der Verbrennung. Die verhältnismäßig geringe Wirksamkeit der organischen Klopfschutzmittel fügt sich also in die Theorie von Egerton gut ein. Falls diese Theorie richtig ist, besteht wenig Aussicht, das vollkommene Klopfschutzmittel jemals zu finden. Unter „vollkommen" wäre zu verstehen, daß das Klopfschutzmittel die volle Wirksamkeit von Bleitetraäthyl besitzt, aber trotzdem keine fremden Stoffe in die Verbrennungsprodukte hineinträgt. Mit anderen Worten, es müßte ein Klopfschutzmittel sein, das nur aus Kohlenstoff und Wasserstoff besteht und in zuverlässiger Weise vollständig verbrennt. Demgegenüber besagt die Theorie von Egerton, daß ein wirksames Klopfschutzmittel ein unzerstörbares Radikal besitzen muß, dessen Oxydationsstufe durch abwechselnde Berührung mit Sauerstoff- und Brennstoffperoxydmolekülen erhöht oder erniedrigt werden kann.

31. Weitere Angaben über Brennstoffe und Klopfschutzmittel.

Die Vorgänge zwischen Brennstoffen, Klopfschutzmitteln und Schmierölen im Motor sind in Einzelheiten gut bekannt; sie besitzen praktische Bedeutung und auch einiges theoretische Interesse, obwohl für die Erkenntnis des Wesens der Detonation hierdurch nicht viel gewonnen wird. Z. B. hat man festgestellt[17], daß stärkere Beimischungen von Äthylbrennstoffzusatz zu Benzin keine proportionale Verbesserung der Klopffestigkeit bringen. In Abb. 14 zeigt Kurve *a* die Zunahme des höchsten nutzbaren Verdichtungsverhältnisses in Abhängigkeit von der Konzentration des Äthylbrennstoffzusatzes in einem Benzin, dessen höchstes nutzbares Verdichtungsverhältnis ohne Klopfschutzmittel 4,75 beträgt. In derselben Abbildung gibt Kurve *b* den Einfluß von steigenden Benzolbeimischungen auf den gleichen Brennstoff wieder. Man erkennt, daß mit zunehmender Größe des Benzolzusatzes die Klopfschutzwirkung in steigendem Maße zunimmt im Gegensatz zu den chemischen Klopfschutzmitteln, bei denen eine allmähliche Sättigung eintritt.

Weiter hat man festgestellt[18], daß geringe Beimischungen von Schmieröl zum Brennstoff in der Größenordnung von 1 v. H. besonders bei den vegetabilischen Rizinus- und Rübölen die klopfhindernde Wirkung der Eisen- und Nickelcarbonyle fast völlig aufzuheben vermögen. Im Gegensatz hierzu üben diese vegetabilischen Öle in einem Brennstoff, der mit Äthylbrennstoffzusatz versetzt ist, keinen schlechten Einfluß auf die Detonation aus, sondern scheinen tatsächlich dessen Klopffestigkeit bei normalen Ansaugtemperaturen noch weiter zu verbessern. Die Mineralöle haben bei allen Klopfschutzmitteln einen weniger ausgesprochenen Einfluß auf die Verringerung des Klopfschutzes, bei Äthylbrennstoffzusatz ist die verschlechternde Wirkung der Mineralöle eher geringer als bei den anderen metallischen Klopfschutzmitteln. Aus Abb. 14 ersieht man, daß durch 2,2 cm³/l Äthylbrennstoffzusatz das höchste nutzbare Verdichtungsverhältnis von 4,75 auf 6 gesteigert wird; durch 8 v. H. Mineralöl im Brennstoff wird dieser Wert von 6 auf 5,6 erniedrigt, eine entsprechende Verringerung tritt auch bei den übrigen Werten ein. Der Einfluß der Mineralöle ist je nach dem Rohöl, aus dem sie gewonnen sind, etwas verschieden; Einzelheiten hierüber findet man in den angegebenen Veröffentlichungen.

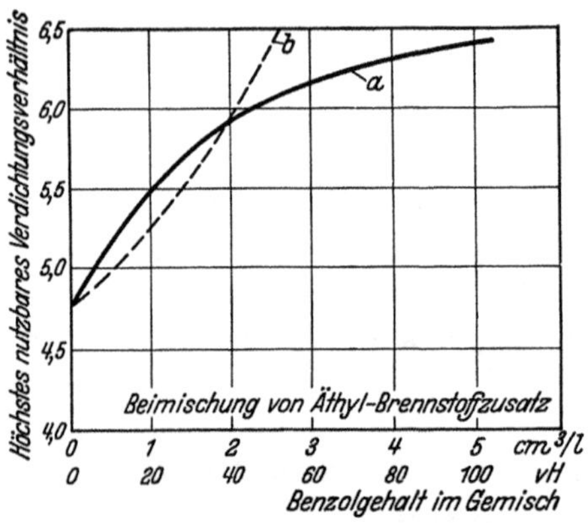

Abb. 14. Änderung des höchsten nutzbaren Verdichtungsverhältnisses durch Zusatz *a* von Äthyl-Brennstoffzusatz zu Benzin, *b* von Motorenbenzol zu Benzin.

Man könnte auf den ersten Blick annehmen, daß der Einfluß, den die Mineralöle auf Herabsetzung des höchsten nutzbaren Verdichtungsverhältnisses eines mit Klopfschutzmitteln behandelten Brennstoffes ausüben, weniger auf eine Wirkung des Öles auf das Klopfschutzmittel als auf die natürliche Neigung der großen Kohlenwasserstoffmoleküle des Öles, von sich aus Detonation zu erregen, zurückzuführen ist. Dies scheint indessen nicht zuzutreffen. Denn erstens wird das höchste nutzbare Verdichtungsverhältnis eines mit Klopfschutzmitteln versetzten Brennstoffes sogar durch große Zusätze von Öl niemals unter das des gleichen Brennstoffes ohne Klopfschutzmittel herabgesetzt; zweitens üben die Ölbeigaben nicht die gleiche schädliche Wirkung aus, wenn sie einem nicht mit Klopfschutzmitteln versetzen Brennstoff, der von Natur aus eine hohe Klopffestigkeit besitzt, zugesetzt werden.

Eine hohe Temperatur des angesaugten Brennstoff-Luftgemisches sollte durch die entsprechende Steigerung der Verdichtungstemperatur die Detonationsneigung verstärken. Dies trifft zu; aber die Wirkung der Temperatur ist verschieden, wie aus interessanten Versuchen, bei denen die Gemischtemperaturen bis auf 90° C gesteigert wurden, hervorgeht. Z. B. ist eine hohe Ansaugtemperatur für die Klopffestigkeit eines Brennstoffes mit hohem Benzolgehalt schädlicher als für einen Brennstoff, bei dem die gleiche Klopffestigkeit durch Beigabe von Äthylbrennstoffzusatz erreicht wird. Aus den Zahlenwerten der Zahlentafeln 15 und 16 ersieht man, daß eine Steigerung der Ansaugtemperatur von 10 auf 90° C bei einem Benzolgemisch einen Abfall des höchsten nutzbaren Verdichtungsverhältnisses von 6 auf 5 und bei einem Brennstoff mit Äthylbrennstoffzusatz nur von 6 auf 5,25 hervorruft. Bei einem Mineralölzusatz von 8 v. H. fällt das höchste nutzbare Verdichtungsverhältnis bei einem Benzolgemisch von 5,75 auf 4,7 und bei Äthylbrennstoffzusatz nur von 5,55 auf 4,9. Bei einem Rizinusölzusatz von 8 v. H. bleibt der Einfluß der Temperatur auf ein Benzolgemisch ungefähr gleich, während er bei einem Brennstoff mit Äthylbrennstoffzusatz größer ausfällt und einen Abfall von 6,1 auf 5,0 hervorruft. Spalte 2 der Zahlentafel 15 zeigt die bemerkenswerte Tatsache, daß durch Rizinusölzusatz von 12 v. H. die Klopffestigkeit eines Brennstoffes mit Äthylbrennstoffzusatz bei einer Ansaugtemperatur von 10° C von dem Wert 6,0 auf 6,2 verbessert wird.

Zahlentafel 15. Einfluß von Schmieröl auf das höchste nutzbare Verdichtungsverhältnis bei verschiedenen Ansaugtemperaturen. Brennstoff: Benzin mit Athylbrennstoffzusatz.

Ölgehalt in der Brenn-stoff-Ölmischung v. H.	Höchstes nutzbares Verdichtungsverhältnis			
	Zusatz von Rizinusöl		Zusatz von Mineralöl	
	bei 10° C	bei 90° C	bei 10° C	bei 90° C
0	6,0	5,25	6,0	5,25
4	6,05	5,05	5,75	5,05
8	6,1	5,0	5,55	4,90
12	6,2	4,95	5,35	4,80

Zahlentafel 16. Einfluß von Schmieröl auf das höchste nutzbare Verdichtungsverhältnis bei verschiedenen Ansaugtemperaturen. Brennstoff: Benzin-Benzolgemisch.

Ölgehalt in der Brenn-stoff-Ölmischung v. H.	Höchstes nutzbares Verdichtungsverhältnis			
	Zusatz von Rizinusöl		Zusatz von Mineralöl	
	bei 10° C	bei 90° C	bei 10° C	bei 90° C
0	6,0	5,0	6,0	5,0
4	5,95	4,9	5,85	4,85
8	5,9	4,8	5,75	4,70
12	5,85	4,75	5,65	4,55

Wie weit aus diesen Versuchen, bei denen Schmieröle dem Brennstoff zugesetzt und in der angegebenen Menge mit dem Brennstoff zusammen dem Zylinder zugeführt wurden, Schlußfolgerungen auf die praktischen

Maschinenverhältnisse gezogen werden können, ist ziemlich schwierig zu beurteilen. Maßgebend für den Einfluß des Schmieröles auf die Vorgänge im Zylinder ist nur die Schmierölmenge, die sich bei normalem Lauf der Maschine im Brennstoff-Luftgemisch verbreiten kann. Drückt man den Ölverbrauch einer Maschine in Hundertstel des Brennstoffverbrauches aus, so kann man rechnen, daß eine Ölmenge gleich 1,5 v. H. des Brennstoffes (gewichtsmäßig) zur Schmierung benötigt wird und ohne Einfluß auf die Detonation ist. Ungefähr die Hälfte der restlichen Ölmengen dürfte in dem durch die Zahlentafeln 15 und 16 veranschaulichtem Maße von Einfluß auf die Detonation sein. Da der gesamte Ölverbrauch einer Maschine zu 5 bis 6 v. H. angenommen werden kann, so ersieht man, daß sich der Einfluß des Schmieröles auf die Detonation auch im praktischen Betrieb bemerkbar macht. Bei Mehrzylindermotoren ist es immer möglich, daß einigen Zylindern mehr Öl, als dem durchschnittlichen Verbrauch der ganzen Maschine entspricht, zugeführt wird; in diesen Zylindern kann der Ölverbrauch auf 10 bis 12 v. H. steigen. Tritt auch nur in ein oder zwei Zylindern Detonation auf, so ist dies für den Betrieb der Maschine genau so bedenklich. In Maschinen mit Überladung ist schwer zu verhüten, daß Öl durch die Luft von der Ladepumpe her in die Zylinder mitgerissen wird. Man hat festgestellt, daß die auf diese Weise in die Zylinder gelangenden Ölmengen bis zu 4 v. H. des Brennstoffgewichtes betragen können; da das Öl durch die erwärmte Luft zugeführt wird, übt es den ungünstigsten Einfluß bezüglich Detonation aus.

V. Motorische Verbrennung.

32. Vergleich zwischen Vergaser- und Schwerölmaschine.

Die grundlegende Reihenfolge der Vorgänge ist in jeder Brennkraftmaschine immer gleich — unabhängig davon, ob sie nach dem Otto- oder Dieselverfahren, im Zwei- oder Viertakt arbeitet, ob als Brennstoff ein Gas, Benzin, Benzol oder ein Schweröl verwendet wird. Die in der Hauptsache aus Stickstoff bestehende Gasfüllung des Zylinders wird verdichtet, erwärmt, ausgedehnt und ausgestoßen. In einer Dieselmaschine wird nur Luft in einem Volumenverhältnis von 12 : 1 bis 16 : 1 verdichtet; am Ende der Verdichtung ist die Temperatur der Luft genügend hoch (550 bis 650° C), um den Brennstoff zu entzünden, wenn er gegen den Verdichtungsdruck eingespritzt wird.

Aus offensichtlichen Gründen kann in der Gas- bzw. Vergasermaschine, bei der ein brennbares Gemisch aus Luft und Gas bzw. einem leichtsiedenden flüssigen Brennstoff angesaugt wird, dieses Gemisch nicht annähernd so hoch wie in der Dieselmaschine verdichtet werden.

Grundlegend für diese Maschinenarten ist, daß die Entzündung des Gemisches nicht durch die Verdichtungstemperatur, sondern durch den elektrischen Funken herbeigeführt werden soll. Die zulässige Verdichtung ist weiter durch das Auftreten der Detonation begrenzt und hängt von dem jeweiligen Brennstoff ab.

In Kapitel II wurde darauf hingewiesen, daß wenig oder gar keine Berechtigung besteht, Vergaser- und Dieselmaschine nach dem Gesichtspunkt der Verbrennung — bei annähernd konstantem Volumen oder bei annähernd konstantem Druck — zu unterscheiden, vgl. die idealen Indikatordiagramme der Abb. 2 u. 3. Unter Berücksichtigung der neuzeitlichen Entwicklung der Dieselmaschine ist es heute richtiger, zwischen Vergasermaschinen mit Funkenzündung einerseits und Hochverdichtungsmaschinen mit Eigenzündung und Schwerölverbrennung andrerseits zu unterscheiden. Wohl läßt sich eine Gleichdruckverbrennung in einigen langsam laufenden Maschinen angenähert verwirklichen; aber bei der schnellaufenden Schwerölmaschine ist es nötig, den Brennstoff weit vor dem Totpunkt einzuspritzen, um vollständige und wirksame Verbrennung zu erzielen — genau so, wie bei der schnellaufenden Vergasermaschine ein frühzeitiger Funken erforderlich ist. Unter diesen Verhältnissen können die auf Kolbenwegbasis aufgenommenen Indikatordiagramme nach der Zündung einen Druckanstieg aufweisen, der bei beiden Maschinenarten gleichmäßig steil verläuft. Frühzeitige Brennstoffeinspritzung führt zu besserer Brennstoffausnutzung, aber auch zu größeren Höchstdrücken; die Grenze für den Zeitpunkt der Einspritzung wird durch den Höchstdruck, den man im Zylinder zulassen will, gezogen.

In Abb. 15 u. 16 sind zwei Indikatordiagramme auf gleicher Kolbenwegbasis und mit gleichem Druckmaßstab wiedergegeben. Das erste stammt von einer Benzinmaschine mit einem Verdichtungsverhältnis von 5:1 und 1900 Uml/min, das zweite von einer Verdichtungszündungsmaschine mit einem Verdichtungsverhältnis von 14:1 und 2200 Uml/min. Der Punkt A bezeichnet bei dem ersten Diagramm den Augenblick der Zündung und bei dem zweiten den Beginn der Einspritzung; er liegt bei dem ersten 35^0 und bei dem zweiten 15^0 vor dem mit B bezeichneten Totpunkt. Von B ab geben die in jedes Diagramm eingetragenen Punkte Zeitabstände von je 2^0 Kurbelwinkel an. Der Höchstdruck tritt bei jeder Maschine ungefähr 12^0 nach dem Totpunkt auf.

Das Dieseldiagramm besitzt infolge seiner hohen Verdichtung eine viel schärfere Spitze als das Benzindiagramm; man sieht deutlich, daß beide Diagramme bezüglich einer Gleichraumverbrennung kaum Unterschiede aufweisen. Abgesehen von Druckunterschieden, die auf die verschiedenen Verdichtungsverhältnisse zurückzuführen sind, verhalten sich beide Maschinen durchaus ähnlich; hierbei sei darauf hingewiesen, daß Abb. 16 ein ganz normales Diagramm einer gut eingestellten, schnelllaufenden Dieselmaschine wiedergibt.

Später wird in diesem Abschnitt gezeigt werden, daß aus verschiedenen Gründen Indikatordiagramme, die auf der Kolbenwegbasis wie in Abb. 15 u. 16 aufgenommen sind, keinen genügenden Aufschluß über die Vorgänge im Bereich von 45° vor bis 45° nach Totpunkt ergeben. Vorgänge während dieses wichtigsten Viertels der Kurbelumdrehung lassen sich viel deutlicher verfolgen, wenn die Druckkurve über einer Kurbelwinkelbasis aufgenommen wird wie in Abb. 17, wo die Verhältnisse der Abb. 15 u. 16 in einem gemeinsamen neuen Diagramm dargestellt sind. Wie vorher ist der Punkt der Zündung bzw. Einspritzung mit *A* bezeichnet; man ersieht, daß bei der Dieselmaschine der Höchstdruck bei ungefähr 10° nach Totpunkt auftritt, während er bei der Benzinmaschine etwas später bei 12° erreicht wird.

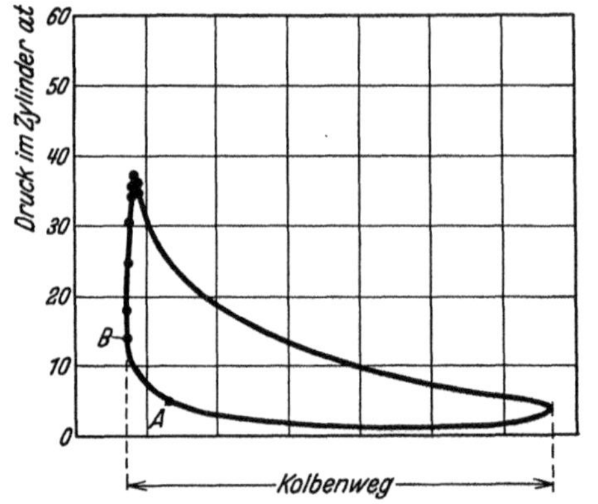

Abb. 15. Indikatordiagramm einer Vergasermaschine. Verdichtungsverhältnis 5 : 1, Brennstoff: Benzin, Drehzahl 1900 Uml/min. *A* Zündung, *B* Totpunkt.

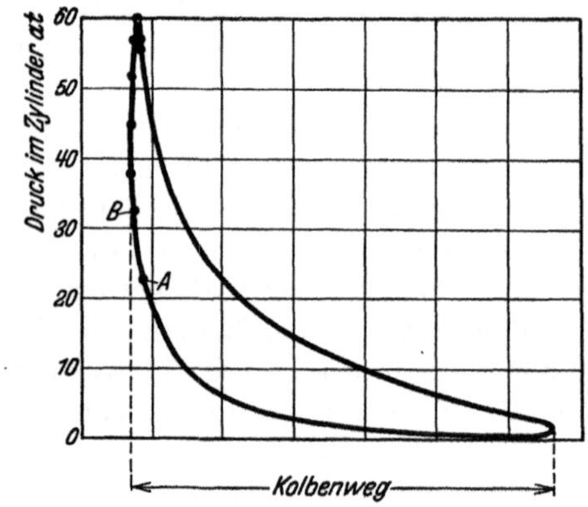

Abb. 16. Indikatordiagramm einer Versuchsmaschine mit Verdichtungszündung. Verdichtungsverhältnis 14 : 1, Drehzahl 2200 Uml/min. *A* Einspritzung, *B* Totpunkt.

Wer mit derartigen Diagrammen nicht vertraut ist, wird sicherlich überrascht sein zu hören, daß der indizierte mittlere Kolbendruck in der Benzinmaschine erheblich größer als in der Dieselmaschine ist (9,6 at gegenüber 8,6 at). Zur Erklärung sei zunächst daran erinnert, daß die Fläche eines Druck-Zeitdiagrammes wie Abb. 17 — im Gegensatz zur Fläche eines Druck-Volumendiagrammes — keineswegs Arbeit darstellt und daß die hohen Drücke in der Gegend des Totpunktes nur bei fast völligem Stillstand des Kolbens auftreten; ferner hat der Kolben während des gesamten Bereiches links vom Totpunkt negative Arbeit gegen den Verdichtungsdruck zu verrichten. Daher kann die Differenz zwischen positiver und negativer Arbeit, die durch die Fläche des Druck-Volumendiagramms dargestellt wird, bei der Benzinmaschine größer ausfallen, trotzdem ihr Druck-Kurbelwinkeldiagramm kleiner ist und ihre Druckkurve durchweg weit unter dem Druckverlauf der Benzinmaschine liegt.

Ein Indikator, mit dem Druck-Zeitdiagramme wie in Abb. 17 aufgenommen werden können, dient weniger zur Bestimmung des indizierten mittleren Kolbendruckes. Hierfür hat ein Indikator — wie wir später in Kapitel VII sehen werden — überhaupt wenig Zweck, falls bei einer schnelllaufenden Maschine hohe Genauigkeit verlangt wird. Der außerordentliche Wert eines Indikators mit Druck-Zeitdiagrammen liegt in der Möglichkeit, die Verbrennungsvorgänge im Zylinder vom Augenblick der Zündung oder des Einspritzbeginnes an bis zum ersten Teil der Ausdehnung genau erfassen zu können. Auf dem Verlauf der sich in diesem Bereich abspielenden Vorgänge beruhen zum großen Teil Leistungsvermögen und Wirkungsgrad der Maschine. Welche wertvollen Aufschlüsse sich aus diesem Druck-Zeitdiagramm gewinnen lassen, wird im nächsten Abschnitt klar werden.

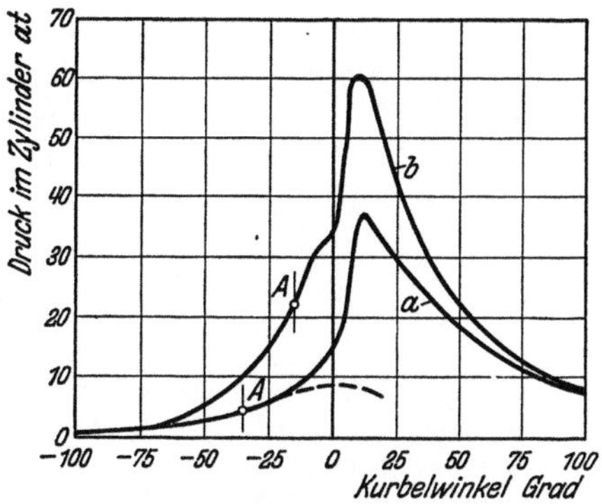

Abb. 17. Indikatordiagramme der Abb. 15 und 16 auf Kurbelwinkelbasis. *a* Vergasermaschine mit Verdichtungsverhältnis 5:1, *b* Dieselmaschine mit Verdichtungsverhältnis 14 : 1.

33. Der Verbrennungsvorgang eines homogenen Brennstoff-Luftgemisches.

Will man in einer Dieselmaschine vollständige und schnelle Verbrennung erzielen, so ergeben sich ganz andere Aufgaben als bei der Verbrennung eines homogenen Gemisches aus Luft und Gas bzw. leichtflüchtigem Brennstoffdampf in der Gas- bzw. Vergasermaschine. Die Verbrennung in der Dieselmaschine soll in Abschnitt 38 gesondert behandelt werden. Soviel sei indessen von den dortigen Ausführungen vorweggenommen, daß der Verdichtungsenddruck im Totpunkt des Dieseldiagrammes der Abb. 17 ungefähr 33 at betragen würde, wenn keine Brennstoffeinspritzung und -Entzündung stattgefunden hätten. Die Verdichtungskurve würde sich so eng an die Diagrammkurve der Abb. 17 anlehnen, daß mit Ausnahme der letzten wenigen Kurbelwinkelgrade vor Totpunkt keine Abweichung festzustellen wäre. Bei dem Diagramm der Benzinmaschine würde sich ohne Zündung der Verdichtungsenddruck auf ungefähr 8,8 at belaufen; die entsprechende Verdichtungs- und anschließende Ausdehnungskurve ist als gestrichelte Linie in das Diagramm der Abb. 17 eingetragen. Innerhalb der ersten 15^0 nach dem Überspringen des Funkens ist kaum ein Unterschied bemerkbar, ob Verbrennung stattfindet oder nicht. Während dieses Zeitabschnittes müssen in dem explosionsfähigen Gemisch Verbrennungskerne vorhanden sein, sind aber noch so klein, daß keine merkbare Wirkung bezüglich Erwärmung oder Drucksteigerung hervorgerufen wird.

Diese Verzugsperiode eines „hängenden Feuers“ ist genügend interessant und wichtig, um eine kurze Abschweifung zur Beschreibung einiger Versuche, bei denen diese Erscheinung in einer viel deutlicheren und sozusagen „dramatischen“ Form auftritt, zu rechtfertigen. Diese

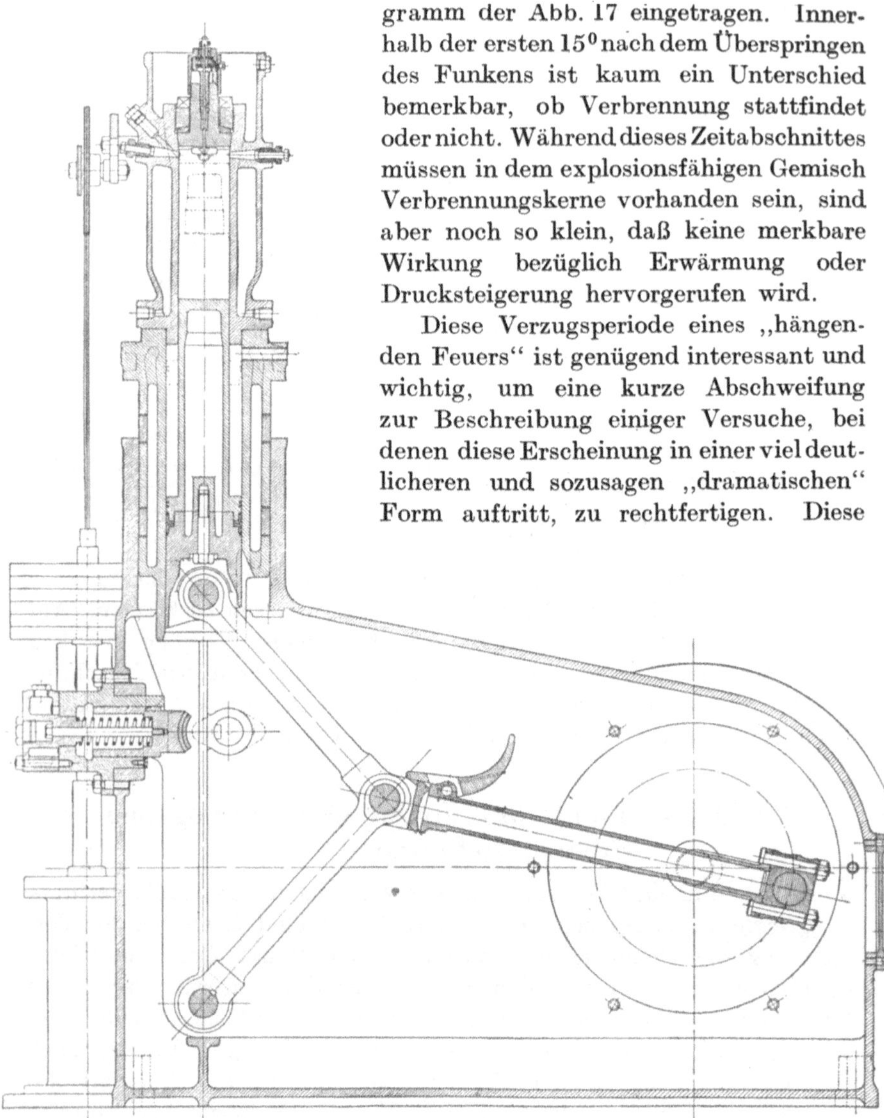

Abb. 18. Längsschnitt der Eintakt-Verdichtungsmaschine mit feststellbarem Kolben.

Versuche wurden von Tizard und dem Verfasser[16] an einer von Ricardo entworfenen Sondermaschine unternommen, deren Schnitt in Abb. 18 wiedergegeben ist. Bei dieser Maschine wird in einem Zylinder ein brennbares Gemisch durch einen Kolben verdichtet. Die Anfangstemperatur vor der Verdichtung kann durch Änderung der Zylindermanteltemperatur geregelt werden; das Verdichtungsverhältnis ist durch Auf- und Niederschrauben des ganzen Zylinders mit dem Zylinderkopf in weiten Grenzen einstellbar. Die Bewegung des Kolbens erfolgt unter Vermittlung einer Expansionskupplung durch ein großes und schweres Schwungrad, das durch einen Elektromotor mit jeder gewünschten Drehzahl angetrieben wird. Wenn die Kupplung eingerückt ist, wird der Kolben durch die Kniehebelwirkung des Gestänges aufwärts getrieben und im oberen Totpunkt seines Hubes aufgefangen und selbsttätig verriegelt. Gleichzeitig löst sich die Außenscheide der teleskopartigen Schubstange von der Innenstange und kann auf ihr frei hin- und hergleiten.

Werden Anfangstemperatur und Verdichtungsverhältnis so gewählt, daß die durch die adiabatische Verdichtung erreichte Temperatur etwas

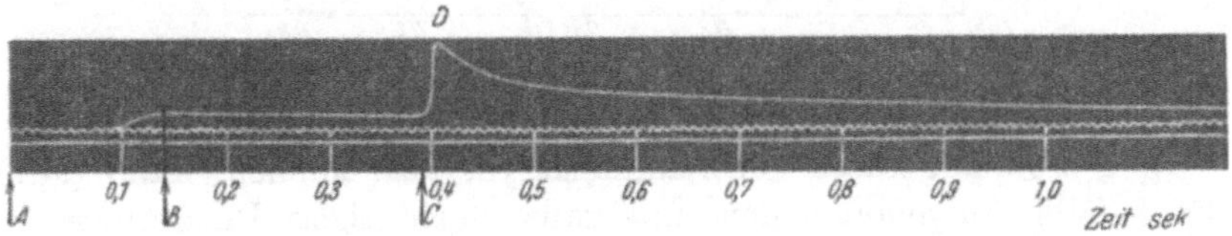

Abb. 19. Druck-Zeitdiagramm der Eintakt-Verdichtungsmaschine.

oberhalb der Selbstentzündungstemperatur des betreffenden Brennstoff-Luftgemisches liegt, so erhält man das in Abb. 19 wiedergegebene Diagramm. Die überraschende Eigenart dieses Diagrammes wird klar, wenn man die Vorgänge einzeln verfolgt. Abschnitt A—B stellt den Druckanstieg infolge der Kolbenbewegung dar. Auf ihn folgt ein Abschnitt B—C mit konstantem oder leicht fallendem Drucke, der bei einigen Versuchen nicht weniger als drei Viertel Sekunden gedauert hat. Bei dem wiedergegebenen Diagramm betrug er eine Viertel Sekunde; die als Zeitmaßstab dienende Wellenlinie ist die Spur einer Stimmgabel, die 100 Schwingungen je Sekunde ausführt. Bei Punkt C ist die Verzugsperiode beendet, hier setzt ohne weitere Außeneinflüsse Explosion ein. Auf den äußerst schnellen Druckanstieg der Linie C—D folgt ein Druckabfall durch Abkühlung. Ausdrücklich sei bemerkt, daß sich alle Vorgänge vom Punkte B an, wo der Kolben zum Stillstand gekommen ist, bei konstantem Volumen und ohne wahrnehmbaren Gasverlust abspielen.

Während der Verzugsperiode B—C muß Wärme an die Zylinderwandungen abgegeben worden sein. Aus dem Verlauf der Drucklinie B—C kann man daher schließen, daß eine gewisse Entzündung bereits bei B eingesetzt hat; denn sonst hätte vom Punkte B an sofort ein Abfall der mittleren Temperatur des Gemisches und damit auch des Druckes eintreten müssen. Während der gesamten Verzugsperiode müssen winzige Verbrennungskerne im Schwelen begriffen gewesen sein; nach der Entwicklung dieser Kerne hat dann im Punkte C eine voll entfachte Explosion eingesetzt. Diese Entwicklungsperiode war wohlverstanden keine Zufallsangelegenheit. Sie trat übereinstimmend bei allen flüssigen Kohlenwasserstoffen auf und hing in ihrer Dauer von der Differenz zwischen der Verdichtungstemperatur und einer bestimmten Kleinsttemperatur, unterhalb der überhaupt keine Entzündung mehr auftrat, ab. Je höher die Verdichtungstemperatur über diesem Kleinstwert lag, um so mehr wurde die Verzugsperiode verkürzt.

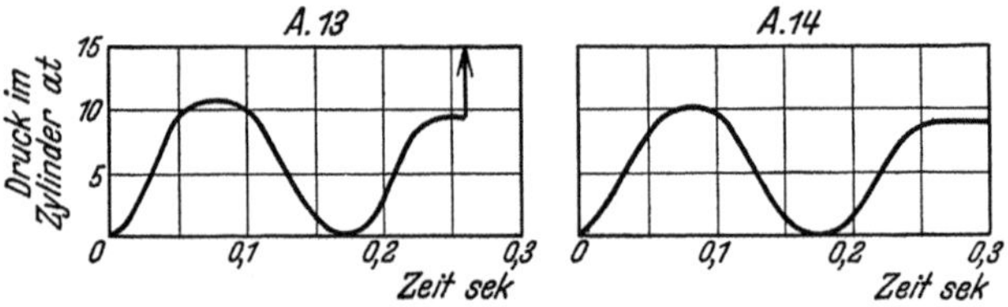

Abb. 20. Druck-Zeitdiagramm der Eintakt-Verdichtungsmaschine.

Wie beständig diese Verbrennungskerne sein können, kann durch die zufällig aufgenommenen und ganz eigenartigen Diagramme der Abb. 20 bewiesen werden. Bei den beiden Versuchen A. 13 und A. 14 versagte die Verriegelungsvorrichtung, die den Kolben in der oberen Lage festhalten sollte, beim ersten Verdichtungshub, so daß auf die erste Verdichtung eine Ausdehnung bis auf atmosphärischen Druck und dann wieder eine zweite Verdichtung folgte, bei deren Beendigung die Verriegelung festhielt. Bei der zweiten Verdichtung des Versuchs A. 13 wurde infolge der Wärmeverluste an die Wandungen und möglicherweise auch wegen leichter Gasverluste während der ersten Verdichtung ein geringerer Enddruck erreicht. Die Temperatur während der zweiten Verdichtung muß beträchtlich niedriger als während der ersten gewesen sein; sie war auch niedriger als in dem Versuch A. 14, bei dem überhaupt keine Zündung auftrat. Es erscheint daher sicher, daß die Verbrennungskerne, die durch die erste Verdichtung in A. 13 gebildet wurden, den Abfall der mittleren Gastemperatur bis unter die Anfangstemperatur der ersten Verdichtung von 15^0 C überleben konnten.

Die in Abb. 19 u. 20 gezeigten Diagramme wurden mit leichtflüchtigen flüssigen Brennstoffen aufgenommen; aber die gleichen Erscheinungen traten auch bei Gasen wie Wasserstoff und Azetylen auf, obgleich sie weniger regelmäßig waren und die Verzugsperioden meistens kürzer ausfielen.

In diesem Verbrennungsverzug — der so deutlich bei der Verdichtungsmaschine zum Ausdruck gebracht wurde — liegt offenbar die Erklärung für die Verzugsperiode bei dem Benzinmotor, die nach dem Überspringen des Funkens (Punkt A in Abb. 17) 15 bis 20° Kurbelwinkel beträgt und während der die Verbrennung keinen merkbaren Einfluß auf den Zylinderdruck ausübt. In einem Motor befindet sich natürlich das Gemisch während dieser Periode in lebhafter Wirbelung, während es bei der Verdichtungsmaschine praktisch in Ruhe gewesen sein muß. Obgleich die Wirbelung einen weitgehenden Einfluß ausübt, sobald erst die Verbrennung richtig in Gang gebracht ist, scheint sie wenig oder gar keine Wirkung während der Verzugsperiode zu besitzen.

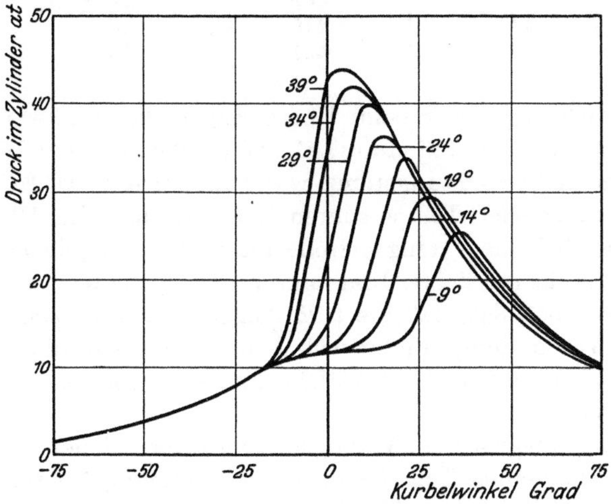

Abb. 21. Unveränderlichkeit der Verzugsperiode bei veränderlicher Vorzündung. Drehzahl: 1800 Uml/min, Verdichtungsverhältnis 7 : 1. Höchstleistungsgemisch.

Man muß sich die Vorgänge so vorstellen, daß von den Zündkerzenelektroden her eine Reihe von Kernen im Wirbelstrom der Luft mitgeführt wird; jeder Kern bildet für sich einen schwelenden Herd, bis eine allgemeine Entflammung einsetzt.

Die angenäherte Unveränderlichkeit dieser Entwicklungsperiode der Kerne wird für verschiedene Temperatur- und Druckverhältnisse durch eine von Ricardo aufgenommene Diagrammreihe, die in Abb. 21 wiedergegeben ist, in sehr schöner Weise veranschaulicht. Alle diese Diagramme wurden bei ausnahmsweise stetigem und gleichmäßigem Maschinenlauf aufgenommen. Aus den sehr vollkommenen Diagrammen wurden die Verzugsperioden ermittelt, die nach dem Überspringen des Funkens bei verschiedener Vorzündung bis zum Auftreten einer merkbaren Drucksteigerung infolge Verbrennung vergehen; die jeweiligen Vorzündungen sind in die Diagramme der Abb. 21 eingetragen, die Ergebnisse sind in Zahlentafel 17 zusammengestellt.

Zahlentafel 17. Unveränderlichkeit der Verzugsperiode bei verschiedener Vorzündung.

Vorzündung in ° Kurbelwinkel vor Totpunkt	Angenäherte Temperatur beim Überspringen des Funkens in ° C	Verzugsperiode vor sichtbarem Druckanstieg in ° Kurbelwinkel
39	314	20
34	335	18
29	356	15
24	377	15
19	397	15½
14	415	15
9	427	13

Der Verdichtungsdruck beim Überspringen des Funkens stieg von 5,9 at bei der größten Vorzündung auf 12,6 bei der kleinsten Vorzündung, hierbei nahm die Verdichtungstemperatur um ungefähr 113° C zu. Trotz der sehr verschiedenen Temperaturen und Drücke beim Überspringen des Funkens blieb die Verzugsperiode im großen und ganzen konstant. Ihr Mittelwert für die sieben Diagramme betrug 16° Kurbelwinkel oder $^1/_{675}$ sek. Hieraus folgt, daß die zum Ausgleich der Verzugsperiode erforderliche Vorzündung, die gewöhnlich in Kurbelwinkelgraden angegeben wird, proportional zur Steigerung der Kurbelwellendrehzahl zu vergrößern ist.

Dieser zum Ausgleich der Verzugsperiode erforderliche Vorzündungsbetrag stellt nur einen Teil der insgesamt nötigung Vorzündung dar; denn auch die Zeit, die der Druckanstieg braucht, muß berücksichtigt werden, damit die Spitze der Druckkurve vor dem Beginn der eigentlichen Ausdehnung erreicht wird. Nach der Erfahrung kann ein bei 12° nach Totpunkt liegender Höchstdruck als Normalwert für einen guten Wirkungsgrad angesehen werden. Wenn der Spitzendruck später erreicht wird, gelangt ein Teil der Verbrennungswärme erst zu einem Zeitpunkt zur Entwicklung, in dem das noch verbleibende Ausdehnungsverhältnis bedenklich verkleinert ist; damit sinkt auch der Wirkungsgrad, mit dem die spät entwickelte Wärme in der Maschine nutzbar gemacht werden kann.

Sobald die Verzugsperiode vorüber ist und allgemeine Verbrennung einsetzt, hängt die Geschwindigkeit, mit der die Flamme sich fortpflanzt, unmittelbar von der Wirbelung ab. Ohne Wirbelung wäre der Druckanstieg so langsam, daß er in der verfügbaren Zeit nicht beendet werden könnte. Glücklicherweise nimmt mit höheren Maschinendrehzahlen auch die Wirbelung und Geschwindigkeit des Druckanstieges zu, so daß die Größe des während des Druckanstiegs beschriebenen Kurbelwinkels im wesentlichen konstant bleibt. Wird daher der Verzugsperiode mit ihrem konstanten Zeitbedarf bei höheren Drehzahlen durch einen größeren Vorzündungswinkel Rechnung getragen, so läßt sich immer ein rechtzeitiges Auftreten der Spitzendrücke erreichen.

Die oben geschilderten Verhältnisse lassen sich weiter durch zwei von Ricardo jüngst veröffentlichte[19] und in Abb. 22 wiedergegebene Diagramme gut veranschaulichen. Man sieht, daß der Druckanstieg bei beiden Diagrammen $2^1/_2{}^0$ vor Totpunkt beginnt und ungefähr 10^0 nach Totpunkt beendet ist, obwohl die Umdrehungszahl bei dem einen Versuch doppelt so groß wie bei dem anderen ist. Die für den Druckanstieg erforderliche Zeit betrug daher gerade die Hälfte, wenn die Drehzahl

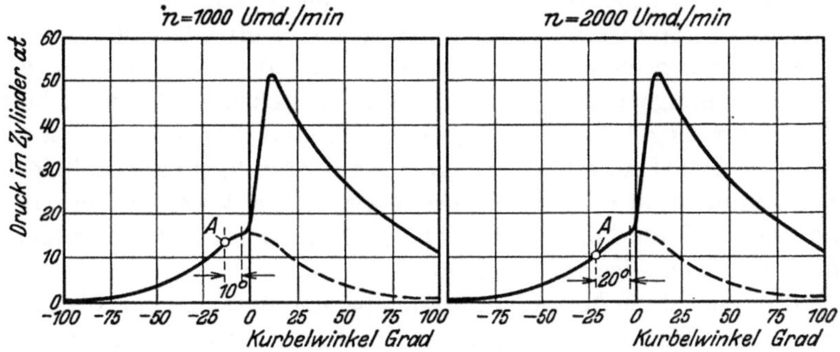

Vorzündung 12,5°. Vorzündung 22,5°.

Abb. 22. Abhängigkeit der in Kurbelwinkelgraden gemessenen Verzugsperiode von der Drehzahl.

verdoppelt wurde. Andererseits mußte der konstante Zeitbedarf der Verzugsperiode mit 10^0 bei 1000 Uml/min gegenüber 20^0 bei 2000 Uml/min berücksichtigt werden, so daß die gesamte Vorzündung $12{,}5^0$ bei 1000 Uml/min gegenüber $22{,}5^0$ bei 2000 Uml/min betrug.

Die Verzugsperiode wurde bei diesen Versuchen mit $^1/_{600}$ sek gegenüber $^1/_{675}$ sek bei den durch Abb. 21 veranschaulichten Versuchen berücksichtigt. Eine derartig weitgehende Unveränderlichkeit des Zeitbedarfs der Verzugsperiode ist recht überraschend, wenn man bedenkt, daß die beiden Versuchsreihen an verschiedenen Maschinen und unter ganz verschiedenen Verhältnissen durchgeführt wurden. Anzunehmen ist, daß die Verzugsdauer sich bis zu einem gewissen Grade mit der Art des verwendeten Brennstoffes sowie mit dem Mischungsverhältnis ändert.

In Abschnitt 25 wurde bereits auf Versuche von Glyde[29] verwiesen, bei denen die Ausbreitung der Flammenfront im Zylinder unmittelbar beobachtet wurde. Bei ihnen wurden ebenso wie bei den in Abschnitt 29 angeführten Versuchen von Withrow, Lovell und Boyd[30] Zahlenwerte für die Geschwindigkeit der Flammenausbreitung unter verschiedenen Verhältnissen ermittelt. Absolutwerte für die Brenngeschwindigkeit hängen notwendigerweise von der Form des Zylinderkopfes ab; trotzdem bestätigen die Beobachtungen bei beiden Versuchsreihen die obige Angabe, daß die Ausbreitungsgeschwindigkeit, wenn einmal die eigentliche Entflammung eingesetzt hat, in der Hauptsache von der Gaswirbelung abhängt und nahezu der Maschinendrehzahl proportional ist. Bei der von Glyde angewandten stroboskopischen Methode konnte das Vorwärtsschreiten der Flammenfront durch eine Reihe von kleinen Quarzfenstern im Zylinderkopf unmittelbar beobachtet werden. Für einen als „Ricardokopf mit Wirbelung" ausgebildeten Verbrennungsraum (s. Abschnitt 58 und Abb. 69) mit einem Druckanstieg von 2,1 bis 3,8 at je °Kurbelwinkel besaß die Brenngeschwindigkeit bei einer Drehzahl von 900 Uml/min Anfangswerte von etwa 9 m/sek und stieg auf Höchstwerte von etwa 90 m/sek an. Bei der üblichen Form des Verbrennungsraumes mit nebeneinanderstehenden Ventilen betrug der Druckanstieg 1,6 at je °Kurbelwinkel, und die Brenngeschwindigkeit wies bei 900 Uml/min Anfangswerte von etwa 7,5 m/sek und Höchstwerte von etwa 45 m/sek auf. Der Vorgang der Verbrennung dauerte bei diesem Zylinderkopf rund 30° Kurbelwinkel gegenüber 25° Kurbelwinkel bei einem Ricardokopf mit Wirbelung.

Sowohl bei dieser Maschine als auch bei der Maschine von Withrow, Lovell und Boyd wurde beobachtet, daß die Ausbreitung der Entflammung nach einem langsamen Beginn eine Höchstgeschwindigkeit erreichte und dann wieder verzögert wurde, sobald sich die Flammenfront den Zylinderwandungen näherte — immer unter der Voraussetzung, daß keine Detonation auftrat. Ebenso stellte man bei beiden Versuchsreihen fest, daß die Geschwindigkeit der Ausbreitung in der Nähe der Zylinderwandungen stets kleiner als im Mittelpunkt des Zylinderkopfes war. Im Vergleich mit den höchsten Brenngeschwindigkeiten der Veröffentlichungen von Glyde wiesen amerikanische Versuche Höchstwerte auf, die zwischen 15 m/sek bei 500 Uml/min und 60 m/sek bei 1200 Uml/min schwanken. Da bei den amerikanischen Versuchen der Zylinderkopf eine einfache L-Form ohne Sondermaßnahmen zur Verstärkung der Wirbelung besaß, kann man behaupten, daß die Versuchsergebnisse, die mittels zwei grundverschiedener Methoden erzielt wurden, eine bemerkenswert gute Übereinstimmung zeigen.

34. Zündung und Zündeinstellung.

Dieser Abschnitt bezieht sich ebenso wie der vorhergehende nur auf die Verhältnisse der Gas- und Vergasermaschine. Bei der Vergasermaschine wird die Entzündung heute ausschließlich durch einen Hochspannungsfunken eingeleitet, der an den Elektroden der Zündkerze entweder durch einen Zündmagnet oder durch eine Batterie in Verbindung mit einer Hochspannungsspule erzeugt wird. Die Zündeinrichtungen interessieren uns an dieser Stelle nur soweit, als sie an einer oder mehreren Zündkerzen im Zylinderkopf einen Funken zu erzeugen vermögen, dessen Überspringen — unter Anpassung an die jeweiligen Betriebsbedingungen — auf einen genauen Zeitpunkt eingestellt werden kann. Wenn der Funke durch einen Zündmagnet erzeugt wird, hängt die entwickelte Energie oder die Stärke des Funkens bis zu einem gewissen Grade von dem Zeitpunkt seines Überspringens ab. Wenn der Funke durch eine Batterie mit Hochspannungsspule erzeugt wird, bleibt die Funkenenergie unter allen Verhältnissen gleich.

Bei einer Maschine, die bei vollgeöffneter Drossel und mit einem brennstoffreichen Gemisch läuft, macht die Stärke des Funkens wenig aus. Die natürliche Brenngeschwindigkeit ist so groß, daß irgendein Funke genügt, um die Verbrennungskerne hervorzurufen; diese Verbrennungskerne entwickeln sich ordnungsmäßig zu sehr schnell wachsenden Verbrennungsmittelpunkten, die mit hoher Geschwindigkeit durch das Gemisch infolge seiner Wirbelung „dahinfegen“. Wenn indessen die Maschine gedrosselt läuft oder die Gemischzusammensetzung brennstoffarm ist, können Energie und Dauer des Funkens große Bedeutung erlangen. Unter diesen Verhältnissen ist die natürliche Brenngeschwindigkeit des Gemisches — d. h. die Fortpflanzungsgeschwindigkeit der Flamme bei ruhendem Gemisch — erheblich verringert. Die Verbrennung des ganzen Zylinderinhaltes innerhalb einer genügend kurzen Zeit wird dann durch einen kräftigen und anhaltenden Funken sehr gefördert, indem dieser als „Fackel“ wirkt, an der die träge brennenden Gase vorbeifegen und entzündet werden.

Die schnelle Vollendung der Verbrennung wird bis zu einem gewissen Grade selbst unter Vollastbedingungen durch gleichzeitige Zündung an mehreren Punkten unterstützt, sei es, daß sich eine größere Anzahl von Kernen bildet oder der Funke über die Verzugsperiode hinaus bestehen bleibt und eine gewisse Fackelwirkung ergibt. Die Tatsache, daß alle Flugzeugmotoren mit zwei Kerzen je Zylinder ausgerüstet werden, ist nicht allein eine Vorsichtsmaßnahme gegen Versagen der Zündung; man hat stets beobachtet, daß mit zwei Kerzen eine um einige Hundertstel höhere Leistung und ein etwas besserer Wirkungsgrad als mit einer erreicht werden.

Burstall[20] hat an der von Ricardo entworfenen „E. 35“ Maschine mit veränderlicher Verdichtung[21] interessante Versuche über den Einfluß von Zahl und Lage der Zündkerzen unternommen. Die Maschine besitzt einen flachen, kreisrunden Verbrennungsraum, an dessen Umfang vier Zündkerzenbohrungen in fast gleichem Abstand vorgesehen sind. In dem flachen Zylinderkopf sind drei Auslaß- und zwei Einlaßventile untergebracht, wie Abb. 23 zeigt, aus der auch die Lage der

Zündkerzenbohrungen zu den Ventilen ersichtlich ist. Burstall fand, daß die Lage einer oder mehrerer Zündkerzen zu den Ventilen von großer Bedeutung ist. Bei seinen mit Leuchtgas angestellten Versuchen war eine bemerkenswerte Verbesserung in der Leistung und im Wirkungsgrad festzustellen, wenn die Kerzen in der Nähe der Einlaßventile angeordnet waren. Zwei Kerzen waren vorteilhafter als eine mit der Ausnahme, daß eine Kerze in der Lage *A* oder *B* zwei in der Nähe des Auslasses bei *C* und *D* angeordneten Kerzen überlegen war. Die typischen Zahlenwerte der Ergebnisse sind in Zahlentafel 18 zusammengestellt.

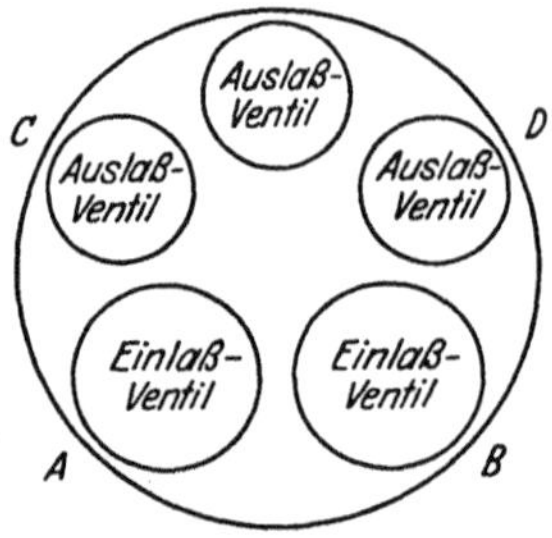

Abb. 23.
Aufsicht auf den Zylinderkopf der E. 35 Maschine von Ricardo.
A, *B*, *C*, *D* Zündkerzenbohrungen.

Zahlentafel 18. **Einfluß von Zahl und Lage der Zündkerzen auf Leistung und Wirkungsgrad.**

Ricardomaschine „E. 35" bei einem Verdichtungsverhältnis von 5 : 1.
Drehzahl: 1000 Uml/min. Brennstoff: Leuchtgas.
Vorzündung: konstant.

Zahl und Lage der Zündkerzen	Indizierter mittlerer Kolbendruck at	Wirkungsgrad v. H.
2 bei *A* und *B* . . .	7,14	33,0
2 gegenüberliegend .	7,08	33,0
1 bei *A* oder *B* . . .	7,08	32,5
2 bei *C* und *D* . . .	7,0	33,0
1 bei *C* oder *D* . . .	6,84	31,7

N. B. Aus der Tatsache, daß sich indizierter mittlerer Kolbendruck und Wirkungsgrad nicht im gleichen Verhältnis ändern, kann man auf kleine Änderungen im Mischungsverhältnis schließen. Die Zahlenwerte können daher nur als ungefährer Anhalt für den Einfluß der Zündkerzenanordnung gelten.

Der Vorteil, den ein oder zwei Zündkerzen in der Nähe des Einlaßventils brachten, läßt vielleicht darauf schließen, daß die späteren Verbrennungsstufen in der Gegend des heißen Auslaßventiles beschleunigt wurden, so daß sich eine ähnliche Wirkung wie durch größere Vorzündung erreichen ließ. Die Versuche wurden bei konstanter Vorzündung ausgeführt; hätte man die Vorzündung bei dem einzelnen Versuch jeweils auf Höchstleistung eingestellt, so wäre bei diesen Leuchtgasversuchen die Lage der Zündkerzen wahrscheinlich ohne Einfluß gewesen. Man bedenke, daß bei einem gasförmigen Brennstoff eine Anreicherung des Gemisches in der Nähe der Einlaßventile, wie es bei einer Benzinmaschine möglich ist, nicht auftreten kann. Bei einer Benzinmaschine kann eine derartige Gemischanreicherung die Ursache der Leistungsverbesserung sein, falls die Zündung in der Nähe des Einlaßventils stattfindet, aber niemals bei einer Gasmaschine.

Da Leuchtgas ein nichtklopfender Brennstoff ist, kann Detonation die Ergebnisse der Versuche von Burstall nicht beeinflußt haben. Ricardo hat gezeigt, daß bei einem flüssigen Brennstoff mit Detonationsneigung diese durch Zündung der Ladung an einem vom Auslaßventil entfernten Punkt gefördert wird, weil dann die späteren Verbrennungsstufen sich in der Nähe des heißen Auslaßventiles abspielen. Besitzt der Zylinderkopf eine breite und flache Form und liegt die Zündkerze dem Auslaßventil gegenüber, so sind die denkbar ungünstigsten Vorbedingungen für das Auftreten der Detonation gegeben.

Die Zahlenwerte für den indizierten mittleren Kolbendruck in Zahlentafel 18 wurden bei gleicher Zündeinstellung und bei gleichem Verdichtungsverhältnis ermittelt. Bei einem zum Klopfen neigenden Brennstoff würde die Maschine mit einem merklich höherem Verdichtungsverhältnis betrieben werden können, wenn die Zündkerze bei C oder D statt bei A oder B angeordnet wäre; bei derartigen Brennstoffen hängt die günstigste Zündkerzenlage in der Hauptsache von dem Auftreten der Detonation ab.

Bei einem Zylinderkopf mit zwei Zündkerzen und je zwei paarweise nebeneinander vorgesehenen Ein- und Auslaßventilen ergibt sich die günstigste Anordnung, wenn die Zündkerzen einander gegenüber in der Mitte zwischen einem Ein- und Auslaßventil liegen.

Nach den Ausführungen des letzten Abschnittes ist es zur Erzielung höchster Leistung und höchsten Wirkungsgrades der Maschine wichtig, daß die Verbrennung so weit als möglich vor dem Beginn der Ausdehnung beendet ist. Unabhängig von der Zündkerzenanordnung erfordert eine vollständige Verbrennung eine gewisse Zeit, deren Dauer innerhalb weiter Grenzen je nach dem Mischungsverhältnis schwanken kann. Bei sehr brennstoffarmen Gemischen kann die Verbrennung so langsam verlaufen, daß sie 40 bis 50^0 vor Totpunkt eingeleitet werden muß, um einigermaßen abgeschlossen zu sein, bevor die eigentliche Ausdehnung einsetzt; als zahlenmäßige Bedingung sei angegeben, daß der Spitzendruck etwa innerhalb 10 bis 12^0 nach Totpunkt erreicht sein sollte. Wird der Zündzeitpunkt so eingestellt, daß die Maschine bei einer bestimmten Drehzahl und einem bestimmten Mischungsverhältnis ihre Höchstleistung hergibt, so wird der beste Ausgleich zwischen zwei Forderungen erreicht: Einmal soll der Funke frühzeitig genug überspringen, um eine nahezu vollständige Verbrennung noch vor Beginn der eigentlichen Ausdehnung zu ermöglichen; andererseits soll die Zündung nicht so früh erfolgen, daß der Druck im letzten Teil der Verdichtung durch zu frühe Verbrennung in bedenklicher Weise gesteigert und hierdurch die negative Kolbenarbeit vergrößert wird.

Von dem Leistungsabfall durch Zunahme der negativen Arbeit abgesehen, verursacht eine zu frühe Zündung übermäßig schnellen Druckanstieg mit zu großem Höchstdruck, wodurch ein harter Gang der Maschine hervorgerufen wird, selbst wenn eine heftige Detonation nicht unmittelbar auftritt. In dem durch die Indikatordiagramme der Abb. 21 umfaßten Vorzündungsbereich von 9 bis 39⁰ vor Totpunkt stieg die Geschwindigkeit des Druckanstiegs, nachdem die eigentliche Entflammung eingesetzt hatte, von 1,2 at auf 2,5 at je ⁰ Kurbelwinkel; gleichzeitig

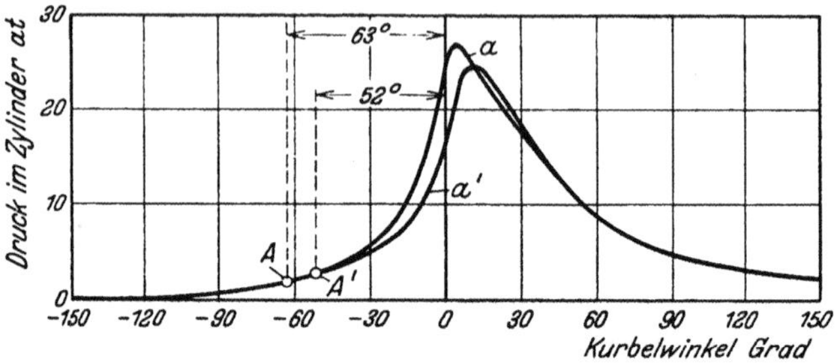

Abb. 24. Zwei Indikatordiagramme mit verschiedener Vorzündung unter sonst gleichen Bedingungen. Leuchtgas-Luftgemisch mit 35 v. H. Brennstoffmangel. Drehzahl: 700 Uml/min, Verdichtungsverhältnis 5 : 1.

nahm der Höchstdruck von 25,3 at auf 44,0 at zu. Der Höchstwert des nutzbaren mittleren Kolbendruckes wurde in diesen Versuchen bei ungefähr 25⁰ Vorzündung erreicht, wies indessen zwischen 19 und 34⁰ Vorzündung nur eine Änderung von 0,07 at auf.

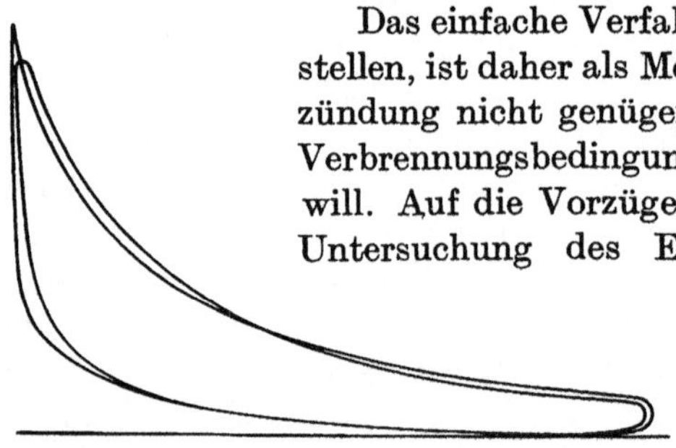

Abb. 25. Diagramme der Abb. 24 auf Kolbenwegbasis umgezeichnet.

Das einfache Verfahren, auf Höchstleistung einzustellen, ist daher als Methode zur Festlegung der Vorzündung nicht genügend empfindlich, wenn man die Verbrennungsbedingungen im Zylinder untersuchen will. Auf die Vorzüge der Druck-Zeitdiagramme zur Untersuchung des Einflusses der Zündeinstellung wurde bereits im letzten Abschnitt hingewiesen; ihr Wert wird weiter durch die Abb. 24 u. 25 veranschaulicht. Die beiden Diagramme der Abb. 24 bringen für eine Leuchtgasmaschine mit brennstoffarmem Gemisch den Einfluß zunehmender Vorzündung zum Ausdruck, die um 11 Kurbelwinkelgrade von 52 bis 63⁰ vor Totpunkt vermehrt wurde. Die beiden Diagramme der Abb. 24 sind in Abb. 25 auf Kolbenwegbasis umgezeichnet und ergeben einen gleichen mittleren Kolbendruck. Hieraus folgt, daß die Änderung von 11⁰ in der Zündeinstellung keinen Einfluß auf die Leistung ausübte, obwohl der Höchstdruck in dem einen Fall bei 4⁰ und in dem anderen Falle bei 11⁰ nach Totpunkt erreicht wurde.

Um den Einfluß einer Änderung in der Zündeinstellung oder im Mischungsverhältnis auf die Brenngeschwindigkeit zu untersuchen, muß also eine genauere Vergleichsgrundlage, als durch die Einstellung auf Höchstleistung möglich ist, geschaffen werden. Es wurde bereits daraufhingewiesen, daß höchste Leistung und bester Wirkungsgrad zusammenfallen, wenn der Spitzendruck etwa bei 12° nach Totpunkt erreicht wird. Diese Lage des Höchstdruckes hat Burstall bei seinen Versuchen mit Leuchtgas, die in Abb. 26 veranschaulicht sind, als „Normallage" gewählt.

In diesem Diagramm zeigt die Kurve *a* die zur Entwicklung des Höchstdruckes bei 12° nach Totpunkt erforderliche Vorzündung, wenn bei 1000 Uml/min und einem Verdichtungsverhältnis von 5:1 das Mischungsverhältnis aus Leuchtgas und Luft von 50 v. H. Brennstoffmangel auf 40 v. H. Brennstoffüberschuß verändert wird. Die Ergebnisse bringen die starke Abhängigkeit der Brenngeschwindigkeit vom Mischungsverhältnis klar zum Ausdruck.

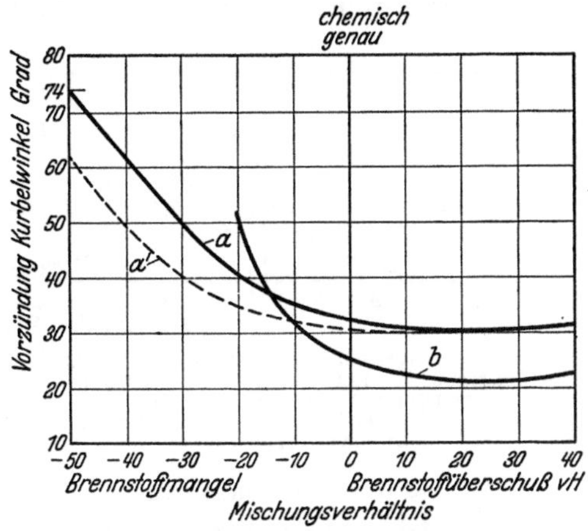

Abb. 26. Abhängigkeit der Vorzündung vom Mischungsverhältnis. Höchstdruck in Normallage 12° nach Totpunkt, Drehzahl: 1000 Uml/min, Verdichtungsverhältnis 5:1. *a* Leuchtgas, *a'* berichtigte Lage der Leuchtgaskurve, *b* Benzin.

Bezüglich der Leuchtgaskurve *a* in Abb. 26 sei bemerkt, daß diese Kurve ebenso wie die Leuchtgaskurve in Abb. 28 nach den Zahlenwerten von Burstall entworfen ist, denen für das chemisch genaue Gemisch aus Leuchtgas und Luft ein räumliches Mischungsverhältnis von 1 : 4,5 zugrunde liegt. Die genaue Ermittlung des zur vollständigen Verbrennung erforderlichen Mischungsverhältnisses ist bei Leuchtgas infolge des Gehalts an schweren Kohlenwasserstoffen aus der Benzolreihe sehr schwierig. Diese kleinen Mengen sind schwer zu bestimmen und haben trotzdem einen großen Einfluß auf die je m^3 erforderliche Luftmenge. Eine Nachrechnung hat gezeigt, daß bei den Versuchen von Burstall das chemisch genaue Mischungsverhältnis für Leuchtgas und Luft eher 1 : 4 als — wie von ihm angenommen — 1 : 4,5 betrug. Dies bedeutet, daß die Leuchtgaskurven der Abb. 26 u. 28 um ungefähr 10 v. H. des Mischungsverhältnisses in die punktiert eingetragene Lage *a'* nach links verschoben werden müßten.

Aus den Kurven der Abb. 26 geht hervor, daß zur Erzielung eines Spitzendruckes in Normallage bei dem Höchstleistungsgemisch mit

10 v. H. bis 20 v. H. Brennstoffüberschuß (s. Abschnitt 35) eine kleinste Vorzündung von 30° erforderlich war; mit abnehmendem Brennstoffgehalt nahm die erforderliche Vorzündung stetig zu, bis bei einem Gemisch mit 50 v. H. Brennstoffmangel 74° benötigt wurden. Hieraus folgt, daß die einen Kurbelwinkel von 86° umfassende, gesamte Brenndauer des ärmsten Gemisches gerade das Doppelte der des Höchstleistungsgemisches beträgt, das die kürzeste Brenndauer von 42° Kurbelwinkel besitzt.

Bei den ganz armen Gemischen mit reichlicher Vorzündung ging ein beträchtlicher Teil der Verbrennung während der letzten 30° des Verdichtungshubes vor sich. Aufschluß hierüber gibt Abb. 27, die ein bei dem brennstoffärmsten Gemisch der Abb. 26 aufgenommenes Indikatordiagramm darstellt. Der Verlauf der Verdichtungskurve ohne Zündung ist gestrichelt eingetragen; man erkennt, daß innerhalb der letzten 30° des Verdichtungshubes die Druckkurve des Diagrammes erheblich höher liegt und im Totpunkt der Zusatzdruck infolge Verbrennung 3,5 at beträgt. Die Verzugsperiode der schwelenden Verbrennung der Kerne dauerte bei einem Höchstleistungs-Benzingemisch und 1000 Uml/min nach Abb. 22 ungefähr 10°: sie hat sich bei dem sehr armen Leuchtgasgemisch der Abb. 26 auf nicht weniger als 44° verlängert. Dieser Vergleich für den Einfluß des Mischungsverhältnisses ist indessen zahlenmäßig nicht ganz einwandfrei, da bei der Benzinmaschine das Verdichtungsverhältnis viel höher war.

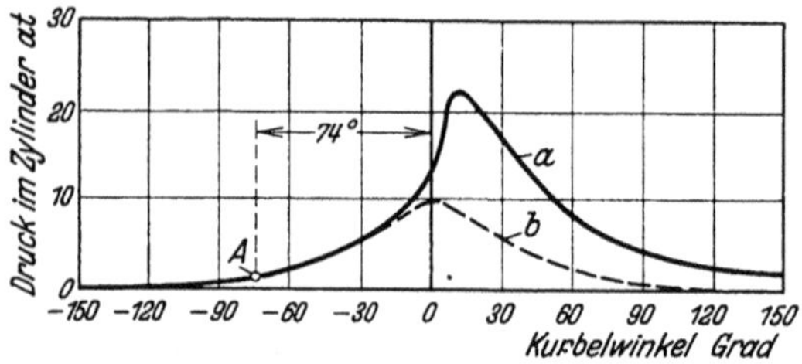

Abb. 27. Diagramme eines sehr armen Leuchtgas-Luftgemisches mit 46 v. H. Brennstoffmangel. Vorzündung 74°, Drehzahl 950 Uml/min, Verdichtungsverhältnis 5 : 1. *a* Druckverlauf mit Zündung, *b* Druckverlauf ohne Zündung.

In Abb. 26 stellt die Kurve *b* die gleichen Zusammenhänge zwischen Vorzündung und Mischungsverhältnis für eine Benzinmaschine dar wie Kurve *a* für Leuchtgas. Aus dem Vergleich beider Kurven geht deutlich der Unterschied im Verhalten flüssiger und gasförmiger Brennstoffe auf der brennstoffarmen Seite hervor. Auf der brennstoffreichen Seite ist das Verhalten der Gemische sehr ähnlich; die kleinste Verzündung — 21° für die Benzin- und 30° für die Gasmaschine bei diesem Verdichtungsverhältnis — liegt in beiden Fällen bei einem Mischungsverhältnis mit etwa 20 v. H. Brennstoffüberschuß. Bei beiden Brennstoffen besitzt dieses Mischungsverhältnis die größte Brenngeschwindigkeit und ergibt die höchste Leistung.

Im Gegensatz hierzu ist das Verhalten beider Brennstoffe auf der brennstoffarmen Seite sehr verschieden. In der Gasmaschine kann unter der Voraussetzung, daß die Vorzündung jeweils richtig eingestellt wird, der Brennstoffgehalt im Gemisch stetig bis auf etwa 50 v. H. Brennstoffmangel verringert werden, wobei die Verbrennung regelmäßig bleibt und der Wirkungsgrad zunimmt. Wenn dagegen bei der Benzinmaschine der Brennstoffgehalt nur von 10 v. H. auf 20 v. H. Brennstoffmangel abnimmt, wird bereits eine starke Vergrößerung der Vorzündung von 30 auf 50° erforderlich; über dieses Mischungsverhältnis hinaus läßt sich durch keine noch so große Vorzündung eine genügend schnelle und vollständige Verbrennung erreichen, um den Spitzendruck in die Normallage von 12° nach Totpunkt zu bringen. Die Verbrennung wird in hoffnungsloser Weise unregelmäßig und so langsam, daß sie am Ende des Ausdehnungshubes noch unvollständig ist und während des Ausschubhubes andauert — ein Zustand, der schließlich das bekannte „Vergaserknallen" verursacht.

Bei den Erörterungen der Abb. 26 sind wir von den Zündeinstellungsfragen auf den Einfluß des Mischungsverhältnisses übergegangen, der im nächsten Abschnitt ausführlicher behandelt werden soll.

35. Der Einfluß des Mischungsverhältnisses.

In dieser Hinsicht verhalten sich Schwerölmaschinen und Gas- bzw. Benzinmaschinen grundverschieden. Bei der Dieselmaschine wird der Brennstoff an einer oder mehreren Stellen in einem feinen Strahl eingespritzt, der die Luft durchdringt und hierbei ins Brennen gerät; die Entzündung des Brennstoffes wird daher durch das Verhältnis aus Gesamtluft im Zylinder und dem Gesamtbetrag an eingespritztem Brennstoff so lange nicht beeinflußt, als Luft im Überschuß vorhanden ist. Bei der Vergasermaschine hingegen wird ein annähernd homogenes Gemisch aus Luft und Brennstoff örtlich an ein oder zwei Stellen gezündet; von den Zündkerzenelektroden breitet sich die Verbrennung in eigener Fortpflanzung nur dann aus, wenn das Mischungsverhältnis innerhalb bestimmter Grenzen liegt. Ist in einer Dieselmaschine Luft in größeren Mengen vorhanden, als die Verbindung mit dem Brennstoff erfordert, so nimmt der Brennstoff nur den nötigen Sauerstoff auf, um den Kohlenstoff und Wasserstoff in Kohlensäure und Wasserdampf umzuwandeln, und der Luftüberschuß hat lediglich an der Erhitzung und Ausdehnung teil. In der Nähe des Brennstoffstrahles ändert sich das Verhältnis aus Brennstoff zu Luft von Schicht zu Schicht zwischen unendlich und null und kann auf die Verbrennung nicht anders als bei einer Kerzenflamme einwirken. Bei einem Überschuß an Brennstoff gelangt der zuletzt eingespritzte Teil nicht mehr zur vollständigen Verbrennung und entweicht in Form von Ruß oder teilweise verbrannten Produkten durch die Auslaßventile, wobei schwarzer Rauch gebildet wird.

Es ist vielleicht die wichtigste Eigenschaft der Dieselmaschine, daß sie mit gutem und sogar steigendem Wirkungsgrad zu arbeiten vermag, wenn das Verhältnis aus Brennstoff und Luft verringert wird. Bei geringeren Belastungen bleibt die Luftladung unverändert, aber die Menge des eingespritzten Brennstoffs wird verkleinert. Daher erfahren auch die Temperaturen des Arbeitsstoffes während des ganzen Arbeitsspieles eine Senkung, und die schädlichen Folgen der mit hohen Temperaturen anwachsenden Molekularwärmen machen sich weniger geltend. Bei dem kleineren Temperaturbereich steht der Arbeitsstoff in seinem Verhalten den vollkommenen Gasen näher, so daß eine engere Anlehnung an den Wirkungsgrad des idealen Kreisprozesses möglich ist.

Bei der Vergaser- bzw. Gasmaschine beträgt das chemisch genaue Mischungsverhältnis aus Brennstoff und Luft für Benzin dem Gewicht nach ungefähr 1:14 und für Leuchtgas dem Volumen nach ungefähr 1:4; Benzin-Luftgemische bleiben im Bereich der Gewichtsverhältnisse von 1:18 bis 1:9 und Leuchtgas-Luftgemische im Bereich der Raumverhältnisse von 1:9 bis 1:3 arbeitsfähig. Diese Grenzen ändern sich mit der chemischen Zusammensetzung des Brennstoffes, im besonderen Maße gilt dies für Leuchtgas.

Auf der brennstoffreichen Seite kann der Brennstoffgehalt bei einer Benzin- oder Gasmaschine um 40 oder 50 v.H. der chemisch genauen Brennstoffmenge gesteigert werden, ohne daß die Verbrennung allzu sehr beeinflußt wird — natürlich mit der Ausnahme, daß in den Abgasen ein hoher Gehalt an Kohlenoxyd und anderen Verbrennungszwischenprodukten auftritt. Ein kleiner Zuwachs an Leistung läßt sich in beiden Fällen erzielen, wenn der Brennstoffgehalt über das chemisch genaue Mischungsverhältnis bis auf einen Überschuß von 10 bis 20 v. H. gesteigert wird; darüber hinaus fällt die Leistung wieder allmählich ab.

Die Fähigkeit einer Benzinmaschine, innerhalb eines weiten Bereiches der brennstoffreichen Gemische arbeitsfähig zu sein und zwischen chemisch genauem Mischungsverhältnis und 50 v. H. Brennstoffüberschuß nahezu unveränderte Leistung zu ergeben, ist von großer praktischer Bedeutung; denn hierdurch wird die Maschine in die Lage versetzt, über die Schwächen des Vergasers und der Ansaugleitung hinweg zu kommen. Kein Vergaser vermag bei allen Drehzahlen und Drosselöffnungen ein Gemisch mit konstantem Mischungsverhältnis zu liefern, und keine Ansaugleitung vermag die Brennstoffzufuhr gleichmäßig auf alle Zylinder zu verteilen. Infolge der Anpassungsfähigkeit der einzelnen Zylinder macht es für den gleichmäßigen Gang der Maschine glücklicherweise wenig aus, ob einige Zylinder ein viel zu reiches Gemisch erhalten, vorausgesetzt, daß kein Zylinder ein zu schwaches bekommt. Betroffen wird hiervon nur die Wirtschaftlichkeit; denn um für jeden Zylinder ausreichende Brennstoffmengen sicher zu stellen, muß man sich damit abfinden, daß einige Zylinder mehr Brennstoff erhalten, als sie benötigen oder voll verarbeiten können. Später in Abschnitt 40 wird man sehen, daß dieser Verlust infolge ungleicher Brennstoffverteilung auf die einzelnen Zylinder sich auf ungefähr 10 v.H. des gesamten Brennstoffverbrauches beläuft und sogar noch mehr betragen kann.

Für Brennstoffverbrauch und Wirtschaftlichkeit ist das Verhalten der Gemische auf der brennstoffarmen Seite entscheidend. Hier weisen die flüssigen und die gasförmigen Brennstoffe wichtige Unterschiede auf. Eine Gasmaschine kann bei ruhigem Lauf und ausreichendem Wirkungsgrad mit einem Gemisch betrieben werden, das kaum mehr als die Hälfte der chemisch genauen Brennstoffmenge enthält; wird bei einem Benzin-Luftgemisch der Brennstoffgehalt um mehr als 18 bis 20 v. H. der chemisch genauen Brennstoffmenge verringert, verläuft die Verbrennung so langsam und unregelmäßig, daß sie während des Ausdehnungs- und Auspuffhubes andauern, die frische Ladung des nächsten Arbeitsspieles zur Entzündung bringen und hierdurch Vergaserknaller verursachen kann. Selbst bevor das Gemisch so brennstoffarm wird, daß unregelmäßige Zündung und Vergaserknaller auftreten, läßt die Brennstoffausnutzung der Benzinmaschine nach, weil das Gemisch zu träge brennt und der höchste Gasdruck erst zu spät während des Ausdehnungshubes erzeugt wird.

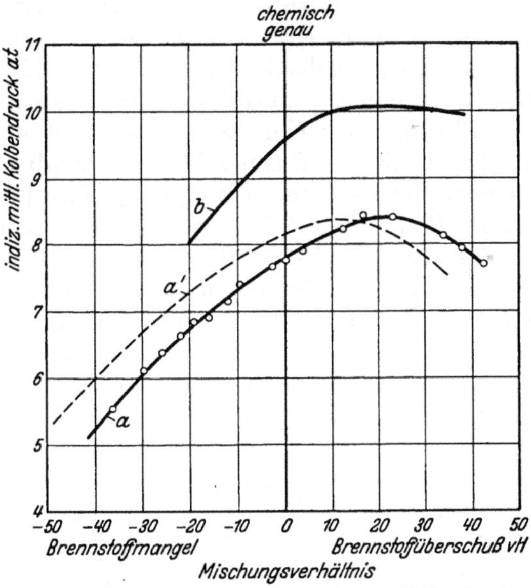

Abb. 28. Abhängigkeit des indizierten mittleren Kolbendruckes vom Mischungsverhältnis. Verdichtungsverhältnis 5:1. Keine Vorwärmung. *a* Leuchtgas mit 1400 Uml/min, *a'* berichtigte Lage der Leuchtgaskurve, *b* Benzin mit 1500 Uml/min.

Um zunächst die Leuchtgasversuche von Burstall[20] zu besprechen, so zeigt die Kurve *a* der Abb. 28 die Abhängigkeit des indizierten mittleren Kolbendruckes vom Mischungsverhältnis; bezüglich des hierbei als chemisch genau angenommenen Mischungsverhältnisses und der gestrichelt eingetragenen Leuchtgaskurve *a'* sei auf die Ausführungen auf Seite 117 im Zusammenhang mit Abb. 26 verwiesen. Die Drehzahl betrug 1400 Uml/min, das Verdichtungsverhältnis war 5 : 1, und die Vorzündung wurde stets so eingestellt, daß der Spitzendruck in der Normallage von 12° nach Totpunkt erreicht wurde. Aus der gestrichelten Kurve *a'* ersieht man, daß die Höchstleistung bei einem Gemisch mit 10 v. H. Brennstoffüberschuß liegt und um ungefähr $3^1/_2$ v. H. größer ist als die bei chemisch genauem Mischungsverhältnis erzielbare Leistung. Links vom chemisch genauen Mischungsverhältnis im Bereich der brennstoffarmen Gemische fallen die mittleren Kolbendrücke mit abnehmendem Brennstoffgehalt stark ab. Dieser Abfall ist indessen nicht proportional zum sinkenden Brennstoffgehalt, sondern geringer, da der indizierte Wirkungsgrad für diesen Bereich der Mischungsverhältnisse nach Kurve *a* der Abb. 37 von 32 v.H. auf 36 v. H. ansteigt und infolgedessen bei den brennstoffärmsten Gemischen ein größerer Teil der zugeführten Wärme nutzbar gemacht wird. Auch mögen kleinere Änderungen des volumetrischen Wirkungsgrades zu berücksichtigen sein. Die Leistung ist bei konstanter Drehzahl dem indizierten mittleren Kolbendruck proportional und daher auch die Änderung der Leistung mit dem Mischungsverhältnis aus den Kurven ersichtlich. Wie die linke Hälfte der Kurve *a* zeigt, bleibt die Gasmaschine bis herab zu Gemischen mit 50 v. H. Brennstoffmangel gut leistungsfähig; ihre Leistung fällt viel langsamer, als die Brennstoffzufuhr abnimmt. Eine Verringerung des Brennstoffgehaltes auf die Hälfte der im Höchstleistungsgemisch vorhandenen Menge hat nach Abb. 28 nur einen Leistungsabfall im Verhältnis von 8,4:5,25 oder von 62,5 v. H. der Höchstleistung zur Folge. In derselben Abbildung veranschaulicht Kurve *b* das entsprechende Verhalten der gleichen Maschine bei Verwendung von Benzin. Auf der brennstoffarmen Seite kommt die Kurve nicht über Gemische mit 20 v. H. Brennstoffmangel hinaus, da hier die Maschine unregelmäßig zu arbeiten beginnt. Im übrigen liegt die Kurve der Benzin-Luftgemische durchweg erheblich über der Kurve der Gas-Luftgemische; eine Untersuchung der Einflüsse, die zu den höheren mittleren Kolbendrücken der Benzin-Luftgemische beitragen, ist lehrreich. Ein höherer thermischer Wirkungsgrad kann nicht die Ursache sein; denn in Abb. 37 liegt die Wirkungsgradkurve für Benzin nirgends oberhalb der Kurve für Leuchtgas, selbst wenn die Leuchtgaskurve entsprechend der nötigen Berichtigung des chemisch genauen Mischungsverhältnisses (vgl. die Ausführungen auf Seite 117) nach links verschoben wird.

Zunächst beträgt bei Betrieb mit Leuchtgas das chemisch genaue Mischungsverhältnis aus Brennstoff und Luft in Volumeneinheiten 1:4,1; dies bedeutet, daß nur ungefähr $^4/_5$ der Zylinderladung aus Luft bestehen. Bei Benzin tritt der Brennstoff in Form von schweren Dämpfen in den Zylinder und verdrängt nur ungefähr 2 v. H. der Luftmenge, die überhaupt angesaugt werden kann (s. Abschnitt 22). Es läßt sich daher erwarten, daß die Leistung bei chemisch genauem Mischungsverhältnis für ein Benzin-Luftgemisch höher als für ein Leuchtgas-Luftgemisch ausfällt, weil die Menge des verfügbaren Sauerstoffes und damit auch die je m^3

Ladung verfügbare Wärmemenge größer ist. Die verfügbaren Sauerstoffmengen stehen bei Benzin und Leuchtgas — roh gerechnet — im Verhältnis 0,98 : 0,8 = 1,22. Die bei chemisch genauem Mischungsverhältnis verfügbaren Wärmemengen betragen nach Abschnitt 15 und 24 für Benzin 913 kcal/m³ Gemisch und für Leuchtgas 807 kcal/m³ Gemisch; unter Berücksichtigung der verschiedenen Volumenverhältnisse bei der Verbrennung ergeben sich hieraus die Beträge an verfügbarer Energie zu 957 kcal/m³ Benzin-Luftgemisch und 755 kcal/m³ Leuchtgas-Luftgemisch (vgl. auch Zahlentafel 39 und 40).

Das Verhältnis der je m³ Gemisch verfügbaren Energiemengen — 957 : 755 = 1,29 — ist in erster Linie für den Leistungsunterschied bei Benzin und Leuchtgas maßgebend. Daneben gibt es noch eine Reihe anderer Faktoren, die die Leistung der Maschine beeinflussen. Außer einem etwaigen Unterschied im thermischen Wirkungsgrad spielt die Verdampfungswärme des flüssigen Brennstoffes, durch die das einströmende Gemisch abgekühlt wird, eine Rolle. Die geringere Durchschnittstemperatur und damit das größere Gewicht der Zylinderladung bei Schluß des Einlaßventiles begünstigen eine Leistungssteigerung bei flüssigen Brennstoffen; andrerseits erfolgt bei den meisten Benzinmaschinen absichtlich eine gewisse Vorwärmung des Gemisches auf dem Wege durch die Ansaugleitungen. Diese Vorwärmung erleichtert die Verdampfung, hebt aber gleichzeitig die abkühlende Wirkung der Verdampfungswärme auf. Ferner ist zu berücksichtigen, daß die Drosselwirkung des im Benzinvergaser nötigen Zerstäubertrichters bei einer Gasmaschine in Fortfall kommt; der freiere Luftströmungsquerschnitt ermöglicht höhere Drücke in der Ansaugleitung während der Einströmung und damit einen höheren volumetrischen Wirkungsgrad. Weiter hängt der bei einer bestimmten Drehzahl erreichbare mittlere Kolbendruck in hohem Maße davon ab, ob die Ventileinstellung in günstigster Weise auf die Drehzahl des Versuches abgestimmt ist. Schlußfolgerungen aus Zahlenwerten für mittleren Kolbendruck oder Leistung sind daher recht unsicher, solange nicht eine Reihe verschiedenster Einflüsse Berücksichtigung gefunden hat.

Die zum Vergleich in Abb. 28 gegenüber gestellten Versuche wurden an Maschinen gleicher Bauart mit gleichem Verdichtungsverhältnis und ohne besondere Vorwärmung der einströmenden Luft vorgenommen. Drehzahl und Ventileinstellung war etwas verschieden; aber diese Unterschiede kann man zulassen, da der volumetrische Wirkungsgrad während beider Versuchsreihen bekannt war. Bei einem chemisch genauen Mischungsverhältnis betrug er für Leuchtgas 76 v. H. und für Benzin 77 v. H., so daß die Kühlwirkung des verdampfenden Brennstoffes durch die freieren Luftströmungsquerschnitte bei Betrieb mit gasförmigen Brennstoffen nicht völlig aufgehoben wurde. Die höhere Leistung des

Benzin-Luftgemisches dürfte auf den Unterschieden in den thermischen und volumetrischen Wirkungsgraden im Zusammenwirken mit der größeren verfügbaren Energie je m³ Gemisch beruhen. Wird der bei chemisch genauem Leuchtgas-Luftgemisch beobachtete mittlere Kolbendruck von 8,15 at (Kurve a') in dem entsprechenden Verhältnis der beiden letzten Einflüsse vergrößert, so erhält man einen mittleren Kolbendruck von

$$8{,}15 \cdot 1{,}29 \cdot \frac{77}{76} = 10{,}6 \text{ at};$$

dieser Wert ist um ungefähr 10 v. H. höher als der beobachtete Wert für Benzin. Dieser Unterschied entspricht ziemlich gut dem höheren thermischen Wirkungsgrad, der dem geringeren Wärmeinhalt des Leuchtgas-Luftgemisches eigen wäre, wenn beide Brennstoffe bei gleichem Verdichtungsverhältnis untersucht würden (vgl. Seite 151 und Abb. 41). Die Zahlenwerte für Benzin wurden von Ricardo um das Jahr 1921 und die für Leuchtgas von Burstall etwa drei Jahre später in Cambridge ermittelt.

Um noch einmal auf die Leuchtgaskurve a' in Abb. 28 kurz zurück zu kommen, so ist die Leistungszunahme zwischen der Leistung bei chemisch genauem Mischungsverhältnis und Höchstleistung von mindestens 3,5 v. H. besonders interessant. Obwohl die gleiche Erscheinung an einer Benzinmaschine bereits früher von Ricardo u. a. beobachtet worden war, konnte vor den Versuchen von Burstall der Leistungszuwachs bei den brennstoffreichen Gemischen bis zu einem gewissen Grade auf die Erhöhung des volumetrischen Wirkungsgrades infolge der Kühlwirkung zurückgeführt werden, welche die Verdampfung des überschüssigen Brennstoffes ausübt. In einer Gasmaschine ist eine derartige Kühlwirkung nicht möglich. Wenn hier das Mischungsverhältnis aus Gas und Luft reicher als das chemisch genaue wird, müßte die zunehmende Verdrängung der Luft durch das Gas notwendigerweise einen Abfall der Leistung herbeiführen, falls sich nicht durch das Auftreten der Dissoziation weit stärkere und entgegensetzte Einflüsse geltend machen würden.

Nach Abschnitt 23 wird die berechnete Explosionstemperatur eines chmisch genauen Benzol-Luftgemisches durch Berücksichtigung der Dissoziation von 3048° C auf 2755° C verringert; ferner wird die höchste Explosionstemperatur nicht bei einem chemisch genauen Gemisch, sondern bei einem um etwa 20 v. H. reicheren erzielt. Auch findet innerhalb weiter Grenzen der Gemischzusammensetzung nur eine geringe Änderung der Explosionstemperatur und damit des Explosionsdruckes statt.

Die mit und ohne Berücksichtigung der Dissoziation berechneten Temperaturen sind für Benzol-Luftgemische in Abb. 11 wiedergegeben; die für Leuchtgas-Luftgemische berechneten Explosionstemperaturen würden denselben charakteristischen Verlauf zeigen. Die Form der Temperaturkurven unter Berücksichtigung der Dissoziation entspricht genau dem Verlauf der Leistungsänderung in Abhängigkeit vom Mischungsverhältnis, der praktisch ermittelt und durch die Kurven *a* und *b* der Abb. 28 dargestellt ist. Außer durch die erreichte Höchsttemperatur wird die Leistung bei den reichen Gemischen durch das Volumenverhältnis bei der Verbrennung und durch die Änderungen des volumetrischen Wirkungsgrades beeinflußt; die beiden letzten Faktoren können auch nicht annähernd zur Erklärung der beobachteten Änderung der Leistung mit dem Mischungsverhältnis dienen. Bei einer Gasmaschine dürfte, wie bereits bemerkt, kaum eine Änderung des volumetrischen Wirkungsgrades auftreten; tatsächlich war auch innerhalb der Versuchsreihe der Abb. 28 keine Änderung festzustellen. Um die bei den brennstoffreichen Gemischen in einer Gasmaschine auftretende Leistungszunahme zu erklären, ist man daher genötigt, die Ursache in Änderungen der Höchsttemperatur, die durch die chemischen Gleichgewichtsbedingungen herbeigeführt werden, zu sehen. Die Ähnlichkeit der Kurvenformen der Abb. 28 mit dem Kurvenverlauf der unter Berücksichtigung der Dissoziation berechneten Explosionstemperaturen in Abb. 11 beweist überzeugend, daß die den Berechnungen zugrunde liegenden Annahmen ihrem Wesen nach richtig sind. Wie in Abschnitt 23 und 26 näher ausgeführt, stehen die absoluten Zahlenwerte der berechneten Temperaturen infolge der Unsicherheit, mit der die heutigen Werte der Molekularwärmen bei hohen Temperaturen behaftet sind, noch nicht fest; aber diese Unsicherheit beeinträchtigt überhaupt nicht die vorstehende Beweisführung, da sich diese nur auf Temperaturunterschiede bei verschiedenen Mischungsverhältnissen, also auf eine relative Genauigkeit, stützt. Sobald die Zahlenwerte der Molekularwärmen einwandfrei feststehen, läßt sich das in Abschnitt 23 angegebene Berechnungsverfahren auch mit einigem Vertrauen in die absolute Richtigkeit der errechneten Temperaturen anwenden.

36. Der Einfluß des Verdichtungsverhältnisses auf die Verbrennung.

Das Verdichtungsverhältnis hat grundlegenden Einfluß auf den thermischen Wirkungsgrad einer Maschine. Im allgemeinen ist es vorteilhaft, mit dem höchsten Verdichtungsverhältnis zu arbeiten, bei dem die Maschine noch ruhig läuft und nicht klopft. Der thermische Wirkungsgrad und seine Grenzen werden im nächsten Abschnitt ausführlich behandelt; in diesem haben wir uns nur mit dem Einfluß einer Änderung des Verdichtungsverhältnisses auf die Verbrennungsvorgänge im Zylinder zu befassen.

Nach Abschnitt 11 kann der Mittelwert für den Exponenten m in der Gleichung $p\,v^m = \text{konst}$ während der Verdichtung eines Brennstoff-Luftgemisches zu 1,37 bei einer Gasmaschine und zu 1,33 bei einer Benzinmaschine angenommen werden. Um den Einfluß einer Änderung des Verdichtungsverhältnisses zu erläutern, sei ein Benzin-Luftgemisch angenommen; denn Änderungen im Verdichtungsverhältnis sind in erster Linie für diese Maschinenart von wesentlicher Bedeutung.

Zahlentafel 19. Einfluß des Verdichtungsverhältnisses auf die Verdichtungsenddrücke und -temperaturen.

Anfangstemperatur 100° C.
Exponent $m = 1,33$.
Anfangsdruck 1,033 at.

Verdichtungsverhältnis	Höchster Verdichtungsdruck at abs	Höchste Verdichtungstemperatur °C
4	6,5	313
5	8,8	362
6	11,2	399
7	13,7	434

Mit $m = 1,33$ erhält man für den höchsten Verdichtungsdruck bei verschiedenen Verdichtungsverhältnissen die Zahlenwerte der Spalte 2 der Zahlentafel 19, wenn der Druck im Zylinder zu Beginn der Verdichtung mit 1,033 at abs angenommen wird. Dieser Anfangsdruck hängt bei der einzelnen Maschine, wie in Abschnitt 11 näher ausgeführt, von der Drehzahl, der Bemessung und Einstellung des Ansaugventils, der Bauart des Vergasers und der Ausbildung der Ansaugleitung ab. Der angenommene Zahlenwert von m ergibt gute Durchschnittswerte für die bei schnellaufenden Benzinmaschinen auftretenden Verdichtungsdrücke, führt aber nicht notwendigerweise zu einem genauen Wert bei einer bestimmten Maschine. Für eine Erörterung der gesetzmäßigen Grundlagen sind indessen nur Unveränderlichkeit der gemachten Annahmen und relative Zahlengenauigkeit zwischen verschiedenen Bedingungen erforderlich; hierfür erweist sich die Annahme eines gemeinsamen Mittelwertes von m als ausreichend.

Würde der Zylinderinhalt zu Beginn der Verdichtung nur aus Brennstoff-Luftgemisch bestehen, so könnten die Temperaturen am Ende der Verdichtung in ähnlicher Weise berechnet werden. Man würde dann die Zahlenwerte der Spalte 3 erhalten, bei denen vorläufig eine Verdichtungsanfangstemperatur von 100° C angenommen wurde. Indessen sind die im Verdichtungsraum zurückgebliebenen Abgase zu berücksichtigen, deren Menge mit steigendem Verdichtungsverhältnis abnimmt und einen sehr bedeutenden Einfluß auf die Verbrennung im Zylinder ausübt. Der Abgasrest hat sogar eine größere Wirkung als die im Zusammenhang mit der Änderung des Verdichtungsverhältnisses selbst auftretenden Druck- und Temperaturänderungen. Die Abnahme des Abgasanteiles bei höheren Verdichtungsverhältnissen macht sich in doppelter Hinsicht und zwar mit entgegengesetzter Wirkung geltend. Die Verringerung des Abgasrestes hat unmittelbar eine Erhöhung der Brenngeschwindigkeit zur Folge. Sie wirkt sich mittelbar in einer Herabsetzung der Brenngeschwindigkeit aus; denn mit zunehmendem Verdichtungsverhältnis wird der Anstieg der Verdichtungstemperatur vermindert, so daß der Temperaturbereich bei den verschiedenen Verdichtungsverhältnissen beträchtlich kleiner wird, als aus den Werten der Spalte 3 in Zahlentafel 19 hervorgeht.

Die Temperatur des Abgasrestes kann mit genügender Genauigkeit zu 850° C angenommen werden. Beträgt das vom Kolben bestrichene Hubvolumen 1 l, so ergeben sich bei den verschiedenen Verdichtungsverhältnissen die in Spalte 2 der Zahlentafel 20 zusammengestellten Verbrennungsräume.

Zahlentafel 20. Einfluß des Abgasrestes auf die Verdichtungstemperaturen bei verschiedenen Verdichtungsverhältnissen.

Verdichtungsverhältnis	Volumen des Abgasrestes bei 850° C l	Volumen des Abgasrestes im Normalzustand l	Volumen der frischen Ladung im Normalzustand l	Gemischtemperatur vor der Verdichtung ° C	Höchste Verdichtungstemperatur ° C
4	0,33	0,08	0,82	139	376
5	0,25	0,061	0,82	122	399
6	0,20	0,049	0,82	111	419
7	0,166	0,04	0,82	102	437

Die frische Ladung besteht aus einem Gemisch aus Brennstoff und Luft, das im Druck- und Temperaturzustand beim Eintritt das Volumen von 1 l besitzt. Der Druck sei aus Gründen der Einfachheit durchweg gleich dem atmosphärischen Druck von 1,033 at abs angenommen; wenn er auch wahrscheinlich ziemlich geringer ist, so bleibt er doch bei jedem Verdichtungsverhältnis unverändert. Die Temperatur der einströmenden Luft dürfte zu Beginn der Saugleitung ungefähr 15° C betragen; sie unterliegt einerseits der Abkühlung durch die Verdampfung des Brennstoffes und andererseits der Erwärmung in der Ansaugleitung sowie an den heißen Ventilen und Zylinderwandungen. Rechnet man von den Meßwerten des volumetrischen Wirkungsgrades rückwärts, so erhält man einen Wert von 60° C als wahrscheinliche Temperatur, die ein chemisch genaues Benzin-Luftgemisch nach seinem Eintritt in den Zylinder und vor seiner Vermischung mit dem Abgasrest besitzt.

Mit diesen Annahmen ergeben sich die in den Spalten 3 und 4 der Zahlentafel 20 aufgeführten Zahlenwerte für die Volumen des Abgasrestes und der frischen Ladung. Die mittlere Molekularwärme C_v der Abgase beträgt im Bereich bis zu 850° C 6,03 und die des Brennstoff-Luftgemisches bis zu ungefähr 100° C 5,26 kcal/Mol ° C; nach der Vermischung ergeben sich hieraus als Gemischtemperaturen vor der Verdichtung die Zahlenwerte der Spalte 5. Durch Verwendung der Gleichung (16) mit $k = 1{,}33$ erhält man schließlich als Verdichtungstemperaturen die Zahlenwerte der Spalte 6.

Aus dem Vergleich dieser Temperaturen mit den Werten der Spalte 3 in der Zahlentafel 19 ersieht man, daß durch Berücksichtigung des mit höheren Verdichtungsverhältnissen abnehmenden Gehalts an heißen Auspuffgasen sich der Unterschied zwischen den Verdichtungsendtemperaturen bei Verdichtungsverhältnissen von 4 : 1 und 7 : 1 von 121° C auf 61° C verringert hat. Vergleicht man die Verdichtungsendtemperatur bei einem Verdichtungsverhältnis von 7 : 1 in Zahlentafel 20 mit der bei gleichem Verdichtungsverhältnis in Zahlentafel 19, so darf die geringe Differenz der Verdichtungsendtemperaturen nicht als Beweis dafür angesehen werden, daß bei diesem Verdichtungsverhältnis der Einfluß des Abgasrestes auf die Verdichtungstemperatur vernachlässigt werden kann. Die Zahlen zeigen vielmehr, daß die für alle Verdichtungsverhältnisse in Zahlentafel 19 mit 100° C angenommene Gemischtemperatur vor der Verdichtung nur bei einem Verdichtungsverhältnis von 7 : 1 mit der zu 60° C angenommenen Ansaugtemperatur vor Vermischung mit den Restgasen vereinbar ist.

Bei diesen Berechnungen entspricht die Annahme einer einzigen Abgastemperatur von 850° C bei allen Verdichtungsverhältnissen nicht den tatsächlichen Verhältnissen; denn der Abgasrest ist bei höheren Verdichtungsverhältnissen nicht nur der Menge nach kleiner, sondern auch kühler. Dies hat aber nur sehr geringen Einfluß; denn wenn die einzusetzende Temperatur kleiner als 850° C ist, wird die Abgasrestmenge bei Normalzustand in Spalte 3 der Zahlentafel 20 größer sein und umgekehrt. Aber man kann hieraus ersehen, daß der Zahlenwert von 61° C, den man als Differenz der Verdichtungsendtemperaturen bei Verdichtungsverhältnissen von 4 : 1 und 7 : 1 erhält, wahrscheinlich als äußerster anzusehen ist. Der Druck vor und damit auch am Ende der Verdichtung wird durch Vermischung mit den Restgasen nicht beeinflußt; sieht man von Nebenwirkungen ab, die durch etwaige Unterschiede im Wärmeverlust und im Gasverlust hervorgerufen werden, so kann man die Zahlenwerte für den Druck in Zahlentafel 19 als genügend genau für Vergleichszwecke annehmen. Die tatsächlich bei einer bestimmten Maschine auftretenden Höchstdrücke werden ebenso wie die Anfangsdrücke von der Drehzahl, der Ventilbemessung und -einstellung sowie der Ausbildung der Ansaugleitung abhängen.

Aus der Zunahme der Verdichtungsendtemperatur und des Verdichtungsenddruckes bei höheren Verdichtungsverhältnissen kann man auf eine gewisse Steigerung der Brenngeschwindigkeit schließen; für die Richtigkeit dieser Annahme liegen zahlreiche Beweise vor.

Das Steigen der Brenngeschwindigkeit bei größerem Verdichtungsverhältnis ist indessen in höherem Maße auf eine unmittelbare Wirkung der Verringerung des die frische Ladung verdünnenden Abgasrestanteiles als auf die Druck- und Temperaturerhöhung selbst zurückzuführen.

Neben der einfachen Verdünnung des Brennstoff-Luftgemisches haben die hohen spezifischen Wärmen von Kohlensäure und Wasserdampf in den Abgasen einen verzögernden Einfluß auf die Verbrennung, da sie — wie aus den im nächsten Kapitel beschriebenen Versuchen deutlich hervorgeht — die höchste Verbrennungstemperatur erniedrigen. Bei diesen Versuchen wurde der normale Abgasrestanteil künstlich vergrößert oder verringert; hierbei kam der Einfluß des Abgasrestes auf die Detonation klar zum Ausdruck.

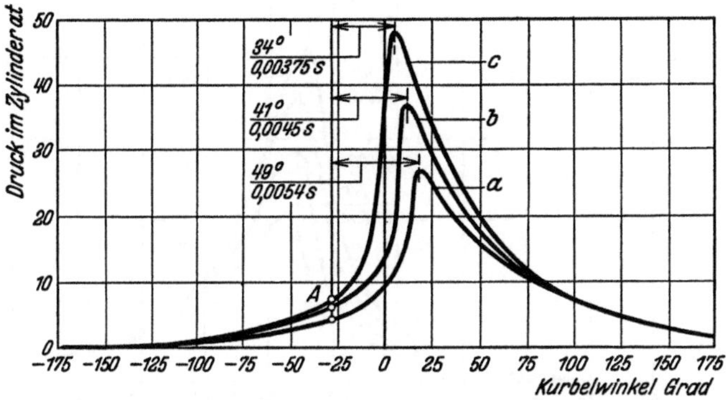

Abb. 29. Einfluß des Verdichtungsverhältnisses auf die Brenngeschwindigkeit.
a Verdichtungsverhältnis 4:1 mittlerer indizierter Kolbendruck 8,4 at,
b Verdichtungsverhältnis 5:1 mittlerer indizierter Kolbendruck 9,6 at,
c Verdichtungsverhältnis 6:1 mittlerer indizierter Kolbendruck 10,3 at.
Vorzündung konstant 30° bei *A*. Drehzahl 1500 Uml/min.
Gemisch genaues Benzin-Luftgemisch.

Um den Einfluß des erhöhten Verdichtungsverhältnisses auf die Brenngeschwindigkeit zu veranschaulichen, sind in Abb. 29 drei Indikatordiagramme auf Kurbelwinkelbasis für Verdichtungsverhältnisse von 4:1, 5:1 und 6:1 wiedergegeben. Die Versuche wurden mit Benzin vorgenommen; bei jedem Versuch war die Vorzündung auf 30° vor Totpunkt eingestellt. Die bis zum Erreichen des Höchstdruckes erforderliche Zeit ist bei den Diagrammen eingetragen; sie ging von 0,0054 sek bei einem Verdichtungsverhältnis von 4:1 auf 0,00375 sek bei 6:1 zurück. Einen weiteren interessanten Vergleich ermöglichen die in Abb. 30 wiedergegebenen Diagramme, die mit Leuchtgas bei Verdichtungsverhältnissen von 4:1 bis 7:1 aufgenommen wurden. Bei den Benzin- und Leuchtgasversuchsreihen fand die gleiche Ricardo Maschine E. 35 Verwendung; die Drehzahl betrug bei den Leuchtgasversuchen 1000 Uml/min gegenüber 1500 Uml/min bei den Benzinversuchen. Die Vorzündung war wieder auf 30° vor Totpunkt eingestellt. Man ersieht, daß bei einem Verdichtungsverhältnis von 6 : 1 die zum Erreichen des Höchstdruckes erforderliche Zeit in der Benzinmaschine gerade die Hälfte der in der Gasmaschine beträgt. Diese höhere Brenngeschwindigkeit des Benzin-Luftgemisches ist z. T. auf die höhere Maschinendrehzahl und größere

Gaswirbelung im Zylinder zurückzuführen. Trotzdem ersieht man, daß die Beschleunigung der Brenngeschwindigkeit infolge Zunahme des Verdichtungsverhältnisses bei den Benzinversuchsreihen ungefähr doppelt so groß als bei den Leuchtgasversuchsreihen ist.

Der Höchstdruck und der mittlere Kolbendruck sind bei den Leuchtgasdiagrammen der Abb. 30 beträchtlich kleiner als bei den Benzindiagrammen der Abb. 29, einmal aus den in Abschnitt 35 angegebenen

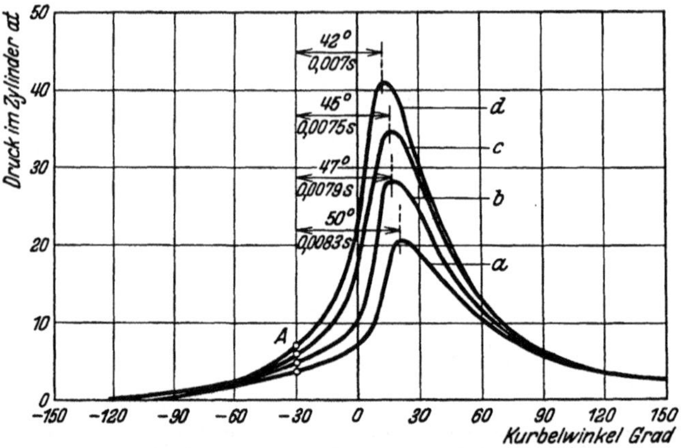

Abb. 30. Einfluß des Verdichtungsverhältnisses auf die Brenngeschwindigkeit.
a Verdichtungsverhältnis 4 : 1 mittlerer indizierter Kolbendruck 6,7 at,
b Verdichtungsverhältnis 5 : 1 mittlerer indizierter Kolbendruck 7,6 at,
c Verdichtungsverhältnis 6 : 1 mittlerer indizierter Kolbendruck 8,1 at,
d Verdichtungsverhältnis 7 : 1 mittlerer indizierter Kolbendruck 8,5 at.
Vorzündung konstant 30° bei *A*, Drehzahl 1000 Uml/min.
Leuchtgas-Luftgemisch mit 5 v. H. Brennstoffmangel.

Gründen und ferner wegen des 5 v. H. betragenden Brennstoffmangels des Leuchtgas-Luftgemisches. In beiden Figuren entsprechen die Diagramme für ein Verdichtungsverhältnis von 5 : 1 den in Abb. 28 wiedergegebenen Versuchen mit Leuchtgas und Benzin; die Benzinversuche wurden mit einem chemisch genauen Gemisch vorgenommen.

Im Zusammenhang mit den Ausführungen des Abschnittes 34 ersieht man, daß bei allen diesen Diagrammen bereits eine gewisse aktive Verbrennung vor dem Totpunkt eingetreten sein muß. Bei den Benzinversuchen muß die Verzugsperiode ungefähr 15° Kurbelwinkel (vgl. Abb. 22) und bei den Leuchtgasversuchen ungefähr 10° Kurbelwinkel gedauert haben, so daß ein gewisser Druckanstieg infolge Verbrennung bei den Benzindiagrammen etwa während der letzten 15° des Verdichtungshubes und bei den Leuchtgasdiagrammen während der letzten 20° aufgetreten ist. Zur Berechnung des Druckanstiegsverhältnisses bei jedem Versuch sind in Zahlentafel 21 einige aus den Diagrammen ermittelte Werte zusammengestellt; vergleicht man die Zahlenwerte für den Druck im Totpunkt — s. Spalte 2 und 3 — mit den in Zahlentafel 19 für die Verdichtungsenddrücke angegebenen Werten, so erhält man einen gewissen zahlenmäßigen Anhalt für den Betrag der aufgetretenen Verbrennung.

Zahlentafel 21.

Einfluß des Verdichtungsverhältnisses auf die Geschwindigkeit des Druckanstiegs nach Totpunkt bei Leuchtgas und Benzin.

Gemischzusammensetzung bei Leuchtgas: 5 v. H. Brennstoffmangel.
Gemischzusammensetzung bei Benzin: chemisch genau.
Drehzahl bei Leuchtgas: 1000 Uml/min, bei Benzin: 1500 Uml/min.
Die Zahlenwerte sind aus den Diagrammen der Abb. 29 u. 30 ermittelt.

Verdichtungsverhältnis	Druck im Totpunkt		Höchstdruck		Zeit bis zum Höchstdruck in ° Kurbelwinkel		Geschwindigkeit des Druckanstiegs in at/sek	
	Leuchtgas at	Benzin at	Leuchtgas at	Benzin at	Leuchtgas	Benzin	Leuchtgas	Benzin
4	8,36	10,87	22,12	27,7	21	19	$4{,}08 \times 10^3$	$8{,}02 \times 10^3$
5	12,27	15,09	29,13	37,9	19	11	5,34	18,26
6	18,95	36,15	36,15	49,5	16	4	6,47	30,21
7	23,94	—	41,81	—	13	—	8,22	—

Die mittleren Geschwindigkeiten des Druckanstiegs zwischen Totpunkt und Spitzendruck sind für die einzelnen Diagramme in Spalte 8 und 9 der Zahlentafel 21 gegenübergestellt. Ein Vergleich der Geschwindigkeiten zwischen den Werten von Leuchtgas und Benzin bietet kein besonderes Interesse, da die Geschwindigkeiten in jedem Falle stark von der Gemischzusammensetzung und von der Wirbelung abhängen. In dieser Hinsicht lagen die Verhältnisse für die Benzinmaschine wesentlich günstiger; denn ihre Drehzahl betrug 1500 Uml/min gegenüber 1000 Uml/min bei der Leuchtgasmaschine, und ihre Gemischzusammensetzung war chemisch genau, während sie bei den Leuchtgasversuchen einen Brennstoffmangel von 5 v. H. aufwies.

Zuverlässigere Anhaltspunkte über den Einfluß einer Zunahme des Verdichtungsverhältnisses auf die Verbrennung bietet ein Vergleich innerhalb jeder Versuchsreihe für Benzin und Leuchtgas; denn innerhalb jeder Versuchsreihe blieben Wirbelung und Gemischzusammensetzung unverändert. Bei Benzin nimmt die Geschwindigkeit des Druckanstieges zwischen einem Verdichtungsverhältnis von 4:1 und 6:1 nahezu auf das Vierfache zu, während sie bei Leuchtgas nur auf knapp das Zweifache ansteigt.

Nach diesen Ausführungen über die Geschwindigkeiten des Druckanstieges unmittelbar nach Totpunkt sei noch einmal kurz auf die Verbrennungsvorgänge, die bei den verschiedenen Mischungsverhältnissen vor dem Totpunkt stattfinden, zurückgekommen. In Zahlentafel 22 sind die Beträge für den Zusatzdruck durch Verbrennung — d. h. die Differenz zwischen Diagrammdruck im Totpunkt und Verdichtungsenddruck ohne Zündung — zusammengestellt; in den beiden letzten Spalten sind diese Beträge in Hundertstel des gesamten Druckanstieges bis zum Spitzendruck angegeben. Diese letzten Zahlenwerte geben einen rohen Anhalt für die Wärme, die im Verhältnis zur gesamten verfügbaren Brennstoffwärme bis Ende des Verdichtungshubes entwickelt wurde.

Zahlentafel 22. Zusatzdruck im Totpunkt durch Verbrennung vor Totpunkt bei verschiedenen Verdichtungsverhältnissen. Vorzündung: 30°.

Verdichtungsverhältnis	Verdichtungsenddruck ohne Zündung		Zusatzdruck im Totpunkt durch Verbrennung vor Totpunkt		Zusatzdruck im Totpunkt in v. H. des gesamten Druckanstiegs	
	Leuchtgas $m = 1{,}37$ at	Benzin $m = 1{,}33$ at	Leuchtgas at	Benzin at	Leuchtgas v. H.	Benzin v. H.
4	6,92	6,5	1,41	4,36	9,2	20,5
5	9,35	8,79	2,95	6,33	15	22
6	12,0	11,16	6,96	25,0	29	65
7	14,88	13,7	9,07	—	34	—

Es sei darauf aufmerksam gemacht, daß alle Diagramme mit gleicher Vorzündung von 30° aufgenommen wurden, um ausschließlich den Einfluß der Veränderung des Verdichtungsverhältnisses zum Ausdruck zu bringen. Aus den Werten der Zahlentafel 22 und den Diagrammen selbst kann man schließen, daß dieser Wert von 30° nicht die günstigste Vorzündung für die verschiedenen Bedingungen darstellt. Er war bei dem niedrigsten Verdichtungsverhältnis sowohl von Leuchtgas als auch von Benzin sicherlich zu klein, da er einen bei 20 bzw. 19° nach Totpunkt liegenden Spitzendruck ergab; es kann kein Zweifel darüber bestehen, daß Leistung und Wirkungsgrad bei dieser Vorzündung unter den erreichbaren Bestwerten blieben.

Das Benzindiagramm für ein Verdichtungsverhältnis von 5:1 und das Leuchtgasdiagramm für 7:1 besitzen einen Spitzendruck gerade in der Normallage, so daß die Vorzündung bei diesen beiden Versuchen richtig auf den Bestwert von Leistung und Wirkungsgrad eingestellt war. Bei dem Leuchtgasdiagramm für ein Verdichtungsverhältnis von 6:1 liegt der Spitzendruck nur 3° hinter der Normallage, so daß der Unterschied sich kaum in der Leistung der Maschine bemerkbar machen dürfte. Für Benzin war bei einem Verdichtungsverhältnis von 6:1 die Vorzündung entschieden zu groß. Der Spitzendruck trat bereits 4° nach Totpunkt auf; selbst wenn die negative Kolbenarbeit und der durch die zu frühe Verbrennung erhöhte Wärmeverlust die Leistung und den Wirkungsgrad noch nicht ungünstig beeinflussen würden, so ist doch sicher, daß der Lauf der Maschine durch den äußerst schnellen

Druckanstieg unnötig hart wird und eine geringere Vorzündung weicheren Gang mit mindestens ebenso guter Leistung und ebenso gutem Wirkungsgrad ergibt.

Als Schlußfolgerung sei bemerkt, daß ein Druckanstieg vor dem Totpunkt infolge Verbrennung nicht unbedingt auch einen nennenswerten Wärmeverlust an die Zylinderwandungen während des Verdichtungsendes mit sich bringt. Obwohl ein gewisser kleiner Wärmeverlust durch Strahlung sofort nach Beginn der Verbrennung einsetzt, bleibt er bis zum Erreichen der Höchsttemperaturen bedeutungslos. Ein Wärmeverlust durch Berührung tritt nicht eher auf, bis die Flammenfront die kalten Zylinderwandungen erreicht hat; dies dürfte erst der Fall sein, wenn ein beträchtlicher Druckanstieg stattgefunden hat. Sobald die Flammenfront die Zylinderwandungen erreicht hat, wird der Wärmeverlust bei den höheren Verdichtungsverhältnissen bedeutungsvoller sein, da durch Verkleinerung des Verbrennungsraumes das Verhältnis aus Oberfläche und Volumen ganz erheblich vergrößert wird. Dieses Volumen bleibt innerhalb der Zeit von 10° vor bis 10° nach Totpunkt, während der sich der größte Teil der Verbrennung abspielt, praktisch konstant; bei einer Änderung des Verdichtungsverhältnisses von 4 : 1 auf 7 : 1 wird das Verhältnis aus Oberfläche und Volumen des Verbrennungsraumes von 1,8 auf 2,5 vergrößert.

37. Der Einfluß der Temperatur auf die Verbrennung.

Unter den Bedingungen, bei denen die Indikatordiagramme der Abb. 29 u. 30 aufgenommen wurden, kam die Beschleunigung der Verbrennung bei den höheren Verdichtungsverhältnissen durch Zusammenwirken verschiedener Einflüsse zustande: geringerer Gehalt an Abgasen in der Zylinderladung, höhere Temperatur und höherer Druck im Augenblick der Zündung. Die Bedeutung des Abgasrestes ist bereits ausführlich besprochen worden. Um ein Bild des reinen Einflusses der Temperatur zu geben, sei ein Versuch von Ricardo angeführt, der durch Abb. 31 veranschaulicht wird. Diese Abbildung zeigt zwei Indikatordiagramme, die bei gleicher Drehzahl und gleichem Verdichtungsver-

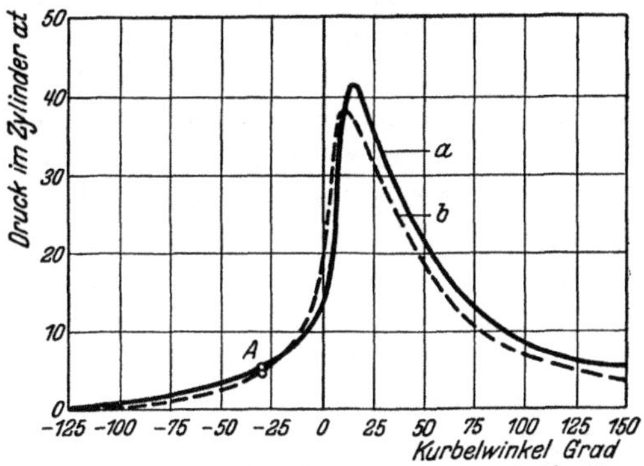

Abb. 31. Einfluß der Betriebstemperatur auf die Verbrennung. Drehzahl 1500 Uml/min, Verdichtungsverhältnis 5 : 1, Vorzündung 30°, Brennstoff: Benzin. *a* Ansaugtemperatur der Luft 15° C, Kühlwassertemperatur 30° C, *b* Ansaugtemperatur der Luft 120° C, Kühlwassertemperatur 90° C.

hältnis sowie mit gleicher Vorzündung von 30°, aber bei großen Temperaturunterschieden sowohl des Kühlwassers als auch der einströmenden Ladung aufgenommen sind.

Die Erhöhung der Temperatur der einströmenden Ladung von 15° auf 120° C verringerte die zum Erreichen des Höchstdruckes erforderliche Zeit von 44 auf 41° Kurbelwinkel oder von 0,0048 sek auf 0,0045 sek. Um welchen Betrag die Verdichtungsendtemperatur durch die um 105° C gestiegene Temperatur der einströmenden Ladung erhöht wurde, ist nicht möglich, genau anzugeben. Als im vorhergehenden Abschnitt die Verdichtungsanfangstemperatur für normale Verhältnisse und ein Verdichtungsverhältnis von 5 : 1 zu 122° C errechnet wurde (s. Zahlentafel 20), mußten die aus heißen Zylinderwandungen, Ventilen und Kolben vor Einlaßventilschluß aufgenommene Wärmemengen mit einem erheblichen Zuschlag berücksichtigt werden; diese aufgenommenen Wärmemengen ändern sich in sehr erheblichem Maße, wenn die einströmende Ladung vor Eintritt in den Zylinder auf 120° C erwärmt wird. Die Temperatur vor der Vermischung mit dem Abgasrest wurde für normale Verhältnisse zu 60° C angenommen; in guter Annäherung an die neuen Bedingungen könnte wahrscheinlich mit einem Zuwachs der Gemischtemperatur um 60° C vor der Verdichtung und um 100° C am Ende der Verdichtung gerechnet werden. Dies bringt die Annahme mit sich, daß Wärmemengen, die das einströmende Gas bei 120° C aus heißen Ventilen und dem heißen Kolben aufnimmt, durch Wärmeverlust an die Zylinderwandungen, die ungefähr 30° kälter als das Gas sind, ausgeglichen werden.

Die Temperatur am Ende des Verdichtungshubes hat auf jeden Fall keine große Bedeutung; wichtiger ist schon die Temperatur beim Überspringen des Funkens 30° vor Totpunkt. Denn bei jedem Diagramm hat bis zum Erreichen des Totpunktes bereits eine größere Erwärmung infolge Verbrennung stattgefunden, und der Druck liegt weit über dem wahrscheinlichen Verdichtungsdruck von 8,79 at (vgl. Zahlentafel 19). Von größerem Interesse als die Verringerung der Zeit für den vollständigen Druckanstieg von 0,0048 sek auf 0,0045 sek ist die viel stärker ausgesprochene Beschleunigung der Verbrennung während der ersten Stufen vor dem Totpunkt. Innerhalb der ersten 30° Kurbelwinkel nach dem Überspringen des Funkens wurde der Druckanstieg durch die höhere Temperatur von 8,09 at auf 14,43 at vergrößert. Mit anderen Worten, die Brenngeschwindigkeit wurde durch eine Erhöhung der Gastemperatur im Augenblick der Zündung nahezu verdoppelt; dieser Temperaturzuwachs im Augenblick der Zündung betrug ungefähr 90° C, wenn die Temperaturzunahme vor der Verdichtung sich auf 60° C belief.

38. Der Vorgang der Verdichtungszündung.

Wird Brennstoff in den Verbrennungsraum eines Zylinders eingespritzt, der mit Luft von hohem Druck und hoher Temperatur angefüllt ist, so ist die Aufgabe, eine vollständige und schnelle Verbrennung herbeizuführen, gänzlich verschieden von der bei einer Benzinmaschine, in welcher sich eine Flamme von der Zündkerze aus durch ein mehr oder weniger homogenes Brennstoff-Luftgemisch ausbreitet.

Soll der gesamte eingespritzte Brennstoff verbrannt werden, so muß jedes Brennstoffteilchen in einem fein zerstäubten Zustand mit der erforderlichen Sauerstoffmenge in enge Berührung gebracht werden. Dieses Zerstäuben, Mischen, Verdampfen und Verbrennen des Brennstoffes muß insgesamt in einer Zeit vollendet werden, die sogar bei den verhältnismäßig langsam laufenden und schweren ortsfesten Maschinen, sehr kurz ist; sie beträgt ungefähr $^1/_{60}$ sek für eine Maschine mit 300 Uml/min und $^1/_{400}$ sek bei Maschinen mit 2000 Uml/min. Bei der schweren ortsfesten Maschine erfolgen Zerstäubung und Verteilung des Brennstoffes mittels der in einem Kompressor hochverdichteten Zerstäubungsdruckluft. Für die leichten schnellaufenden Maschinenbauarten, die in den letzten Jahren für die verschiedensten Zwecke entwickelt wurden, kommt eine Einblasung des Brennstoffs mittels Druckluft wegen des Gewichts und des verwickelten Aufbaus der hierzu erforderlichen Luftkompressoren nicht in Frage. Man hat daher ein von der Druckluft unabhängiges Brennstoffeinspritzverfahren entwickelt, bei dem der flüssige Brennstoff durch den unmittelbaren Druck eines Pumpenkolbens als feiner Strahl eingespritzt und zerstäubt wird. Unter diesen Umständen hängt die Durchmischung von Brennstoff und Luft entweder von der Wirbelung der Luft im Zylinder oder von dem Eindringen des Brennstoffstrahles selbst ab. Bei einem dritten Verfahren, das eigentlich eine Verbindung dieser beiden darstellt, besitzt der Zylinderraum eine kleine „Vorverbrennungskammer", in die der Brennstoff in einem teilweise zerstäubten Zustand eingespritzt wird; von hier aus wird ein Gemenge von brennendem und unverbranntem Brennstoff mittels des in der Vorkammer auftretenden Überdrucks in den übrigen Teil des Verbrennungsraumes durch eine Anzahl kleiner Öffnungen geschleudert.

Wenn für die Durchmischung von Brennstoff und Luft nicht das Eindringen des Brennstoffstrahles, sondern die Luftwirbelung entscheidend ist, so muß diese Wirbelung in Form geordneter Wirbel rund um die Zylinderachse erfolgen; denn nur unter diesen Umständen wird bis Ende des Verdichtungshubes eine ausreichend schnelle Luftbewegung bestehen bleiben, um die gesamte Luft in genügend kurzer Zeit mit dem Brennstoff in enge Berührung zu bringen.

Die drei Verfahren sind in Abb. 32 schematisch wiedergegeben. Bild *a* kennzeichnet das Wesen des reinen Strahlzerstäubungsverfahrens und Bild *b* das Vorkammerverfahren, während Bild *c* Schnitt und Grundriß einer Zylinderbauart zeigt, die Ricardo zur Erzeugung des Luftwirbels bei seinen Schiebermaschinen angewandt hat. Bei seiner Maschine sind die Lufteinlaßkanäle in den Zylinderwandungen und im Schieber tangential gerichtet, so daß der Luft bei ihrem Eintritt in den Zylinder eine sehr schnelle Kreisbewegung rund um die Zylinderachse erteilt wird.

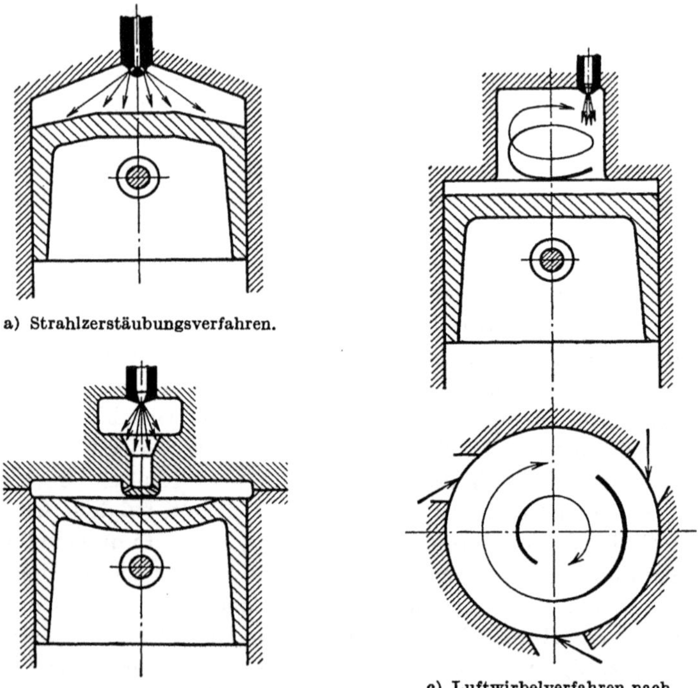

a) Strahlzerstäubungsverfahren.

b) Vorkammerverfahren.

c) Luftwirbelverfahren nach Ricardo.

Abb. 32. Schematische Darstellung typischer Arbeitsverfahren kompressorloser Dieselmaschinen.

Diese Wirbelbewegung wird gegen Ende der Verdichtung noch weiter beschleunigt, wenn die gesamte Luft in den Verbrennungsraum gepreßt wird, dessen Durchmesser halb so groß wie der des Zylinders ist. Wird der Brennstoff dicht am Umfang dieses Verbrennungsraumes in achsialer Richtung eingespritzt, so fegt die hoch erhitzte Luft mit solcher Geschwindigkeit vorbei, daß die gesamte Luft innerhalb 35° Kurbelumdrehung die Verbrennungskammer in einer vollständigen Kreisbewegung durchlaufen hat und während dieser Zeit mit dem brennenden Strahl in Berührung gekommen ist. Versuche haben gezeigt, daß bei einer Wirbelgeschwindigkeit gleich der zehnfachen Umdrehungszahl der Kurbelwelle die günstigsten Ergebnisse erzielt und ungefähr 75 v. H. des in der Luft enthaltenen Sauerstoffes wirksam verbrannt werden können.

Abb. 33 zeigt ein praktisches Druck-Zeitdiagramm, das an einer einzylindrigen, nach dem Luftwirbelverfahren arbeitenden Maschine aufgenommen ist. Die Brennstoffeinspritzung begann 15° vor Totpunkt. Da bei einem Verdichtungsverhältnis von 14 : 1 der Verdichtungsenddruck ohne Zündung ungefähr 33 at betragen würde, so ersieht man aus dem Diagramm, daß der Brennstoff innerhalb der ersten 10 bis 12° nach Beginn der Einspritzung keinen merkbaren Einfluß auf den Druck ausgeübt hat.

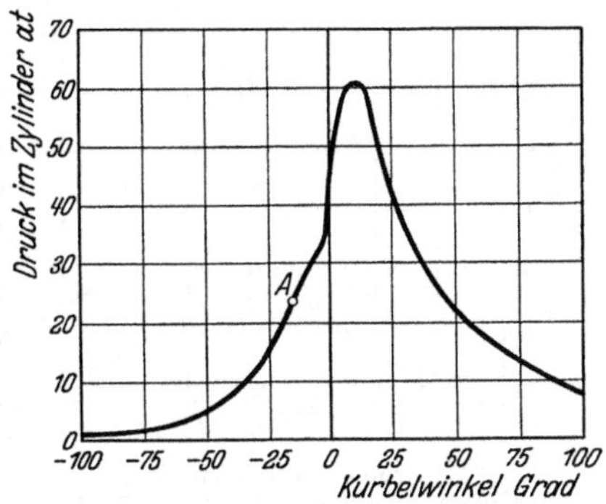

Abb. 33.
Diagramm einer Verdichtungszündungsmaschine mit Luftwirbelung. Drehzahl 1500 Uml/min, Verdichtungsverhältnis 14 : 1, Beginn der Brennstoffeinspritzung 15° vor Totpunkt bei *A*, indizierter mittlerer Kolbendruck 9,6 at, nutzbarer mittlerer Kolbendruck 7,9 at.

Auch das Verfahren mit Verdichtungszündung weist also eine Verzugsperiode auf, die dem in Abschnitt 33 behandelten Zündverzug bei einer Benzinmaschine genau gleicht. Die späteren Verbrennungsstufen verlaufen indessen abweichend; während die Verbrennung des homogenen Gemisches bei der Benzinmaschine in der Hauptsache innerhalb einer zweiten Stufe beendet ist, die vom Ende des Zündverzuges bis zum Erreichen des Höchstdruckes andauert, kann nach Ricardo der Verbrennungsvorgang in der Dieselmaschine während der Einspritzdauer in drei Stufen unterteilt werden, gleichgültig, ob die Durchmischung von Brennstoff und Luft mittels geordneter Luftwirbelung oder mittels reiner Strahlzerstäubung herbeigeführt wird.

Die drei von Ricardo in Betracht gezogenen Verbrennungsstufen sind folgende:

1. Eine Periode des Zündverzuges, während der die Verbrennung auf kleine Kerne beschränkt bleibt und die entwickelte Wärmemenge zu klein ist, um den Gasdruck zu beeinflussen.

2. Eine Periode äußerst rascher Verbrennung, während der der innerhalb der Verzugsperiode eingespritzte Brennstoff in einer nicht beherrschbaren Weise verbrannt wird.

3. Eine Periode, während der der Rest des Brennstoffes bei seinem Eintritt in den Verbrennungsraum, dessen Gasinhalt mittlerweile auf Glühtemperaturen gebracht ist, verbrannt wird. Die Geschwindigkeit der Verbrennung und des Druckanstieges kann während dieser Periode bis zu einem gewissen Grade durch die Geschwindigkeit der Brennstoffeinspritzung beherrscht werden.

Die einzelnen Verbrennungsstufen sind in dem Diagramm der Abb. 34 mit 1, 2 und 3 bezeichnet; das Diagramm ist theoretisch konstruiert und die Druck-Zeitkurve in eckiger Form verzerrt, um die drei Stufen scharf zum Ausdruck zu bringen. Durch Vergleich der Abb. 33 u. 34 können auch in dem praktisch aufgenommenen Diagramm die drei Stufen deutlich unterschieden werden.

Wie auch immer der genaue Ablauf der Vorgänge sein mag, soviel ist sicher, daß bei dem Diagramm der Abb. 33 nach dem Beginn der Brennstoffeinspritzung ein Zündverzug von ungefähr 12° Kurbelwinkel gleich 0,0013 sek auftritt, während dessen kein nennenswerter Druckanstieg durch Verbrennung festzustellen ist, und daß eine Periode äußerst schnellen Druckanstieges während der nächsten 7 oder 8° Kurbelwinkel folgt. Die Schweröle mit Verdichtungszündung und die Benzin-Luftgemische mit Funkenzündung weisen ein quantitativ wie qualitativ gleichartiges Verhalten auf; denn ein Vergleich mit Abschnitt 32 zeigt, daß bei den Benzin-Luftgemischen der Zündverzug ungefähr 0,0015 sek gedauert hat. Kann man also bei der Maschine mit Verdichtungszündung den Zündverzug nicht beseitigen, so bleibt nichts anderes übrig, als mit der Brennstoffeinspritzung so frühzeitig zu beginnen, daß der Höchstdruck noch vor dem Einsetzen der eigentlichen Ausdehnung erreicht wird — genau wie bei der Benzinmaschine der Zündverzug durch entsprechende Vorzündung berücksichtigt werden mußte. Trotzdem bleibt diese frühzeitige Einspritzung in Verbindung mit dem darauffolgenden, äußerst schnellen und unbeherrschbaren Druckanstieg im hohen Maße unbefriedigend und bildet bis zu einem gewissen Grade einen schwachen Notbehelf.

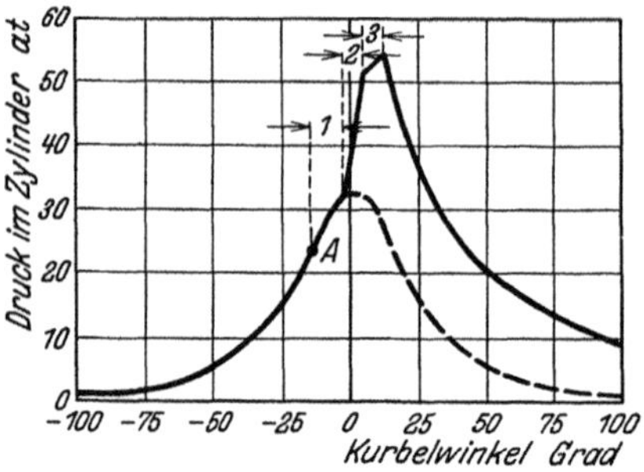

Abb. 34. Verbrennungsstufen nach Ricardo (theoretisch konstruiertes Diagramm).

Beim Arbeitsverfahren der Dieselmaschine kommt dem „harten Gang" große Bedeutung zu. Was hierunter zu verstehen ist, ist leichter durch Erfahrung beim praktischen Maschinenversuch zu begreifen, als in Worten genau auszudrücken. Selbst im praktischen Betrieb können die äußeren Wirkungen des harten Ganges durch stramme Montage verschleiert werden. Hierdurch läßt sich natürlich die Maschine nicht vor den Wirkungen des harten Ganges schützen, der sich — abgesehen von einer leicht wahrnehmbaren Vibration — in rascher Abnutzung der zur Fortleitung der Kräfte dienenden Triebwerksteile oder in Schädigungen der Schubstange und Hauptlager äußert.

Durch Versuche hat man nachgewiesen, daß harter Gang nicht, wie man annehmen sollte, von dem Höchstdruck im Zylinder abhängt, sondern in engem Zusammenhang mit der Geschwindigkeit des Druckanstieges während der zweiten Verbrennungsstufe steht. Das gleiche gilt auch von der Benzinmaschine, wie später in Abschnitt 59 gezeigt wird. Die Brenngeschwindigkeit des Brennstoffes, der sich während dieser Verbrennungsstufe bereits im Zylinder befindet, wurde weiter oben als „unbeherrschbar“ bezeichnet; dies trifft auch für Maschinen, die nach dem reinen Strahlzerstäubungsverfahren arbeiten, in vollem Umfang zu. Das Verfahren mit geordneter Luftwirbelung, bei dem eher die Luft zum Brennstoff als der Brennstoff zur Luft gebracht wird, läßt eine fast vollkommene Beherrschung der Geschwindigkeit der Verbrennung und des Druckanstieges durch Änderung in den Wirbelungsverhältnissen zu.

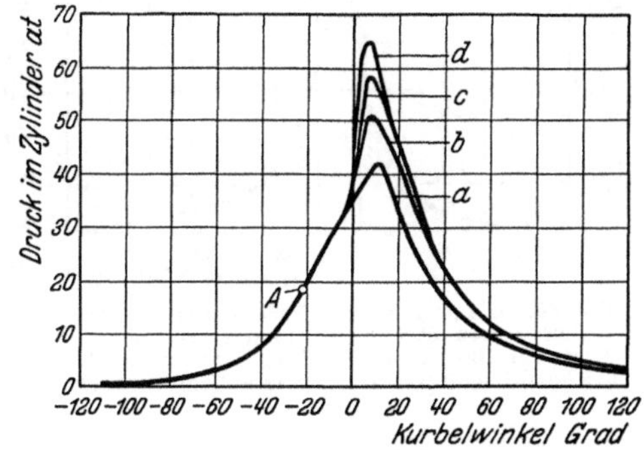

Abb. 35. Einfluß der Geschwindigkeit des Luftwirbels auf Beschleunigung der Verbrennung. *A* Beginn der Brennstoffeinspritzung, *a* Geschwindigkeit des Luftwirbels gleich 3,9 × Umdrehungszahl der Kurbelwelle, *b* Geschwindigkeit des Luftwirbels gleich 7,65 × Umdrehungszahl der Kurbelwelle, *c* Geschwindigkeit des Luftwirbels gleich 10,65 × Umdrehungszahl der Kurbelwelle, *d* Geschwindigkeit des Luftwirbels gleich 12,5 × Umdrehungszahl der Kurbelwelle. Drehzahl der Kurbelwelle 1300 Uml/min.

An einer Maschine, bei der die Eigengeschwindigkeit des Wirbels während des Betriebes innerhalb weiter Grenzen verändert werden konnte, hat man festgestellt, daß die Geschwindigkeit des Druckanstieges während der zweiten Verbrennungsstufe und damit der harte Gang der Maschine durch die Geschwindigkeit des Luftwirbels genau beherrscht werden konnten. Bei den Versuchen ging man von einer kleinen Drehzahl des Wirbels gleich dem Vierfachen der Kurbelwellenumdrehungszahl aus; man erhielt eine weich laufende, aber wenig leistungsfähige Maschine mit einer Druckanstiegsgeschwindigkeit von 0,7 at je ^{0} Kurbelwinkel. Der Höchstdruck im Zylinder betrug etwa 42 at, der mittlere Kolbendruck etwa 4,2 at und der Brennstoffverbrauch ungefähr 0,27 kg/PS_eh. Bei gleicher eingespritzter Brennstoffmenge wurde die Drehzahl des Wirbels schrittweise vergrößert, bis man einen mittleren Kolbendruck von über 7 at und einen Brennstoffverbrauch von etwa 0,16 kg/PS_eh erhielt. Mit dieser Verbesserung ging eine Beschleunigung des Druckanstieges bis auf 4,9 at je^0 Kurbelwinkel einher, wobei der Gang der Maschine unerträglich hart wurde. In Abb. 35 sind vier Diagramme wiedergegeben, die alle bei gleicher eingespritzter Brennstoffmenge, gleichem Einspritzbeginn und gleicher Kurbelwellendrehzahl, aber bei vier verschiedenen Wirbelgeschwindigkeiten aufgenommen wurden. In dem Diagramm *d* war die Wirbelgeschwindigkeit übertrieben groß; daher trat nicht nur ein zu harter Gang der Maschine, sondern auch ein kleiner Abfall im mittleren Kolbendruck unter den Wert des Diagrammes *c* auf, das dem Bestwert von Leistung und Wirkungsgrad entspricht.

Bei der Beschleunigung des Wirbels nahmen die Höchstdrücke von 42 at auf 63 at zu. Aber hiervon unabhängige Versuche haben gezeigt, daß eine Vermehrung des Höchstdruckes an sich nicht unbedingt auch zu hartem Gang führen muß; die Maschine läuft hart, wenn die Geschwindigkeit des Druckanstieges sehr groß wird, gleichgültig, welchen Wert der Höchstdruck besitzt. Abb. 36 gibt ein Beispiel für ein Diagramm einer Maschine, die nach dem reinen Strahlzerstäubungsverfahren arbeitet. Der äußerst scharfe Druckanstieg während der zweiten Verbrennungsstufe fällt besonders auf. Er beträgt in diesem Diagramm beinahe 6 at je ^{0} Kurbelwinkel und entzieht sich natürlich jeder Beeinflussung, soweit die Bewegung der Luft in Frage kommt. Obgleich die mittleren Geschwindigkeiten der Luftbewegung in diesem durch Ventile gesteuerten Zylinder wahrscheinlich weit geringer als in dem durch Schieber gesteuertem Zylinder waren, hat die sehr feine Zerstäubung des Brennstoffstrahles — eine Folge des sehr hohen Einspritzdruckes des reinen Strahlzerstäubungsverfahrens — die Nachteile der geringeren Luftgeschwindigkeit mehr als ausgeglichen, soweit die Brenngeschwindigkeit in Frage kommt.

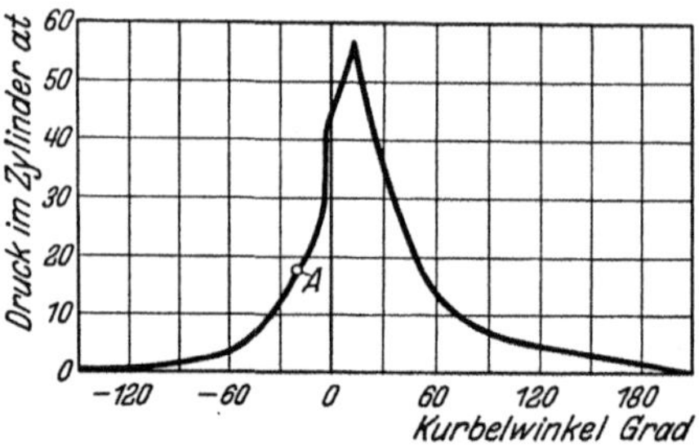

Abb. 36. Diagramm einer Dieselmaschine nach dem reinen Strahlzerstäubungsverfahren. Drehzahl 1000 Uml/min, Brennstoffverbrauch 0,18 kg/PS$_e$h, nutzbarer mittlerer Kolbendruck 8,5 at.

Das Idealziel des Dieselmaschinenkonstrukteurs sollte darauf gerichtet sein, den Zündverzug zu beseitigen und die ersten beiden Verbrennungsstufen zu einer einzigen Periode stetigen Druckes zu verschmelzen, während der der Brennstoff bei seinem Eintritt in den Zylinder verbrannt wird. Dieses Bestreben würde auf die Einleitung einer kräftigen Entflammung unmittelbar beim Eintritt hinauslaufen. Nun ist zu bedenken, daß die Temperatur im Augenblick der ersten Brennstoffeinspritzung bei 15^0 vor Totpunkt nur ungefähr 530^0 C beträgt, obwohl die Verdichtungshöchsttemperatur bei einer Anfangstemperatur von 100^0 C, einem Verdichtungsverhältnis von 15 : 1 und einem Exponenten $m = 1{,}32$ (vgl. Abschnitt 11) auf 600^0 C ansteigt. Bei einem Verdichtungsverhältnis von 12 : 1 würden sich die entsprechenden Werte auf 500^0 C und 555^0 C stellen. Die praktisch erreichbaren Temperaturen dürften indessen eher niedriger als höher ausfallen, da wahrscheinlich die Anfangstemperatur bei diesen hohen Verdichtungsverhältnissen weit unter 100° C bleiben und nach den Ausführungen des Abschnittes der Exponent m eher unter als über dem Mittelwert von 1,32 liegen dürfte. Versuche an der weiter oben beschriebenen Eintakt-Verdichtungsmaschine haben gezeit, daß wiederholt keine Entflammung auftrat, falls die bei der Verdichtung erreichte Temperatur 450° C betrug, selbst wenn der Brennstoff schon vor der Verdichtung verdampft war. Weiter bleibt zu bedenken, daß auch eine gewisse örtliche Abkühlung durch Verdampfung unvermeidlich ist, wenn die ersten Brennstoffmengen eingespritzt werden. Aus alledem geht hervor, daß nur ein sehr geringer Temperaturüberschuß verfügbar bleibt, um eine sichere und rasche Entflammung zu gewährleisten. Jede Erniedrigung der Selbstentzündungstemperatur des Brennstoffes wird sich daher als Vorteil erweisen, natürlich unter der Voraussetzung, daß hierdurch der besondere Vorzug des Schweröles, eine weit geringere Feuergefährlichkeit als Benzin zu besitzen, nicht beeinträchtigt wird. Zur Herabsetzung der Selbstentzündungstemperatur hat man den Schwerölen mit gewissem Erfolg bestimmte chemische Stoffe zugesetzt — genau so wie dem Benzin chemische Mittel beigegeben wurden, um die im Zusammenhang mit der Detonation übermäßig gesteigerten Brenngeschwindigkeiten zu vermindern.

Aus der Tatsache, daß der Zündverzug sich nicht beseitigen läßt und eine auffallende Unveränderlichkeit unter den verschiedensten Verhältnissen besitzt, kann man schließen, daß der Zündverzug eine für den Vorgang der Zündung grundlegende Erscheinung darstellt. Unter diesen Umständen ist es wünschenswert, die Brennstoffeinspritzvorrichtung so zu bauen, daß während der ersten Verbrennungsstufe möglichst wenig Brennstoff eingespritzt und der Hauptteil während der späteren Stufen zugeführt wird, wenn die Verbrennung bereits richtig eingesetzt hat und die Brenngeschwindigkeit bis zu einem gewissen Grade durch die Geschwindigkeit der Einspritzung beherrscht werden kann. Wenn die Zeit einen notwendigen Faktor bei der Entwicklung der Verbrennungskerne zu voller Entflammung bildet, dann wird es sich lohnen, möglichst wenig Brennstoff während dieser Entwicklungsperiode zuzuführen; denn selbst eine mikroskopisch kleine Brennstoffmenge dürfte bei richtiger Zerstäubung genügen, um den Herd der Verbrennungskerne aufzubauen. Die Schwierigkeit hierbei ergibt sich aus der leidigen Tatsache, daß die Bedingungen für eine gute Zerstäubung bei Einspritzbeginn mit den Bedingungen für einen anfänglich langsamen Verlauf der Brennstoffzufuhr unvereinbar sind.

Bevor es nicht gelingt, den Zündverzug abzukürzen oder die Anfangsgeschwindigkeit der Einspritzung zu verlangsamen, werden mit größerer Maschinendrehzahl während der Verzugsperiode notwendigerweise auch ständig zunehmende Brennstoffmengen zur Einspritzung kommen; denn die Bewegung des Pumpenkolbens ist im allgemeinen der Kurbelwellendrehzahl proportional. Die dritte Verbrennungsstufe verläuft bei annähernd konstanten oder langsam ansteigenden Drücken, so daß der Höchstdruck fast in seinem vollen Betrage bereits gegen Ende der zweiten Verbrennungsstufe erreicht wird. Hieraus folgt, daß der Höchstdruck in der Hauptsache von der gegen Ende der zweiten Verbrennungsstufe im Zylinder vorhandenen Brennstoffmenge abhängt und mit steigender Drehzahl zunimmt. Daß eine derartige Abhängigkeit tatsächlich unter den verschiedensten Verhältnissen bezüglich Einspritzung und Temperatur auftritt, ist durch Versuche erwiesen.

VI. Thermischer Wirkungsgrad.

39. Brennstoffverbrauch je Pferdekraftstunde und thermischer Wirkungsgrad.

Bei leichtsiedenden flüssigen Brennstoffen wird eine ausführliche Erörterung des thermischen Wirkungsgrades durch den alles beherrschenden Einfluß der Detonation erschwert. Trotzdem können eine Reihe von Fragen unter der vereinfachenden Annahme, daß keine Detonation auftritt, besprochen und die durch Detonation gezogenen Grenzen später behandelt werden.

Die Bezeichnung „thermischer Wirkungsgrad" wird ständig in einem doppelten Sinne — einem weiteren und einem engeren — verwandt; es ist daher wichtig, sich über diesen Unterschied Klarheit zu verschaffen. Man spricht häufig von dem thermischen Wirkungsgrad in weiterem Sinne als von einer Größe, die mit dem umgekehrten Wert des „Brennstoffverbrauches je Pferdekraftstunde" gleichwertig ist, trotzdem etwas anderes damit gemeint sein mag. Der Brennstoffverbrauch je Pferdekraftstunde kann bei einer Maschine um 50 v. H. erhöht werden, ohne daß ihr thermischer Wirkungsgrad in engerem Sinne irgendwie verringert wird. Die nachstehenden Ausführungen werden diesen Punkt klarstellen. Thermischer Wirkungsgrad in engerem Sinne bezeichnet den Wirkungsgrad, mit dem die tatsächlich durch Verbrennung entwickelte oder entwicklungsfähige Wärmemenge in mechanische Arbeit umgewandelt wird. Wird eine Maschine mit einem chemisch genauen oder einem brennstoffarmen Gemisch betrieben, so wird der thermische Wirkungsgrad — je nach dem Einzelfall als „indizierter" bzw. als „an der Bremse gemessener" oder „nutzbarer" Wirkungsgrad — durch den Bruch

$$\frac{\text{Wärmewert der verrichteten Arbeit je Zeiteinheit}}{\text{nutzbarer Heizwert des Brennstoffs} \times \text{zugeführte Brennstoffmenge je Zeiteinheit}}$$

gekennzeichnet. Falls das Brennstoff-Luftgemisch Brennstoffüberschuß besitzt, wird die je Zeiteinheit zugeführte Wärmemenge immer nur durch den Wärmebetrag gebildet, der durch Verbrennung mit dem im Zylinder vorhandenen Sauerstoff erzeugt werden kann; der Überschuß an Brennstoff wird nicht verbrannt, und der volle Betrag seiner möglichen Wärmeerzeugung gelangt niemals zur Entwicklung. Der thermische Wirkungsgrad der Maschine in engerem Sinne kann für ein Gemisch mit Brennstoffüberschuß der gleiche wie für ein Gemisch mit chemisch genauer Zusammensetzung sein. Trotzdem wird der Brennstoffverbrauch je Pferdekraftstunde höher und der thermische Wirkungsgrad in weiterem Sinne entsprechend niedriger ausfallen; denn bei dem thermischen Wirkungsgrad in weiterem Sinne steht im Nenner diejenige Wärmemenge, die durch das Produkt aus Heizwert mal gesamte zugeführte Brennstoffmenge gebildet wird, gleichgültig, ob der Brennstoff verbrannt wird oder nicht.

In den späteren Ausführungen ist nicht beabsichtigt, die Bezeichnung thermischer Wirkungsgrad nur in engerem Sinne zu verwenden; aber man darf hieraus nicht schließen, daß der Begriff des thermischen Wirkungsgrades eine rein theoretische Frage ohne praktische Bedeutung ist. Hat man es z. B. mit der Aufgabe zu tun, den Brennstoff gleichmäßig auf die einzelnen Zylinder einer Mehrzylindermaschine zu verteilen, so ist es von der größten Bedeutung, sich den Unterschied klar vor Augen zu halten. Wäre in einer Mehrzylindermaschine die Brennstoffverteilung vollkommen gleich und das Gemisch in jedem Zylinder chemisch genau oder etwas brennstoffarm, so würde der in der gewöhnlichen Weise berechnete thermische Wirkungsgrad der gleiche sein wie bei einem einzelnen Maschinenzylinder, dessen Wirkungsgrad getrennt untersucht wird. In der Praxis läßt sich bei einer Mehrzylindermaschine niemals ein gleich hoher Wirkungsgrad wie bei einer Einzylindermaschine erzielen, da die Verteilung auf die einzelnen Zylinder ungleich ausfällt. Während ein oder zwei Zylinder vielleicht mit dem für einen hohen thermischen Wirkungsgrad geeignetsten Brennstoff-Luftgemisch arbeiten, erhalten die anderen einen Überschuß an Brennstoff, den sie unmöglich nutzbar machen können. Bei gleichmäßigem Maschinenlauf muß allen Zylindern mindestens diejenige Brennstoffmenge zugeführt werden, welche dem wirtschaftlichsten Mischungsverhältnis entspricht; denn sonst würde sehr bald unregelmäßige Zündung einsetzen.

Erhöht man das Verdichtungsverhältnis aller Maschinenzylinder, so verbessert man den „wahren thermischen Wirkungsgrad“ eines jeden Zylinders um einen bestimmten Betrag; trotzdem kann noch in einigen Zylindern eine große Brennstoffverschwendung herrschen, die mehr ausmacht als der durch Steigerung des Verdichtungsverhältnisses erzielbare Gewinn. Die Differenz zwischen dem „scheinbaren thermischen

Wirkungsgrad", der dem umgekehrten Wert des Brennstoffverbrauches je Pferdekraftstunde entspricht, und dem „wahren thermischen Wirkungsgrad" stellt den Gewinn dar, der durch einfache Verbesserung der Brennstoffverteilung ohne irgendwelche Änderungen im Zylinderinneren erreicht werden kann.

40. Der auf Luftverbrauch bezogene thermische Wirkungsgrad.

Nach Ricardo kann man aus dem Luftverbrauch einer mit brennstoffreichem Gemisch arbeitenden Maschine einen Zahlenwert für den thermischen Wirkungsgrad ableiten, der einen rohen Anhalt für den zur Verbrennung gelangten Teil des Brennstoffes ergibt. Statt sich vorzustellen, daß der im Brennstoff vorhandene Kohlenstoff und Wasserstoff durch die Luft zu CO_2 und H_2O verbrennt, kann man annehmen, daß der in der Luft vorhandene Sauerstoff durch die Wirkung des Brennstoffes gleichfalls zu CO_2 und H_2O verbrennt. Unter der Voraussetzung, daß die chemische Natur des Brennstoffes und sein Verhältnis aus Kohlenstoff und Wasserstoff sich nicht übermäßig ändern, kann man sogar von einem „Heizwert der Luft" sprechen und damit diejenige Wärmemenge bezeichnen, die erzeugt wird, wenn 1 kg oder 1 m^3 Luft zur Umwandlung des Brennstoffs in CO_2 und H_2O verbraucht wird. Nimmt man z. B. an, daß der Brennstoff aus reinem Heptan besteht, so ersieht man aus Gleichung (30) in Abschnitt 22, daß die während der Verbrennung von 3020 kg Luft erzeugte Wärmemenge 2155000 kcal beträgt und der Heizwert der Luft sich daher zu 714 kcal/kg oder rund 920 kcal/m^3 Normalzustand ergibt.

Es sei darauf hingewiesen, daß dieser Heizwert der Luft nur unter der Annahme richtig ist, daß der gesamte zur Verbrennung gelangende Kohlenstoff und Wasserstoff zu CO_2 und H_2O verbrannt wird. Soweit Kohlenstoff in Frage kommt, wird ein Teil davon bei einem reichen Gemisch nur zu CO verbrannt; die bei Verbrauch von 1 m^3 Sauerstoff entwicklungsfähige Wärmemenge beträgt bei der Bildung von 2 m^3 CO nur 2690 kcal gegenüber 4340 kcal bei der Bildung von 1 m^3 CO_2. Der Zahlenwert von 920 kcal/m^3 gilt daher bei brennstoffreichen Gemischen nur als Annäherungswert. Der wirkliche Heizwert der Luft wird veränderlich sein und etwas darunter liegen; trotzdem ist der Näherungswert für praktische Zwecke genau genug, wie aus den untenstehenden Zahlen hervorgeht.

Ricardo hat an seiner Einzylindermaschine eine Reihe von Versuchen bei konstanter Drehzahl und voll geöffneter Drossel, aber mit schrittweise steigender Brennstoffzufuhr durchgeführt. Diese Versuche zeigten, daß der Luftverbrauch der Maschine innerhalb eines weiten Bereiches der brennstoffreichen Gemische bis zu 35 v. H. Brennstoffüberschuß nahezu unveränderlich war (vgl. Zahlenwerte der Spalte 2 in Zahlentafel 23).

Zahlentafel 23. Auf Luftverbrauch bezogene thermische Wirkungsgrade bei brennstoffreichen Gemischen.
Verdichtungsverhältnis 5 : 1.

Mischungsverhältnis	Luftverbrauch kg/h	Indizierte Leistung PS_i	Luftverbrauch kg/PS_ih	Indizierter Luftwirkungsgrad v. H.
Chemisch genau . . .	88,8	32,4	2,74	32,2
20 v. H. Brennstoffüberschuß	89,7	33,8	2,66	33,2
35 v. H. Brennstoffüberschuß	90,6	33,5	2,7	32,7

Der Höchstwert des auf Brennstoffverbrauch bezogenen thermischen Wirkungsgrades betrug 32,1 v. H. bei einem Mischungsverhältnis mit 16 v. H. Brennstoffmangel.

Die Zahlenwerte für die Leistung in Spalte 3 bringen die bekannte Tatsache zum Ausdruck, daß die Leistung einer Maschine bei voll geöffneter Drossel mit reicher werdendem Gemisch bis zu einem Mischungsverhältnis von 20 v. H. Brennstoffüberschuß zunimmt und dann allmählich wieder abfällt. Aus den ziemlich konstanten Zahlenwerten in Spalte 2 und 3 darf nicht geschlossen werden, daß die Unveränderlichkeit des Luftverbrauches mit der nahezu unveränderlichen Leistung im Zusammenhang steht; tatsächlich ist dieser Zusammenhang ein ganz zufälliger. Wie man später sehen wird, liegen die Verhältnisse bei einer Gasmaschine anders. Die angenäherte Unveränderlichkeit des Luftverbrauches einer Benzinmaschine — Spalte 2 zeigt tatsächlich einen kleinen Zuwachs der Zahlenwerte — ist auf einen glücklichen Ausgleich zweier Einflüsse zurückzuführen. Einerseits steigt das Gesamtgewicht des angesaugten Gemisches, da die Kühlwirkung durch die Verdampfung der größeren Brennstoffmenge zunimmt, und andererseits sinkt der Luftgehalt im Gemisch, da ein größeres Luftvolumen durch den stärkeren Gehalt an Brennstoffdämpfen verdrängt wird.

Die angenäherte Unveränderlichkeit der Leistung in Spalte 3 wird tatsächlich zuerst durch einen Zuwachs gebildet, auf den dann eine Abnahme folgt, während der Luftverbrauch in Spalte 2 eine stetige Zunahme aufweist. Dieses Verhalten der Leistung ist auf einen Ausgleich zwischen dem Heizwert je m^3 Luft, der nach den obigen Ausführungen leicht abfällt, und dem wahren thermischen Wirkungsgrad zurückzuführen, der zunächst steigt und dann fällt. Entscheidenden Einfluß hat der wahre thermische Wirkungsgrad, der in einem späteren Abschnitt ausführlicher behandelt wird; an dieser Stelle genügt eine kurze Angabe der Gründe für die ganz beträchtliche Änderung im Bereich der brennstoffreichen Gemische. Bis zu Gemischen mit 10 bis 15 v. H. Brennstoffüberschuß nimmt der wahre thermische Wirkungsgrad zu, da der Kohlensäuregehalt in den Verbrennungsprodukten abnimmt und statt dessen das zweiatomige Kohlenoxyd auftritt, dessen Molekularwärme viel kleiner ist und in geringerem Maße mit der Temperatur zunimmt. Bei noch reicheren Gemischen steigt die mittlere Molekularwärme des Zylinderinhaltes wieder an, da unverbrannte Brennstoffdämpfe auftreten, deren Molekularwärme sogar noch größer als die der Kohlensäure ist. Mit der weiteren Zunahme der Molekularwärme sinken sowohl Wirkungsgrad als auch Leistung stetig und dem steigenden Brennstoffüberschuß entsprechend ab.

Um die auf Luftverbrauch bezogenen thermischen Wirkungsgrade zu berechnen, genügt bei Heptan und ähnlichen Kohlenwasserstoffen für den Heizwert der Luft der obige Annäherungswert von 714 kcal/kg; mit diesen Wert sind unter Benutzung der Beziehung

$$\text{Luftwirkungsgrad} = 632 \cdot \frac{1}{714 \cdot (\text{Luftverbrauch in kg/PS}_i\text{h})}$$

die Zahlenwerte der Spalte 5 unmittelbar aus den Werten der Spalte 4 errechnet.

Ricardo hat darauf hingewiesen, daß der Zahlenwert des auf Luftverbrauch bezogenen thermischen Wirkungsgrades einen wertvollen Maßstab für das, was man als „Wirkungsgrad des Verbrennungsraumes“ oder „innerer Wirkungsgrad“ einer Mehrzylindermaschine bezeichnen kann, bietet. Aus dem nächsten Beispiel geht hervor, daß dieser auf Luftverbrauch bezogene Wirkungsgrad eine gute Annäherung an den thermischen Wirkungsgrad ergibt, der sich bei einer Mehrzylindermaschine als Höchstwert erzielen ließe, falls der gesamte Brennstoff gleichmäßig auf die Zylinder verteilt würde. Mit anderen Worten, er kennzeichnet den inneren Wirkungsgrad der Zylinder selbst — unverfälscht durch Unterschiede im Mischungsverhältnis zwischen den einzelnen Zylindern.

Dieses Verfahren läßt eine besonders bequeme Anwendung in der Praxis zu, vorausgesetzt, daß Einrichtungen zur Messung des Luftverbrauchs zur Verfügung stehen. Nach den früheren Ausführungen wird sowohl bei gasförmigen als auch bei flüssigen Brennstoffen die Höchstleistung bei einem Mischungsverhältnis mit ungefähr 20 v. H. Brennstoffüberschuß erzielt. Eine Einstellung der Maschine auf Höchstleistung ist leicht vorzunehmen, da das Mischungsverhältnis nicht genau einreguliert werden muß und die Leistung unmittelbar an der Bremse bestimmt werden kann. Sobald die Maschine mit ihrer Höchstleistung stetig und ruhig läuft, sind nur die zur Bestimmung der Leistung und des Luftverbrauches nötigen Messungen vorzunehmen. Im Gegensatz hierzu muß man, um zuverlässige Zahlenwerte für den auf Brennstoffverbrauch bezogenen thermischen Wirkungsgrad zu erhalten, eine Reihe von Ablesungen der Leistung bei schrittweise ärmer werdenden Mischungsverhältnissen vornehmen und eine „Brennstoffschleife" auftragen (vgl. Kapitel VII).

Das Verfahren der Berechnung des thermischen Wirkungsgrades aus dem Luftverbrauch ist besonders zweckmäßig, um bei einer Mehrzylindermaschine die Brennstoffverschwendung durch ungleiche Brennstoffverteilung auf die einzelnen Zylinder zum Ausdruck zu bringen; als Beispiel sei ein von Ricardo an einem Sechszylinder-Flugzeugmotor mit einem Verdichtungsverhältnis von 4,7 : 1 angestellter Versuch wiedergegeben. Die Maschine wies innerhalb der Gemische mit Brennstoffüberschüssen von 10 v. H. bis 25 v. H. einen konstanten Luftverbrauch von 2,86 kg/PS_ih auf. Der auf Luft bezogene Wirkungsgrad bestimmt sich daher zu 31 v. H. Der erreichbare Höchstwert des auf Brennstoffverbrauch bezogenen Wirkungsgrades betrug nur 28,2 v. H., er trat bei dem wirtschaftlichsten „mittleren Mischungsverhältnis" auf. Wurde die Brennstoffzufuhr noch weiter verringert, so erhielten einige Zylinder ein so brennstoffarmes Gemisch, daß ihre Leistung schnell abzufallen begann und hierdurch der „mittlere Brennstoffverbrauch je Pferdekraftstunde" für die ganze Maschine vergrößert wurde.

Der Unterschied zwischen diesen beiden an einer Mehrzylindermaschine ermittelten Wirkungsgraden — 31 v. H. bei Beziehung auf Luft und 28,2 v. H. bei Beziehung auf Brennstoff — war auf Brennstoffverschwendung infolge ungleicher Brennstoffverteilung auf die Zylinder zurückzuführen. Man kann demnach sagen, daß der erreichbare Bestwert für den Wirkungsgrad der ganzen Maschine wegen der Mängel in der Ansaugleitung nur 28,2 v. H. betrug, während sich der innere Wirkungsgrad der Zylinder auf 31 v. H. belief. Dieser Unterschied im Wirkungsgrad entspricht einer Änderung im Brennstoffverbrauch von 0,188 auf 0,206 kg/PS_ih.

In einer Einzylindermaschine, bei der keine Verteilungsverluste auftreten, muß bei dem chemisch genauen Mischungsverhältnis der auf Luft bezogene Wirkungsgrad gleich dem auf Brennstoff bezogenen sein; denn der Heizwert der Luft wurde aus dem des Brennstoffs abgeleitet, wobei das chemisch genaue Mischungsverhältnis der durch die Verbrennung erzeugten Wärmemenge zugrunde gelegt wurde. Hieraus folgt, daß sich die obigen Werte von 31 v. H. und 0,188 kg/PS_ih in einem genauen Versuch an der Mehrzylindermaschine bei chemisch genauem Mischungsverhältnis hätten erreichen lassen, wenn die Brennstoffverteilung auf die Zylinder vollkommen gewesen wäre; bei dem wirtschaftlichsten Mischungsverhältnis mit 15 v. H. Brennstoffmangel hätten sich noch bessere Werte erzielen lassen. Der im praktischen Betrieb erzielbare Bestwert betrug 0,206 kg/PS_ih, so daß auf die unvollkommene Brennstoffverteilung ein Verlust von 0,018 kg/PS$_i$h oder 10 v. H. des gesamten Brennstoffverbrauches entfällt. Schuld an diesem Verlust hatten die Zylinder mit überreichen Gemischen, während andere Zylinder mit Gemischen an der Grenze des noch zulässigen Brennstoffmangels arbeiten mußten; der Brennstoffüberschuß in den reichen Zylindern konnte überhaupt nicht nutzbar gemacht werden und trug lediglich zur Erhöhung des mittleren Brennstoffverbrauches der ganzen Maschine bei.

41. Thermischer Wirkungsgrad und Mischungsverhältnis.

In Abschnitt 35 wurde gezeigt, wie die Verbrennung im Zylinder vom Mischungsverhältnis beeinflußt wird; nunmehr soll die Untersuchung auf die Abhängigkeit des thermischen Wirkungsgrades vom Mischungsverhältnis ausgedehnt werden.

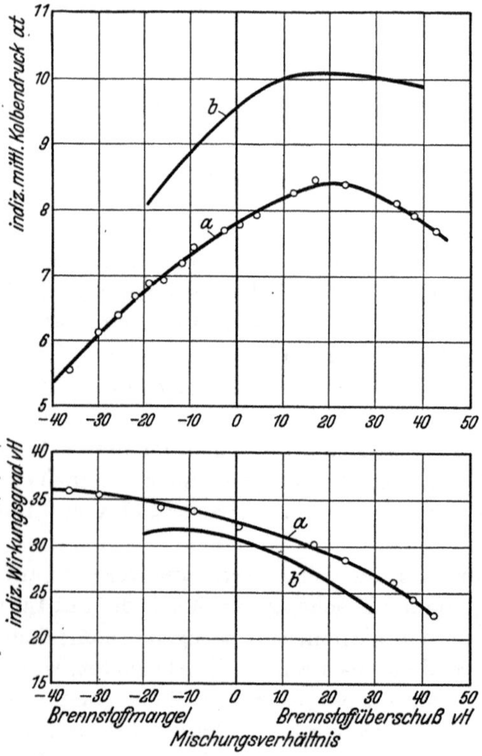

Abb. 37. Einfluß des Mischungsverhältnisses auf indizierten mitteren Kolbendruck und indizierten Wirkungsgrad. *a* Leuchtgas, *b* Benzin. s. Abb. 28.

Abb. 28 zeigt die Abhängigkeit des indizierten mittleren Kolbendrucks und damit der indizierten Leistung einer mit 1400 Uml/min laufenden Leuchtgasmaschine und einer mit 1500 Uml/min laufenden Benzinmaschine, wenn das Mischungsverhältnis von dem noch zulässigen brennstoffärmsten Gemisch bis auf ein Gemisch mit 40 v. H. Brennstoffüberschuß verändert wurde. In Abb. 37 sind die gleichen Kurven für die mittleren Kolbendrücke und die hierzu gehörigen Versuchskurven für die thermischen Wirkungsgrade untereinander gesetzt; man beachte, daß die Bezeichnung „thermischer Wirkungsgrad" — soweit die rechte Seite der Kurve mit den brennstoffreichen Gemischen in Frage kommt — in weiterem Sinne verwandt wird. Die Lage der beiden für Leuchtgas geltenden Kurven entspricht wie in der Originalveröffentlichung[20] einem mit 1 : 4,5 als chemisch genau angenommenen Mischungsverhältnis aus

Leuchtgas und Luft. Um Mißverständnisse zu vermeiden, schien es ratsam, die Ergebnisse von Burstall ohne Änderung zu übernehmen; trotzdem lag, wie bereits auf Seite 117 näher ausgeführt, das chemisch genaue Mischungsverhältnis bei diesen Versuchen wahrscheinlich eher bei 1 : 4,1 als bei 1 : 4,5. Dieser berichtigte Wert stimmt mit dem Heizwert des Gases, der genau bekannt war, gut überein. Das Mischungsverhältnis 1 : 4,5 wurde durch Analyse des Leuchtgases ermittelt, bei der eine genaue Bestimmung des wohl sehr kleinen, aber äußerst wichtigen Gehalts an Kohlenwasserstoffdämpfen nur schwer zu erreichen ist. Ein Gas mit einem Heizwert von 4140 kcal/m³ muß zur vollständigen Verbrennung ungefähr 4,1 m³ Luft benötigen, weil die Verbrennung von 1 m³ Luft innerhalb ziemlich weiter Grenzen in der Brennstoffzusammensetzung immer die gleiche Anzahl von kcal erzeugt.

Diagramme, bei denen die je m³ Brennstoff-Luftgemisch erzeugte Wärmemenge wie in Abb. 38 als Abszisse gewählt ist, werden hiervon mit Ausnahme der Lage des chemisch genauen Gemisches nicht betroffen. In Abb. 38 ist das chemisch genaue Gemisch mit einem Wärmeinhalt von 18100 kcal/Mol eingetragen, der einem Mischungsverhältnis aus Leuchtgas und Luft von 1 : 4,13 entspricht.

In Abb. 37 fällt der indizierte thermische Wirkungsgrad für Leuchtgas von der linken Seite des Diagrammes aus mit steigendem Brennstoffgehalt stetig ab. Diese Änderung ist in erster Linie auf die höheren Temperaturen und daher größeren Molekularwärmen des Arbeitsstoffes zurückzuführen; der Wärmeverlust an die Zylinderwandungen nimmt gleichfalls zu, wenn die Durchschnittstemperaturen des Kreisprozesses höher werden. Auf der rechten Seite des chemisch genauen Mischungsverhältnisses wird das Gemisch brennstoffreich, so daß nicht mehr genügend Sauerstoff zur Verbrennung des gesamten Brennstoffes zur Verfügung steht. Obgleich der Wirkungsgrad, mit dem die durch die Verbrennung erzeugte gesamte Wärme in Arbeit umgesetzt wird, annähernd konstant bleiben mag, fällt der in der üblichen Weise auf die zugeführte Brennstoffmenge bezogene thermische Wirkungsgrad weiter in dem Maße ab, wie der Brennstoffüberschuß zunimmt.

Bei Benzin als Brennstoff weist die Wirkungsgradkurve einen Höchstwert bei ungefähr 15 v. H. Brennstoffmangel auf; links davon besitzt sie nur noch einen ganz kurzen, abfallenden Ast. Wird der Brennstoffgehalt eines Benzin-Luftgemisches über das wirtschaftlichste Mischungsverhältnis hinaus weiter verringert, so überwiegt der Leistungsverlust infolge langsamer und sehr bald unregelmäßig und unvollständig werdender Verbrennung den weiteren Gewinn aus der Erniedrigung der Kreisprozeßtemperaturen. In Abschnitt 43 wird gezeigt, daß es durch Verwendung einer „geschichteten Ladung“ möglich ist, auch bei Benzin eine steigende Wirkungsgradkurve bei brennstoffärmsten Mischungsverhältnissen zu erhalten. So lange aber das Benzin-Luftgemisch im Zylinder mehr oder weniger homogen ist, läßt sich bei leichtsiedenden flüssigen Brennstoffen nicht annähernd der stetige Anstieg des Wirkungsgrades auf der brennstoffarmen Seite erreichen, der für Leuchtgas nach Abb. 37 möglich ist. Der Unterschied im Verhalten der beiden Brennstoffarten ist wahrscheinlich zum Teil auf das Vorkommen einer beträchtlichen Menge freien Wasserstoffs in dem Leuchtgas zurückzuführen. Wasserstoff besitzt eine außerordentlich hohe Brenngeschwindigkeit und ist fähig, selbst bei sehr brennstoffarmen Gemischen eine vollständige und ziemlich schnelle Verbrennung herbeizuführen. Der Wasserstoffgehalt kann als „Zündkörper" angesehen werden, der die rechtzeitige Entflammung des Restes des Brennstoff-Luftgemisches sicherstellt.

Dies genügt indessen noch nicht zur Klarstellung des unterschiedlichen Verhaltens; denn Burstall[32] hat nachgewiesen, daß sich eine stetig ansteigende Wirkungsgradkurve auch erzielen läßt, wenn die Maschine mit brennstoffarmen Gemischen aus Luft und reinem Kohlenoxyd bis zu 40 v. H. Brennstoffmangel betrieben wird. Darüber hinaus kann sogar ein Höchstdruck in der Normallage von 12^0 nach Totpunkt aufrecht erhalten werden, wenn genügende Vorzündung gegeben wird; bei einem Verdichtungsverhältnis von 5 : 1 und 40 v. H. Kohlenoxydmangel mußte 90^0 Vorzündung gegeben werden im Vergleich zu 50^0 bei Leuchtgas unter sonst gleichen Bedingungen. Freier Wasserstoff ist daher für die wirksame Verbrennung schwacher Gemische nicht grundlegend; aber der Unterschied zwischen dem für reines Kohlenoxyd und für Leuchtgas erforderlichen Vorzündungsbetrag spiegelt deutlich die beschleunigende Wirkung, die der Wasserstoff auf die Brenngeschwindigkeit des Brennstoff-Luftgemisches ausübt, wieder.

Bei einem Verdichtungsverhältnis von 5:1 konnte mit Kohlenoxyd nur ein bester thermischer Wirkungsgrad von ungefähr 30 v. H. erzielt werden, während bei Leuchtgas der Bestwert bei etwa 36 v. H. lag. Trotzdem beweisen die Versuche von Burstall die Möglichkeit, eine vollständige und regelmäßige Verbrennung des Kohlenoxyds bis herab zu Gemischen mit einem Brennstoffmangel zu erzielen, der bei einem leichtsiedenden flüssigen Brennstoff gänzlich unmöglich wäre. Diesen Unterschied muß man auf die größere Einfachheit und größere Zahl und damit auch bessere Verteilung der Kohlenoxydmoleküle im Zylinder zurückführen; vielleicht wirkt hier auch mit, daß die ersten Oxydationsstufen des verwickelteren Benzinmoleküles nach Art einer Kettenreaktion verlaufen (vgl. Abschnitt 30). Wenn dies zutrifft, kann man leicht verstehen, daß ein Fortschreiten der Verbrennung nicht mehr möglich ist, wenn die Brennstoffmoleküle so spärlich wie in einem ganz brennstoffarmen Benzin-Luftgemisch verteilt sind.

Vergleicht man die Zahlenwerte der thermischen Wirkungsgrade für Leuchtgas und Benzin in Abb. 37, so darf man aus der Tatsache, daß die Kurve für Leuchtgas ziemlich weit über der für Benzin liegt, nicht schließen, daß sich mit Leuchtgas zwangsläufig unter vergleichbaren Bedingungen ein wesentlich höherer Wirkungsgrad erzielen läßt. Es hängt alles davon ab, was man — von der Gleichheit des Verdichtungsverhältnisses und der Drehzahl abgesehen — als „vergleichbare Bedingungen" ansehen will. Werden z. B. die Wirkungsgrade bei chemisch genauem Mischungsverhältnis miteinander verglichen, so ist zu erwarten, daß Leuchtgas den höheren Wert ergibt, weil die Wärmemenge je m^3 Gemisch bei Leuchtgas 807 kcal und bei Benzin 913 kcal beträgt (vgl. Zahlentafel 39 und 40). Die Höchsttemperatur wird daher bei Leuchtgas niedriger sein; ebenso werden die mittleren Molekularwärmen der Verbrennungsprodukte geringer ausfallen, und der thermische Wirkungsgrad wird weniger weit von dem Idealwirkungsgrad entfernt sein.

Werden thermische Wirkungsgrade unter der Bedingung, daß gleiche Wärmemengen je m^3 Brennstoff-Luftgemisch erzeugt werden, miteinander verglichen, dann muß der bei dem chemisch genauen Leuchtgas-Luftgemisch erreichbare Wirkungsgrad dem eines Benzin-Luftgemisches gegenübergestellt werden, das nur $\frac{807}{913} = 0{,}88$ des chemisch genauen Brennstoffgehalts besitzt. Mit anderen Worten, man muß den ganz dicht bei dem Höchstwert für Benzin liegenden Wirkungsgrad von 0,32 (vgl. Abb. 37) mit dem beim chemisch genauen Mischungsverhältnis für Leuchtgas liegenden Wert vergleichen. Unter Berücksichtigung der notwendigen Berichtigung des chemisch genauen Mischungsverhältnisses von Leuchtgas und Luft auf 1 : 4,1 liegt in Abb. 37 das chemisch genaue Gemisch bei etwa 10 v. H. Brennstoffüberschuß; der zugehörige Wirkungsgrad ist daher innerhalb der Fehlergrenzen der Versuche gleich dem obigen Höchstwert für Benzin.

Dieses Verfahren, das Mischungsverhältnis, dessen Wirkungsgrad ermittelt werden soll, durch Angabe der je m^3 Gemisch verfügbaren Wärmemenge zu kennzeichnen, ist der Abb. 38 zugrunde gelegt worden. Bei dem chemisch genauen Gemisch aus Leuchtgas und Luft — für ein Leuchtgas mit der in Zahlentafel 8 angegebenen durchschnittlichen Zusammensetzung — betrug die durch vollständige Verbrennung entwickelte Wärmemenge 807 kcal je m^3 Gemisch. Bei einem anderen Mischungsverhältnis, sei es auf der reichen oder armen Seite, ist der Wärmeinhalt des Gemisches dem Brennstoffgehalt proportional, so daß die Gemischzusammensetzung durch die je m^3 Gemisch verfügbare Wärmeenergie ausgedrückt werden kann; trotzdem folgt hieraus nicht, daß diese gesamte Wärmemenge auch durch die Verbrennung zur Entwicklung gelangt, wenn ihr Betrag größer als 807 kcal/m^3 ist. In Abb. 38

stellen die Abszissen Leuchtgas-Luftgemische dar, die am linken Anfangspunkt überhaupt keinen Brennstoff und am rechten Ende 1090 kcal je m^3 Gemisch entsprechend einem Brennstoffüberschuß von 35 v. H. enthalten. Die bei 807 kcal/m^3 gezogene Vertikallinie entspricht dem chemisch genauen Leuchtgas-Luftgemisch.

Ein derartiges Diagramm wurde erstmalig von Hopkinson[3] verwendet. Er wies nach, daß sich eine Maschine mit abnehmendem Brenn-

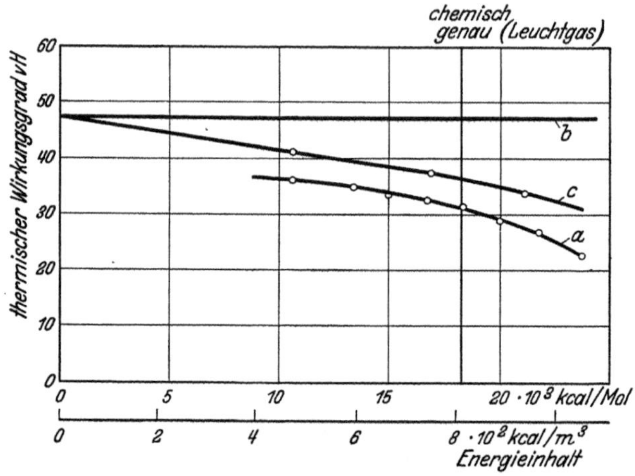

Abb. 38. Thermische Wirkungsgrade bei verschiedenen Wärmeinhalten des Brennstoff-Luftgemisches.
Brennstoff: Leuchtgas. Drehzahl: 1400 Uml/min. Verdichtungsverhältnis 5:1.
a Versuchswerte von Burstall,
b Idealwirkungsgrad des Kreisprozesses mit Luft,
c theoretische Grenze des Wirkungsgrades.

stoffgehalt dem Wirkungsgrad des idealen Kreisprozesses allmählich nähern und — falls überhaupt ein solcher Betrieb möglich wäre — bei einer verfügbaren Wärme gleich Null den Wirkungsgrad des idealen Kreisprozesses mit Luft erreichen müßte; denn bei Null würde kein Temperaturanstieg durch Verbrennung und kein Anstieg der Molekularwärmen eintreten können. Die unterste Linie *a* in Abb. 38 zeigt die Versuchsergebnisse, die Burstall bei einem Verdichtungsverhältnis von 5:1 und 1400 Uml/min mit Leuchtgas erzielt hat. Die horizontale Gerade *b* liegt bei einem thermischen Wirkungsgrad von 47,3 v. H. und entspricht dem Wirkungsgrad des Idealkreisprozesses bei einem Verdichtungsverhältnis von 5:1 (vgl. Zahlentafel 1). Die Kurve *c* gibt Werte wieder, die als „theoretische Grenze des Wirkungsgrades" bezeichnet werden können; ihre Ableitung wird im nächsten Abschnitt genauer behandelt. Diese theoretischen Grenzwerte stellen die höchsten Wirkungsgrade dar, die eine Maschine unter Berücksichtigung der wirklichen Eigenschaften des Arbeitsstoffes überhaupt erreichen könnte, falls alle Wärmeverluste in Wegfall kommen und die Verbrennung vollständig und augenblicklich verlaufen würde. Die theoretische Grenze des Wirkungsgrades ist für drei verschiedene Zusammensetzungen eines Benzol-Luftgemisches, nämlich für das chemisch genaue Gemisch, für 20 v. H. und für 50 v. H. Brennstoffmangel, bei einem Ausdehnungsverhältnis von 5 : 1 berechnet; die entsprechenden Grenzwirkungsgrade ergaben sich zu 33,8 v. H., 37,9 v. H. und 41,2 v. H. Die einzelnen Punkte sind in das Diagramm eingetragen und die theoretische Grenzlinie für alle Gemischzusammensetzungen hindurch gelegt. Sie kommt beim Brennstoffgehalt Null mit der Horizontalen des idealen Kreisprozesses auf der Ordinatenachse zum Schnitt.

Nachträglich sei bemerkt, daß der Wärmeinhalt eines chemisch genauen Benzol-Luftgemisches 923 kcal/m^3 beträgt (vgl. Abschnitt 24). Es wurde angenommen, daß die theoretische Grenze für den Wirkungsgrad bei gleichem Heizwert je m^3 Gemisch auch für alle Brennstoffe gleich ist. Obwohl dies in strengem Sinne nicht zutrifft, ist der hierdurch entstandene Fehler nicht groß und aus Gründen der Einfachheit gerechtfertigt.

Rechts vom chemisch genauen Mischungsverhältnis liegen die reichen Gemische. Hier findet eine Verschwendung von Brennstoff statt, und die Versuchskurve fällt von der theoretischen Grenzkurve ab. Auf der linken, brennstoffarmen Seite zeigt die Versuchskurve zunächst einen gleichmäßigen Anstieg mit der theoretischen Grenzkurve, aber unterhalb 580 kcal/m^3 tritt wegen der langsamen Verbrennung der sehr armen Gemische ein allmählicher Abfall ein. Bei allen diesen Versuchen war die Zündung so eingestellt, daß der Höchstdruck in der Normallage 12^0 nach Totpunkt erreicht wurde (vgl. Abschnitt 33). Hierzu war bei den ärmsten Gemischen eine Zündeinstellung von 74^0 vor Totpunkt erforderlich, so daß der Wärmeverlust während der Verdichtung den thermischen Wirkungsgrad in bedenklicher Weise zu beeinflussen beginnt.

Die hier wiedergegebenen Versuchsergebnisse wurden alle mit Leuchtgas als Brennstoff erzielt. In Abschnitt 43 werden die Ergebnisse für Benzin an Hand der gleichen Diagrammdarstellung behandelt, wenn die Möglichkeiten eines Betriebes mit sehr armen Benzin-Luftgemischen mittels geschichteter Ladung zur Erörterung stehen.

42. Die Grenzen für den erreichbaren Wirkungsgrad.

Nach den Ausführungen des Abschnittes 9 läßt sich ein „Idealwirkungsgrad“ für einen Kreisprozeß mit vollkommener Luft aufstellen; Abb. 4 zeigt, wie sich der Idealwirkungsgrad dieses Kreisprozesses mit zunehmendem Ausdehnungsverhältnis ändert. Will man praktisch ausgeführte und mit Unvollkommenheiten behaftete Maschinen mit einer als „Ideal“ aufgestellten Maschine vergleichen, so können die Arbeitsbedingungen in der idealen Maschine in verschiedener Weise festgelegt werden. Der ideale Kreisprozeß mit Luft in Abschnitt 9, bei dem ein vollkommenes Gas als Arbeitsstoff vorausgesetzt wird, muß — wie in der Natur der Dinge begründet — immer weit von den praktischen Möglichkeiten entfernt bleiben. Statt dieses Idealprozesses mit Luft kann als Norm zum Vergleich der Leistung ausgeführter Maschinen ein Arbeitsverfahren angenommen werden, das die grundlegenden Eigenschaften des wirklichen Arbeitsstoffes berücksichtigt und lediglich die Arbeitsbedingungen durch bestimmte Annahmen vereinfacht, z. B. daß die Erwärmung des Arbeitsstoffes augenblicklich geschieht und weder Wärmeverlust noch Wärmegewinn durch die Zylinderwandungen auftreten. Dieser letzte Vergleichsprozeß ist dann ein Idealverfahren, dem man sich wohl nähern, aber welches man — soweit wir heute sehen — nicht erreichen kann.

Als Ergänzung zu dem Idealprozeß mit Luft ist es zweckmäßig, ein Vergleichsverfahren aufzustellen, das dem Ingenieur zeigt, welches Ergebnis von einer Änderung im Entwurf z. B. Erhöhung des Verdichtungsverhältnisses zu erwarten ist; hierbei werden die grundlegenden physikalischen und chemischen Verhältnisse im Zylinder berücksichtigt, aber gleichzeitig die Vorgänge in der Maschine durch Vernachlässigung praktischer Unvollkommenheit vereinfacht, damit die Ergebnisse einigermaßen bequem errechnet und die Rechnungsbedingungen unabhängig von der einzelnen Maschine gemacht werden können.

Nach diesen Grundsätzen haben Tizard und der Verfasser[7] für bestimmte typische Brennstoff-Luftgemische bei Ausdehnungsverhältnissen von 5 : 1 und 10 : 1 die Verbrennungstemperaturen und Ausdehnungsendtemperaturen berechnet; hierbei wurden die damals (1920) verfügbaren genauesten Zahlenwerte der Heizwerte und Molekularwärmen zugrunde gelegt und das damals bekannte Dissoziationsverhalten von Kohlensäure und Wasserdampf bei hohen Temperaturen berücksichtigt.

Diese Berechnungen ergaben für ein chemisch genaues Benzol-Luftgemisch mit vollständiger Verbrennung (vgl. Abschnitt 22) bei einem Ausdehnungsverhältnis von 5 : 1 eine theoretische Wirkungsgradgrenze von 33,8 v. H., wenn die wirklichen Eigenschaften des Arbeitsstoffes berücksichtigt, aber die vereinfachenden Annahmen gemacht wurden, daß die Wärmezufuhr augenblicklich geschieht und ein Wärmeaustausch mit den Zylinderwandungen nicht erfolgt. Der entsprechende Idealwirkungsgrad für den Kreisprozeß mit Luft ergibt sich zu 47,3 v. H.

Bei einem Ausdehnungsverhältnis von 10 : 1 ergab sich für das gleiche Gemisch eine theoretische Wirkungsgradgrenze von 44,9 v. H.

Zur Ermittlung dieser Zahlenwerte sind zunächst die Explosionstemperaturen nach den in Abschnitt 23 angegebenen Methoden, dann die Ausdehnungstemperaturen nach dem im Abschnitt 12 behandelten Verfahren und schließlich die je Arbeitsspiel gewonnenen Arbeiten — als Differenz zwischen innerer Energie des Arbeitsstoffes vor und nach der Ausdehnung, vermindert um den Aufwand für die Verdichtungsarbeit — zu berechnen. Der Wirkungsgrad für ein chemisch genaues Benzol-Luftgemisch wurde in Abschnitt 12 unter Vernachlässigung der Dissoziation zu 35,8 v. H. vermittelt, während das obige Verfahren einen genaueren Wert von 33,8 v. H. ergab.

In Kurve *a* der Abb. 39 sind die Idealwirkungsgrade für Luft in Abhängigkeit vom Ausdehnungsverhältnis wiedergegeben. Die berechneten Grenzwirkungsgrade für ein chemisch genaues Benzol-Luftgemisch* bei Ausdehnungsverhältnissen von 5 : 1 und 10 : 1 sind bei den Punkten *X* und *W* eingetragen. Man ersieht, daß die Kurve *d*, die durch die Gleichung

$$\eta = 1 - \left(\frac{1}{\varepsilon}\right)^{0,258}$$

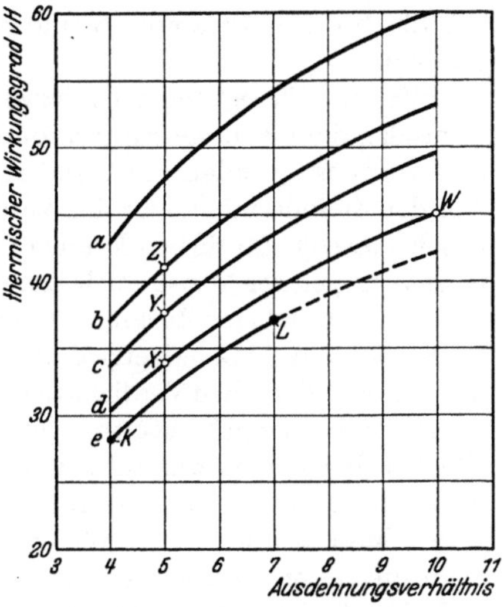

Abb. 39. Änderung der thermischen Wirkungsgrade mit dem Ausdehnungsverhältnis und dem Wärmeinhalt des Brennstoff-Luftgemisches.
a Idealwirkungsgrade für Kreisprozeß mit Luft (vgl. Abb. 4), *b* berechnete Wirkungsgrade bei 50 v. H. Brennstoffmangel (Benzol-Luftgemisch), *c* berechnete Wirkungsgrade bei 20 v. H. Brennstoffmangel (Benzol-Luftgemisch), *d* berechnete Wirkungsgrade bei chemisch genauem Benzol-Luftgemisch, *e* Versuchswerte bei 15 v. H. Brennstoffmangel (Benzol-Luftgemisch).

dargestellt wird, fast genau durch diese Punkte geht und ähnlich wie die Kurve *a* der Idealwirkungsgrade mit Luft verläuft, die durch die Gleichung

$$\eta = 1 - \left(\frac{1}{\varepsilon}\right)^{0,396}$$

dargestellt werden kann.

In genau gleicher Weise wie für das chemisch genaue Benzol-Luftgemisch läßt sich der Wirkungsgrad für brennstoffarme Gemische ermitteln. Diese Berechnungen wurden für Gemische mit 20 v. H. und

* Benzol (C_6H_6) wurde als typischer Kohlenwasserstoff zur Durchführung der Berechnungen aus mehreren Gründen gewählt. Einmal ist Benzol verhältnismäßig leicht in reinem Zustande erhältlich, so daß die Rechnungen durch genaue Maschinenversuche nachgeprüft werden können. Ferner sind die physikalischen Zahlenwerte über Heizwert usw. mit großer Genauigkeit bekannt. Wie in Abschnitt 17 ausgeführt, bildet Benzol ungefähr 80 v. H. des handelsüblichen Motorenbenzoles.

50 v. H. Brennstoffmangel bei einem Ausdehnungsverhältnis von 5 : 1 durchgeführt. Die Ergebnisse dieser Berechnungen sind bei den Punkten Y und Z mit 37,9 v.H. und 41,2 v.H. eingetragen, die durch diese Punkte gelegten Kurven c und b lassen sich durch Gleichungen ähnlicher Form wie die für den Idealprozeß und das chemisch genaue Gemisch ausdrücken.

Alle diese berechneten Grenzwirkungsgrade gelten für Benzol-Luftgemische, die bei ihrem Eintritt in den Zylinder nicht durch den Abgasrest verdünnt werden. Mit anderen Worten, es wurde angenommen, daß der Zylinderinhalt vor der Verdichtung nur aus Brennstoff-Luftgemisch besteht. Natürlich können die im Kapitel III angegebenen Verfahren in gleicher Weise auch unter Berücksichtigung des Gehaltes an Restgasen beliebiger Zusammensetzung angewandt werden.

Kurve e in Abb. 39 zeigt die höchsten thermischen Wirkungsgrade, die bei veränderlichen Verdichtungsverhältnissen von 4 : 1 auf 7 : 1 durch praktischen Versuch ermittelt wurden. Diese Versuchswerte wurden alle bei Mischungsverhältnissen mit 15 v. H. Brennstoffmangel aufgenommen. Der Vertikalabstand zwischen den Kurven d und e bietet keinen Maßstab für die Unvollkommenheiten der praktischen Maschine; denn die durch Versuch gefundenen Wirkungsgrade müssen mit theoretischen Grenzwerten verglichen werden, die für das beim Versuch verwandte Mischungsverhältnis berechnet worden sind.

Die für ein Gemisch mit 20 v. H. Brennstoffmangel berechnete Kurve c kann durch die Gleichung

$$\eta = 1 - \left(\frac{1}{\varepsilon}\right)^{0,296}$$

dargestellt werden; sie gibt ziemlich gute Grenzwerte des Wirkungsgrades für ein gerade noch arbeitsfähiges, armes Benzin-Luftgemisch. Legt man diese Kurve c einem Vergleich mit den Versuchswerten zugrunde, so kennzeichnet der Vertikalabstand zwischen den Kurven c und e den Wärmeverlust an die Zylinderwandungen infolge Strahlung, Leitung und Berührung sowie die Verluste durch unvollkommene Verbrennung. Eine Untersuchung dieser Verluste im einzelnen und der Möglichkeit, sie zu verringern, findet sich in Kapitel VII.

Die Kurve b kann in ähnlicher Weise als theoretische Grenze für die Gasmaschine angesehen werden, wenn diese mit einem möglichst armen Mischungsverhältnis und günstigst eingestellter Vorzündung betrieben wird.

Es ist vielleicht zweckmäßig, dem Aufbau der Abb. 39, deren sorgfältiges Studium sich lohnt, einige Worte zu widmen. Jede Kurve, die durch eine Gleichung der Form

$$\eta = 1 - \left(\frac{1}{\varepsilon}\right)^{m}$$

dargestellt wird, verläuft im allgemeinen parallel zu den Kurven dieser Abbildung. Daher legt ein Punkt des Diagrammes, durch den eine derartige Kurve gezogen werden soll, den Wert für den Exponenten m fest. Mit Ausnahme der Idealwirkungsgradkurve a und der Kurve e, die lediglich eine durch eine Reihe von Versuchspunkten gezogene Mittelkurve bildet, gibt das Diagramm drei Kurven wieder, die auf Grund theoretischer Berechnungen des thermischen Wirkungsgrades unter Berücksichtigung der Eigenschaften und des Verhaltens des wirklichen Arbeitsstoffes aufgestellt sind. Diese drei Kurven entsprechen den Verhältnissen bei Brennstoff-Luftgemischen mit chemisch genauem Mischungsverhältnis, mit 20 v. H. Brennstoffmangel und mit 50 v. H. Brennstoffmangel. Die Berechnung des Wirkungsgrades bei einem beliebigen Ausdehnungsverhältnis genügt, um die Kurve für das betreffende Mischungsverhältnis in dem Diagramm festzulegen. Wären in dem Diagramm nur die drei übereinanderliegenden Punkte X, Y und Z berechnet, so würde noch der Beweis fehlen, daß thermische Wirkungsgrade, die unter Berücksichtigung der Eigenschaften und des Verhaltens des wirklichen Arbeitsstoffes in der oben angegebenen Weise ermittelt sind, einen ähnlichen Verlauf wie die Idealwirkungsgrade mit einem vollkommenen Gas zeigen und daher in Abhängigkeit vom Ausdehnungsverhältnis durch eine Gleichung der Form

$$\eta = 1 - \left(\frac{1}{\varepsilon}\right)^m$$

dargestellt werden dürfen. Um diesen Beweis zu führen, ist daher außer den drei Punkten X, Y und Z ein vierter Punkt W für ein Ausdehnungsverhältnis von 10 : 1 berechnet. Die Tatsache, daß eine Kurve, der Exponent m durch den Punkt X zu 0,258 festgelegt ist, auch durch den Punkt W geht, rechtfertigt es, auch die anderen Kurven mittels ähnlicher Formeln darzustellen.

43. Thermischer Wirkungsgrad bei verringerten Belastungen. Betrieb mit geschichteter Ladung.

Die Verringerung der Leistung erfolgt bei schnellaufenden Gas- oder Benzinmaschinen normaler Weise durch Drosselung des angesaugten Gemisches; denn die Möglichkeiten der für die Dieselmaschine typischen Qualitätsregelung sind für die Vergasermaschine sehr beschränkt. Daneben gibt es noch die Aussetzerregelung, die gewöhnlich bei kleinen, langsam laufenden Gasmaschinen Verwendung findet; sie sei kurz behandelt, bevor zu dem Hauptinhalt dieses Abschnittes übergegangen wird. Qualitätsregelung wird am Beispiel der Dieselmaschine in Abschnitt 50 erörtert.

Bei der Aussetzerregelung bleibt das Gaseinlaßventil für eine oder mehrere Umdrehungen geschlossen, wenn die Drehzahl über einen bestimmten Höchstwert steigt; Lufteinlaßventil und Auslaßventil arbeiten normal weiter. Hierdurch werden an Stelle von Arbeitshüben von Zeit zu Zeit ein oder mehrere Leer- oder Spülhübe eingeschoben; es ergibt sich ein sehr unregelmäßiger Gang mit großen Drehzahlschwankungen, die das Aussetzerverfahren für viele Zwecke unmöglich machen, trotzdem man durch ein möglichst schweres Schwungrad die Ungleichförmigkeit zu verringern sucht.

Vom Standpunkt des Wirkungsgrades empfiehlt sich dieses Verfahren; denn eine derartige Maschine wird bei verringerter Last einen höheren indizierten Wirkungsgrad als bei normaler Vollast aufweisen. Dies hat seinen Grund darin, daß bei dem Arbeitsspiel, das auf einen Spülhüb folgt, im Zylinder keine Abgase zur Erwärmung der frischen Ladung vorhanden sind, die statt mit heißen Abgasen mit kühler Luft verdünnt wird. Durch Herabsetzung der Temperatur des Zylinderinhaltes wird während des folgenden Arbeitsspieles sowohl Leistung als auch Wirkungsgrad beträchtlich verbessert.

Die bei Vergasermaschinen übliche Art der Quantitäts- oder Drosselregelung bewirkt, daß Drücke, aber nicht Temperaturen während des Arbeitsspieles herabgesetzt werden. Von größerer Bedeutung als die Verminderung der Drücke ist indessen der Einfluß des erhöhten Abgasgehaltes im Brennstoff-Luftgemisch während der Verdichtung.

Bei der Betrachtung der Wirkung eines steigenden Verdichtungsverhältnisses auf die Brenngeschwindigkeit (Abschnitt 36) wurde betont, daß das Vorkommen von Abgasen im Gemisch die Verbrennungsgeschwindigkeit erniedrigt. Bei Drosselung kann der Abgasgehalt in der Zylinderladung leicht die doppelte Größe annehmen. Falls nicht die Vorzündung vergrößert wird, um die Wirkung dieser stärkeren Verdünnung auszugleichen, wird der indizierte Wirkungsgrad ernsthaft in Mitleidenschaft gezogen. Der an der Bremse gemessene Wirkungsgrad wird immer beeinträchtigt werden, da der mechanische Wirkungsgrad bei verringerten Belastungen abfällt.

Die Wirkung der stärkeren Verdünnung und langsameren Verbrennung kommt klar in den beiden Kurven der Abb. 40 zum Ausdruck. Sie geben die Versuchsergebnisse mit Benzin an einer mit konstanter Drehzahl von 1500 Uml/min laufenden Einzylindermaschine wieder, bei der die Belastung durch Drosselung verändert wurde; die Maschine wurde elektrisch gebremst, so daß das veränderliche Drehmoment entsprechend der Drosselung genau eingestellt werden konnte. Kurve *a* zeigt den Einfluß der Drosselung auf den indizierten Wirkungsgrad, wenn die für die Höchstleistung bei voll geöffneter Drossel erforderliche Zündeinstellung auch für den Drosselbetrieb unverändert beibehalten wurde.

Die Drossel wurde schrittweise geschlossen, bis die Leistung und damit auch das Drehmoment nur noch 40 v. H. der Werte bei vollgeöffneter Drossel betrugen; hierbei fiel der indizierte Wirkungsgrad von 0,318 auf 0,261 — also um 18 v. H. Im Gegensatz hierzu wurde bei Kurve *b* die Vorzündung schrittweise mit dem Schließen der Drossel vergrößert und bei jeder Belastungsstufe auf die beste Leistung eingestellt. Man ersieht, daß im ersten Teil des Drosselungsbereiches der Wirkungsgrad bis auf einen Höchstwert von 32 v. H. bei einer Belastung von etwa 70 v. H. der Vollast anstieg; bei 40 v. H. des Vollastdrehmomentes war der Wirkungsgrad wieder gleich dem Wert bei Vollast.

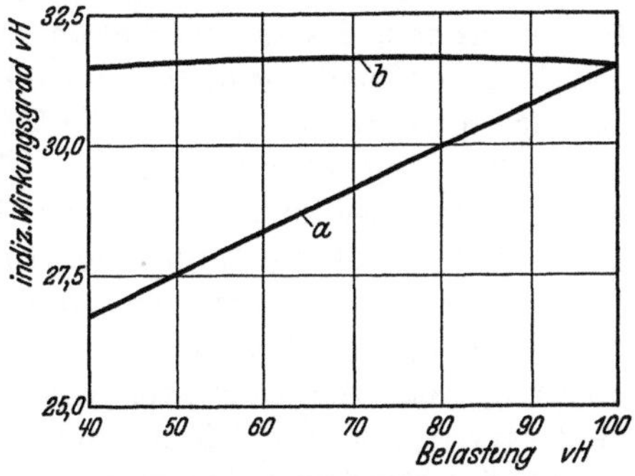

Abb. 40. Indizierter Wirkungsgrad in Abhängigkeit von der Belastung (Drosselregelung). Brennstoff: Benzin, Drehzahl: 1500 Uml/min Verdichtungsverhältnis 5:1. *a* Vorzündung konstant mit dem für Höchstleistung bei vollgeöffneter Drossel erforderlichen Betrage, *b* Vorzündung auf Höchstleistung bei jeder Drosselstellung einreguliert.

Es sei darauf hingewiesen, daß derartige Versuche bei Ermittlung der indizierten Leistung große Sorgfalt verlangen, um unter den wechselnden Betriebsverhältnissen die Pumpverluste zuverlässig und richtig zu berücksichtigen; denn diese ändern sich bei jeder Drosselstellung (vgl. Abschnitt 60).

Weitere Versuchsergebnisse für Vollast- und Drosselbetrieb einer Vierzylindermaschine werden in Abschnitt 56 behandelt und durch Abb. 63 veranschaulicht. Auch diese Versuchsergebnisse bringen zum Ausdruck, daß die Vorzündung bei Drosselbetrieb vergrößert werden muß, wenn die Bestwerte für Leistung und Wirkungsgrad auch im Drosselbereich erhalten bleiben sollen.

Die Verbrennung kann bei Drosselbetrieb durch Verwendung eines brennstoffreicheren Gemisches beschleunigt werden, wie es auch allgemein üblich ist. Aber dieses Mittel bringt wieder einen Abfall des Wirkungsgrades mit sich; wird ein homogenes Gemisch gedrosselt, so bleibt zur Vermeidung einer Wirkungsgradverschlechterung nur übrig, für angemessene Vorzündung zu sorgen. Selbst dann ist die richtige Anpassung des Zündpunktes an die einzelnen Drosselstellungen in der Praxis nicht einfach, wenn die Drehzahl nicht konstant ist. Daher wird bei Drosselregelung mit Ausnahme der Fälle, wo ganz besondere Vorkehrungen getroffen werden können, immer ein Abfall des indizierten und in noch höherem Maße des nutzbaren Wirkungsgrades im Drosselbereich auftreten. Dieser Punkt hat große Bedeutung für Kraftwagenmotoren, deren Betrieb sich in der Hauptsache im Drosselbereich abspielt. Es ist daher von Interesse, die Möglichkeiten des anderen Verfahrens zur Leistungsregelung zu untersuchen, bei dem als sog. „Qualitätsregelung“ nur die Brennstoffladung verringert wird.

Aus Abb. 37 konnte man bereits ersehen, daß bei Leuchtgas als Brennstoff ein steigender Wirkungsgrad bis zu Gemischen mit 50 v. H. Brennstoffmangel aufrecht erhalten werden kann. Hierbei ist es möglich, die Gasmaschinenleistung bis auf 60 v. H. der Leistung bei Vollast zu verringern vorausgesetzt, daß die Vorzündung für die brennstoffarmen Gemische entsprechend vergrößert wird. Im Gegensatz hierzu erreicht die Wirkungsgradkurve bei Benzin in Abb. 37 einen Höchstwert bei 10 bis 15 v. H. Brennstoffmangel; im normalen Arbeitsverfahren einer Benzinmaschine, bei dem das Brennstoff-Luftgemisch im ganzen Zylinder homogen ist, läßt sich ein Betrieb überhaupt nicht mehr aufrecht erhalten, wenn der Brennstoffgehalt im Gemisch noch in erheblichem Maße verringert wird. Ganz anders liegen die Verhältnisse, wenn es glückt, das Brennstoff-Luftgemisch in einem nicht-homogenen Zustand bis an das Ende der Verdichtung zu erhalten. Wird hierbei ein ziemlich reiches Gemisch in der Nähe der Zündkerzen angesammelt und reine Luft im Verbrennungsraum abseits der Zündkerzen belassen, so läßt sich eine schnelle und wirksame Verbrennung auch noch mit erheblich brennstoffärmeren Gemischen erzielen. Unter diesen Bedingungen kann das durchschnittliche Mischungsverhältnis der gesamten Ladung weit unter den Wert verringert werden, der bei gleichmäßiger Verteilung des Brennstoffes im Zylinderinhalt die Grenze für die Brennfähigkeit bildet.

Im Hinblick auf den Drosselbetrieb wird bei sehr vielen Bauarten eine gewisse Anreicherung des Gemisches in der Nähe der Zündkerze erzielt, indem Zündkerze und Einlaßventil in einer Seitentasche des Zylinders untergebracht werden. Der Erfolg ist, soweit Schichtung in Frage kommt, sehr gering und in keiner Weise ausreichend, um das eigentliche Ziel der Schichtung zu verwirklichen; denn durch die Schichtung erstrebt man einen der Dieselmaschine ähnlichen Anstieg des Wirkungsgrades bei kleinen Belastungen an Stelle des Abfalles des Wirkungsgrades, der bei der Drosselung eines homogenen Gemisches fast unvermeidlich ist.

In Abb. 41 sind die Gerade *b* und die Kurve *c* die gleichen wie in Abb. 38; aber an Stelle der Gasmaschinenergebnisse sind in Abb. 41 die von Ricardo ermittelten Versuchswerte mit geschichteter Ladung eingetragen. Bei einer homogenen Ladung aus Benzin und Luft liegt die Grenze für die Arbeitsfähigkeit der brennstoffarmen Gemische bei dem gleichfalls in die Abbildung eingetragenen Punkt *E*, der erreichbare höchste Wirkungsgrad beträgt etwa 32 v. H. Bei geschichteter Ladung kann man den Betrieb bis zu einer durchschnittlichen Gemischenergie von 172 kcal/m³ aufrecht erhalten, der höchste Wirkungsgrad — bei einem

Energieinhalt von 206 kcal/m³ — ist auf 37 v. H. gestiegen. Die Mittelkurve der Versuchspunkte steigt mit ärmer werdendem Gemisch stetig an mit Ausnahme einer eigenartigen Schleife, die bei einem Gemisch von 320 kcal/m³ auftritt. Diese Schleife ist auf ein ungünstiges Zusammenarbeiten zwischen Maschine und Ansaugleitung zurückzuführen, wodurch

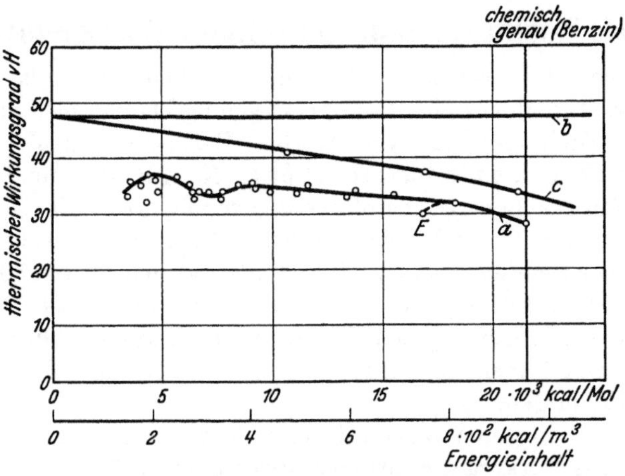

Abb. 41. Thermische Wirkungsgrade bei verschiedenen Wärmeinhalten des Brennstoff-Luftgemisches.
Brennstoff: Benzin, Drehzahl 1400 Uml/min, Verdichtungsverhältnis 5:1.
a Versuchswerte von Ricardo mit geschichteter Ladung,
b Idealwirkungsgrad des Kreisprozesses mit Luft,
c theoretische Grenze des Wirkungsgrades.

an dieser Stelle eine Verringerung des volumetrischen Wirkungsgrades und damit ein Verlust an Leistung hervorgerufen wurde, der sich in einem Abfall des Wirkungsgrades wiederspiegelt.

Schichtung läßt sich nur schwierig und beinahe überhaupt nicht bei einer Ventilmaschine, die nur Ventile im Zylinderkopf hat, erreichen. Hingegen ist sie leicht durchführbar, wenn der Zylinder entweder Schiebersteuerung oder Einlaßschlitze, die durch den Kolben gegen Hubende freigelegt werden, besitzt. In beiden Fällen werden die Kanäle etwas tangential gerichtet, so daß der Zylinderladung eine geordnete Wirbelbewegung erteilt wird, die genügend kräftig ist, um während des Verdichtungshubes bestehen bleiben zu können. Dieser geordnete Wirbel um die Zylinderachse verhütet das Entstehen allgemeiner turbulenter Wirbel, und die Luft hält sich in längs der Zylinderachse abgegrenzten Schichten, die sich nur wenig miteinander vermischen. Werden entsprechende Vorkehrungen getroffen, um während eines Teils des Ansaugvorganges nur brennstoffreiches Gemisch und während eines andern Teils nur reine Luft zuzuführen, so erhält man dicht am Zylinderkopf eine Schicht äußerst brennfähigen Gemisches, dessen Brennstoffgehalt schnell bis auf reine Luft in der Nähe des Kolbens abnimmt. Durch die

Verbrennung wird dann sofort eine allgemeine turbulente Wirbelung eingeleitet, die bei dem örtlich überreichen Gemisch ausreicht, um die nötige Durchmischung mit den zur weiteren Verbrennung etwa noch erforderlichen Luftmengen herbeizuführen.

44. Wirkungsgrade bei reinem Wasserstoff.

In Abschnitt 35 wurde gezeigt, daß bei Leuchtgas als Brennstoff keine Schwierigkeit besteht, Qualitätsregelung bis zu einer auf 60 v. H. des vollen Drehmomentes verringerten Belastung anzuwenden; die Brennstoffladung konnte hierbei auf etwa 50 v. H. der für die Höchstleistung erforderlichen Brennstoffmengen verringert werden. Die Fähigkeit des Leuchtgases, auch bei den brennstoffarmen Gemischen ziemlich schnell zu verbrennen, ist in weitem Maße auf den 40 bis 50 v. H. betragenden Wasserstoffgehalt zurückzuführen; denn bei Wasserstoff beträgt die Ausbreitungsgeschwindigkeit der Flamme selbst in brennstoffarmen Gemischen ein Vielfaches der bei Kohlenoxyd und Kohlenwasserstoffdämpfen.

Das Verhalten von Wasserstoff ist so einzigartig und bringt die Abhängigkeit des Wirkungsgrades vom Mischungsverhältnis und den mittleren Gastemperaturen während des Arbeitsspieles so klar zum Ausdruck, daß es sich lohnt, Versuchsergebnisse mit reinem Wasserstoff näher zu betrachten. Die Versuche wurden an einer Maschine mit veränderlichem Verdichtungsverhältnis durchgeführt. Sie bewiesen die Möglichkeit, ausschließlich mit Qualitätsregelung auszukommen, indem vom Leerlauf an bis zu dem noch zulässigen wasserstoffreichsten Gemisch das Luftventil gleichmäßig offen gehalten und nur die Wasserstoffzufuhr verändert wurde. Die hohe Brenngeschwindigkeit des Wasserstoffs, welche auf der brennstoffarmen Seite eine gute Verbrennung ermöglicht, macht indessen auf der brennstoffreichen Seite einen Betrieb bereits vom chemisch genauen Mischungsverhältnis an unmöglich. Sobald man versuchte, die Maschine mit einem größeren Brennstoffgehalt als etwa 95 v. H. des chemisch genauen Mischungsverhältnisses zu betreiben, setzten heftige Frühzündungen und Knaller in den Einlaßorganen ein.

Diese Erscheinungen traten sogar auf, wenn das Verdichtungsverhältnis auf 3,8 : 1 erniedrigt wurde. Bei höheren Verdichtungsverhältnissen ließ sich ein weicher Maschinengang nur bei ärmeren Gemischen erreichen. Abb. 42 zeigt die Wirkungsgrade, die von Burstall für verschiedene Wasserstoff-Luftgemische bei einem Verdichtungsverhältnis von 7 : 1 und einer konstanten Drehzahl von 1000 Uml/min ermittelt wurden. Bei diesem Verdichtungsverhältnis war es aus den angegebenen Gründen unmöglich, Gemische mit einem höheren Brennstoffgehalt als

85 v. H. des chemisch genauen zu verwenden; man ersieht, daß der höchste Wirkungsgrad von 0,383 gerade mit der Hälfte der chemisch genauen Brennstoffladung erzielt wurde. Ricardo erreichte bei dem gleichen Mischungsverhältnis von 7 : 1 und bei 1500 Uml/min mit einem noch beträchtlich ärmeren Gemisch einen Wirkungsgrad von 0,43, der im Vergleich zu dem bei diesem Mischungsverhältnis mit flüssigen Brennstoffen erzielten Bestwert von 0,37 als ganz hervorragend zu bezeichnen ist. Dieser ausnehmend hohe Wirkungsgrad, der trotz des geringen Volumenverhältnisses bei der Verbrennung des Wasserstoffes (vgl. Zahlentafel 40) erzielt wird, ist auf die Möglichkeit, sehr arme Gemische mit sehr kleiner Wärmeentwicklung je m³ verarbeiten zu können, sowie auf die Tatsache, daß keine Kohlensäure durch die Verbrennung gebildet wird, zurückzuführen. Von dreiatomigen Gasen tritt nur Wasserdampf auf. Die Zahlentafel 10 zeigt, daß die Molekularwärme des Wasserdampfes im ganzen Bereich bis zu den auftretenden Höchsttemperaturen, die bei diesen armen Gemischen nicht hoch liegen, mit steigender Temperatur in weit geringerem Maße als die von Kohlensäure zunimmt. Eine geringe Wärmeerzeugung, eine geringe Höchsttemperatur und ein verhältnismäßig kleiner Zuwachs der mittleren Molekularwärme während des Arbeitsspieles besagen, daß die Maschine sich in stärkerem Maße den Bedingungen des Idealprozesses mit Luft nähern kann, bei dem in Verbindung mit augenblicklicher Wärmezufuhr konstante Molekularwärme vorausgesetzt wird.

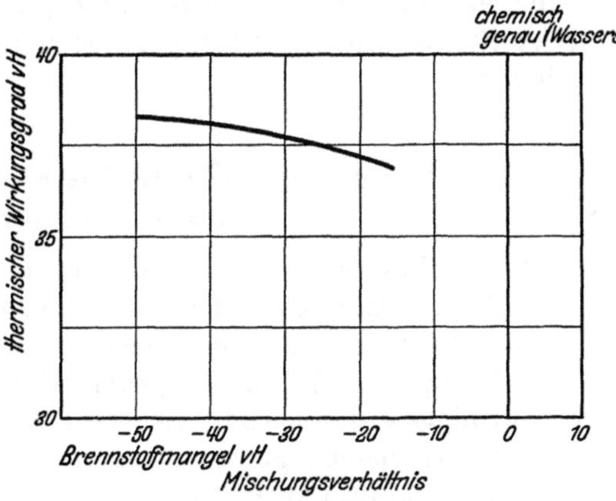

Abb. 42. Thermische Wirkungsgrade bei Wasserstoff. Drehzahl 1000 Uml/min, Verdichtungsverhältnis 7:1.

Der höchste Wirkungsgrad wurde bei einer Wärmeentwicklung des Wasserstoff-Luftgemisches von 385 kcal/m³ erzielt gegenüber einer Wärmeerzeugung von 802 kcal/m³ bei dem wirtschaftlichsten Benzin-Luftgemisch. Mit dem geringen Heizwert des Wasserstoff-Luftgemisches geht natürlich eine geringe Leistungsausbeute einher. Bei dem höchsten Wirkungsgrad betrug der indizierte mittlere Kolbendruck nur rund 5,2 at gegenüber einem Höchstwert von doppelter Größe für einen nicht detonierenden flüssigen Brennstoff bei gleichem Verdichtungsverhältnis. Die zur Erreichung des Höchstdrucks in der Normallage von 12° nach Totpunkt erforderliche Vorzündung betrug selbst bei den wasserstoffärmsten Gemischen der Versuche von Burstall nur 23°; sie ging mit zunehmendem Wasserstoffgehalt stetig bis auf 2° bei einem Gemisch von 15 v. H. Brennstoffmangel zurück. Diese Werte gelten für ein Verdichtungsverhältnis von 7 : 1. Bei einem Verdichtungsverhältnis von 5 : 1 war bei einem Gemisch von 50 v. H. Brennstoffmangel eine Vorzündung von etwa 40° erforderlich gegenüber einer Vorzündung von etwa 70° bei Leuchtgas-Luftgemischen unter gleichen Bedingungen (vgl. Abschnitt 26).

45. Allgemeiner Brennstoff- und Luftwirkungsgrad der Gasmaschine.

In Abschnitt 40 wurde ausgeführt, daß es aus praktischen Erwägungen mitunter vorteilhaft ist, den thermischen Wirkungsgrad einer Maschine auf den Luftverbrauch zu beziehen und als angenäherten Heizwert der Luft die Zahl von 714 kcal/kg oder 920 kcal/m³ anzunehmen. Es wurde darauf hingewiesen, daß bei reichen Brennstoff-Luftgemischen die je m³ erzeugte Wärmemenge von dem obigen Wert abweicht, weil ein Teil des Kohlenstoffs nur zu CO anstatt zu CO_2 verbrannt wird.

In diesem Abschnitt soll der Gedanke der gegenseitigen Austauschbarkeit von Brennstoff und Luft weiter verfolgt und der Zusammenhang zwischen Brennstoff- und Luftwirkungsgrad näher untersucht werden. Es sei mit einer Gasmaschine begonnen; denn bei ihr kann man sich Brennstoff und Luft in einfacher Weise als zwei gasförmige „Partner" bei der Bildung des zu erwärmenden Arbeitsstoffes vorstellen. Sieht man von dem Umstand ab, daß das eine Gas in kleinerer Menge als das andere vorhanden ist (ungefähr 1 : 4 beim chemisch genauen Mischungsverhältnis), so ist tatsächlich kein Grund vorhanden, warum ein Gas gegenüber dem andern bevorzugt als Brennstoff angesehen werden sollte.

Für die nachfolgenden Ausführungen ist es wichtig, daß das Leuchtgas in der Regel zu ungefähr 70 v. H. Raumteilen aus den zweiatomigen Gasen Wasserstoff und Kohlenoxyd besteht, die die gleiche Molekularwärme wie Luft besitzen; falls das Mischungsverhältnis aus Leuchtgas und Luft größer als das chemisch genaue ist, wird daher der Überschuß an Leuchtgas die mittlere Molekularwärme des zu erwärmenden Gemisches nicht erhöhen. Bei dem chemisch genauen Mischungsverhältnis und darüber hinaus wird ein bestimmter und begrenzter Betrag von CO_2 und H_2O gebildet; der Hauptteil des Restes besitzt selbst bei einem großen Brennstoffüberschuß die Molekularwärme der zweiatomigen Gase. Bei einer Benzinmaschine liegen die Verhältnisse gänzlich anders, weil durch das Vorhandensein unverbrannter Kohlenwasserstoffdämpfe die mittlere Molekularwärme des Zylinderinhalts sehr schnell vergrößert wird.

Den nachstehenden Betrachtungen sei eine Gasmaschine mit dem Verdichtungsverhältnis von 5 : 1 zugrunde gelegt. Bei einem Idealprozeß mit vollkommener Luft als Arbeitsstoff würde der theoretische Wirkungsgrad 47,3 v. H. betragen; mit anderen Worten, dies wäre der Wirkungsgrad, wenn die Molekularwärme des Arbeitsstoffes niemals über den Wert der Luft bei 15° C steigen würde und die Bedingungen erfüllt wären, daß die Verbrennung augenblicklich stattfindet und ein Wärmeverlust nicht auftritt. Die Molekularwärme hätte ferner keinen Zuwachs zu verzeichnen, wenn der Temperaturanstieg während des Kreisprozesses nur sehr klein bliebe. Man kann sich daher eine Maschine vorstellen, die mit gewöhnlicher Luft und einem nur ganz geringen Leuchtgasgehalt arbeitet, so daß der Temperaturanstieg geringfügig bleibt. Eine derartige Maschine würde als Wirkungsgrad den vollen Wert des Idealprozesses von 47,3 v. H. aufweisen. Besteht andererseits der Arbeitsstoff aus Leuchtgas und einem sehr geringen Luftgehalt zur Lieferung des Sauerstoffs, der für einen kleinen Temperaturanstieg erforderlich ist, so kann in demselben Sinne wie vorher gefolgert werden, daß auch in diesem Grenzfall die Maschine den Wirkungsgrad des Idealprozesses erreicht.

Die praktische Schwierigkeit, eine Verbrennung durchzuführen, wenn entweder Gas oder Luft nur in einer ganz geringen Menge vorhanden ist, wurde hierbei außer Acht gelassen. Aber hierdurch wird die Betrachtung der theoretischen Wirkungsgrade nicht stärker berührt als durch die außergewöhnliche Annahme, daß die Maschine mit einem Arbeitsstoff, der fast ausschließlich aus Wasserstoff und Kohlenoxyd besteht, betrieben wird.

Abb. 43 stellt ein Diagramm dar, daß in gleicher Weise wie die Abb. 38 u. 41 aufgebaut ist, aber alle denkbaren Gemischzusammensetzungen von 100 v. H. Luft auf der linken Seite bis auf 100 v. H. Leuchtgas auf der rechten Seite umfaßt. Für das Durchschnittsleuchtgas des Abschnittes 15 liegt das chemisch genaue Gemisch ungefähr bei 80 v. H. Luft und 20 v. H. Leuchtgas.

Wird der Wirkungsgrad in der üblichen Weise auf den Brennstoffverbrauch bezogen, beträgt er 47,3 v. H., wenn das Brennstoffluftgemisch 100 v. H. Luftgehalt besitzt; wird der Wirkungsgrad aber auf Luft bezogen, so ist er bei dieser Gemischzusammensetzung gleich Null, weil die Maschine sehr viel Luft verbrauchen und keine Arbeit verrichten würde. In gleicher Weise ist an dem äußersten rechten Ende des Diagrammes der auf Leuchtgas bezogene Wirkungsgrad gleich Null und der auf Luft bezogene gleich 47,3 v. H. Bei dem chemisch genauen Mischungsverhältnis müssen die Luft- und Brennstoffwirkungsgrade einander gleich sein, da die berechnete Wärmezufuhr bei diesem Gemisch gleich bleibt, von welchem der beiden an der Verbrennung beteiligten

Stoffe auch bei der Berechnung ausgegangen wird. Abb. 38 zeigt, daß bei dem chemisch genauen Mischungsverhältnis des typischen Leuchtgases der Energieinhalt 18060 kcal/Mol oder 807 kcal/m³ beträgt und der berechnete Wirkungsgrad sich auf 36,5 v. H. beläuft, wenn die Zunahme der Molekularwärme des Arbeitsstoffes mit der Temperatur sowie die Dissoziation berücksichtigt werden. Hätte man nur die Vergrößerung der Molekularwärmen, aber nicht die Dissoziation berücksichtigt, so würde sich bei dem chemisch genauen Gemisch ein Wirkungsgrad von 38 v. H. ergeben haben.

Die Kurven für den Luft- bzw. Brennstoffwirkungsgrad gehen bei 100 v. H. Luft von Null bzw. 47,3 v. H. aus und schneiden sich beim

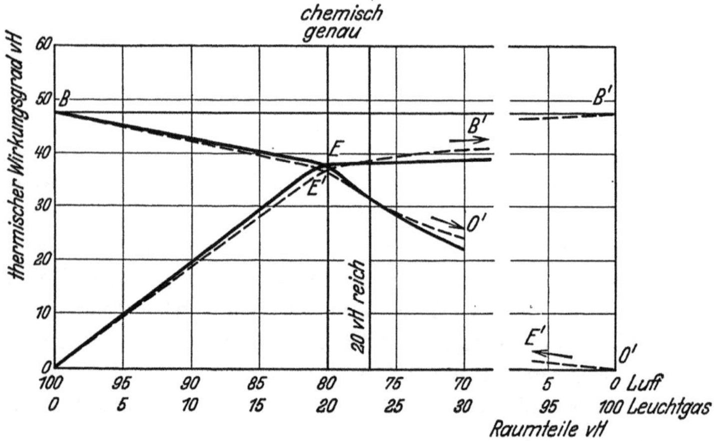

Abb. 43. Allgemeiner Brennstoff- und Luftwirkungsgrad für Leuchtgas-Luftgemische von 0 bis 100 v. H. Gasgehalt. Verdichtungsverhältnis 5:1.

chemisch genauen Gemisch; ihre allgemeine Form muß nach dem Linienzug *OEB'* bzw. *BEO'* ohne Berücksichtigung der Dissoziation und *OE'B'* bzw. *BE'O'* unter Berücksichtigung der Dissoziation verlaufen. Der Teil des Diagrammes, welcher Leuchtgas-Luftgemische mit mehr als 50 v. H. Brennstoffüberschuß darstellt, hat keine praktische Bedeutung und ist mit Ausnahme der letzten 5 v. H. auf der rechten Seite des Diagrammes aus der Abb. 43 fortgelassen worden. Ein logischer Grund, die Punkte *E* und *E'* mit den Punkten *B'* und *O'* durch allmählich verlaufende Kurven nicht zu verbinden, besteht keinesfalls; denn aus den obigen Ausführungen geht hervor, daß die chemischen Vorgänge im Zylinder auch bei einem großen Leuchtgasüberschuß von genau gleicher Natur sind und die Molekularwärmen ungefähr gleich bleiben. Die Möglichkeit eines praktischen Betriebes in diesem Bereich würde nur davon abhängen, das Gemisch trotz des sehr geringen Luftgehaltes auf irgendeine Weise zur Entzündung und Verbrennung zu bringen.

Der genaue Verlauf der Kurven hängt davon ab, wie sich die Molekularwärmen und die Dissoziationsbeträge mit der Temperatur ändern. Eine Berechnung zeigte, daß die Kurvenzweige BE und BE' fast ganz geradlinig verlaufen; nimmt man sie als vollständig geradlinig an, so zeigen die Kurvenzweige OE und OE' eine aufwärts gerichtete, leicht konvexe Krümmung. Es läßt sich z. B. OE durch eine in Anhang II abgeleitete Gleichung nachstehender Form ausdrücken:

$$\text{Wirkungsgrad} = (0{,}473 - 0{,}093\,x)\,\frac{0{,}80\,x}{1 - 0{,}2\,x}\,.$$

Hierin wird ein beliebiges Gas-Luftgemisch als Teil x des chemisch genauen Gemisches ausgedrückt. Aus Gründen der Kontinuität kann man schließen, daß bei den durch die Punkte E und E' laufenden Kurven kein plötzlicher Richtungswechsel auftreten kann; andererseits müssen die Kurven bei oder in der Nähe dieser Punkte an der Stelle, wo die durch die Verbrennung entwickelte Temperatur einen Höchstwert erreicht, einen Wendepunkt aufweisen.

Es ist lehrreich, die Vorgänge bei den brennstoffreichen Gemischen näher zu verfolgen unter der Annahme, daß das Gas nur aus den zweiatomigen Gasen Wasserstoff und Kohlenoxyd besteht, welche die gleiche Molekularwärme wie Luft besitzen. Diese Untersuchung soll zunächst unter Vernachlässigung und dann unter Berücksichtigung der Dissoziation durchgeführt werden.

Wenn nur die Zunahme der Molekularwärme zu berücksichtigen ist, bleibt der „wahre thermische Wirkungsgrad“ immer gleich, solange die je m^3 entwickelte Wärmemenge gleich ist *. Bei reichen Gemischen würde Luft durch Gas ersetzt; hieraus folgt, daß sowohl Wärmemenge als auch Wirkungsgrad bei brennstoffreichen Gemischen z. B. mit einem Luftgehalt von 80 v. H. des chemisch genauen Mischungsverhältnisses die gleichen sein würden wie bei einem brennstoffarmen Gemisch mit einem Gasgehalt von 80 v. H. des chemisch genauen Mischungsverhältnisses. Ein Punkt auf der Kurve EB' liegt daher auf der gleichen Höhe wie ein Punkt auf der Kurve EB, wenn der Luftgehalt des einen und der Gasgehalt des anderen Gemisches den gleichen Bruchteil der im chemisch genauen Gemisch enthaltenen Mengen betragen.

Werden die Wirkungsgrade im Bereich der reichen Gemische auf Brennstoff bezogen und der Luftgehalt in einem reichen Gemisch als Teil y der im chemisch genauen Gemisch enthaltenen Luftmenge ausge-

* Hierbei ist für brennstoffreiche Gemische vorausgesetzt, daß zwischen Wasserstoff und Kohlenoxyd keine Bevorzugung bei der Verbrennung stattfindet; würde in einem reichen Gemisch immer der gesamte Gehalt an Wasserstoff auf Kosten des Kohlenoxydanteiles verbrannt werden, so müßte sich in den Verbrennungsprodukten das Verhältnis aus Kohlensäure und Wasserdampf ändern und eine gewisse Änderung der mittleren Molekularwärme innerhalb des gleichen Temperaturbereiches hervorrufen.

drückt, so nimmt die erzeugte Wärme mit y ab, aber die Leistung fällt wegen der geringeren Höchsttemperatur und wegen des demnach höheren Wirkungsgrades nicht ganz in diesem Maße. Obwohl die je m^3 tatsächlich entwickelte Wärme mit y abnimmt, steigt doch der gesamte Wärmewert des zugeführten Brennstoffes erheblich an und der auf Gas bezogene thermische Wirkungsgrad fällt daher schnell ab. Um ein Zahlenbeispiel zu geben, sind in Zahlentafel 24 die Ergebnisse bei Gemischen mit 20 v. H. und 50 v. H. Gasüberschuß zusammengestellt; diese Werte haben auch bei der Aufzeichnung der Linie EO' Verwendung gefunden.

Die Wirkung der Dissoziation läuft bei einem chemisch genauen Gemisch darauf hinaus, daß die Entwicklung der vollen Verbrennungswärme behindert wird und hierdurch der Höchstdruck, die erzeugte Leistung und der thermische Wirkungsgrad erniedrigt werden; bei einem Leuchtgas-Luftgemisch wird der Wirkungsgrad von 38 v. H. auf 36,5 v. H. verringert. Bei brennstoffreicheren Gemischen würde ohne die Wirkung der Dissoziation die Leistung sofort vom chemisch genauen Mischungsverhältnis an in dem Maße fallen, wie die vorhandene Luft und die erzeugte Wärme vermindert werden; der Einfluß der Dissoziation bewirkt, daß die bei den brennstoffreicheren Gemischen entwickelten Drücke nicht unter den Druck beim chemisch genauen Mischungsverhältnis fallen, sondern sogar noch darüber hinaus vergrößert werden. In Abschnitt 23 und Abb. 11 wurde gezeigt, daß die unter Berücksichtigung der Dissoziation berechneten Temperaturen bei brennstoffreichen Gemischen höher ausfallen als bei chemisch genauen Gemischen. Fenning und Tizard[8] haben im geschlossenen Verbrennungsgefäß eine Reihe sehr gut gelungener Versuche mit verschiedensten Gemischen von CO, O_2 und N_2 angestellt und nachgewiesen, daß — falls das Verhältnis von O_2 zu N_2 nahezu dem in der Luft entsprach — die höchsten Drücke bei einem Kohlenoxydgehalt von 20 v. H. Überschuß über das zur vollständigen Verbrennung erforderliche Mischungsverhältnis entwickelt wurden. Der Höchstdruck lag dann ungefähr 1 v. H. höher als der bei chemisch genauem Gemisch erreichbare Wert; selbst bei einem Kohlenoxydüberschuß von 50 v. H. war der Höchstdruck nur um 1 v. H. unter dem des chemisch genauen Gemisches.

Bei diesen Versuchen fand als Brennstoff reines Kohlenoxyd mit Spuren von Wasserstoff Verwendung. Trotzdem kann man ein ähnliches Verhalten von Leuchtgas mit genügender Genauigkeit für die allgemeine Erörterung annehmen; unter dieser Voraussetzung sind die in Zahlentafel 25 gegenüber gestellten Werte für die Wirkungsgrade bei brennstoffreichen Gemischen ermittelt, wobei die Dissoziation voll berücksichtigt wurde. Ferner wurde angenommen, daß die erreichbare Leistung dieselbe Abhängigkeit vom Mischungsverhältnis aufweist wie die bei den Versuchen von Fenning erzielten Drücke. Burstall[32] hat die Änderung des indizierten mittleren Kolbendruckes mit dem Mischungsverhältnis bei einer Maschine, die mit reinem Kohlenoxyd betrieben wurde, praktisch beobachtet. Für die Berechnungen sind indessen die Zahlenwerte von Fenning gewählt worden, weil diese Versuche im geschlossenen Gefäß absolute Sicherheit bieten, daß die Versuchsergebnisse nicht durch etwaige Änderungen des volumetrischen oder mechanischen Wirkungsgrades beeinflußt sind. Es läßt sich zuversichtlich behaupten, daß die Zunahme des Höchstdruckes bei den brennstoffreichen Gemischen nur auf die Dissoziation und nichts anderes zurückzuführen ist. Die praktischen Maschinenversuche von Burstall bestätigen in recht befriedigender Weise die Versuchsergebnisse von Fenning, sie zeigen einen Anstieg des indizierten mittleren Kolbendruckes um 1,3 v. H. zwischen dem chemisch genauen Gemisch und einem mit 10 v. H. Brennstoffüberschuß.

Zahlentafel 24. Auf Brennstoffverbrauch bezogene thermische Wirkungsgrade reicher Leuchtgas-Luftgemische. Unter Vernachlässigung der Dissoziation.

Gemisch-zusammensetzung	Gas-gehalt v. H.	Luft-gehalt v. H.	Erzeugte Wärme und angenäherte Leistung	Brennstoff-wärme je m³ Gemisch	Wirkungs-grad bezogen auf Gas	Wirkungs-grad bezogen auf Gas v. H.
			bezogen auf chemisch genaues Gemisch			
Chemisch genau . . .	20	80	1	1	1	38
Brennstoffüberschuß 20 v. H.	23	77	0,96	1,15	0,835	31,7
Brennstoffüberschuß 50 v. H.	27	73	0,91	1,35	0,675	25,5

Zahlentafel 25. Thermische Wirkungsgrade reicher Leuchtgas-Luftgemische bezogen auf Luft und auf Gas. Unter Berücksichtigung der Dissoziation.

Gemisch-zusammen-setzung	Gas-gehalt v. H.	Luft-gehalt v. H.	Ange-näherte Lei-stung	Auf vorhandene Luft bezogene Wärme	Wir-kungs-grad be-zogen auf Luft	Auf vorhan-denes Gas be-zogene Wärme	Wir-kungs-grad be-zogen auf Gas	Wirkungsgrad bezogen auf Luft v. H.	Wirkungsgrad bezogen auf Gas v. H.
			bezogen auf chemisch genaues Gemisch						
Chemisch genau . . .	20	80	1	1	1	1	1	36,5	36,5
Brennstoff-überschuß 20 v. H. .	23	77	1,01	0,96	1,05	1,15	0,88	38,4	32,0
Brennstoff-überschuß 50 v. H. .	27	73	0,99	0,91	1,09	1,35	0,735	40,0	27,0

Die Werte der Zahlentafel 25 haben zur Aufzeichnung der Kurven $E'B'$ und $E'O'$ in Abb. 43 Verwendung gefunden. Man erkennt, daß bei einem Gemisch mit 20 v. H. Brennstoffüberschuß der unter Berücksichtigung der Dissoziation berechnete Wirkungsgrad — auf der Kurve $E'B'$ — bereits über dem unter Vernachlässigung der Dissoziation errechneten Wert — auf der Kurve EB' — liegt; der Wirkungsgrad ist bis zu diesem Mischungsverhältnis von 36,5 v. H. bei chemisch genauem Gemisch auf 38,4 v. H. angestiegen.

Diese Schlußfolgerungen bezüglich eines Anstieges des auf Luft bezogenen Wirkungsgrades im Bereich der reichen Leuchtgas-Luftgemische sind durch Versuche mehr als bestätigt. In Abb. 44 sind die von Burstall[20] bei einem Verdichtungsverhältnis von 5 : 1 und Drehzahlen von 1000 bzw. 1400 Uml/min erreichten Werte durch Punkte und Kreuze hervorgehoben. Im Bereich der brennstoffarmen Gemische auf der linken Seite des chemisch genauen Mischungsverhältnisses befinden sich die in der üblichen Weise auf Gas bezogenen Wirkungsgrade, während auf der rechten Seite die Werte für die auf Luft bezogenen Wirkungsgrade eingetragen sind. Der durch Versuch beobachtete Anstieg der Wirkungsgrade auf jeder Seite des chemisch genauen Mischungsverhältnisses zeigt deutlich die allgemeine Form der theoretischen Kurve BEB'.

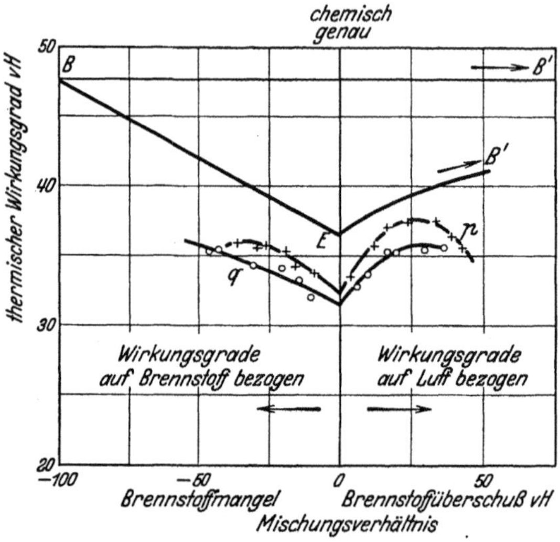

Abb. 44. Brennstoff- und Luftwirkungsgrade einer Leuchtgasmaschine.
$B\,E\,B'$ theoretische Kurve, p Versuchswerte von Burstall bei $n = 1400$ Uml/min, q Versuchswerte von Burstall bei $n = 1000$ Uml/min, Verdichtungsverhältnis 5 : 1.

Die allgemeine Gestalt dieser Kurve, die einen Kleinstwert für den Wirkungsgrad beim chemisch genauen Brennstoff-Luftgemisch besitzt, bringt zu beiden Seiten des chemisch genauen Mischungsverhältnisses die ansteigende Temperatur und den zunehmenden Dissoziationsbetrag zum Ausdruck. Nähert man sich von links dem chemisch genauen Mischungsverhältnis, so nimmt die Brennstoffwärme, die den Nenner bei der Wirkungsgradberechnung bildet, proportional zu dem vorhandenen Brennstoff, d. h. entsprechend dem Abstand vom Punkte B, zu. Wegen der zunehmenden Molekularwärme und Dissoziation kann aber nur ein kleiner und kleiner werdender Teil dieser Gesamtwärme in Arbeit umgewandelt werden, so daß der Wirkungsgrad fällt. Sobald man über das chemisch genaue Gemisch entlang der Linie EB' nach rechts hinauskommt, beginnt sofort die auf der angenommenen vollständigen Verbrennung der vorhandenen Luft beruhende Gesamtwärme proportional der verringerten Luftmenge kleiner zu werden. Aber im Gegensatz zu einem auf dem Kurvenast BE in der Nähe von E liegenden Punkt treten bei den Punkten unmittelbar rechts von E tatsächlich eine größere Wärmeentwicklung und auch ein größeres Volumenverhältnis bei der Verbrennung auf. Diese beiden Folgen der Dissoziation führen zu einer Vermehrung der berechneten und beobachteten Leistung, trotzdem die auf der Basis der vorhandenen Luft als verfügbar errechnete Wärme eine Verminderung erfährt. Die Dissoziation läßt daher einen schnelleren Anstieg des Wirkungsgrades erwarten, wenn man sich vom Punkte E nach rechts statt nach links um einen Abstand entfernt, welcher der gleichen prozentualen Verringerung der von Luft bzw. Gas aus als verfügbar berechneten Wärme entspricht. Bei dem Gemisch, das gegenüber dem chemisch genauen einen Brennstoffüberschuß von 20 v. H. besitzt, hat die vorhandene Luftmenge um 4 v. H. abgenommen, der berechnete Wirkungsgrad ist von 36,5 v. H. auf 39 v. H. und der durch Versuche ermittelte Wirkungsgrad von etwa 32 v. H. auf 37 v. H. angestiegen. Besitzt auf der brennstoffarmen Seite das Gemisch einen Leuchtgasmangel von 4 v. H., so wird die als verfügbar berechnete Wärmemenge ebenso groß wie vorher auf der brennstoffreichen Seite; man ersieht aus den Kurven, daß die berechneten bzw. beobachteten Wirkungsgrade nur von 36,5 v. H. auf 37 v. H. bzw. 32 v. H. auf 33 v. H. gestiegen sind.

Die Versuchswerte weisen auf beiden Seiten des chemisch genauen Mischungsverhältnisses einen bemerkenswert größeren Zuwachs als die berechneten Zahlenwerte auf; diese Erscheinung ist wahrscheinlich in der Hauptsache darauf zurückzuführen, daß die von Burstall angegebenen Mischungsverhältnisse aus Brennstoff und Luft sich auf den Zustand der Gemische beim Eintritt in den Zylinder beziehen. Je nachdem, ob die Gemische arm oder reich sind, wird im Zylinder ein Rest an Sauerstoff oder an Brennstoffgasen vom letzten Auspuffhub übrig bleiben, so daß die tatsächlichen Gemische im Zylinder ärmer oder reicher als im Eintrittszustand ausfallen. Auf der brennstoffreichen Seite mag bei der Erhöhung des Wirkungsgrades auch die vorzugsweise Verbrennung des Wasserstoffes aus den weiter unten angegebenen Gründen eine Rolle spielen. In jedem Falle war kaum zu erwarten, daß die Werte der Zahlentafel 25 mehr als einen qualitativen Anhalt für die bei einer Leuchtgasmaschine vorauszusehenden Vorgänge bieten würden; schließlich beruhen sie nur auf Versuchen im geschlossenen Gefäß, bei denen reines Kohlenoxyd als Brennstoff verwandt wurde. Burstall beobachtete bei seinen praktischen Maschinenversuchen mit reinem

Kohlenoxyd einen Wirkungsgradanstieg, der fast genau der berechneten Wirkungsgradkurve in Abb. 44 entsprach. Er stellte beim chemisch genauen Mischungsverhältnis einen Wirkungsgrad von 27,5 v. H. fest, der auf 29,5 v. H. bei einem Gemisch mit 20 v. H. Brennstoffüberschuß anstieg.

Theoretische Überlegungen und praktischer Versuch zeigen also übereinstimmend, daß die angenäherte Unveränderlichkeit des Luftwirkungsgrades der brennstoffreichen Benzin-Luftgemische in Abschnitt 40 zufällig ist und daß der Luftwirkungsgrad bei der Gasmaschine zunimmt, wenn das Mischungsverhältnis größer als im chemisch genauen Gemisch wird. Diese Steigerung des Luftwirkungsgrades dient auch zur Erklärung der von Burstall bei reichen Leuchtgas-Luftgemischen beobachteten Leistungszunahme; denn bei einem Gemisch mit 20 v. H. Leuchtgasüberschuß fiel der Luftgehalt nur auf 96 v. H. des Wertes bei chemisch genauen Gemisch, während der Wirkungsgrad von 36,5 v. H. auf 38,4 v. H. zunahm. Auf Grund der Kohlenoxydversuche ist ein Leistungszuwachs von etwas über 1 v. H. zu erwarten; wie bereits oben ausgeführt, kann die hierüber hinausgehende, tatsächlich beobachtete Leistungszunahme mit großer Wahrscheinlichkeit darauf zurückgeführt werden, daß bei den reichen Leuchtgas-Luftgemischen der gesamte Wasserstoffgehalt gegenüber dem Kohlenoxydgehalt vorzugsweise zur Verbrennung kommt. Ein Vergleich mit den Ausdrücken der dissozierten Verbrennungsprodukte in Abschnitt 23 zeigt, daß dies auf eine geringere Dissoziation bei der Höchsttemperatur und auch auf einen kleineren Wert der mittleren Molekularwärme der Verbrennungsprodukte hinausläuft (vgl. Zahlentafel 10).

46. Allgemeiner Wirkungsgrad der Benzinmaschine.

Betrachtet man das Verhalten einer Benzinmaschine nach den gleichen Gesichtspunkten wie im letzten Abschnitt, so ergeben sich sehr große Unterschiede. Zunächst sei wie zuvor eine Maschine mit einem Verdichtungsverhältnis von 5 : 1 angenommen. Das Diagramm der Wirkungsgrade in Abb. 45 hat dann eine ähnliche Form wie das Diagramm der Abb. 43. Vorausgesetzt sei, daß die Durchführung der Verbrennung keine Schwierigkeiten bereitet und die normalen chemischen Reaktionen entsprechend den jeweiligen Mischungsverhältnissen von Brennstoff und Luft vor sich gehen, wie auch immer das Gemisch zusammengesetzt sein mag.

Links vom chemisch genauen Mischungsverhältnis ähnelt das Diagramm in starkem Maße dem der Abb. 43 mit der Ausnahme, daß das chemisch genaue Mischungsverhältnis bei einem Brennstoffgehalt von ungefähr 2 v. H. an Stelle von 20 v. H. bei Leuchtgas liegt. Die beiden

Kurven BE' und OE' schneiden sich wie bei Leuchtgas in dem Punkt des für das chemisch genaue Gemisch unter Berücksichtigung der Dissoziation berechneten Wirkungsgrades. Wie vorher kann man sich eine Maschine vorstellen, deren Arbeitsstoff ganz aus Brennstoffdampf oder — um den Arbeitsstoff genau festzulegen — aus Heptandampf besteht; Heptan ist, soweit das Molekulargewicht in Frage kommt, typisch für ein Durchschnittsbenzin. Wie bei Leuchtgas läßt sich die Schlußfolgerung ziehen, daß der auf Brennstoff bezogene Wirkungsgrad Null ist, wenn der Luftgehalt sehr klein und im Grenzfall gleich Null wird; mit anderen Worten, die Kurve $E'O'$ fällt ungefähr ebenso ab wie die entsprechende Kurve in Abb. 43. Bei den auf Luft bezogenen Wirkungsgraden tritt indessen im Bereich der reichen Gemische ein wesentlicher Unterschied auf. Bei der Leuchtgasmaschine kam man zu dem Schluß, daß der Luftwirkungsgrad für den Grenzfall, wo keine Luft mehr vorhanden ist und der Arbeitsstoff nur aus Leuchtgas besteht, den Idealwirkungsgrad für Luft im Werte von

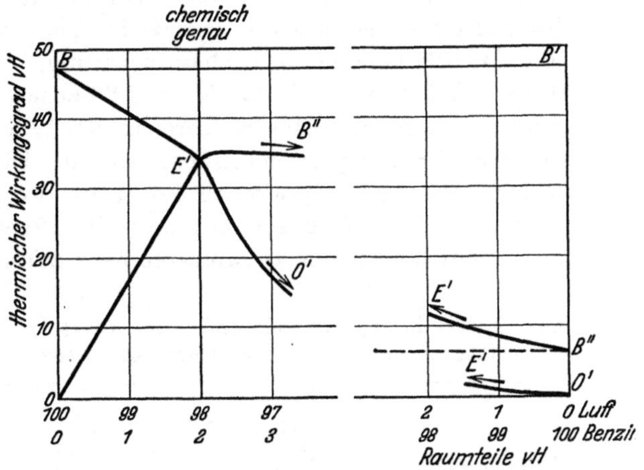

Abb. 45. Allgemeiner Brennstoff- und Luftwirkungsgrad für Benzin-Luftgemische von 0 bis 100 v. H. Brennstoffgehalt. Verdichtungsverhältnis 5:1.

$$1 - \left(\frac{1}{\varepsilon}\right)^{k-1}$$

erreicht; dies war der Fall, weil Leuchtgas zu einem großen Teil aus Wasserstoff und Kohlenoxyd bestand und seine Molekularwärme mit der von Luft gleich gesetzt werden konnte. Sonst hätte sich ein sehr verschiedener Wert für k in der Wirkungsgradformel ergeben.

Stellt man sich eine Maschine vor, bei der der Arbeitsstoff im Grenzfall ausschließlich aus Heptandampf besteht, so besitzt dieser eine Molekularwärme von 48 kcal/Mol ^{0}C gegenüber 5,0 kcal/Mol ^{0}C bei reiner Luft. Für k ergibt sich daher ein Wert von 1,041, und der Wirkungsgrad des idealen „Heptandampf-Kreisprozesses" errechnet sich zu

$$1 - \left(\frac{1}{5}\right)^{0,041} = 0,066.$$

Hieraus folgt, daß die Kurve $E'B'$ nach einem anfänglichen Anstieg später wieder infolge der mit steigendem Heptandampfgehalt zunehmenden Molekularwärme des Arbeitsstoffes abfällt, bis sie schließlich auf der äußersten rechten Seite bei dem Wirkungsgrad von 0,066 endet.

Der durch die Dissoziation bewirkte Anstieg der Verbrennungstemperatur bei reichen Gemischen — wie in Abb. 11 veranschaulicht — ermöglicht in Verbindung mit der hierbei auftretenden Zunahme des Volumenverhältnisses σ bei der Verbrennung eine ungefähre Schätzung des Leistungszuwachses während der sich auf die ersten 20 bzw. 50 v. H. belaufenden Gemischanreicherung. Diese Zahlenwerte sind für Heptan-Luftgemische in Zahlentafel 26 zusammen mit der aus der vorhandenen Luft als verfügbar berechneten Wärme und dem auf Luft bezogenen Wirkungsgrad gegenüber gestellt. Die auf Luft bezogene, verfügbare Wärme ist praktisch konstant, weil das Brennstoffvolumen selbst bei einem Gemisch mit 50 v. H. Brennstoffüberschuß nur von 2 v. H. auf 3 v. H. des Gesamtvolumens zunimmt.

Zahlentafel 26.
Auf Luft bezogene thermische Wirkungsgrade reicher Benzin-Luftgemische. Unter Berücksichtigung der Dissoziation.

Gemischzusammensetzung	erreichte Höchsttemperatur °C	Volumenverhältnis σ	angenäherte Leistung (aus Spalte 2 und 3)	auf vorhandene Luft bezogene Wärme	Wirkungsgrad bezogen auf Luft	Wirkungsgrad bezogen auf Luft v. H.
			bezogen auf chemisch genaues Gemisch			
Chemisch genau . . .	2591	1,085	1	1	1	33,8
Brennstoffüberschuß 20 v. H.	2603	1,11	1,03	0,996	1,03	34,8
Brennstoffüberschuß 50 v. H.	2366	1,185	1,01	0,99	1,02	34,4

Aus der letzten Spalte der Zahlentafel ersieht man, daß bei einem Gemisch mit 50 v. H. Brennstoffüberschuß der auf Luftverbrauch bezogene Wirkungsgrad bereits zu fallen beginnt. Von hier aus nimmt er stetig weiter ab, indem eine Temperatursenkung durch die mit steigendem Heptandampfgehalt zunehmende Molekularwärme des Arbeitsstoffes mehr als ausgeglichen wird. Nähert sich schließlich die Molekularwärme der des reinen Heptandampfes, so fällt der Wirkungsgrad bis auf den Wert 6,6 v. H. scharf ab, wie aus der beim Punkt B'' endigenden Kurve OE' hervorgeht.

Die angenäherte Unveränderlichkeit des Luftverbrauches in kg/PS_ih, dessen von Ricardo beobachteten Werte in Zahlentafel 23 angegeben wurden, entspricht offenbar dem angenähert waagerechten Teil der Wirkungsgradkurve $E'B''$ unmittelbar rechts vom Punkt E'. Unter Bezug auf Zahlentafel 23 sieht man, daß die angenäherte Unveränderlichkeit des Luftverbrauches in kg/PS_ih oder des Luftwirkungsgrades tatsächlich durch einen kleinen Anstieg bis zu 20 v. H. Brennstoffüberschuß und einen bei 35 v. H. Brennstoffüberschuß beginnenden Abfall gebildet wird; aus dem Vergleich der Kurve mit den letzten Spalten der Zahlentafeln 23 und 26 geht daher eine dem Wesen nach völlige Übereinstimmung zwischen praktischem Versuch und theoretischer Ableitung hervor.

47. Einfluß von Zylindergröße und Drehzahl auf den thermischen Wirkungsgrad.

Maschinen mit sehr verschiedenen Zylinderabmessungen weichen in der baulichen Durchbildung fast aller Einzelheiten erheblich voneinander ab, so daß es schwierig wird, einwandfreie Vergleichszahlen für den Einfluß der Zylindergröße auf den thermischen Wirkungsgrad aufzustellen. Wenn nicht alle Einzelheiten des Zylinders große Ähnlichkeit aufweisen und auch die Drehzahlen annähernd gleich sind, so ist mit Sicherheit damit zu rechnen, daß andere Einflüsse in Erscheinung treten und etwaige Unterschiede im Maschinenverhalten, die nur auf die verschiedenen Größen zurückzuführen sind, verschleiern. Bei größeren Zylinderabmessungen läßt sich als Hauptunterschied zunächst eine Verringerung des Wärmeverlustes an die Zylinderwandungen voraussehen, da mit wachsender Zylindergröße das Verhältnis aus Oberfläche und Volumen des Verbrennungsraumes kleiner wird. Es ist selbstverständlich, daß die Form des Verbrennungsraumes bei den zu vergleichenden Maschinen ähnlich und möglichst gedrungen und symmetrisch sein muß; denn sonst läßt sich kaum eine Beziehung zwischen dem Wärmeverlust und den linearen Abmessungen aufstellen. Außer von dem Verhältnis der Oberfläche zum Volumen des Verbrennungsraumes hängt der Wärmeverlust sehr davon ab, in welchem Maße die heißen Gase an den Zylinderwandungen entlang „fegen", d. h. von der Wirbelung, die ihrerseits unter sonst gleichen baulichen Bedingungen mit der Drehzahl der Maschine zunimmt.

Eine Reihe lehrreicher Versuche wurde in den Jahren 1903/6 von einem Ausschuß der „Institution of Civil Engineers[23]" durchgeführt, über die Dugald Clerk in seinem Buch[24] einen ausführlichen Bericht gibt. Die Untersuchung erstreckte sich auf drei Gasmaschinen, deren bauliche Hauptdaten und Versuchsergebnisse in Zahlentafel 27 wiedergegeben sind.

Die Maschinen waren alle von der National Gas Engine Co. gebaut und besaßen die bekannte liegende Bauart. Sie waren im allgemeinen bezüglich Bauart des Zylinders und Form des Verbrennungsraumes einander ähnlich; obwohl in der Drehzahl Unterschiede von beinahe 50 v. H. auftraten, waren die mittleren Kolbengeschwindigkeiten doch weit ausgeglichener, so daß die Gasgeschwindigkeiten in den Ventilen und damit die Wirbelung in den Zylindern nicht allzu verschieden gewesen sein mögen.

Zahlentafel 27. Ergebnisse an Gasmaschinen verschiedener Größe.

	Gasmaschine L	Gasmaschine R	Gasmaschine X
Bohrung mm	140	229	356
Hub mm	254	432	559
Drehzahl Uml/min	259	204	166
Mittlere Kolbengeschwindigkeit m/sek	2,2	2,9	3,1
Verdichtungsverhältnis	5,67 : 1	5,54 : 1	5,38 : 1
Verhältnis aus Oberfläche zu Volumen des Verbrennungsraumes	1,625	0,975	0,674
Verhältnis aus angesaugter Gas- und Luftmenge	1 : 9,15	1 : 9,17	1 : 8,21
Nutzbarer mittlerer Kolbendruck at	4,7	5,3	5,2
Indizierter mittlerer Kolbendruck at	5,6	6,2	6,1
Gasverbrauch m^3/PS_eh (bezogen auf Arbeitstemperatur)	0,47	0,44	0,42
Indizierter Wirkungsgrad v. H.	31,0	32,9	34,8
Verhältnis aus ind. Wirkungsgrad zu Idealwirkungsgrad für Luft	0,62	0,66	0,71

Bei dem für diese Versuche verwendeten Gas betrug das chemisch genaue Mischungsverhältnis aus Gas und Luft ungefähr 1 : 5, so daß alle in Zahlentafel 27 zusammen gestellten Versuche mit sehr brennstoffarmen Gemischen vorgenommen wurden. Dies kann auch aus den geringen Werten der angegebenen mittleren Kolbendrücke geschlossen werden; ebenso gibt der Ausschuß in seinem Bericht an, daß die Nutzleistungen dem wirtschaftlichsten Betrieb einer jeden Maschine entsprachen. Man kann daher annehmen, daß die Maschinen an dem linken Ende der Wirkungsgradkurve der Abb. 37 arbeiteten — bei ungefähr 39 v. H. Brennstoffmangel für die Maschinen L und R und bei ungefähr 32 v. H. Brennstoffmangel für die Maschine X.

Bei diesen Gemischzusammensetzungen und einem Verdichtungsverhältnis von 5 : 1 betrug der von Burstall praktisch ermittelte indizierte Wirkungsgrad 36 v. H. (vgl. Abb. 37); bei den Verdichtungsverhältnissen der obigen Maschinen würde er ungefähr 37,8 v. H. betragen, so daß die damals erzielten Wirkungsgrade im Vergleich zu den Werten neuzeitlicher Maschinen sehr niedrig waren. Über den Zündzeitpunkt werden keine Angaben gemacht; man kann daher vermuten, daß die Zündung nicht für den besten Wirkungsgrad eingestellt war. Die keineswegs gedrungene Form der Verbrennungräume muß ebenso wie die viel kleineren Drehzahlen auf eine Vermehrung des auf die Oberfläche des Verbrennungsraumes entfallenden Wärmeverlustes während der Verbrennung und Ausdehnung hingewirkt haben. Aus Gründen, die in Abschnitt 57 näher behandelt werden, ist indessen eine beträchtliche Änderung des Wärmeverlustes an die Zylinderwandungen nötig, um einen merklichen

Einfluß auf den thermischen Wirkungsgrad auszuüben; der Unterschied zwischen den Wirkungsgraden der obigen drei Maschinen L, R und X und den Werten von Burstall muß als zu groß angesehen werden, um in dieser Weise erklärt werden zu können. Die Schlußfolgerung ist daher gerechtfertigt, daß eine günstigere Zündeinstellung eine gewisse Verbesserung in den Wirkungsgraden ergeben haben würde. Wenn die Zündeinstellung bei allen drei Maschinen tatsächlich gleich war, kann man den Unterschied zwischen den Wirkungsgraden der Maschinen L und X — 31 v. H. und 34,8 v. H. — zum Teil darauf zurückführen, daß der Verbrennungsweg bis zum Erreichen der kühleren Zylinderwandungen bei der Maschine L nur ungefähr 40 v. H. des Weges bei der Maschine X beträgt; bei der Maschine L muß also ein unnötiger Wärmeverlust aufgetreten sein, der sich durch eine spätere Zündeinstellung hätte vermeiden lassen.

Obwohl diese Versuche des Ausschusses der „Institution of Civil Engineers" bereits lange zurück liegen, besitzen sie trotzdem auch heute noch Wert und großes Interesse. Sie wurden mit großer Genauigkeit durchgeführt, und der einzige Punkt, der einer gewissen Kritik ausgesetzt sein könnte, liegt in der Bestimmung des mechanischen Wirkungsgrades. Der Ausschuß war sich voll bewußt, daß die Bestimmungen des mechanischen Wirkungsgrades unbefriedigend waren; aber im Jahre 1904 war die Pendel-Dynamomaschine zur Messung der mechanischen Verluste durch Antrieb der Gasmaschine noch nicht entwickelt, und der Indikator war das einzige verfügbare Hilfsmittel, um die indizierte Leistung zu ermitteln.

Ricardo[25] hat an drei neuzeitlicheren, schnellaufenden Benzinmaschinen einige weitere Vergleichsversuche angestellt, deren Ergebnisse in Zahlentafel 28 zusammengestellt sind.

Bei jeder dieser Maschinen besaß der Verbrennungsraum eine möglichst gedrungene Form mit Ventilen im Zylinderkopf, obwohl Anzahl und Lage der Ventile nicht gleich waren. Aus der Zahlentafel ersieht man, daß die mittleren Kolbengeschwindigkeiten erheblich voneinander abweichen; das Verhältnis aus Ventilquerschnitt zu Kolbenquerschnitt war jeweils so bemessen, daß die mittlere Gasgeschwindigkeit in den Einlaßventilen bei allen Maschinen gleich war und bei den obigen Drehzahlen 42,7 m/sek betrug.

Bei jeder Maschine war das Brennstoff-Luftgemisch auf ungefähr 5 v. H. Brennstoffmangel und die Vorzündung jeweils auf höchste Leistung eingestellt. Man hätte also in jedem Fall noch etwas höhere Wirkungsgrade erzielen können; aber bei den obigen Versuchen kam es darauf an, einwandfreie und übereinstimmende Vergleichsbedingungen möglichst genau innezuhalten. Man ersieht aus der Zahlentafel, daß mit zunehmenden Zylinderabmessungen ein klar erkennbarer Anstieg des

Zahlentafel 28. Ergebnisse an Benzinmaschinen verschiedener Größe.

	Benzinmaschine A	Benzinmaschine B	Benzinmaschine C
Bohrung mm	89	114	203
Hub mm	102	203	279
Drehzahl Uml/min	1750	1750	1250
mittlere Kolbengeschwindigkeit m/sek	5,95	11,8	11,65
Verdichtungsverhältnis	4,84 : 1	4,84 : 1	4,84 : 1
Verhältnis aus Oberfläche zu Volumen des Verbrennungsraumes	3,41	2,12	1,05
Nutzbarer mittlerer Kolbendruck at	8,0	8,9	9,5
Indizierter mittlerer Kolbendruck at	9,7	10,3	10,8
Brennstoffverbrauch kg/PSeh	0,25	0,23	0,21
Indizierter Wirkungsgrad v. H.	29,6	30,8	32,0
Verhältnis aus ind. Wirkungsgrad und Idealwirkungsgrad für Luft	0,635	0,663	0,689
Verhältnis aus ind. Wirkungsgrad und theoretischem Grenzwert	0,86	0,89	0,925

Der Idealwirkungsgrad beträgt 46,5 v. H. Der „theoretische Grenzwert" des Abschnittes 42 wird für dieses Verdichtungsverhältnis und ein Gemisch mit 5 v. H. Brennstoffmangel aus der Abb. 39 in bequemer Weise durch Interpolation zwischen den Kurven *c* und *d* zu 34,5 v. H. ermittelt.

Wirkungsgrades einhergeht; diese Wirkungsgradverbesserung kann in der Hauptsache auf die Verringerung des Verhältnisses aus Oberfläche zu Volumen des Verbrennungsraumes zurückgeführt werden, da die Wirbelung bei allen drei Maschinen ziemlich gleich gewesen sein muß. Der Anstieg des Wirkungsgrades beträgt bei den Benzinmaschinen nur 2,4 v. H. gegenüber 3,8 v. H. bei den Gasmaschinen L und X, obwohl die Verringerung des Verhältnisses aus Oberfläche zu Volumen bei den Benzinmaschinen erheblich größer als bei den Gasmaschinen ist. Hieraus kann man schließen, daß der Anstieg des Wirkungsgrades zwischen den Maschinen L und X noch auf andere Ursachen als auf den reinen Einfluß der Zylinderabmessungen zurückzuführen ist.

Es ist interessant, die Wärmebilanzen der Benzinmaschinen A und B sowie der Gasmaschinen L, R und X miteinander zu vergleichen. In Zahlentafel 29 sind die entsprechenden Werte gegenübergestellt; zur Erklärung der Zahlentafel s. Abschnitt 61.

Zahlentafel 29. Vergleich der Wärmebilanzen verschiedener Maschinen.

	Benzinmaschine		Gasmaschine		
	A	B	L	R	X
Wärmewert der indizierten Leistung v. H.	29,6	30,2	31,8	33,3	34,7
Kühlwasserwärme v. H.	29,5	27,9	34,1	29,6	25,4
Abgaswärme und Restverluste v. H.	40,9	42,8	34,1	37,1	39,9

Das Verdichtungsverhältnis der Gasmaschinen war höher, sie arbeiteten mit einem Gemisch von 40 v. H. Brennstoffmangel. Daher müssen ihre Temperaturen während des Arbeitsspieles viel niedriger gewesen sein, so daß der in Leistung umgewandelte Teil der gesamten Wärmezufuhr höher ausfällt. Trotz der sehr viel höheren Temperaturen bei den kleinen schnellaufenden Benzinmaschinen und trotz ihrer viel größeren Wirbelung ist der Anteil der Kühlwasserwärme an der gesamten Wärmezufuhr kleiner als bei allen anderen Maschinen mit Ausnahme der sehr großen Gasmaschine *X*. Hier macht sich natürlich der Einfluß der viel höheren Maschinendrehzahlen geltend.

Bei einer Änderung der Drehzahl in der Größenordnung von 1 : 10, wie sie die beiden Maschinenreihen aufweisen, muß natürlich eine gewisse Verringerung des anteiligen Wärmeabflusses an die Zylinderwandungen während der Verbrennung und Ausdehnung auftreten. Geht man aber von derartigen allgemeinen Feststellungen zu einer sorgfältigeren Untersuchung des Einflusses der Drehzahl auf den thermischen Wirkungsgrad bei Maschinen ähnlicher Bauart über, so stellen sich sofort Schwierigkeiten in großer Menge entgegen. Es ist unmöglich, direkte Versuche zum Vergleich des Einflusses der Drehzahl zu machen, bei denen nur die Drehzahl veränderlich ist; denn die beste Leistung bei einer bestimmten Drehzahl hängt in so hohem Maße von der Einstellung der Zündung, der Gemischzusammensetzung und der Ventileinstellung für diese Drehzahl ab, daß die durch die Änderung der Drehzahl allein erzielten Ergebnisse ganz bedeutungslos sein würden. Änderungen in der Leistung und damit auch im Wirkungsgrad, die durch ungeeignete Zündeinstellung hervorgerufen werden, würden allein schon genügen, um Unterschiede im Wärmeverlust, die eine Änderung der Drehzahl mit sich bringt, vollkommen zu verwischen. Es ist richtig, daß man die Zündeinstellung bei jeder Drehzahl der Höchstleistung anpassen kann; schwierig ist dies aber für die Ventileinstellung, die beinahe ebenso bedeutungsvoll ist, und umständlich wird es für die Regulierung der Gemischzusammensetzung. Abgesehen von diesen praktischen Schwierigkeiten fällt der Einfluß einer Drehzahländerung auf die Wirbelung und auf den Wärmeverlust durch die Oberflächen des Verbrennungsraumes bei den einzelnen Maschinen auch ganz verschieden aus, so daß sich keine allgemein anwendbaren Ergebnisse erzielen lassen.

Glücklicherweise wirken sich bei einer Änderung der Drehzahl die Verringerung der Zeit und die Vermehrung der Wirbelung in entgegengesetztem Sinne auf den Wärmeverlust aus; daher kommt dem Einfluß der Drehzahl auf den Wirkungsgrad viel weniger Bedeutung zu, als man früher annahm, und eine genaue Untersuchung ist nicht so wichtig.

Einige Zahlenwerte, die Ricardo in seinem Buch angibt, sind in Zahlentafel 30 auszugsweise wiedergegeben; man ersieht hieraus, daß die Verbesserung des Wirkungsgrades bei einer Erhöhung der Drehzahl um 75 v. H. beinahe ganz vernachlässigt werden kann.

Zahlentafel 30.
Einfluß der Drehzahl auf die Wärmebilanz einer Benzinmaschine.
Bohrung: 114 mm. Hub: 203 mm. Verdichtungsverhältnis 3,8 : 1.

Drehzahl Uml/min	975	1500	1700
Mittlere Kolbengeschwindigkeit m/sek	6,5	10,2	11,5
Wärmewert der indizierten Leistung v. H.	25,9	26,1	26,1
Kühlwasserwärme v. H.	30,4	28,0	27,0
Abgaswärme und Restverluste v. H. .	43,7	45,9	46,9

Von **Burstall** stammt die in Abb. 46 wiedergegebene Kurve, die die Änderung des Wirkungsgrades mit der Drehzahl für eine Maschine gleicher Bauart in Betrieb mit Leuchtgas zeigt. Man erkennt, daß eine Änderung der normalen Betriebsdrehzahl von 1500 Uml/min um 20 v. H. nach oben oder nach unten eine Änderung des thermischen Wirkungsgrades um etwa 0,75 v.H. hervorruft. Dem Abfall der Wirkungsgradkurve bei Drehzahlen unter 1000 Uml/min kommt keine Bedeutung zu, weil die Ventileinstellung für diese Drehzahlen ungeeignet ist. **Burstall** weist darauf hin, daß zur Aufstellung der Kurve an den tatsächlichen Ablesungen eine Reihe von Berichtigungen vorgenommen wurde, um den Einfluß der Drehzahl unter vergleichbaren Bedingungen zum Ausdruck zu bringen; an einigen dieser Berichtigungen kann seiner Ansicht nach Kritik geübt werden.

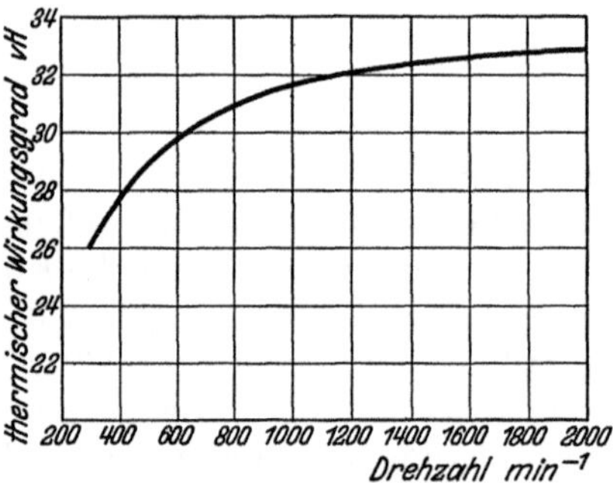

Abb. 46. Einfluß der Drehzahl auf den thermischen Wirkungsgrad. Normale Betriebsdrehzahl 1500 Uml/min, Verdichtungsverhältnis 5: 1, chmisch genaues Leuchtgas-Luftgemisch.

Die bei höheren Drehzahlen vermehrte Wirbelung hat ferner eine Nebenwirkung, die bei Benzinmaschinen Bedeutung erlangen kann und deshalb Erwähnung verdient. Die stärkere „Fege- und Reinigungswirkung" hat zur Folge, daß unverdampfter Brennstoff, der auf oder dicht an den kühlen Zylinderwandungen hängen geblieben ist, während des Verdichtungshubes entfernt wird. Ein derartiger Einfluß macht sich besonders bei weniger flüchtigen Brennstoffen bemerkbar; bei einer Gasmaschine kann er natürlich nicht auftreten.

Die Werte der Zahlentafel 30 zeigen eine Abnahme des an das Kühlwasser gehenden Wärmeverlustes, die sich innerhalb des dargestellten Drehzahlbereiches auf 3,4 v. H. der gesamten Wärmezufuhr beläuft. Hierbei bleibt indessen zu berücksichtigen, daß der thermische Wirkungsgrad nur durch den während der Verbrennung und Ausdehnung auftretenden Wärmeverlust betroffen wird. Dieser kann zu 12 bis 15 v. H. der gesamten Wärmezufuhr (vgl. Abschnitt 61) angenommen werden, während nach der Zahlentafel 30 die gesamte Kühlwasserwärme 30,4 bis 27 v. H. der Wärmezufuhr beträgt. Daher bedeutet eine Verringerung der Kühlwasserwärme in dem angegebenen Maße von 3,4 v. H. nur eine Verminderung des während der Verbrennung und Ausdehnung vor sich gehenden Wärmeverlustes um

$$3{,}4 \cdot \frac{12}{30{,}4} = 1{,}12 \text{ v. H.}$$

Dieser Anteil der gesamten Wärmezufuhr bildet einen Gewinn für die zur Arbeitsverrichtung verfügbare Wärme; da der Wirkungsgrad bei der Umwandlung von Wärme in Arbeit im Durchschnitt etwa 0,3 beträgt, beläuft sich der Gewinn an indizierter Arbeit oder die Steigerung des indizierten Wirkungsgrades auf

$$1{,}12 \cdot 0{,}3 = 0{,}33 \text{ v. H.}$$

Eine Verringerung der Wärmeverluste durch das Kühlwasser um 3,4 v. H. ergibt demnach nur einen Zuwachs des thermischen Wirkungsgrades um 0,33 v. H. Dieses Ergebnis stimmt ziemlich gut mit der durch Versuch festgestellten Wirkungsgradverbesserung von 0,2 v. H. überein (vgl. Zahlentafel 30); es bestätigt die Feststellungen von Burstall, daß selbst eine starke Drehzahländerung nur eine sehr geringe Wirkung auf den thermischen Wirkungsgrad ausübt.

Als allgemeine Schlußfolgerung kann daher von dem Einfluß einer Drehzahlerhöhung auf den thermischen Wirkungsgrad behauptet werden, daß die Verringerung der Zeit für den Wärmeverlust an die Zylinderwandungen bei großen Drehzahlunterschieden, wie z. B. zwischen langsamlaufenden und schnellaufenden Maschinen, wichtig ist. Eine Zu- oder Abnahme der Drehzahl in der Größenordnung von 20 v. H. der normalen Betriebsdrehzahl hat nur sehr geringen Einfluß auf den Wirkungsgrad; falls ein derartiger Einfluß überhaupt festzustellen ist, kommt er eher durch Zusammenwirken von Umständen zustande, die mit der Drehzahländerung einher laufen, als durch die Wirkung der Drehzahländerung selbst.

48. Abhängigkeit des thermischen Wirkungsgrads von der Art des Brennstoffes.

Von den Betrachtungen dieses Abschnittes seien alle „Schweröle“ ausgeschlossen, die stets in Maschinen mit Verdichtungszündung verarbeitet werden.

Das wichtigste Unterscheidungsmerkmal der leichtsiedenden flüssigen Brennstoffe für Maschinen mit Funkenzündung wird durch die „Neigung zur Detonation“ oder „Klopffestigkeit“ gebildet. Sieht man von dieser Eigenschaft ab, so zeigen alle Brennstoffe — mit einer Ausnahme — vom Standpunkt des Wirkungsgrades aus ein gleiches Verhalten. Burstall hat nachgewiesen, daß sich an der gleichen Maschine unter vergleichbaren Bedingungen mit Leuchtgas etwas höhere thermische Wirkungsgrade als mit Benzin erreichen lassen; wie bereits im letzten Abschnitt ausgeführt, ist der Grund hierfür wahrscheinlich in der größeren Homogenität der Gemische mit gasförmigen Brennstoffen zu suchen, wodurch eine Brennstoffverschwendung durch unvollständige Verbrennung in der Nähe der kühlen Zylinderwandungen verhütet wird. Der Unterschied ist indessen nicht groß genug, um die Wahl zwischen gasförmigen und flüssigen Brennstoffen beeinflussen zu können, da ganz andere Gesichtspunkte von entscheidender Bedeutung zu berücksichtigen sind.

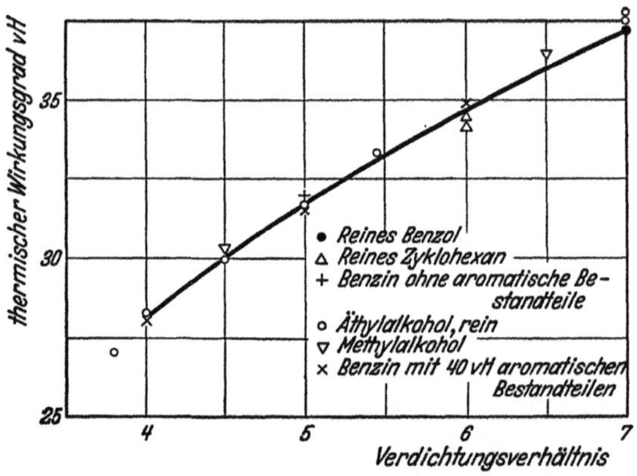

Abb. 47. Versuchswerte mit verschiedenen Brennstoffen bei verschiedenen Verdichtungsverhältnissen. Drehzahl 1500 Uml/min.

Unter allen flüssigen Brennstoffen, die für Vergasermaschinen in Frage kommen, nimmt nur Spiritus eine Sonderstellung ein.

In Abb. 47 sind Versuchsergebnisse mit einer Anzahl von Brennstoffen bei verschiedenen Verdichtungsverhältnissen aufgetragen und durch eine Mittelkurve verbunden. Die Abweichungen der Versuchspunkte von dieser Mittelkurve liegen beinahe innerhalb der Fehlergrenzen der Versuche.

Das auffällige Verhalten der Maschine bei Alkohol ist nicht auf besondere Verbrennungseigenschaften des Brennstoffes, sondern ausschließlich auf seine außerordentlich hohe Verdampfungswärme zurückzuführen. Ein Vergleich mit der Zahlentafel 8 zeigt, daß diese Verdampfungswärme ungefähr dreimal so groß als die eines Durchschnittsbenzins ist; daher tritt trotz der sehr leichten Verdampfbarkeit — der Siedepunkt liegt bei 78° C — keine vollständige Verdampfung der Flüssigkeit vor Einlaßventilschluß ein. Der Verdampfungsvorgang wird erst während der Verdichtung zu Ende geführt; die hierdurch gebundene Wärmemenge ist so beträchtlich, daß eine allgemeine Senkung der Temperaturen im ganzen Arbeitsspiel herbeigeführt wird. Dies bedeutet dasselbe wie ein Betrieb mit armen Gemischen, da durch die geringeren Kreisprozeßtemperaturen der schädliche Einfluß der zunehmenden Molekularwärmen auf den thermischen Wirkungsgrad vermindert wird. Ferner ist bemerkenswert, daß im Vollastbetrieb die Auslaßventile bei Alkohol weit kühler als bei Benzin bleiben; sie sind im Aussehen unverändert schwarz selbst unter Betriebsbedingungen, wo sie bei anderen Brennstoffen bereits kirschrot glühen.

Bei gleichem Verdichtungsverhältnis von 5 : 1 liegt der erreichbare Bestwert für den Wirkungsgrad bei Alkohol infolge der geringeren Kreisprozeßtemperaturen um ungefähr 2 v. H. höher als bei einem Durchschnittsbenzin. Alkohol besitzt aber ebenso wie Leuchtgas den Vorteil, ein nichtklopfender Brennstoff zu sein. Nutzt man diesen Vorzug aus, so sind die thermischen Wirkungsgrade von Benzin und Alkohol bei dem höchsten Verdichtungsverhältnis, das jeder dieser Brennstoffe auszuhalten vermag, miteinander zu vergleichen. Nimmt man für Alkohol ein höchstes zulässiges Verdichtungsverhältnis von 7,5 : 1 an, so weist Alkohol gegenüber Benzin eine Wirkungsgradverbesserung in der Größenordnung von 20 v. H. auf. Auf der gleichen Grundlage würde der Vorteil gegenüber Benzol nicht mehr als ungefähr 8 v. H. betragen; denn auch Benzol kann ohne Auftreten von Detonation bei den höchsten Verdichtungsverhältnissen verwandt werden. Benzol neigt indessen, wie die Versuche gezeigt haben, zu gefährlichen Frühzündungen unter Bedingungen, bei denen eine mit Leuchtgas oder Alkohol betriebene Maschine sicher und ruhig läuft.

Die großen Nachteile des Alkohols als Brennstoff liegen in seinem niedrigen Heizwert und hohen Preis. Der Preis ließe sich zweifellos durch organisierte Großerzeugung senken; aber ein Vergleich mit Zahlentafel 8 zeigt, daß sein Heizwert nur ungefähr zwei Drittel des von Benzin beträgt, so daß trotz des sehr hohen thermischen Wirkungsgrades das Gewicht des je Pferdekraftstunde verbrauchten Brennstoffes sehr beträchtlich wird. Selbst wenn das bei Alkohol zulässige hohe Verdichtungsverhältnis voll ausgenutzt wird, beträgt der Brennstoffverbrauch in einer Einzylindermaschine immer noch 0,25 kg/PS_ih gegenüber etwa 0,18 kg/PS_ih für ein gutes Benzin bei seinem höchsten nutzbaren Verdichtungsverhältnis.

49. Einfluß der Detonation auf den thermischen Wirkungsgrad.

Im letzten Abschnitt wurde gezeigt, daß alle leicht siedenden flüssigen Brennstoffe mit Ausnahme von Alkohol ungefähr den gleichen thermischen Wirkungsgrad ergeben, wenn sie bei gleichem Verdichtungsverhältnis untersucht werden. Zahlreiche Brennstoffe können indessen wegen des Auftretens der Detonation überhaupt nicht bei höheren Verdichtungsverhältnissen als 5 : 1 oder nicht einmal 4,5 : 1 untersucht werden; ein Vergleich, der die Klopffestigkeit nicht berücksichtigt, läßt daher das wesentlichste Kennzeichen für die Eignung eines Brennstoffes außer acht.

In erster Linie ist das Verdichtungsverhältnis sowohl für die Leistung als auch für den Wirkungsgrad bestimmend; als Vergleichsgrundlage zweier Brennstoffe muß daher das Verhalten in einer Maschine gewählt werden, bei der das Verdichtungsverhältnis auf die erreichbare Bestleistung eines jeden Brennstoffes eingestellt ist. Das Verfahren der auf dem „höchsten nutzbaren Verdichtungsverhältnis" beruhenden Vergleichswerte wurde von Ricardo entwickelt, um die Eigenschaften der Brennstoffe unter dem Gesichtspunkt der Detonation zu kennzeichnen. Wie in Abschnitt 28 auseinandergesetzt, hängt das Verdichtungsverhältnis, bei dem ein Brennstoff zu klopfen beginnt, nicht allein von der für den Versuch verwendeten Maschine, sondern auch von der Drehzahl, der Zusammensetzung des Brennstoff-Luftgemisches, der Zündeinstellung und der Temperatur des angesaugten Gemischs ab. Das höchste nutzbare Verdichtungsverhältnis stellt daher nicht mehr als einen Relativwert dar, der nur für den Vergleich von Brennstoffen unter ähnlichen Bedingungen brauchbar ist. Ricardo hat für seine E. 35 Maschine mit veränderlicher Verdichtung die Versuchsbedingungen dahin festgelegt, daß die Drehzahl 1500 Uml/min betragen und der angesaugten Luft eine Wärmemenge von 16,3 kcal/min zugeführt werden soll. Die zweite Bedingung wurde gestellt, um die Verdampfung der weniger flüchtigen Brennstoffe zu erleichtern. Als höchstes nutzbares Verdichtungsverhältnis gilt dann das höchste Verdichtungsverhältnis, bei dem die Maschine mit vollgeöffneter Drossel ohne Detonation betrieben werden kann, wenn das Mischungsverhältnis und der Zündzeitpunkt auf Höchstleistung eingestellt sind.

Auf die Bedeutung, die ein Vergleich der Brennstoffe bei ihrem höchsten nutzbaren Verdichtungsverhältnis besitzt, wurde im letzten Abschnitt im Zusammenhang mit Alkohol hingewiesen. Um die grundsätzliche Bedeutung allgemein zu veranschaulichen, sind in Zahlentafel 31 für einige von Ricardo untersuchte Brennstoffe die thermischen Wirkungsgrade und die indizierten mittleren Kolbendrücke als Maßstab für die Leistungen zusammengestellt. Spalte 2 und 3 geben die Versuchsergebnisse bei einem Verdichtungsverhältnis von 5 : 1 und Spalte 5 und 6 die Ergebnisse bei dem höchsten nutzbaren Verdichtungsverhältnis wieder, Spalte 4 enthält die Werte des höchsten nutzbaren Verdichtungsverhältnisses.

Die beiden Benzinarten *D* und *G* weisen bei ihren höchsten nutzbaren Verdichtungsverhältnissen Unterschiede in der Leistung von rund

Zahlentafel 31. Leistungen und thermische Wirkungsgrade verschiedener Brennstoffe beim Verdichtungsverhältnis von 5:1 und beim höchsten nutzbaren Verdichtungsverhältnis.

Brennstoff	Verdichtungsverhältnis 5 : 1		Höchstes nutzbares Verdichtungsverhältnis	bei höchstem nutzbaren Verdichtungsverhältnis	
	höchster indizierter mittl. Kolbendruck at	thermischer Wirkungsgrad v. H.		höchster indizierter mittlerer Kolbendruck at	thermischer Wirkungsgrad v. H.
Benzin *D* . . .	9,23	31,9	5,35	9,43	33,1
Benzin *G* . . .	9,21 *	31,7 *	4,7	9,04	30,7
Benzol	9,25	31,8	6,9	10,3	37,2
Spiritus (95 v. H. rein)	9,99	32,5	>7,5	11,33 bei 7,5 : 1	40,5

* Diese Zahlenwerte konnten wegen des Auftretens der Detonation bei einem Verdichtungsverhältnis von 5:1 durch Versuch nicht ermittelt werden; sie sind aus Versuchen bei kleineren Verdichtungsverhältnissen und dem bekannten Verlauf der Leistungs- und Wirkungsgradänderungen berechnet.

4 v. H. und im Wirkungsgrad von rund 8 v. H. auf; wären sie beide bei dem höchsten nutzbaren Verdichtungsverhältnis des Benzins *G* von 4,7 : 1 untersucht worden, so hätte sich überhaupt kein Unterschied ergeben. Werden Benzol und Spiritus bei ihren höchsten nutzbaren Verdichtungsverhältnissen statt beim Verdichtungsverhältnis von 5 : 1 untersucht, so sind die erzielten Verbesserungen viel größer; diese beiden Brennstoffe bilden daher gegenüber einem Durchschnittsbenzin eine Klasse für sich.

Die Verringerung der Leistung einer mit wenig klopffesten Brennstoffen betriebenen Maschine ist in der Praxis viel größer, als aus den Zahlenwerten der Zahlentafel 31 hervorgeht; denn in Steigungen wird häufig mit voll geöffneter Drossel und geringen Maschinendrehzahlen gleichzeitig gefahren, so daß bei einem minderwertigen Brennstoff das Auftreten einer heftigen Detonation erheblich beschleunigt wird. Jeder Kraftfahrer weiß, daß er, sobald seine Maschine zu klopfen beginnt, durch teilweises Schließen der Drossel Abhilfe schaffen muß. Aber jedes Schließen der Drossel bringt einen geringeren mittleren Kolbendruck und eine beträchtliche Verminderung der Leistung mit sich, wenn nicht gleichzeitig die Maschinendrehzahl durch einen Gangwechsel erhöht wird.

Der Einfluß der Detonation auf die praktisch erzielbare Leistung wird sehr deutlich durch einen in Abb. 48 veranschaulichten Versuch an der Maschine mit veränderlicher Verdichtung zum Ausdruck gebracht.

Die Maschine lief immer mit konstanter Drehzahl. Zunächst wurde ein nichtklopfender Brennstoff wie Benzol verwandt und bei voll geöffneter Drossel eine Versuchsreihe bei veränderlichen Verdichtungsverhältnissen von 4 : 1 an aufwärts durchgeführt; die bei einzelnen Verdichtungsverhältnissen erzielten Kolbendrücke werden durch die Kurve *A B C* dargestellt. Dann fand ein Brennstoff Verwendung, der im Punkte *B* bei einem Verdichtungsverhältnis von 4,8 : 1 zu klopfen begann; an dieser Stelle besaß die Maschine einen indizierten mittleren Kolbendruck von 9,28 at. Wird bei diesem Brennstoff das Verdichtungsverhältnis jetzt weiter erhöht, so muß zur Verhütung der Detonation die Drossel mehr und mehr geschlossen werden; daher fällt mit zunehmendem Verdichtungsverhältnis die erzielte Leistung entsprechend der Kurve *B D* rasch ab. Bei einem Verdichtungsverhältnis von 6 : 1 mußte z. B. die Maschine soweit gedrosselt werden, daß der indizierte mittlere Kolbendruck nur noch 7,32 at betrug; bei einem Verdichtungsverhältnis von 7 : 1 ging er sogar bis auf 5,97 at zurück.

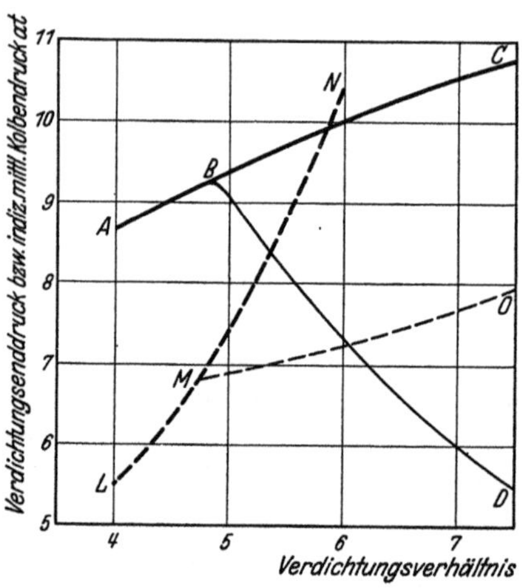

Abb. 48. Einfluß der Detonation auf die praktisch erzielbare Leistung. Ausgezogene Kurven: indiz. mittlere Kolbendrücke. Gestrichelte Kurven: Verdichtungsenddrücke. *A C* und *L N* Betrieb bei voll geöffneter Drossel mit klopffestem Brennstoff, *B D* und *M O* Drosselbetrieb mit klopfendem Brennstoff.

Die Kurven *L M N* und *L M O* geben die entsprechenden Verdichtungsenddrücke wieder. Kurve *L M O* läßt erkennen, wie mit dem Schließen der Drossel zur Verhütung der Detonation die Menge des angesaugten Brennstoff-Luftgemisches soweit verringert wird, daß der Verdichtungsenddruck trotz zunehmenden Verdichtungsverhältnisses ziemlich konstant bleibt. Die Kurve *L M N* zeigt im Gegensatz hierzu den äußerst schnellen Anstieg des Verdichtungsenddrucks, wenn die Drossel voll geöffnet bleibt.

Da die Drossel immer nur gerade soviel geschlossen wurde, als zur Verhütung der Detonation nötig war, könnte man aus der angenäherten Unveränderlichkeit des Verdichtungsenddruckes zu der Annahme verleitet werden, daß der Druck eine entscheidende Rolle bei der Einleitung der Detonation spielt. Die Erhöhung des Verdichtungsverhältnisses zieht indessen noch andere Folgen nach sich, von denen man heute weiß, daß sie weit größeren Einfluß als eine Druck- oder Temperaturänderung besitzen. Wird das Verdichtungsverhältnis von 4 : 1 auf 7 : 1 erhöht, so sinkt das Verhältnis des Abgasrestes zur frischen Ladung von 0,1 bis auf 0,05 (vgl. Zahlentafel 20). Der Abgasrest enthält Kohlensäure und Wasserdampf mit hohen Molekularwärmen, so daß bei einer Änderung der Abgasrestmengen auch die Molekularwärme des Zylinderinhaltes aus frischer Ladung und Abgasrest sich ändert. Diese Änderung der Molekularwärme des Zylinderinhalts übt einen großen Einfluß auf die bei der Verbrennung erzeugte Höchsttemperatur aus: eine Änderung um 1 v. H. in der Gewichtsmenge der verdünnenden Abgase erhöht oder erniedrigt die Flammentemperatur bereits um 20 bis 25° C. Die gleiche Temperaturänderung wird, wie die Zahlentafel 20 zeigt, durch eine Änderung des Verdichtungsverhältnisses um eine ganze Einheit von 4 : 1 auf 5 : 1 hervorgerufen; aus derselben Zahlentafel geht ferner hervor, daß eine Erhöhung des Verdichtungsverhältnisses von 4 : 1 auf 5 : 1 den Gehalt an verdünnenden Abgasen von 10 auf 7,5 v. H. verringert. Eine Erhöhung des Verdichtungsverhältnisses um diesen Betrag wirkt sich daher durch die gleichzeitige Änderung des verdünnenden Abgasanteiles auf die Flammentemperatur 2,5mal so viel aus, als der unmittelbare Einfluß der Erhöhung von Verdichtungstemperatur oder -druck ausmacht.

Während in dem durch Abb. 48 veranschaulichten Versuch bei der Erhöhung des Verdichtungsverhältnisses von 5 : 1 auf 6 : 1 die Detonation durch Drosselung verhütet wurde, nahm entsprechend Zahlentafel 20 die Abgasrestmenge gewichtsmäßig von 7,5 auf 6 v. H. der bei voll geöffneter Drossel angesaugten Ladung ab; der indizierte mittlere Kolbendruck fiel nach Abb. 48 beim Drosselbetrieb von 9,28 at auf 7,32 at ab, so daß das Verringerungsverhältnis bei den mittleren Kolbendrücken — $\frac{9,28}{7,32}$ — und bei den Abgasrestmengen — $\frac{7,5}{6}$ — nahezu gleich ist. In erster Annäherung muß der indizierte mittlere Kolbendruck der Menge des angesaugten frischen Gemisches proportional sein, so daß sich auch die bei den zwei Verdichtungsverhältnissen — 5 : 1 und 6 : 1 — angesaugten Gemischmengen wie die entsprechenden mittleren Kolbendrücke und wie die entsprechenden Abgasrestmengen verhalten müssen. Die Bedingungen bei den zwei Verdichtungsverhältnissen, unter denen jeweils die Detonation gerade einsetzte, entsprachen also gleichen anteiligen Abgasmengen im Zylinderinhalt.

Ricardo wies den großen Einfluß der Abgase als Verdünnungsmittel unmittelbar nach, indem er einmal die Abgase durch Spülluft entfernte; hierbei stellte sich heraus, daß die Detonation sogar bei sehr kleinen Verdichtungsverhältnisssen sofort heftig einsetzte. Zweitens wurden abgekühlte Abgase einem nicht klopffesten Brennstoff-Luftgemisch durch den Vergaser künstlich zugesetzt, wenn das Verdichtungsverhältnis erhöht wurde.

In Abb. 49 ist die Kurve *A B C* die gleiche wie in Abb. 48; wie dort so setzte auch hier bei normalen Betriebsbedingungen die Detonation bei einem Verdichtungsverhältnis von 4,8 : 1 ein. Wenn indessen abgekühlte Abgase in einer zur Verhütung der Detonation gerade ausreichenden Menge bei jedem Verdichtungsverhältnis zugesetzt wurden, ließen sich die durch Kurve *B D* wiedergegebenen indizierten mittleren Kolbendrücke erzielen. Diese lagen tiefer als bei einem nicht klopfenden Brennstoff erstens, weil eine zunehmende Menge von wirksamem Brennstoff-Luftgemisch durch das Verdünnungsmittel verdrängt wird, und zweitens, weil die Temperaturen und Drücke infolge der hohen Molekularwärme des Arbeitsstoffes verringert werden. Trotzdem liegen die erzielten mittleren Kolbendrücke viel höher als in Abb. 48, wo die Detonation durch Drosselung unterdrückt wurde: 9,28 at gegenüber 7,32 at bei 6 : 1 und 8,79 at gegenüber 5,99 at bei 7 : 1.

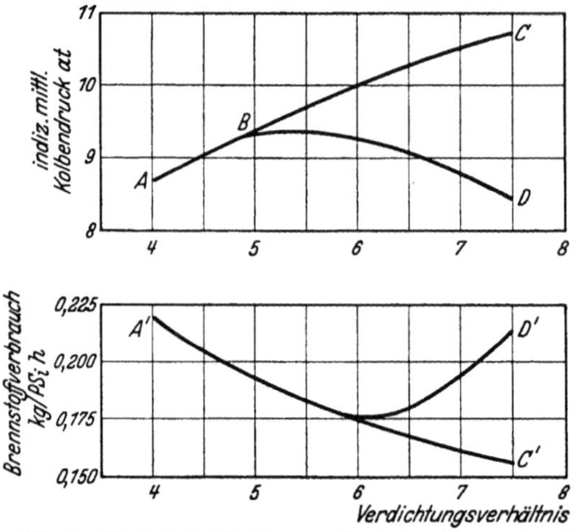

Abb. 49. Einfluß der Verdünnung durch den Abgasrest auf die Detonation.
A C klopffester Brennstoff, *B D* Zusatz von abgekühlten Auspuffgasen zu klopfendem Brennstoff.

Der Zusatz verdünnender Abgase gestattet, bei einem klopfenden Brennstoff das Verdichtungsverhältnis von 4,8 : 1 auf 6 : 1 sofort ohne jeden Leistungsverlust zu erhöhen; gleichzeitig bringt er eine Verringerung des Brennstoffverbrauches von 0,196 auf 0,174 kg/PS$_i$h mit sich, was einer Verbesserung des thermischen Wirkungsgrades von nahezu 11 v. H. entspricht.

Bei den höheren Verdichtungsverhältnissen wird die zur Verdünnung erforderliche Abgasmenge so beträchtlich und die Molekularwärme des Arbeitsstoffes daher so hoch, daß der thermische Wirkungsgrad leidet und die Kurve des Brennstoffverbrauches je Pferdekraftstunde mehr und mehr ansteigt, während die Kurve der mittleren Kolbendrücke abfällt.

50. Thermischer Wirkungsgrad der Maschine mit Verdichtungszündung.

Die Aufgabe, bei der Maschine mit Verdichtungszündung einen hohen Wirkungsgrad zu erzielen, ist grundverschieden von der bei einer Benzinmaschine. Ein hohes Verdichtungsverhältnis ist für die Benzinmaschine nicht unbedingt erforderlich, sondern nur wünschenswert vom Standpunkt der Leistung und Wirtschaftlichkeit innerhalb der durch Detonation gezogenen Grenzen. Für die Maschine mit Verdichtungszündung ist ein Verdichtungsverhältnis von mindestens 10 : 1 eine in der Arbeitsweise begründete Bedingung; die besonderen Aufgaben erstrecken sich auf richtige Beherrschung der Einspritzung, Mischung und Verbrennung des Brennstoffs, um die den angewandten hohen Verdichtungsverhältnissen entsprechende Leistung und Wirtschaftlichkeit auch wirklich zu erzielen.

In Abb. 39 stellt die Kurve e eine durch Versuchswerte mit leichtflüchtigen Brennstoffen gelegte Mittelkurve dar, welche für eine Einzylinder-Benzinmaschine die in der Praxis erreichbaren Bestwerte des thermischen Wirkungsgrades bei Verdichtungsverhältnissen von 4 : 1 bis 7 : 1 wiedergibt. In Abb. 50 ist dieselbe Kurve e über L hinaus bis zu einem Verdichtungsverhältnis von 17 : 1 nach der auf die Versuchspunkte gut passenden Gleichung

$$\text{Wirkungsgrad} = 1 - \left(\frac{1}{\varepsilon}\right)^{0,236}$$

verlängert. Aus dem Verlauf dieser Erweiterung kann man sich ungefähr ein Bild der voraussichtlichen Wirkungsgrade bei den höheren Verdichtungsverhältnissen im Bereich von 10 : 1 bis zu 16 : 1, wie sie bei den Maschinen mit Verdichtungszündung verwandt werden, machen. Indessen treten bei dieser Maschinenart zwei neue Einflüsse in Erscheinung, von denen die erreichbare Leistung und Wirtschaftlichkeit abhängen. Einmal ist es äußerst schwierig, eine vollkommene Durchmischung des eingespritzten Brennstoffes mit der Luft zu erzielen, so daß bis jetzt nicht mehr als ungefähr 75 v. H. der im Zylinder befindlichen Luft in wirksamer Weise verbrannt werden konnten. Ferner ergibt sich die Notwendigkeit, den Höchstdruck im Zylinder nicht über einen bestimmten Wert ansteigen zu lassen.

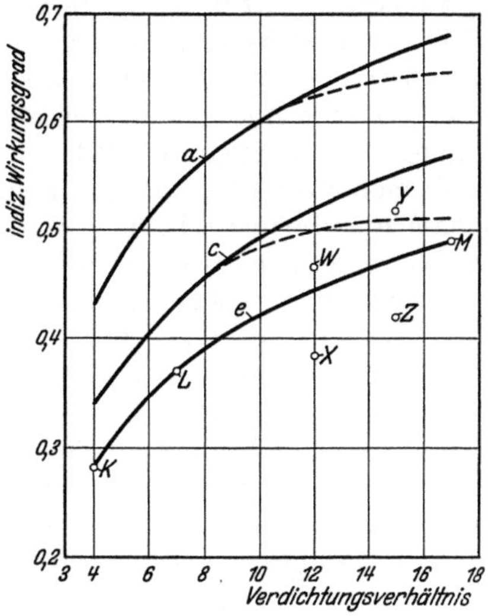

Abb. 50. Thermische Wirkungsgrade von Dieselmaschinen in Abhängigkeit vom Verdichtungsverhältnis.
a Kreisprozeß mit vollkommener Luft, c berechnete Werte für Brennstoffmangel 20 v. H., e Versuchswerte der Abb. 39. Indizierte mittlere Kolbendrücke bei W und Y 5,5 at, indizierte mittlere Kolbendrücke bei X und Z 9,4 at.

In Abb. 39 stellt die Kurve c die berechneten Wirkungsgrade für ein Brennstoff-Luftgemisch dar, bei dem 80 v. H. der Luft verbrannt werden; auch sie ist als Kurve c in Abb. 50 übertragen und mittels einer geeigneten Formel auf die höheren Verdichtungsverhältnisse erweitert worden. Man kann annehmen, daß sie die voraussichtlichen Werte der für die höheren Verdichtungsverhältnisse berechneten Wirkungsgrade mit genügender Genauigkeit wiedergibt, falls eine Gesamtverbrennung bei konstantem Volumen vorausgesetzt werden könnte. Diese Annahme würde indessen übermäßige Höchstdrücke von ungefähr 70 at bei einem Verdichtungsverhältnis von 10 : 1 und von ungefähr 127 at bei einem Verdichtungsverhältnis von 15 : 1 zur Folge haben, falls die entwickelte Wärmemenge einer Verbrennung von 75 v. H. der vorhandenen Luft entspräche. Übermäßige Höchstdrücke lassen sich durch eine etwas spätere — d. h. kürzere Zeit vor Totpunkt — beginnende Brennstoffeinspritzung vermeiden. Obwohl man immer noch eine scharfe Druckspitze erhält, tritt diese Spitze bei dem zugelassenen Höchstdruck von vielleicht 63 at bei einer Kolbenstellung auf, wo der Kolben bereits eine merkbare Vorwärtsbewegung während des Ausdehnungshubes ausgeführt hat; das volle Ausdehnungsverhältnis steht daher nicht mehr zur Verfügung. Bei verringerten Belastungen mit kleineren Einspritzmengen kann man einer Gleichraumverbrennung mit größerer Sicherheit näher kommen und daher sehr hohe Wirkungsgrade erreichen. Der Ingenieur im Konstruktionsbüro und auf dem Versuchsstand steht der Aufgabe gegenüber, diese hohen Wirkungsgrade auch im Bereich der mittleren Kolbendrücke, die bei Benzinmaschinen im Vollastbetrieb üblich sind, zu verwirklichen. Das Verbrennungsproblem der Maschine mit Verdichtungszündung läuft daher darauf hinaus, einen möglichst großen Teil der im Zylinder befindlichen Luft nutzbar zu machen. Wie außerordentlich wertvoll auch die Möglichkeit ist, sehr hohe Wirkungsgrade bei kleineren Belastungen zu erzielen, so ist es andererseits auch wichtig, aus dem Zylindervolumen eine möglichst hohe Leistung heraus zu holen; dies läßt sich nicht erreichen, ohne daß ein möglichst großer Teil der vorhandenen Luft schnell zur Verbrennung gebracht wird. Wie bereits oben erwähnt, ist es bis jetzt noch nicht gelungen, bei einer schnellaufenden Maschine mit Verdichtungszündung mehr als 75 v. H. der Luftladung zu verbrennen. Unter diesen Umständen betrug der Höchstwert des indizierten mittleren Kolbendruckes, der sich mit einem guten Wirkungsgrad vereinigen ließ, ungefähr 9,5 at. Wurde die eingespritzte Brennstoffmenge vergrößert, um mehr Luft zur Verbrennung zu bringen und höhere mittlere Kolbendrücke zu erzielen, so hatte dies lediglich die Bildung von schwarzem Rauch ohne merkbaren Leistungszuwachs zur Folge.

In Abb. 50 sind weitere vier Versuchswerte für den thermischen Wirkungsgrad eingetragen, die an Einzylindermaschinen mit Verdichtungszündung ermittelt wurden. Die mit *W* und *X* bezeichneten Wirkungsgradpunkte — 46,6 v. H. und 38,3 v. H. — sind einer Veröffentlichung von Taylor[26] entnommen; die mit *Y* und *Z* bezeichneten Wirkungsgrade — 51,6 v. H. und 41,9 v. H. — entstammen einer Veröffentlichung von Ricardo[22]. Taylor benutzte eine Maschine mit Ventilsteuerung und „gerichteter Strahlzerstäubung"; die Maschine besaß eine Bohrung von 203 mm, einen Hub von 279 mm, eine normale Betriebsdrehzahl von 1000 bis 1200 Uml/min und ein Verdichtungsverhältnis von 12 : 1. Die von Ricardo verwendete Maschine besaß einen schiebergesteuerten Zylinder mit einer Bohrung von 140 mm, einem Hub von 178 mm, einer Drehzahl von 1300 Uml/min und einem Verdichtungsverhältnis von 15 : 1; Durchmischung und Verbrennung erfolgten durch „geordnete Luftwirbelung". Die obigen Zahlenwerte beziehen sich auf indizierte Wirkungsgrade. Um nicht den Verdacht aufkommen zu lassen, daß diese Werte wegen einer Unterschätzung des mechanischen Wirkungsgrades übertrieben sind, seien die entsprechenden, unmittelbar an der Bremse gemessenen Nutzwirkungsgrade für den Punkt W mit 38,7 v. H. und für den Punkt Y mit 40 v. H. angegeben. Diese Werte wurden an den beiden Maschinen bei mittleren Kolbengeschwindigkeiten von 9,3 m/sek bzw. 7,7 m/sek ermittelt und stellen die protokollierten Höchstwirkungsgrade dar; sie entsprechen einem Verbrauch von etwa 37 v. H. der Luftladung im Zylinder. Die durch die Punkte X und Z angegebenen Wirkungsgrade wurden bei oder in der Nähe der Höchstwerte für die mittleren Kolbendrücke erreicht, bei denen eine wirksame Verbrennung noch möglich war und ungefähr 75 v. H. der Luftladung im Zylinder nutzbar gemacht wurde. Ebenso gute indizierte Wirkungsgrade wurden von Ricardo bei mäßigen mittleren Kolbendrücken bis zu einer mittleren Kolbengeschwindigkeit von 13 m/sek erzielt; aber bei dieser Drehzahl war es bis jetzt nicht möglich, hohe Wirkungsgrade bis zu mittleren Kolbendrücken, die den Punkten X und Z entsprechen, aufrecht zu erhalten.

Vergleiche zwischen Versuchswerten und theoretischen Grenzwerten des Wirkungsgrades besitzen für die Dieselmaschine zweifelhaften Wert; denn wenn für den Höchstdruck im Zylinder eine bestimmte Grenze angenommen wird, hängt der entsprechende theoretische Vergleichswert in hohem Maße von dem zur Verbrennung kommenden Teil der Gesamtluft und damit von dem mittleren Kolbendruck ab, mit dem die Maschine betrieben werden soll. Andererseits kann man geltend machen, daß die Kurve e der Abb. 50 durch Extrapolation einer Versuchskurve gefunden ist, die mit einem bei konstantem Volumen verbrennenden Benzin-Luftgemisch von wirtschaftlichster Zusammensetzung mit 15 bis 20 v. H. Brennstoffmangel aufgenommen ist. Dies bedeutet, daß das Gemisch einem Mischungsverhältnis gerade außerhalb der Zusammensetzung entspricht, mit der in der Dieselmaschine noch ein leistungsfähiger Betrieb möglich war und die Versuchswerte der Punkte X und Z erzielt wurden. Man kann daher die Kurve e als praktische Grenze ansehen, die in der weiteren Entwicklung für die Vollast-Wirkungsgrade angestrebt werden sollte und auch voraussichtlich zu erreichen wäre, wenn den zulässigen Höchstdrücken keine Beschränkung auferlegt würde.

In Abb. 51 werden für einige Bestwerte im Dieselmaschinenbetrieb die Abhängigkeit des indizierten Wirkungsgrades von dem mittleren Kolbendruck und dem zugelassenen Höchstdruck sowie der Zusammenhang mit dem Verdichtungsverhältnis gleichzeitig veranschaulicht. Die oberste Kurve *a* stammt von einer Ricardo-Schiebermaschine, die übrigen drei Versuchsreihen wurden von Taylor aufgenommen. Die Hauptdaten sind bei Abb. 51 vermerkt. Man ersieht, daß die höheren Wirkungsgrade bei einem Verdichtungsverhältnis von 15 : 1 und einem

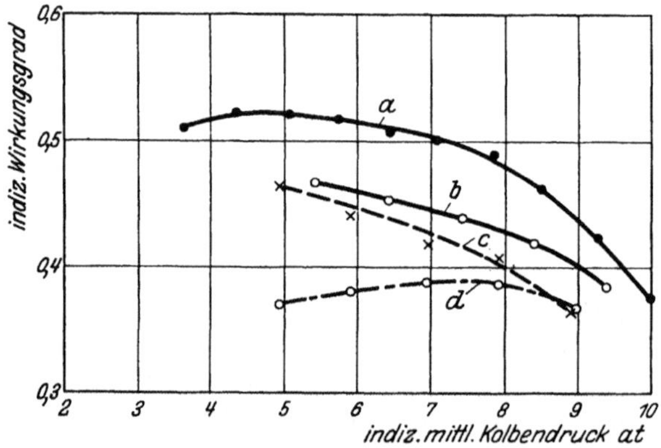

Abb. 51. Abhängigkeit des indizierten Wirkungsgrades vom indizierten mittleren Kolbendruck bei Dieselmaschinen. Einfluß des Verdichtungsverhältnisses, des zulässigen Höchstdruckes und des Einspritzzeitpunktes.
a Ricardo-Schiebermaschine, Drehzahl 1300 Uml/min, Verdichtungsverhältnis 15 : 1, Höchstdruck 53 at; *b* Ventilmaschine, Drehzahl 1000 Uml/min, Verdichtungsverhältnis 12 : 1, Höchstdruck 56 at; *c* ebenso, Höchstdruck 46 at; *d* ebenso, Höchstdruck von 46 at an fallend, Einspritzzeitpunkt konstant gehalten.

Höchstdruck von etwa 53 at erzielt wurden; bei einem Verdichtungsverhältnis von 12 : 1 ließen sich die besten Wirkungsgrade bei einem Höchstdruck von 56 at erreichen. Bei den Versuchsreihen mit dem kleineren Verdichtungsverhältnis war der größere Höchstdruck von Vorteil. Ein Vergleich der Versuchsreihen *a*, *b* und *c* berechtigt zu dem Schluß, daß vom Standpunkt der Wirtschaftlichkeit aus gewisse Vorteile durch Betrieb mit höheren Verdichtungsverhältnissen erzielbar sind. Wie weit dieser Gewinn geht, wenn bei einer Steigerung des Verdichtungsverhältnisses der zulässige Höchstdruck beschränkt wird, ist eine Frage, die im nächsten Abschnitt näher behandelt werden soll. Muß bei Vollastbedingungen eine Verbrennung von mindestens 75 v. H. der Luftladung angestrebt werden, so kommt man zu dem Schluß, daß durch Erhöhung des Verdichtungsverhältnisses über 15 : 1 hinaus keine Verbesserung mehr zu erzielen ist, wenn nicht gleichzeitig Höchstdrücke weit über 56 at in Kauf genommen werden. Von diesen Fragen der Leistung und Wirtschaftlichkeit abgesehen, sind noch gewisse praktische Gesichtspunkte zu berücksichtigen. Z. B. treten Frühzündungen bei den bestens eingestellten Maschinen von Zeit zu Zeit auf; sie sind bei sehr hohen Verdichtungsverhältnissen erheblich bedenklicher. Auch wird der Betrieb der Maschine für den Einspritzzeitpunkt unangenehm empfindlich und verlangt genaueste Einstellung der Brennstoffeinspritzung.

Um zur Abb. 51 zurückzukehren, so geben die beiden Versuchskurven *b* und *c* der an der Ventilmaschine mit einem Verdichtungsverhältnis von 12 : 1 durchgeführten Versuchsreihen Ergebnisse von Versuchen unter vergleichbaren Bedingungen, aber bei verschiedenen Höchstdrücken von 46 at und 56 at wieder. Die größeren Höchstdrücke wurden erzielt, indem der Zeitpunkt der Einspritzung bei der jeweiligen Einspritzmenge entsprechend vorverlegt wurde; hierdurch wird die Verbrennung früher beendet und das wirksame Ausdehnungsverhältnis entsprechend vergrößert, so daß Leistung und Wirkungsgrad etwas größer ausfallen. Auch innerhalb der einzelnen Versuchsreihe wurde der Zeitpunkt des Einspritzbeginns mit abnehmender Belastung und damit auch mit abnehmender Einspritzmenge mehr und mehr vorverlegt. Bei der Versuchsreihe mit einem Höchstdruck von 46 at änderte sich die Einstellung des Einspritzbeginns von 12 auf 29,5^0 Kurbelwinkel vor Totpunkt und bei der Versuchsreihe mit einem Höchstdruck von 56 at von 19 auf 37^0 Kurbelwinkel.

Die unterste Kurve *d* gibt die Verhältnisse wieder, wenn die Belastung und damit die Dauer der Brennstoffeinspritzung ohne gleichzeitige Vorverlegung des Einspritzbeginns verringert wird. Unter dieser Bedingung konnte der Vorteil der kleineren Kreisprozeßtemperaturen, die sonst bei kleineren Belastungen eine stärkere Annäherung an die Gleichraumverbrennung ohne Überschreitung der Höchstdruckgrenze zugelassen haben würden, nicht ausgenutzt werden. Da die Lage des Höchstdrucks nicht vorverlegt wurde, konnte auch das wirksame Ausdehnungsverhältnis nicht erhöht werden; daher bleibt der Wirkungsgrad trotz der Verringerung der Belastung annähernd konstant, statt wie bei den beiden anderen Kurven anzusteigen.

Abb. 52 zeigt als wichtigsten Zahlenwert der Praxis den Brennstoffverbrauch in kg/PS$_e$h in Abhängigkeit von der Nutzbelastung für die Schiebermaschine mit einem Verdichtungsverhältnis von 15 : 1; die Kurve bezieht sich auf die gleiche Versuchsreihe, die als Kurve *a* in Abb. 51 dargestellt ist. Die Kurve ist ein typisches Beispiel für die Ergebnisse, die sich von einer gut eingestellten Maschine mit Verdichtungszündung erwarten lassen. Sie läßt den niedrigen Brennstoffverbrauch erkennen, der für einen recht großen Belastungsbereich bis beinahe zur Vollast hin erreichbar ist; dann folgt ein schneller Anstieg des Brennstoffverbrauches, sobald eine bestimmte Grenze des mittleren Kolbendrucks überschritten wird. Zwischen einem mittleren Kolbendruck von 4,9 und 7 at blieb der Brennstoffverbrauch mit 0,158 kg/PS_eh konstant. Bei einer noch schneller laufenden Maschine von 2200 Uml/min ergab sich — von dem geringeren mechanischen Wirkungsgrad abgesehen — der einzige Unterschied, daß der Bereich des wirtschaftlichen Betriebes enger war; er umfaßte nur die nutzbaren mittleren Kolbendrücke von 3,9 at auf 6,7 at statt wie vorher von 3,9 at bis 7,7 at. Infolge des geringeren mechanischen Wirkungsgrades stieg der Brennstoffverbrauch auf 0,174

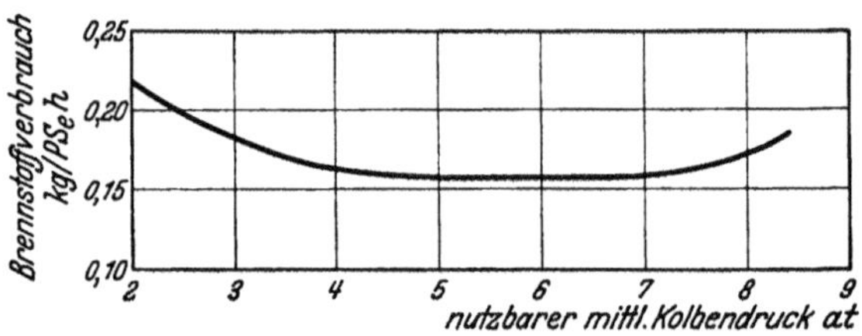

Abb. 52. Brennstoffverbrauch in Abhängigkeit von der Belastung an der Einzylinder-Schiebermaschine von Ricardo. Bohrung 140 mm, Hub 178 mm, Drehzahl 1300 Uml/min, Verdichtungsverhältnis 15:1

kg/PS_eh; wurde der Brennstoffverbrauch hingegen auf die indizierte Pferdekraftstunde bezogen, so ergaben sich die gleichen Brennstoffverbrauchszahlen wie bei einer Drehzahl von 1300 Uml/min. Hieraus geht hervor, daß auch bei der höheren Drehzahl die Verbrennung noch ausreichend schnell und vollständig war, um in einer Maschine mit Verdichtungszündung hohe Wirkungsgrade zu erzielen; die durch den Ablauf der Verbrennung gezogene Grenze ist also unterhalb 2200 Uml/min noch nicht erreicht.

Die gleiche Ventilmaschine, deren Ergebnisse vorstehend im Betriebe mit Verdichtungszündung bei einem Verdichtungsverhältnis von 12 : 1 angegeben sind, war früher als Benzinmaschine mit elektrischer Zündung und einem Verdichtungsverhältnis von 4,84 : 1 eingerichtet. Ein unmittelbarer Vergleich der Maschine bei diesen verschiedenen Arbeitsbedingungen bietet daher einiges Interesse. Im Betrieb als Dieselmaschine wurde als Höchstwert ein indizierter mittlerer Kolbendruck von 9,4 at bei einem gleichzeitigen indizierten Wirkungsgrad von 38,3 v. H. (vgl. Abb. 51) erzielt: der Höchstwert des nutzbaren mittleren Kolbendrucks betrug 8,48 at bei einem gleichzeitigen Brennstoffverbrauch von 0,179 kg/PS_eh. Im Betrieb als Vergasermaschine mit Benzin als Brennstoff und einem Verdichtungsverhältnis von 4,84 : 1 entwickelte die Maschine bei der gleichen Drehzahl einen nutzbaren mittleren Kolbendruck von 9,42 at bei einem gleichzeitigen Brennstoffverbrauch von 0,219 kg/PS_eh.

Durch die Umstellung von Funken- auf Verdichtungszündung und die Änderung des Verdichtungsverhältnisses von 4,84 : 1 auf 12 : 1 wurde der nutzbare mittlere Kolbendruck von 9,42 at auf 8,48 at — also um 10 v. H. — verringert, hingegen ergab sich eine Verbesserung des Brennstoffverbrauches von 0,219 auf 0,179 kg/PS_eh, also um rund 18 v. H.

Einen weiteren für die Wirtschaftlichkeit wichtigen Unterschied zwischen Vergasermaschine und Maschine mit Verdichtungszündung bringt der bereits früher behandelte Umstand mit sich, daß bei einer mehrzylindrigen Vergasermaschine wegen der Ungleichheit der Brennstoffverteilung auf die einzelnen Zylinder niemals die Wirtschaftlichkeit einer Einzylindermaschine erreicht werden kann. Bei einer Maschine mit Verdichtungszündung liegen für die Bremsleistungen der Mehr- und Einzylindermaschinen die umgekehrten Verhältnisse vor. Da der Brennstoff in jeden Zylinder einzeln eingespritzt wird, muß der indizierte Wirkungsgrad der ganzen Maschine gleich dem eines einzelnen Zylinders der Maschine sein; der mechanische Wirkungsgrad einer Mehrzylindermaschine sollte eine gewisse Überlegenheit gegenüber dem der Einzylindermaschine besitzen.

51. Die Grenze für die Ausnutzbarkeit des Verdichtungsverhältnisses in Dieselmaschinen.

Die Rolle, die das Verdichtungsverhältnis bei dem Arbeitsverfahren der Benzinmaschine spielt, ist bereits klar gestellt. Wir sahen, daß ein hohes Verdichtungsverhältnis vom Standpunkt sowohl der Leistung als auch der Wirtschaftlichkeit vorteilhaft ist, daß aber das zulässige Verdichtungsverhältnis durch die Detonationsneigung der Brennstoffe und die Gefahr der Frühzündung praktisch beschränkt wird. Die Grenze für das Verdichtungsverhältnis kann ganz roh mit 6 : 1 angenommen werden; unter diesen Bedingungen liegt der Höchstdruck im Zylinder — vorausgesetzt, daß keine Detonation auftritt — etwa bei 49 at. Maschinen mit Brennstoffeinspritzung und Verdichtungszündung erfordern ein Verdichtungsverhältnis von mindestens 10 : 1, damit die Verdichtungstemperatur hoch genug wird, um die Entzündung des Brennstoffs sicherzustellen; über die Höchstgrenze des Verdichtungsverhältnisses bei dieser Maschinenart weichen indessen die Meinungen voneinander ab. Das günstigste Verdichtungsverhältnis der Maschine mit Brennstoffeinspritzung hängt im Einzelfalle bis zu einem gewissen Grade immer von baulichen Einzelheiten ab, durch die z. B. die Form des Verbrennungsraumes beeinflusst wird; trotzdem ist es von einiger Bedeutung, die Gründe abzuwägen, die für oder gegen eine Erhöhung des Verdichtungsverhältnisses über den zur Sicherstellung der Verbrennung erforderlichen Kleinstwert hinaus sprechen, und zu entscheiden, wo voraussichtlich die Grenze der Ausnutzbarkeit des Verdichtungsverhältnisses in Dieselmaschinen liegt. Bei praktischen Maschinenausführungen findet man Verdichtungsverhältnisse, die zwischen 10:1 und 16:1 schwanken. Bei einem Verdichtungsverhältnis von 20:1 würde der Verdichtungsenddruck über 63 at betragen und bereits über der zur Zeit als zulässig betrachteten Grenze des Höchstdrucks im Zylinder liegen. Da bei diesem Verdichtungsverhältnis also die gesamte Verbrennung während des Ausdehnungshubes stattfinden und deshalb ein Verlust an wirksamem Ausdehnungsverhältnis in Kauf genommen werden müßte, kann man sicherlich annehmen, daß die Grenze für die Ausnutzbarkeit des Verdichtungsverhältnisses ziemlich weit unter dem Verdichtungsverhältnis von 20:1 liegen muß, solange der Höchstdruck im Zylinder auf ungefähr 70 at beschränkt bleibt.

An Hand von Versuchswerten, die bei Verdichtungsverhältnissen von 12 : 1 und 15 : 1 ermittelt waren, wurde im letzten Abschnitt gezeigt, daß sich durch Betrieb mit dem höheren Verdichtungsverhältnis ein gewisser Gewinn für den Wirkungsgrad erzielen läßt. Die Frage lautet nunmehr, ob von einer weiteren Steigerung des Verdichtungsverhältnisses noch weitere Verbesserungen zu erwarten sind.

In Kapitel II wurden die Kreisprozeßwirkungsgrade des Raum-Druckverfahrens der Abb. 5 für vollkommene Luft als Arbeitsstoff unter der Annahme abgeleitet, daß der Höchstdruck konstant gehalten und die Wärme teils bei konstantem Volumen und teils bei konstantem Druck zugeführt wird. Welche Folge eine Höchstdruckbegrenzung auf 70 at für den Anstieg des theoretischen Wirkungsgrades bei höheren Verdichtungsverhältnissen hat, ist aus Abb. 50 ersichtlich. Man erkennt, wie die punktierte Linie der Wirkungsgrade mit Höchstdruckbeschränkung die ausgezogene Kurve *a* der Idealwirkungsgrade bei einem Verdichtungsverhältnis von 10:1 verläßt; der Wirkungsgrad steigt bei Höchstdruckbeschränkung weit langsamer an, da das Ausdehnungsverhältnis trotz starker Steigerung der Verdichtungsverhältnisse nur ganz langsam zunimmt.

Im folgenden soll gezeigt werden, wie eine Höchstdruckbegrenzung die Beziehungen zwischen Wirkungsgrad und Verdichtungsverhältnis voraussichtlich beeinflußt, wenn die wahren Eigenschaften des Arbeitsstoffes berücksichtigt werden. Ein zweckmäßiges Verfahren hierfür ist durch den gestrichelten Teil des Diagrammes der Abb. 53 veranschaulicht, bei dem die adiabatische Verdichtungskurve des Raum-Druckverfahrens 1—2—3—3′—4 über 2 hinaus fortgesetzt ist, bis der zulässige Höchstdruck im Punkt 2′ von der Verdichtungskurve erreicht wird.

Das Diagramm 1—2—3—3′—4 stelle den Kreisprozeß bei einem Verdichtungsverhältnis von 10:1 dar. Eine größere Arbeit könnte je Einheit des Arbeitsstoffes verrichtet werden, wenn die Verdichtung um soviel höher getrieben würde, daß das Kreisprozeßdiagramm die Form 1—2′—3′—4 annimmt; natürlich wäre dann auch eine größere Wärmemenge zuzuführen. Die Wirkungsgrade dieser beiden Kreisprozesse lassen sich miteinander vergleichen, wenn man den Zuwachs an Arbeit und den Mehrbedarf an Wärmezufuhr bestimmt.

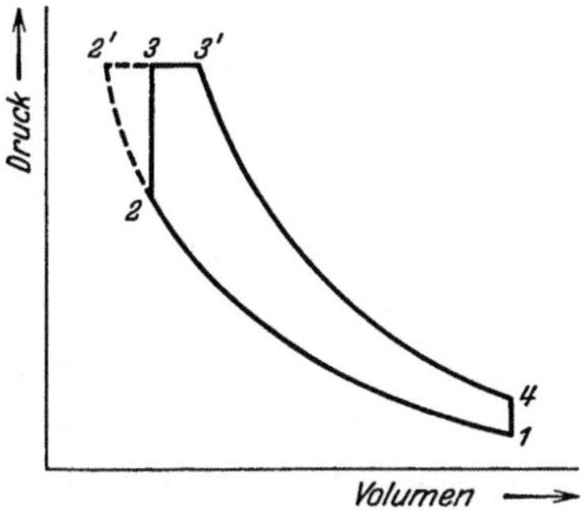

Abb. 53. Gleichdruck- und Raum-Druckverfahren.

Zusätzliche Verdichtungsarbeit für die Verdichtung von 2 auf 2′:

$$C_{v_m}(T_{2'} - T_2) \text{ kcal/Mol},$$

hierin ist C_{v_m} die mittlere Molekularwärme der Luft zwischen den Temperaturen T_2 und $T_{2'}$.

Verrichtete Arbeit während des Vorganges 2′ bis 3:

$$p_{2'}(V_3 - V_{2'}) = \mathfrak{R}(e\,T_3 - T_{2'}) \text{ mkg/Mol}.$$

Diagrammzuwachs als netto Arbeitsgewinn:

$$A\,\mathfrak{R}\,(e\,T_3 - T_{2'}) - C_{v_m}(T_{2'} - T_2) \text{ kcal/Mol}. \qquad (1)$$

In den beiden letzten Gleichungen soll durch den Faktor e die Zunahme des tatsächlichen Wertes der Gaskonstante $\mathfrak{R}$ während des Vorganges 2′ bis 3 — gegenüber dem Wert während der Verdichtung — berücksichtigt werden; denn $\mathfrak{R}$ wächst an, da infolge der Brennstoffeinspritzung die Anzahl der Moleküle während des Verbrennungsvorganges 2′—3 vergrößert wird. Für Schweröle kann bei vollständiger Verbrennung diese Zunahme bis zu 9 v.H. betragen, bei einigen Brennstoffen beläuft sie sich nur auf etwa 4 v.H. Bei dem zu untersuchenden Kreisprozeß dürfte selbst im Punkt 3′ nur allerhöchstens 80 v.H. der vorhandenen Luft zur Verbrennung gelangt sein, im Punkt 3 ist es sicherlich viel weniger. Der Faktor e beeinflußt das Ergebnis nur in geringfügigem Maße, sein Zahlenwert ist etwas größer als 1. Im vorliegenden Falle kann mit genügender Genauigkeit ein Wert von 1,03 angenommen werden.

Unterschied in der Wärmezufuhr:

$$e\left[C'_{p_m}(T_3 - T_{2'}) - C'_{v_m}(T_3 - T_2)\right],$$

hierin sind C'_{p_m} und C'_{v_m} die mittleren Molekularwärmen des Gemenges aus Verbrennungsprodukten und unverbrannter Luft.

Der Unterschied zwischen den Verdichtungstemperaturen T_2 und $T_{2'}$ beträgt selbst für den vollen Bereich der Verdichtungsverhältnisse zwischen 10:1 und 20:1 nur ungefähr 250° C; in erster Annäherung kann man daher C'_{v_m} für die Temperaturbereiche von $(T_3 - T_{2'})$ und $(T_3 - T_2)$ als gleich annehmen.

Unter Berücksichtigung der Beziehung

$$C'_{p_m} - C'_{v_m} = A \cdot \mathfrak{R}$$

ergibt sich der Unterschied in der Wärmezufuhr:

$$\begin{aligned} & e\left[(A\mathfrak{R} + C'_{v_m})(T_3 - T_{2'}) - C'_{v_m}(T_3 - T_2)\right] \\ & = e\,A\mathfrak{R}(T_3 - T_{2'}) - e\,C'_{v_m}(T_{2'} - T_2)\,; \end{aligned} \tag{2}$$

hierin bezieht sich C'_{v_m} nicht auf den Temperaturbereich $(T_{2'} - T_2)$, sondern auf den Bereich $(T_3 - T_{2'})$ und $(T_3 - T_2)$.

Vergleicht man die Ausdrücke (2) und (1) und berücksichtigt, daß $C'_{v_m} > C_{v_m}$ sowie der Faktor $e > 1$ ist, so erscheint der Zuwachs an Wärmezufuhr tatsächlich geringer als die verrichtete zusätzliche Arbeit; daher muß es sich lohnen, mit dem höheren Verdichtungsverhältnis zu arbeiten selbst, wenn der Höchstdruck auf gleicher Höhe gehalten wird.

Um die Größe des Unterschiedes zu bestimmen, seien zwei Fälle (a und b) angenommen:

$$\text{a)}\ \frac{V_1}{V_2} = 10 \quad \text{und} \quad \frac{V_1}{V_{2'}} = 20$$

$$\text{b)}\ \frac{V_1}{V_2} = 15 \quad \text{und} \quad \frac{V_1}{V_{2'}} = 20.$$

Bei diesen hohen Verdichtungsverhältnissen hat die Zunahme der Molekularwärme der Luft einen merkbaren Einfluß auf die Verringerung des Mittelwertes für den Exponenten k in der Gleichung $pV^k =$ konst während der Verdichtung. Den untenstehenden Berechnungen ist ein Zahlenwert für k zugrunde gelegt worden, der dem Mittelwert C_{v_m} zwischen 100^0 C und der Verdichtungsendtemperatur entspricht.

Für den Fall (a) erhält man:

$$T_1 = 373^0 \text{ abs} \qquad p_1 = 1{,}033 \text{ at abs}$$

$$T_2 = 898^0 \qquad p_2 = 24{,}1 \cdot 1{,}033 = 24{,}9 \text{ at}$$

$$T_{2'} = 1160^0 \qquad p_{2'} = 64{,}3 \text{ at}$$

$$T_3 = \frac{898}{1{,}03} \cdot \frac{64{,}3}{24{,}9} = 2250^0 \text{ abs.}$$

Das Gleichdruckverfahren 1—2′—3′—4 ergibt bei einem Verdichtungsverhältnis von 20 : 1 den praktisch zulässigen Höchstdruck von ungefähr 63 at.

C_{v_m} für Luft zwischen 898 und 1160^0 abs . .	5,38	kcal/Mol ^{0}C
C'_{v_m} für Gemenge zwischen 898 und 2250^0 abs . .	6,44	,,
C'_{v_m} für Gemenge zwischen 1160 und 2250^0 abs . .	6,61	,,
$A\mathfrak{R}$	1,985	,,

Netto Arbeitsgewinn:

$$1{,}985(1{,}03 \cdot 2250 - 1160) - 5{,}38(1160 - 898) = 2295 - 1410 = 885 \text{ kcal/Mol}.$$

Zunahme der Wärmezufuhr:

$$1{,}03 \cdot (6{,}61 + 1{,}985) \cdot (2250 - 1160) - 1{,}03 \cdot 6{,}44\,(2250 - 898)$$
$$= 9660 - 8990 = 670 \text{ kcal/Mol}.$$

Wenn die gesamte Wärmezufuhr gleich der durch Verbrennung von 80 v. H. der Luftladung erzeugten Wärmemenge ist, so beträgt diese ungefähr 16300 kcal/Mol und würde, falls die gesamte Wärmemenge bei konstantem Volumen zugeführt wird, einen Temperaturanstieg um 2100° C auf eine Höchsttemperatur von ungefähr 3000° abs ergeben. Durch das Auftreten der Dissoziation würde diese Temperatur auf etwa 2900° abs verringert werden; trotzdem würde sich bei einem Verdichtungsverhältnis von 10:1 immer noch ein Höchstdruck von ungefähr 84 at ergeben. Der zulässige Höchstdruck beträgt indessen nur 64,3 at, so daß bei dem Raum-Druckverfahren mit einem Verdichtungsverhältnis von 10 : 1 nur ungefähr 58 v. H. der verfügbaren Wärme während des Vorganges (2—3) bei konstantem Volumen erzeugt werden dürfen. Der Vergleich liegt daher zwischen einem Kreisprozeß mit einem Verdichtungsverhältnis von 10 : 1, bei dem ungefähr 58 v. H. der verfügbaren Wärmen bei konstantem Volumen zugeführt werden und einem Kreisprozeß mit einem Verdichtungsverhältnis von 20:1, bei dem die gesamte Wärmemenge bei gleichem Druck zugeführt wird.

Der theoretische Wirkungsgrad eines Kreisprozesses mit einem Verdichtungsverhältnis von 10 : 1 und einem Gemisch mit 20 v. H. Brennstoffmangel beträgt, wenn die Dissoziation berücksichtigt wird und die gesamte Verbrennung bei konstantem Volumen vor sich geht, ungefähr 0,49 (vgl. die ausgezogene mittlere Kurve *c* der Abb. 50). Dieser Wirkungsgrad geht auf 0,48 zurück, wenn der zulässige Höchstdruck auf 64,3 at beschränkt wird; der Betrag der Dissoziation ist entsprechend den neuen Bedingungen noch einmal nachzurechnen.

Vergleicht man unter diesen Annahmen die beiden Kreisprozesse 1—2—3—3′—4 und 1—2′—3′—4, so ergibt sich der Wirkungsgrad bei dem Gleichdruckverfahren mit einem Verdichtungsverhältnis von 20: 1 zu

$$\frac{16\,300 \cdot 0{,}48 + 885}{16\,300 + 670} = \frac{8\,705}{16\,970} = 0{,}513.$$

Dies bedeutet einen Zuwachs im Wirkungsgrad um ungefähr 7 v. H. durch die Erhöhung des Verdichtungsverhältnisses von 10 : 1 auf 20:1 bei Höchstdruckbeschränkung auf 64,3 at.

Für den Fall (b) ist das Gleichdruckverfahren bei einem Verdichtungsverhältnis von 20 : 1 mit dem Raum-Druckverfahren bei einem Verdichtungsverhältnis von 15 : 1 zu vergleichen. Bei dem Raum-Druckverfahren wird bei konstantem Volumen bis zum Punkt 3 nur 15 v. H. des Brennstoffes verbrannt, entsprechend ist für den Faktor e statt 1,03 der Wert 1,01 einzusetzen.

Dann erhält man:

$$T_2 = 1030^0 \text{ abs} \qquad p_2 = 42{,}9 \text{ at}$$
$$T_{2'} = 1160^0 \text{ (wie vorher)} \qquad p_{2'} = 64{,}3 \text{ at}$$
$$T_3 = \frac{1030}{1{,}01} \cdot \frac{64{,}3}{42{,}9} = 1530^0 \text{ abs}\,.$$

Mit diesen Werten und den entsprechenden Molekularwärmen der verschiedenen Temperaturbereiche ergibt sich:

netto Arbeitsgewinn . . . . 144 kcal/Mol
Zunahme der Wärmezufuhr 100 ,, .

Der Wirkungsgrad des Gleichdruckverfahrens mit einem Verdichtungsverhältnis von 20 : 1 betrug 0,513; der Wirkungsgrad des Raum-Druckverfahrens mit einem Verdichtungsverhältnis von 15 : 1 bestimmt sich zu

$$\frac{16\,300 \cdot 0{,}513 - 144}{16\,300 - 100} = \frac{8230}{16\,200} = 0{,}508.$$

Aus alldem folgt, daß unter den angenommenen Bedingungen einer Höchstdruckbeschränkung auf 64,3 at eine Steigerung des Verdichtungsverhältnisses von 10 : 1 auf 15 : 1 eine Verbesserung des theoretischen Wirkungsgrades von 0,48 auf 0,508 ergibt und eine weitere Erhöhung des Verdichtungsverhältnisses auf 20 : 1 nur noch eine Verbesserung des Wirkungsgrades auf 0,513 mit sich bringt.

Das Ergebnis der Betrachtungen kann dahin zusammengefaßt werden, daß sich bei einem Verdichtungsverhältnis von 10 : 1 mehr als die Hälfte der Luftladung ohne Überschreitung eines Höchstdruckes von 64,3 at bei konstantem Volumen verbrennen läßt, und daß der theoretische Wirkungsgrad, falls im Endergebnis nicht mehr als 80 v. H. der Luft verbrannt wird, 0,48 beträgt. Wird das Verdichtungsverhältnis bei gleichem Höchstdruck auf 15 : 1 gesteigert, so erhöht sich der theoretische Wirkungsgrad auf 0,508. Eine weitere Vergrößerung des Verdichtungsverhältnisses auf 20 : 1 ergibt nur noch eine kleine zusätzliche Verbesserung des Wirkungsgrades, der sich auf 0,513 beläuft. Der gestrichelte Teil der Kurve c in Abb. 50 löst sich von der ausgezogenen Kurve des Gemisches mit 20 v. H. Brennstoffmangel bei einem Verdichtungsverhältnis, bei dem gerade noch die gesamte Verbrennung ohne Überschreitung des Höchstdruckes von 64,3 at bei konstantem Volumen vorgenommen werden kann. Die gestrichelte Kurve veranschaulicht die Änderung des theoretischen Wirkungsgrades bei Höchstdruckbeschränkung auf 64,3 at und legt die Schlußfolgerung nahe, daß unter Vollastbedingungen, bei denen eine Verbrennung von mindestens 75 v. H. der

Luftladung angestrebt werden muß, aus einer Steigerung des Verdichtungsverhältnisses über 15 : 1 kein Nutzen mehr gezogen werden kann, falls nicht ein Höchstdruck weit über 63 at in Kauf genommen werden soll.

Um die Abhängigkeit des Wirkungsgrades vom Höchstdruck noch weiter zu veranschaulichen, sei angegeben, daß nach Kurve *c* der Wirkungsgrad durch Begrenzung des Höchstdruckes auf 64,3 at bei einem Verdichtungsverhältnis von 15: 1 von 0,55 auf 0,508 herabgesetzt wird. Wäre die durch Verbrennung von 80 v. H. der Luftladung verfügbare Wärme ausschließlich bei konstantem Volumen zugeführt worden, so hätte sich bei diesem Verdichtungsverhältnis ein Höchstdruck von ungefähr doppelter Größe — 130 at — ergeben. Mit anderen Worten, für eine Steigerung des theoretischen Wirkungsgrades von 0,508 auf 0,55 muß man eine Zunahme des Höchstdruckes um ungefähr 66 at in Kauf nehmen.

VII. Versuche an Maschinen.

52. Der Zweck des praktischen Versuches.

Maschinenuntersuchungen sind für den lernenden Studenten und den praktischen Ingenieur zwei grundverschiedene Aufgaben. Für den Studierenden bildet der Maschinenversuch einen Teil seiner praktischen Ausbildung; das Verhalten der Maschine ist im voraus bekannt, und der Studierende überzeugt sich von der Richtigkeit dessen, was er wahrscheinlich schon im Vortragsunterricht gehört oder sonstwie in einem Buch gelesen hat. Für den Ingenieur soll der Versuch den Beweis erbringen, daß die Maschine erstens den Absichten der Konstruktion entspricht und zweitens ohne Störungen zur einwandfreien Dauerleistung auf eine angemessene Zeit fähig ist. Hierbei unterscheidet sich der erste Teil des Erprobungsversuches des Ingenieurs von dem Demonstrationsversuch der Schule nur durch etwaige Sonderabsichten des Versuchsleiters; auf den Dauerversuch wird man im Unterrichtsbetrieb verzichten, da diese Fragen längst geklärt sind, bevor die Maschine genügende Bedeutung erlangt hat, um in einem Schullaboratorium aufgestellt zu werden. Um so wichtiger ist es daher für den Studierenden, sich stets bewußt zu sein, daß man von keiner Maschine behaupten kann, sie habe die Anfangsschwierigkeiten überwunden und sei eine völlig erprobte Konstruktion, solange sie nicht einen Dauerversuch unter Vollast einwandfrei bestanden hat. Gerade die vielen Stunden des Dauerversuches bringen die Schwächen der Konstruktion in einer Schärfe zum Vorschein, die durch kurzfristige Versuche niemals erreicht werden kann. Dauerversuche sollen in einem späteren Bande im Zusammenhang mit den grundlegenden baulichen Gesichtspunkten und den häufigsten

Fehlerursachen behandelt werden. Dieses Kapitel wird sich nur mit Versuchen zur Ermittlung der Bestwerte im Verhalten der Maschine befassen.

Die verschiedenartigen Fragen, über die ein Maschinenversuch Aufschluß bringen soll, können nach bestimmten Hauptgesichtspunkten wie folgt zusammengefaßt werden:

1. Wie groß ist die Leistung der Maschine und welche Einstellung ist nötig, um die beste Leistung zu erzielen?

2. Wie groß ist der absolute und der auf die Pferdekraftstunde bezogene Brennstoffverbrauch?

3. Wie verteilen sich die mechanischen und thermischen Verluste? Um wieviel und in welcher Weise kann die Maschine verbessert werden?

Die Ermittlung der Bremsleistung unter beliebigen, nicht schwankenden Betriebsbedingungen erfordert nur die direkte Messung der Drehzahl und des an der Welle abgegebenen Drehmomentes, das am besten durch eine elektrische Pendel- oder eine Wasserwirbelbremse bestimmt wird; alle diese Messungen lassen sich leicht und mit großer Genauigkeit ausführen. Eine Schwierigkeit, stetige Ablesungen zu bekommen, besteht nicht; wiederholt vorgenommene Messungen sollten bei einer gut abgestimmten Maschine nicht mehr als 0,5 v. H. untereinander abweichen. Da mit Ausnahme von Dauerversuchen der Hauptwert immer auf die Zylinderleistung gelegt und ein Versuch stets bei konstanter Drehzahl durchgeführt wird, ist es üblich und immer zweckmäßig, das verfügbare Drehmoment durch den Wert des auf den Arbeitshub bezogenen mittleren Kolbendruckes zu kennzeichnen. Dieser an der Bremse gemessene mittlere Kolbendruck p_e bezeichnet nicht etwa einen tatsächlich im Zylinder auftretenden Gasdruck, steht aber zum indizierten mittleren Kolbendruck p_i, der durch einen Indikator — vorausgesetzt, daß es einen vollkommenen Indikator gäbe — gemessen werden könnte, in der gleichen Beziehung wie die Nutzleistung N_e zur indizierten Leistung N_i. Daher gilt für den mechanischen Wirkungsgrad:

$$\eta_m = \frac{p_e}{p_i} = \frac{N_e}{N_i}.$$

Die direkte Bestimmung des mechanischen Wirkungsgrades durch gleichzeitige Messung der nutzbaren und indizierten Leistung liefert bei schnellaufenden Brennkraftmaschinen ganz unzulängliche Ergebnisse*. Ein Indikatordiagramm, bei dem zur Bestimmung der indizierten Leistung der Kolbenweg als Basis gewählt ist, muß — wenn sich keine

* In diesem Zusammenhang sei auf die umfassenden Versuche von Rosenkrans und Felbeck[37] verwiesen, bei denen besondere Vorsichtsmaßregeln getroffen wurden, um den Druckverlauf im Zylinder möglichst genau zu ermitteln. Trotzdem weisen die Versuchsergebnisse anscheinend unmögliche Schwankungen des mechanischen Wirkungsgrades auf.

größeren Fehler einschleichen sollen — so genau in „Phase“ sein, daß diese Methode praktisch unbrauchbar wird. Unter einer „genauen Phase“ wird hierbei die Forderung verstanden, daß der Druck, den der Indikator z. B. bei halbem Hub verzeichnet, auch tatsächlich den Druck darstellt, wenn der Maschinenkolben auf seinem Lauf genau an diesem Punkt angelangt ist. Es ist leicht nachweisbar, daß eine Abweichung in den relativen Stellungen der Kolben- und Indikatorbewegung um den geringen Betrag von 1^0 Kurbelwinkel bereits einen Fehler von 5 v. H. in der Bestimmung der indizierten Leistung ausmacht. Diese Methode scheidet daher für ein genaues Arbeiten aus, und man muß der indizierten Leistung indirekt durch Bestimmung der Bremsleistung und der mechanischen Verluste, wenn die Maschine von außen angetrieben wird, näherkommen.

Für die Ermittlung des Arbeitsbedarfs bei Antrieb von außen sind elektrische Pendelbremsen unerläßlich. Denn sie ermöglichen eine Messung des zum Antrieb erforderlichen Drehmoments unmittelbar nach dem Aufhören der Verbrennung, solange noch die Temperatur sowie die übrigen Bedingungen so weit als möglich die gleichen wie beim Betrieb mit eigener Kraft sind. Da ungefähr 60 v. H. der zum Antrieb erforderlichen Kraft auf Überwindung der Kolbenreibung entfällt, wird jede Änderung in der Viskosität des Schmieröls oder in den Schmierungsverhältnissen an den Zylinderwandungen zu Fehlern bei der Bestimmung der mechanischen Verluste führen. Zur Untersuchung von Maschinen großer Leistung ist es zweckmäßig, gleichzeitig eine elektrische Pendel- und eine Wasserbremse vorzusehen; hierbei ist die elektrische Bremse so stark zu wählen, daß sie die Kraft zur Bestimmung der Antriebsverluste zu liefern vermag, und die Wasserbremse so groß, daß sie den Hauptteil der Maschinenleistung bei Vollastbetrieb vernichtet.

53. Die Verwendung des Indikators.

In den früheren Kapiteln haben Indikatordiagramme, die den Druckverlauf in Abhängigkeit von Kurbelwinkelgraden oder auf einer Basis gleicher Zeitabschnitte wiedergeben, vielfache Verwendung gefunden. Derartige Diagramme können natürlich jederzeit auf eine Kolbenwegbasis umgezeichnet werden. Hierbei ergibt sich aber die im vorhergehenden Abschnitt erwähnte Schwierigkeit, die beiden Diagramme in „genaue Phase“ zu bringen, da die Lage des Totpunkts auch auf der Zeitachse genau festgelegt werden muß. Diese Bestimmung läßt sich ganz gut innerhalb einer Fehlergrenze von ungefähr 1^0 Kurbelwinkel ausführen, verliert aber jeden praktischen Wert, sobald genaue Zahlenwerte der indizierten Leistung verlangt werden.

Der Wert der Druck-Zeitdiagramme für die Untersuchung von Vorgängen, die sich im Zylinder im Bereich von 45^0 vor bis 45^0 nach Totpunkt abspielen, erhellt bereits aus der vielseitigen Verwendung derartiger Darstellungen in den früheren Kapiteln und bedarf keiner weiteren Betonung mehr. Derartige Diagramme lassen sich in verschiedener Weise aufnehmen. Nach einer Methode verwendet man einen gewöhnlichen Kolbenindikator, dessen Trommel mit einer Versetzung von 90° gegenüber der Kolbenbewegung angetrieben wird, und zeichnet dann die versetzt aufgenommenen Diagramme auf eine Basis gleicher Zeitabschnitte um. Dieses Verfahren ist recht mühselig; überdies besitzt jeder Indikator, bei dem das Schreibzeug dem Steigen und Fallen des Drucks während des Hubes einer schnellaufenden Brennkraftmaschine nachzukommen sucht, zwei weitere Nachteile. Einmal ist es sehr schwierig, ein Instrument mit einer so kleinen Trägheit zu bauen, daß es den äußerst schnellen Druckänderungen überhaupt noch einwandfrei zu folgen vermag; ferner ändert sich der Druckverlauf häufig von einem Arbeitsspiel zum anderen, und das tatsächliche Interesse ist auf die Ermittlung des durchschnittlichen Verhaltens aus einer reichlichen Zahl von Arbeitsspielen gerichtet.

Die Indikatorbauart, mit der die verschiedenen Diagramme in diesem Buch aufgenommen sind, erfüllt alle Ansprüche. Man erhält den Druckverlauf unmittelbar auf der Zeitbasis und ganz nach Wahl als Durchschnitt einer sehr großen oder einer kleineren Anzahl von Arbeitsspielen. Eine ausführliche Beschreibung des „Farnboro Indikators" gibt Wood[27]; an dieser Stelle soll der Indikator nur soweit beschrieben werden, als zur Erklärung eines weiteren wesentlichen Vorteils nötig ist, den der Farnboro Indikator allen Kolbenindikatoren gegenüber besitzt.

Den Aufbau des Indikators zeigt Abb. 54. Der Papierstreifen zur Aufnahme des Diagrammes wird um die horizontale Metalltrommel *a*, die mit der Drehzahl der Kurbelwelle umläuft, gelegt. Eine Funkenspitze *b* kann sich in horizontaler Richtung parallel zur Trommelachse und dicht am Papierstreifen entlang bewegen; der Ausschlag der Spitze wird durch ein auswechselbares Federsystem *c* und den in Kammer *d* herrschenden Druck gesteuert. Der Druck in der Kammer wird von einer Druckluftflasche *e* geliefert und kann durch ein Regulierorgan *f* auf einen beliebigen konstanten Wert oder auf eine selbsttätige, allmähliche Zunahme eingestellt werden; bei steigendem Druck verschiebt sich die Funkenspitze an der Trommelfläche entlang von einem Ende zum andern. Die Leitung *g* führt von der Kammer zum Maschinenzylinder *h*. Dicht am Zylinder und beinahe mit der Zylinderwandung abschließend, befindet sich ein kleines Plattenventil *i* mit je einem Ventilsitz auf der Zylinder- und auf der Leitungsseite; es hat zwischen seinen beiden Sitzen etwas freies Spiel und wird entweder durch den Gasdruck im Zylinder oder durch den Luftdruck in der Leitung auf seinen jeweiligen Sitz gepreßt. Bei entsprechender Einstellung des Druckes in der Leitung, der immer gleich dem Druck in der Kammer ist, wird die Ventilplatte zweimal während eines Arbeitsspieles von einem Sitz zum anderen hinüberschnellen. In dem Augenblick, wo die Ventilplatte hinüberschnellt, springt ein elektrischer Funke von der Funkenspitze zur Metalltrommel über und hinterläßt eine feine Durchschlagsmarke auf dem Papierstreifen. Wenn der Leitungsdruck steigt und im Zusammenwirken mit der Kraft der kalibrierten Federn die Funkenspitze entsprechend verschiebt, ändert sich auch der Zeitpunkt, in dem die Ventilplatte während der Kurbelumdrehung überschnellt bzw. der Funke während der Trommelumdrehung überspringt. Der jeweilige Druck im Maschinenzylinder

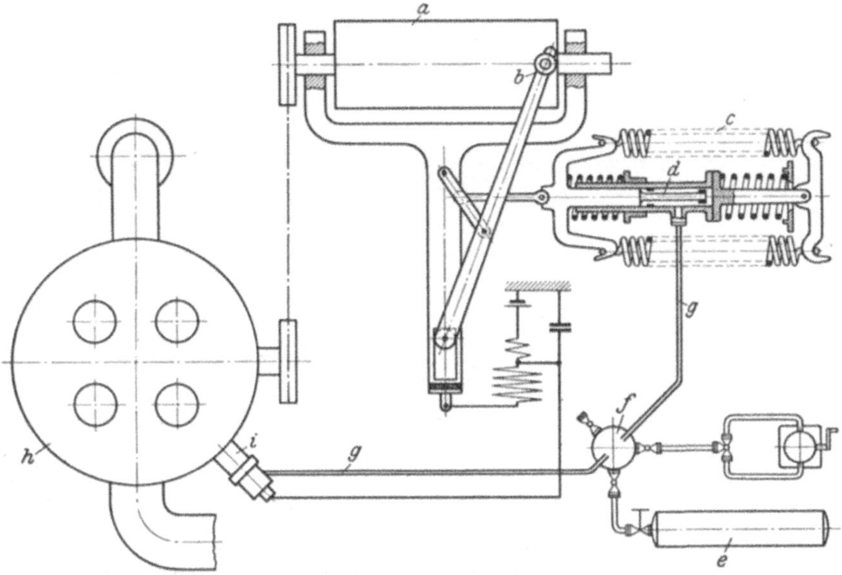

Abb. 54. Farnboro Indikator.
a Metalltrommel; *b* Funkenschreibzeug; *c* Indikatorfedersystem; *d* Druckluftkammer: *e* Druckluftflasche; *f* Regulierorgan; *g* Verbindungsleitung; *h* Maschinenzylinder; *i* Plattenventil.

wird also durch einen Diagrammpunkt der Größe und Zeit nach einwandfrei festgelegt; die Größe des Drucks ist durch den Ausschlag der Funkenspitze und die zugehörige Zeit durch das Überschnellen der Ventilplatte unter dem Einfluß dieses Drucks bestimmt.

Der besondere Vorteil dieses Indikators liegt in der Möglichkeit, den Druck unmittelbar an der Zylinderwand zu messen. Wer mit Indikatoren gearbeitet hat, bei denen das Zylinderinnere durch einen Kanal mit dem beweglichen Teil des Indikators — sei es ein Kolben oder eine Membran — verbunden ist, kennt die Störungen, die eine derartige Bohrung mit sich bringt. Eine Ungenauigkeit durch die Zeit, welche die Druckänderungen brauchen, um den Verbindungskanal zu durchlaufen, könnte man mehr oder minder in Kauf nehmen und entsprechend berücksichtigen; wenn aber im Verbindungskanal Verbrennungen und Detonationen auftreten — was immer möglich und sogar wahrscheinlich ist —, so werden auf der Indikatorseite Drücke hervorgerufen, welche keinerlei Beziehung zu den Zylinderdrücken besitzen und zu Fehlmessungen Anlaß geben. Alle diese Schwierigkeiten kommen beim Farnboro Indikator in Fortfall. Die Ventilplatte ist ganz leicht gehalten, und ihre Bewegung erfolgt praktisch sofort und in einem Augenblick. Der einzige Zeitfehler, den man in Kauf nehmen muß, liegt in dem Verzug zwischen der Ventilbewegung und dem Überspringen des elektrischen Funkens;

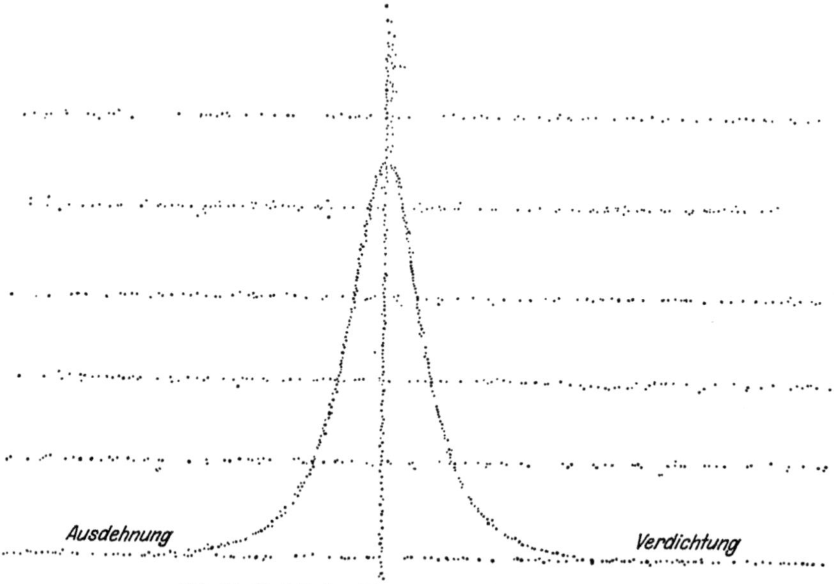

Abb. 55. Praktisches Diagramm des Farnboro Indikators.
Drehzahl der Maschine (Antrieb von außen) 1600 Uml/min, Verdichtungsverhältnis 13,5:1.

dieser Betrag bleibt indessen konstant, kann leicht gemessen und von Zeit zu Zeit nachgeprüft werden.

Ein mit dem Indikator praktisch aufgenommenes Diagramm ist in Abb. 55 wiedergegeben. Es entstammt einer Abhandlung [33] über den Farnboro Indikator und zeigt, mit welchem hohen Genauigkeitsgrad eine saubere Kurve unter günstigen Umständen durch die Punktreihe gelegt werden kann. Für alle praktischen Untersuchungen der Zylindervorgänge sowie besonders der Änderungen im Verlauf des Druckanstiegs bei der Verbrennung ist dieser Indikator ein unschätzbares Hilfsmittel. Die Druck-Zeitkurve gibt ein genaues Bild des Ablaufs aller Vorgänge, wie es für die Untersuchung der Verbrennung benötigt wird; eine Feststellung der absoluten Lage mit einer Genauigkeit von 1° Kurbelwinkel ist mit Ausnahme des Falles, daß die indizierte Leistung bestimmt werden soll, nicht erforderlich.

54. Volleistung, Drehzahl und Drehmoment.

Die erreichbare Leistung einer Maschine hängt von dem nutzbaren mittleren Kolbendruck und der Drehzahl ab. Die Grenze für die Drehzahl wird gewöhnlich durch Gesichtspunkte mechanischer Art — z. B. Belastung der Lager durch Massenkräfte, Schwächen in der Ventilbetätigung — bestimmt. Beschränkungen mechanischer Art sollen hier nicht näher behandelt werden; wir nehmen einfach an, daß jede Maschine eine noch betriebssichere Höchstdrehzahl und eine weit kleinere normale Betriebsdrehzahl besitzt, für die sie entworfen ist. Will man diese Drehzahl voll ausnutzen, müssen die „Atmungsorgane" so bemessen werden, daß die Maschine volle Zylinderladungen bis zu der beim Entwurf der Maschine vorgesehenen Drehzahl erhält. Mit anderen Worten, ihre Ventilquerschnitte müssen genügend groß sein, um die Ladung innerhalb der verfügbaren Zeit ohne übermäßige Drosselung in den Zylinder zu bekommen. Dies hängt nicht allein von dem mittleren Durchflußquerschnitt der Ventile, sondern auch von ihren Öffnungs- und Schließzeiten ab. Wie empfindlich die Leistung einer Maschine für die Ventileinstellung sein kann, soll an einem Beispiel gezeigt werden. Nimmt man an, daß die günstigste Ventileinstellung einer Maschine, die z. B. für 3000

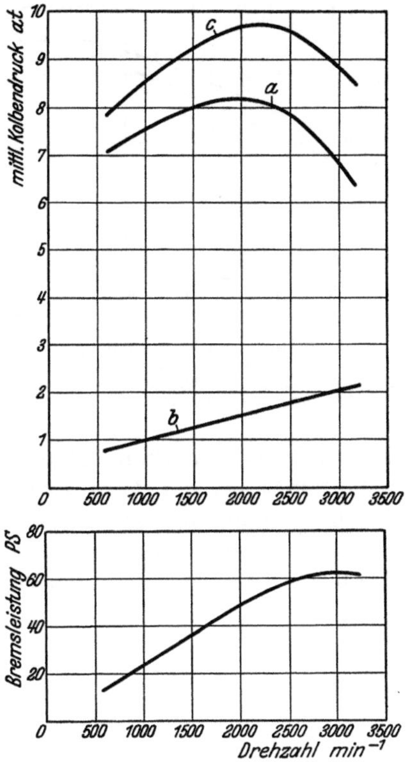

Abb. 56. Bremsleistung und mittlere Kolbendrücke einer schnellaufenden Vierzylindermaschine.
a nutzbare mittlere Kolbendrücke,
c indizierte mittlere Kolbendrücke,
b auf mittlere Kolbendrücke umgerechnete Reibungs- und Ladearbeit.

Uml/min entworfen wurde, herausgefunden ist, so ergeben sich die in Abb. 56 dargestellten typischen Kurvenbilder. Die Bremsleistungen, die nutzbaren mittleren Kolbendrücke, die auf mittlere Kolbendrücke umgerechneten Verluste durch Reibungs- und Ladearbeit sowie die indizierten mittleren Kolbendrücke sind in Abhängigkeit von der Drehzahl aufgetragen. Man ersieht, daß die Höchstleistung bei einer Drehzahl von etwa 3000 Uml/min entwickelt wird, während der nutzbare mittlere Kolbendruck (Kurve *b*) bereits bei ungefähr 2000 Uml/min durch die

Drosselwirkung der Ventile und die zunehmenden Reibungsverluste zu fallen beginnt.

Eine Maschine, deren Ventileinstellung für eine Höchstleistung z. B. bei 3000 Uml/min. bemessen ist, kann ganz ungeeignet sein für den Betrieb bei kleineren Drehzahlen und umgekehrt; dies wird in Abb. 57 durch die beiden Kurven *a* und *b* veranschaulicht, die für einen Bereich von 800 bis 2000 Uml/min die indizierten mittleren Kolbendrücke an der gleichen Maschine, aber mit zwei verschiedenen Ventileinstellungen wiedergeben.

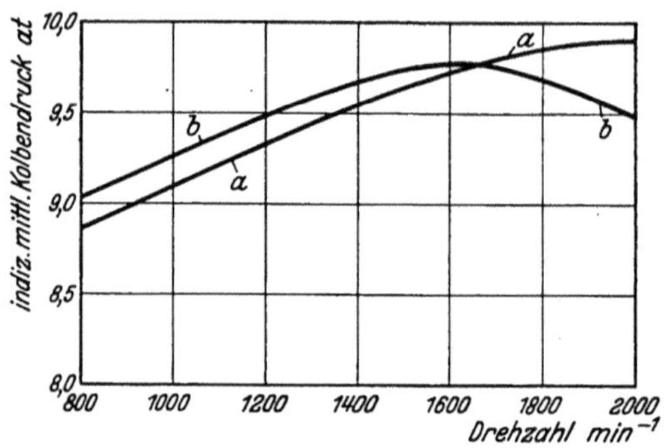

Abb. 57. Einfluß der Ventileinstellung auf die indizierten mittleren Kolbendrücke.
a Voröffnung und Nachschluß der Ventile groß;
b Voröffnung und Nachschluß in Nähe des Totpunkts.

Bei der Ventileinstellung der Kurve *b* öffnen und schließen die Ventile mehr in der Nähe der Totpunkte als bei *a*. Das Ergebnis ist ein höherer Kolbendruck unterhalb 1650 Uml/min; aber oberhalb dieser Drehzahl findet bei der Ventileinstellung *b* ein rascherer Abfall des Kolbendruckes als bei der Einstellung *a* statt. Dieser Vergleich ist lehrreich, da er zeigt, das eine Leistungskurve in Abhängigkeit von der Drehzahl nicht unbedingt den Wert oder Unwert einer Maschine beweist, sondern nur die Geeignetheit der Einstellungen für besondere Betriebsbedingungen dartut. Derartige Versuche haben daher in einem Buch, das sich mit den allgemeinen Grundlagen befaßt, nur insofern Interesse, als für das Verständnis der Faktoren, welche die durch Versuch festgestellte Kurvenform beeinflussen, wichtig ist. Bei jeder Drehzahl ist es natürlich wichtig, den Zeitpunkt der Zündung passend einzustellen. Abb. 58 läßt die Bedeutung einer richtigen Zündeinstellung für die erreichbare Höchstleistung zahlenmäßig erkennen. Während der ganzen Versuchsreihe betrug die Drehzahl 1800 Uml/min; alle anderen Bedingungen wie Gemischzusammensetzung und alle wichtigen Temperaturen wurden

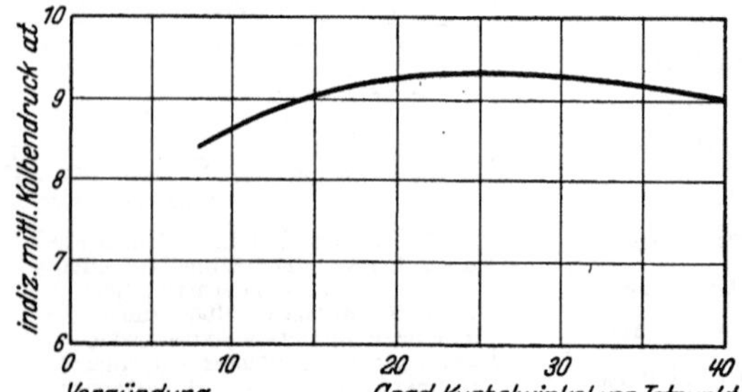

Abb. 58. Einfluß der Zündeinstellung auf die Leistung. Drehzahl: konstant 1800 Uml/min, Brennstoff: Benzin.

gleichfalls konstant gehalten, während der Zeitpunkt der Zündung von 9 bis 40° vor Totpunkt verstellt wurde. Höchstleistung wurde bei ungefähr 26° Vorzündung erzielt; die Leistung fiel um etwa 10 v. H. ab, wenn die Vorzündung auf 9° verringert wurde. Größere Vorzündung über 26° hinaus verursachte einen kleinen Leistungsverlust, da die vom Kolben zu verrichtende „negative" Arbeit zunimmt; wenn die Zündung zu früh erfolgt, tritt durch die zu früh einsetzende Verbrennung eine merkliche Drucksteigerung im letzten Teil des Verdichtungshubes auf.

Neben den auf die normale Betriebsdrehzahl abzustimmenden Ventil- und Zündeinstellungen hat der volumetrische Wirkungsgrad einen maßgebenden Einfluß auf die Leistungsfähigkeit der Maschine. Er hat grundlegende Bedeutung für die Maschine und hängt sowohl von den Konstruktions- als auch von den Betriebsbedingungen ab.

55. Der volumetrische Wirkungsgrad.

Über den Begriff des volumetrischen Wirkungsgrades einer Maschine gibt es zwei verschiedene Auffassungen. Man kann ihn definieren als

a) Verhältnis zwischen dem Volumen des je Hub angesaugten, auf Druck und Temperatur der Außenluft bezogenen Brennstoff-Luftgemisches und dem Hubvolumen;

b) Verhältnis zwischen der Menge des je Hub angesaugten Brennstoff-Luftgemisches und der Menge, die im „Normalzustand" von 0° C und 760 mm Hg das Hubvolumen auffüllen würde.

Die zweite Definition wird den weiteren Ausführungen zugrunde gelegt werden, weil sie leichter und klarer vorstellbare Werte ergibt; bei dieser Definition wäre es allerdings richtiger, von einem „gravimetrischen" Wirkungsgrad zu sprechen, da es sich tatsächlich um das Verhältnis zweier Massen handelt. Im Zähler steht die Masse des je Hub angesaugten Brennstoff-Luftgemisches — oder der reinen Luft bei Dieselmaschinen — und im Nenner die Masse, welche bei Normalzustand im Hubvolumen enthalten wäre.

Nimmt man zunächst an, daß das Einlaßventil genau am Ende des Ansaughubes schließt, der Zylinderdruck in diesem Augenblick gerade 760 mm Hg beträgt und die absolute Temperatur der angesaugten Ladung vor ihrer Vermischung mit den Auspuffgasen im Verbrennungsraum mit T bezeichnet wird, so ergibt sich nach der zweiten Definition für den volumetrischen Wirkungsgrad der Ausdruck:

$$\eta_{\text{vol}} = \frac{273}{T}.$$

Nimmt man die Temperatur der angesaugten Ladung unter den obigen Bedingungen zu 60° C — wie in Abschnitt 36 vorgeschlagen — an, so ergibt sich ein volumetrischer Wirkungsgrad von 82 v. H. Im praktischen Betrieb ist er natürlich kleiner, weil der Druck am Ende des Saughubes ziemlich unter dem atmosphärischen Druck liegt. Die für das Öffnen und Schließen der Ventile benötigte Zeit macht es erforderlich, mit dem Schließen des Einlaßventils bereits etwa 35^0 vor Totpunkt zu beginnen, wodurch eine gewisse Drosselung hervorgerufen wird. Ferner ist es nötig, auch den Endpunkt der Schließbewegung des Einlaßventils bis auf etwa 25^0 nach Totpunkt zu verschieben, so daß der tatsächlich für die Ladung verfügbare Raum etwas kleiner als das durch die Kolbenbewegung freigelegte Hubvolumen ausfällt.

Volumetrische Wirkungsgrade hängen von so vielen veränderlichen Faktoren ab, daß ein brauchbarer Durchschnittswert schwer angegeben werden kann. Man kann sagen, daß er für eine Maschine mit normalen Ansaugverhältnissen bei ihrer normalen Betriebsdrehzahl zwischen 72 und 78 v. H. liegt, aber unter besonderen Umständen — wie an sehr kalten Tagen mit hohem Barometerstand — höher ausfallen kann. Außer von der Ventileinstellung, der Ausbildung der Ansaugwege und den täglich wechselnden Druck- und Temperaturbedingungen der Außenluft hängt der volumetrische Wirkungsgrad von der „Ansaugfähigkeit“ der Maschine ab; hierunter versteht man das Verhältnis des mittleren Durchflußquerschnittes der Ventile zu dem Produkt aus der Fläche und mittleren Geschwindigkeit des Kolbens. Von Einfluß sind weiter das Mischungsverhältnis und die Verdampfungswärme des Brennstoffes, ferner die von der Ladung während der Strömung durch die Ansaugwege aufgenommene Wärme, die Wandungstemperaturen der Zylinder und das Verdichtungsverhältnis.

Die Frage der Ansaugfähigkeit soll zuerst besprochen werden. Hierbei ist es wichtiger, für das Einlaßventil einen reichlichen Querschnitt vorzusehen als für das Auslaßventil. Wenn das Auslaßventil öffnet, haben die Gase im Zylinder einen Druck von ungefähr 3,5 at. Die ersten Auspuffgase stürzen mit hoher Geschwindigkeit in die Auspuffleitungen, und ihre Bewegungsenergie hilft mit, den Rest zu entfernen. Wie überall beim Entwurf von Maschinen ist auch die Entscheidung über die Ventilgröße eine Frage des Ausgleiches verschiedener Forderungen. Um den Kraftverbrauch für das Füllen und Entleeren des Zylinders — die sog. „Pumpverluste“ — niedrig zu halten, ist es selbstverständlich vorteilhaft, die Ventile groß zu machen, um die mittleren Gasgeschwindigkeiten in den Durchflußquerschnitten der Ventile so klein als möglich zu halten. Indessen wird die Kühlung großer Ventile schwieriger; auch ist bereits auf die Wichtigkeit der Wirbelung hingewiesen worden, die von der Erhaltung einer hohen Gasgeschwindigkeit in den Einlaßventilquerschnitten abhängt. Bei Maschinen mit Ventilen im Zylinderkopf kommt als weiterer Faktor die Beschränkung des für die Unterbringung der Ventile verfügbaren Platzes hinzu; auch die Formgebung der Durchgänge vor und hinter dem Ventilsitz wird von großer Bedeutung, wenn der verfügbare Strömungsquerschnitt wirksam ausgenutzt werden soll.

Die Erfahrung hat gezeigt, daß der beste Ausgleich der verschiedenen Forderungen erreicht wird, wenn die Gasgeschwindigkeit im Einlaßventil zwischen 36 und 43 m/sek liegt; für einen guten volumetrischen Wirkungsgrad sollte die Gasgeschwindigkeit bei normaler Betriebsdrehzahl 49 m/sek nicht überschreiten. Gasgeschwindigkeiten im Auslaßventil dürfen aus den angegebenen Gründen ohne weiteres 50 v. H. größer als im Einlaßventil sein. Wie es den Gepflogenheiten der alle Rechengänge möglichst vereinfachenden Praxis entspricht, sind diese Werte unter der Annahme errechnet, daß die Ventile während der ganzen Dauer ihrer Öffnung voll geöffnet sind; die so erhaltenen Werte liegen daher beträchtlich unter den tatsächlich auftretenden mittleren Gasgeschwindigkeiten.

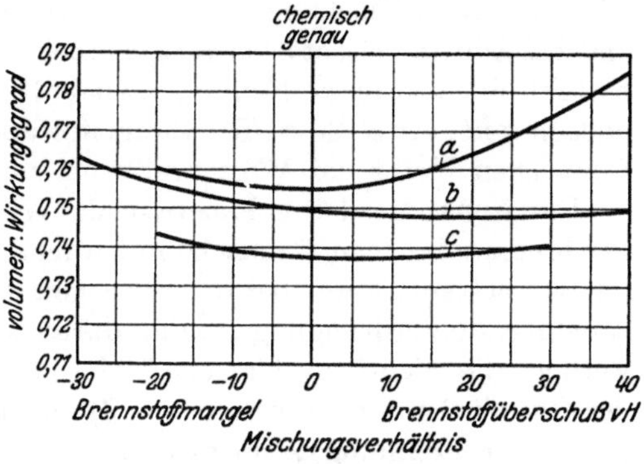

Abb. 59. Änderung des volumetrischen Wirkungsgrades mit dem Mischungsverhältnis. *a* Äthylalkohol; *b* Leuchtgas; *c* Benzin.

Bezüglich des Einflusses des Mischungsverhältnisses auf den volumetrischen Wirkungsgrad spielt bei flüssigen Brennstoffen die zur Verdampfung benötigte Wärme eine Rolle. In Abschnitt 21 wurde ausgeführt, daß die Verdampfungswärme eines Durchschnittsbenzins bei dem theoretischen Mischungsverhältnis die Temperatur der angesaugten Luft um etwa 21° C erniedrigt, falls nicht von außen Wärme zugeführt wird; für Benzol beträgt dieser Wert 26° C und für Spiritus 86° C. Alle diese Zahlen gelten unter der Annahme, daß der Brennstoff bis zum Schluß des Einlaßventiles völlig verdampft ist. Dies trifft indessen für Spiritus nicht zu. Die zur Verdampfung benötigte Wärme ist hier so groß, daß trotz der leichten Verdampfbarkeit die Flüssigkeit nicht imstande ist, in der bis zum Ventilschluß verfügbaren Zeit genügend Wärme zur völligen Verdampfung aufzunehmen.

Das Mischungsverhältnis beeinflußt den volumetrischen Wirkungsgrad einmal, weil der Betrag der Abkühlung durch die Verdampfung des flüssigen Brennstoffes verschieden ist, und zum anderen, weil sich die Temperaturen der Zylinderwandungen ändern. Abb. 59 zeigt die Änderung des volumetrischen Wirkungsgrades bei verschiedenem Mischungsverhältnis am Ricardo-Motor E. 35 für ein Verdichtungsverhältnis von 5 : 1 im Betrieb mit Benzin, Äthylalkohol und Leuchtgas. Bei Betrieb mit Leuchtgas wurde der einströmenden Luft keine Wärme von außen zugeführt; bei den flüssigen Brennstoffen wurde die Luft elektrisch um 0,0109 kcal je Umdrehung erwärmt, sonst wären die volumetrischen Wirkungsgrade um ungefähr 4 v. H. höher ausgefallen (s. Abb. 60). Es ist zwecklos, die Absolutwerte der volumetrischen Wirkungsgrade für Leuchtgas und flüssige Brennstoffe miteinander zu vergleichen, weil die Bedingungen für Bildung und Vorwärmung des Gemisches nicht gleich sind; trotzdem ist der Unterschied in der Art und Weise, wie der volumetrische Wirkungsgrad von dem Mischungsverhältnis beeinflußt wird, sehr lehrreich und deutlich aus dem Verlauf der drei Kurven in der Abb. 59 erkennbar. Alle drei Kurven zeigen eine geringe Abnahme des volumetrischen Wirkungsgrades vom brennstoffärmsten bis zum chemisch genauen Mischungsverhältnis. Dann folgt bei Benzin ein leichtes und bei Spiritus ein stärker ausgesprochenes Anwachsen; bei Leuchtgas besteht eine schwache Neigung zum Fallen bis zu einem Mischungsverhältnis mit etwa 20 v. H. Brennstoffüberschuß, bei noch reicheren Gemischen bleibt der Wert praktisch konstant.

Die Abnahme des volumetrischen Wirkungsgrades, die im Bereich der brennstoffarmen Gemische mit wachsendem Brennstoffgehalt kaum 1 v. H. beträgt, kann bei den flüssigen Brennstoffen teilweise auf die zunehmende Verdrängung der Luft durch Brennstoffdampf zurückgeführt werden; die wichtigere Ursache bildet höchstwahrscheinlich das Steigen der Oberflächentemperaturen der Zylinder- und Kolbenwandungen, da ja die Verbrennungstemperaturen bei reicher werdenden Gemischen zunehmen. Über das chemisch genaue Mischungsverhältnis hinaus vergrößert ein Überschuß an flüssigen Brennstoffen die durchschnittliche Molekularwärme des Zylinderinhaltes und hält somit die Temperaturen der Flamme sowie der Kolben- und Zylinderwandungen niedrig. Außerdem übt die Verdampfung des Brennstoffüberschusses eine unmittelbare Kühlwirkung auf die Oberfläche der Zylinderwandungen aus, so daß beide Einflüsse gleichzeitig auf eine Erhöhung des volumetrischen Wirkungsgrades hinwirken. Bei Spiritus fällt die unmittelbare Kühlwirkung wegen der großen Verdampfungswärme weit kräftiger aus; die Zunahme des volumetrischen Wirkungsgrades tritt daher mit wachsendem Brennstoffgehalt in erheblich stärkerem Maße in Erscheinung. Bei Leuchtgas nimmt die Verbrennungstemperatur bis zum Höchstleistungsgemisch bei einem Brennstoffüberschuß von etwa 20 v. H. fortgesetzt zu; da eine Innenkühlung durch zusätzliche Verdampfung nicht auftritt, verläuft vom Höchstleistungsgemisch an die Kurve fast horizontal.

Vielleicht sollte noch darauf hingewiesen werden, daß bei flüssigen Brennstoffen der volumetrische Wirkungsgrad durch Messung der angesaugten Luft allein bestimmt wurde; bei den Leuchtgasversuchen wurde selbstverständlich das gesamte Volumen des Gas-Luftgemisches gemessen.

Ein Vergleich der Abb. 59 mit der Abb. 37, in der die indizierten mittleren Kolbendrücke für verschiedene Gemischzusammensetzungen aufgetragen sind, läßt erkennen, daß die Leistungszunahme zwischen dem chemisch genauen Gemisch und dem Höchstleistungsgemisch ungefähr 3 bis 5 v. H. beträgt, während die Zunahme des volumetrischen Wirkungsgrades in diesem Bereich nur 0,5 v. H. ausmacht. Diese Leistungszunahme muß daher in der Hauptsache auf die Dissoziation zurückgeführt werden, die den doppelten Einfluß ausübt, daß bei den reichen Gemischen sowohl die Höchsttemperatur als auch das Volumenverhältnis σ bei der Verbrennung erhöht werden.

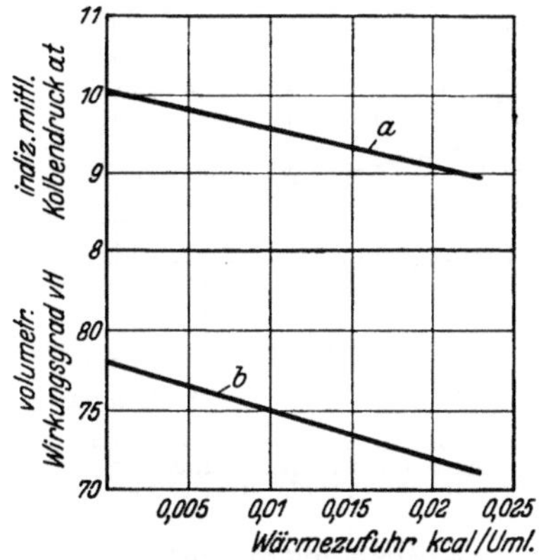

Abb. 60. Einfluß der Vorwärmung auf den volumetrischen Wirkungsgrad und den indizierten mittleren Kolbendruck. Brennstoff: Benzin, Drehzahl 1500 Uml/min, Verdichtungsverhältnis 5:1, Kühlwassertemperatur 60° C, Betrieb mit Höchstleistungsgemisch mit 20 v.H Brennstoffüberschuß.

Es wurde bereits darauf hingewiesen, daß die volumetrischen Wirkungsgrade bei den flüssigen Brennstoffen der Abb. 59 um ungefähr 4 v. H. höher ausgefallen wären, wenn man auf die Vorwärmung der angesaugten Luft verzichtet hätte. Die Abhängigkeit des volumetrischen Wirkungsgrades von der Vorwärmung der Ansaugluft ist im Bereich der praktisch in Frage kommenden Vorwärmungen linear; Abb. 60 zeigt für ein Höchstleistungsgemisch mit 20 v. H. Benzinüberschuß den Verlauf des volumetrischen Wirkungsgrades. Der obere Teil der Abb. 60 gibt die entsprechenden indizierten mittleren Kolbendrücke für ein Verdichtungsverhältnis von 5 : 1 wieder; diese sind den volumetrischen Wirkungsgraden proportional. Bei einem chemisch genauen Benzin-Luftgemisch würden durchweg die volumetrischen Wirkungsgrade um 0,5 v. H. und die indizierten mittleren Kolbendrücke um 4 v. H. tiefer liegen.

Eine Erniedrigung der Kühlwassertemperatur von 100° C auf 40° C verursachte bei der gleichen Maschine eine Zunahme des volumetrischen Wirkungsgrades um 2 v. H., da die einströmende Ladung bei kleineren Kühlwassertemperaturen auch weniger erwärmt wird. Die in Abb. 60 dargestellten Werte wurden alle bei einer Kühlwassertemperatur von 60° C ermittelt, so daß die größte, hierdurch verursachte Änderung in den Zahlenwerten ± 1 v. H. betragen würde.

Abb. 61 zeigt die Abhängigkeit des volumetrischen Wirkungsgrades vom Verdichtungsverhältnis. Zunächst kann man nicht einsehen, warum eine Erhöhung des Verdichtungsverhältnisses einen Abfall des volumetrischen Wirkungsgrades zur Folge haben sollte; daß hier sogar eine ganz beträchtliche Abhängigkeit besteht, war sehr überraschend. Die Vermischung der einströmenden Ladung mit dem bei höheren Verdichtungsverhältnissen weniger heißen Abgasrest müßte ohne Einfluß sein, wenn die Molekularwärmen bei allen Temperaturen gleich blieben; da sie aber zunehmen, sollte sich die Verringerung des Abgasrestes bei den höheren Verdichtungsverhältnissen in einer Steigerung des volumetrischen Wirkungsgrades auswirken. Bei der Durchführung der Versuche mit verschiedenen Verdichtungsverhältnissen wurde besonders sorgfältig darauf geachtet, die Gemischzusammensetzung, die Kühlwassertemperatur und die Vorwärmung des einströmenden Gemisches konstant zu halten; es kann daher kein Zweifel darüber herrschen, daß die Änderung des volumetrischen Wirkungsgrades ausschließlich auf den Einfluß des Verdichtungsverhältnisses zurückzuführen ist.

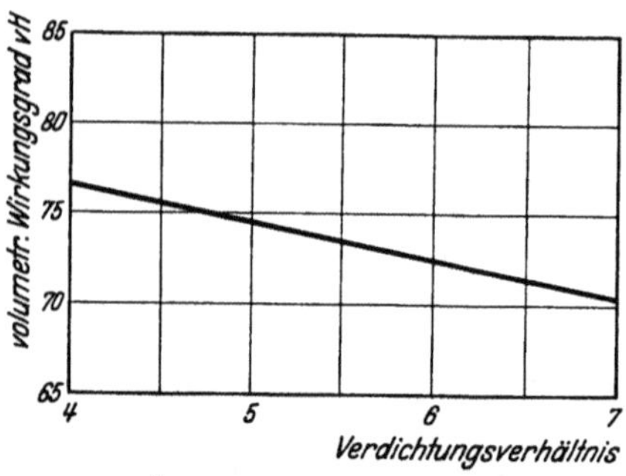

Abb. 61. Änderung des volumetrischen Wirkungsgrades mit dem Verdichtungsverhältnis an der E. 35 Einzylindermaschine von Ricardo.

I. F. Alcock[7] erklärt diese Erscheinung folgendermaßen: Wenn der Kolben gegen Ende des Auspuffhubes für eine wohl kurze, aber trotzdem nicht zu unterschätzende Zeit beinahe ohne Bewegung ist, hat der Abgasrest im Verdichtungsraum noch sehr hohe Temperaturen, da die frische Ladung durch das Einlaßventil noch nicht weit genug eingeströmt ist, um den Abgasrest abzukühlen. Während dieser Periode verliert der heiße Abgasrest sehr schnell Wärme an die Zylinderwandungen; eine Zusammenziehung, die durch diese Wärmeabgabe nach dem Schließen des Auslaßventiles auftritt, hat zur Folge, daß eine zusätzliche Menge frischen Gemisches durch das Einlaßventil in den Zylinder eintreten kann — mit anderen Worten, der volumetrische Wirkungsgrad nimmt zu. Nun ist bei hohen Verdichtungsverhältnissen die Menge des Abgasrestes geringer und auch seine Temperatur kleiner, so daß aus beiden Gründen der Betrag der Zusammenziehung infolge Abkühlung geringer ausfällt und somit die zusätzliche Lademenge, die zum Ausgleich der Zusammenziehung in den Zylinder treten kann, kleiner wird.

Diese Erklärung ist durchaus logisch und befriedigt dem Wesen nach. Prüft man sie indessen zahlenmäßig nach, so ist nicht leicht einzusehen, daß der Gesamtbetrag der beobachteten Erhöhung des volumetrischen Wirkungsgrades — von 70,5 v. H. bei einem Verdichtungsverhältnis von 7 : 1 auf 76,5 v. H. bei einem Verdichtungsverhältnis von 4 : 1 — auf diese Ursache zurückgeführt wird.

Die beobachtete Zunahme beläuft sich auf 8,5 v. H. der bei einem Verdichtungsverhältnis von 7 : 1 angesaugten Luftmenge. Aus dem Hubvolumen v_h ergibt sich der Verdichtungsraum v_c für ein Verdichtungsverhältnis von 7 : 1 zu $v_c = \frac{1}{6} \cdot v_h$ und für ein Verdichtungsverhältnis von 4 : 1 zu $v = \frac{1}{3} \cdot v_h$; nimmt man an, daß sich der heiße Abgasrest im Verdichtungsraum in beiden Fällen durch Abkühlung auf $\frac{1}{n}$ seines bei Schluß des Auslaßventils vorhandenen Volumens zusammenzieht, so ergibt sich die Beziehung:

$$(n-1)\frac{v_h}{n}\left(\frac{1}{3}-\frac{1}{6}\right) = 0{,}085\, v_h,$$

hieraus folgt

$$\frac{1}{n} = 0{,}49.$$

Die absolute Temperatur des Abgasrestes hätte also durch Wärmeabgabe an die Zylinderwandungen auf ungefähr die Hälfte verringert werden müssen, um die beobachtete Änderung des volumetrischen Wirkungsgrades hierdurch erklären zu können.

Falls die Erklärung von Alcock zutrifft, muß die Größe dieses Einflusses ganz außerordentlich von der Ventileinstellung abhängen. Bei den meisten schnellaufenden Maschinen findet eine gewisse „Ventilüberschneidung" statt, indem das Auslaßventil erst einige Grad Kurbelwinkel nach der Öffnung des Einlaßventiles schließt. Im Gegensatz hierzu besaß die Maschine von Ricardo, an der die starke Veränderlichkeit des volumetrischen Wirkungsgrades nach Abb. 61 festgestellt wurde, aus bestimmten Gründen eine negative Überschneidung von ungefähr 6^0; bei dieser Maschine trat daher gegen Ende des Auspuffhubes eine 6^0 Kurbelwinkel dauernde Periode auf, während der die Ein- und Auslaßventile geschlossen waren und der Zylinderinhalt vollständig abgesondert gehalten wurde. Es ist einleuchtend, daß unter diesen Bedingungen die Wirkung einer raschen Abkühlung und Zusammenziehung des sehr heißen Abgasrestes in ganz besonderem Maße zum Ausdruck kommt. Bezeichnend ist, daß Burstall[20], der an einer Maschine gleicher Bauart, aber etwas veränderter Ventileinstellung Versuche mit brennstoffarmen Leuchtgas-Luftgemischen gemacht hat, überhaupt keine Änderung des volumetrischen Wirkungsgrades bei Verdichtungsverhältnissen zwischen 4 : 1 und 7 : 1 festgestellt hat. Diese Tatsache führt er auf den Brennstoffmangel des Gemisches und die geringeren Gastemperaturen zurück. Bei einigen anderen Versuchen mit brennstoffreichen Leuchtgas-Luftgemischen ließ sich eine kleine Änderung feststellen, aber in weit geringerem Maße als bei Benzin.

Man kann wohl annehmen, daß die Wirkung bei kleineren Kreisprozeßtemperaturen geringer wird; aber daß sie gänzlich verschwinden sollte, ist kaum mit der Auffassung in Einklang zu bringen, daß die Ursache allein in einer Wärmeabgabe an die Zylinderwandungen zu suchen ist. Es ist also wahrscheinlich, daß die erhebliche Abnahme des volumetrischen Wirkungsgrades bei Steigerung des Verdichtungsverhältnisses in Abb. 61 in sehr hohem Maße von der Ventileinstellung abhängt; es ist sehr gut möglich, daß bei Maschinen mit stärkeren Ventilüberschneidungen überhaupt keine Abhängigkeit des volumetrischen Wirkungsgrades vom Verdichtungsverhältnis festzustellen ist.

56. Messungen des Brennstoffverbrauches.

Nach den Ausführungen des letzten Kapitels sind der thermische Wirkungsgrad und der Brennstoffverbrauch einer Maschine zwei verschiedene Begriffe, die auch verschiedene, aber gleichwichtige Aufschlüsse über die Eigenschaften einer Maschine vermitteln. Der thermische Wirkungsgrad einer Maschine gibt den Bestwert an, zu dem sie bei der Umwandlung von Wärme in Arbeit befähigt ist; der Brennstoffverbrauch gibt Aufschluß über das augenblickliche Verhalten der Maschine. Der thermische Wirkungsgrad ist eine Eigenschaft der Maschine selbst; aber eine einzelne Brennstoffverbrauchsmessung ist möglicherweise nichts anderes als eine Prüfung der Vergasereinstellung.

Nichtsdestoweniger hat der auf die Bremsleistung bezogene Brennstoffverbrauch seine große Bedeutung für die Praxis; die Wirtschaftlichkeit der Maschine soll nunmehr von dieser Seite aus behandelt werden. Wenn der Kleinstwert des Brennstoffverbrauches je Pferdekraftstunde sorgfältig ermittelt ist, so gibt diese Brennstoffverbrauchszahl jeden gewünschten Aufschluß über die Wirtschaftlichkeit der Maschine und gestattet nebenher, den tatsächlich erreichbaren Bestwert für den thermischen Wirkungsgrad zu berechnen.

Die erzielbare Leistung einer Maschine ändert sich innerhalb eines weiten Bereiches der brennstoffreichen Gemische bei konstanter Drehzahl nur wenig und besitzt einen Höchstwert bei ungefähr 20 v. H. Brennstoffüberschuß. Wenn also die Maschine mit dem Höchstleistungsgemisch oder einem noch reicheren Gemisch betrieben und dann die Brennstoffzufuhr durch Regulierung des Vergasers allmählich verringert wird, so ergibt sich zunächst eine Abnahme des Brennstoffverbrauches bei einer nur geringen Änderung der Leistung, so daß der auf die Pferdekraftstunde bezogene Brennstoffverbrauch entsprechend kleiner wird. Eine weitere Verringerung der Brennstoffzufuhr verursacht einen immer stärkeren Leistungsabfall; schließlich wird ein Punkt erreicht, bei dem der auf die Leistung bezogene Brennstoffverbrauch einen Kleinstwert besitzt. Wird die Brennstoffzufuhr darüber hinaus weiter vermindert, so steigt der auf die Leistung bezogene Brennstoffverbrauch wieder an.

Eine typische „Brennstoffverbrauchsschleffe“, welche die Ergebnisse einer derartigen Versuchsreihe an einer Einzylindermaschine veranschaulicht, ist in Abb. 62 wiedergegeben. Bei der allmählichen Verringerung der Brennstoffzufuhr durchlief der auf die Leistung bezogene Brennstoffverbrauch die Kurve *ABC*. Von *A* aus erfolgt zunächst ein äußerst schnelles Sinken des Brennstoffverbrauches, wobei der indizierte mittlere Kolbendruck anfangs etwas zunimmt und dann wieder in demselben Maße zurückgeht. Ungefähr bei *B* setzt ein schärferer Leistungsabfall ein, welcher der Verringerung der Brennstoffzufuhr fast proportional ist; in dem Kurventeil *BC* bleibt daher der auf die Pferdekraftstunde bezogene Brennstoffverbrauch angenähert konstant, der Kleinstwert des Brennstoffverbrauches kann durch eine horizontale Tangente an die Kurve leicht ermittelt werden. In gleicher Weise läßt sich die Höchstleistung durch eine vertikale Tangente an die rechte Kurvenseite finden. Der Punkt *B* liegt beim chemisch genauen Mischungsverhältnis; der auf die Pferdekraftstunde bezogene Brennstoffverbrauch beträgt hier ungefähr 20 v. H. weniger als bei Höchstleistung. Bei jeder Ablesung innerhalb der ganzen Versuchsreihe muß natürlich die Vorzündung jeweils auf die höchste Leistung eingestellt sein; denn obwohl die Drehzahl konstant ist, ändert sich die Brenngeschwindigkeit des Gemisches mit dem Mischungsverhältnis.

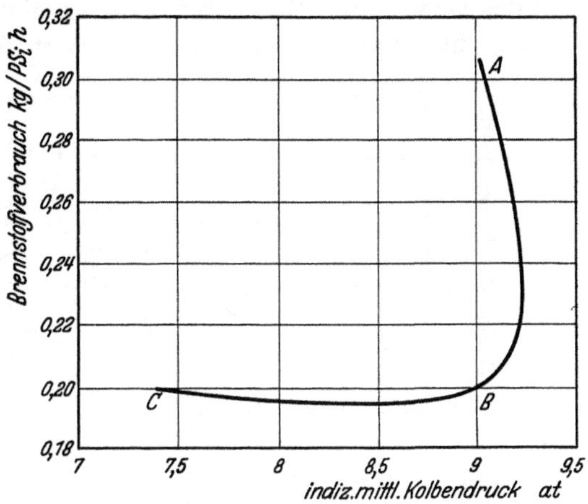

Abb. 62. Typische Brennstoffverbrauchsschleife einer Einzylindermaschine.
Drehzahl 1500 Uml/min. Verdichtungsverhältnis 5 : 1. Brennstoff: Benzin.

Aus dem Kurvenbild der Abb. 62 ersieht man, daß eine einzelne Messung der Leistung und des Brennstoffverbrauches wenig oder gar nichts über die Wirtschaftlichkeit der Maschine besagt, wenn man nicht weiß, an welchem Punkt der Brennstoffverbrauchsschleife man sich bei dem jeweiligen Versuch befindet. Ist der Vergaser so eingestellt, daß der Versuchspunkt in der Nähe von *A* liegt, so bedeutet dies, daß eine Menge Brennstoff vergeudet und nicht einmal der volle Betrag der Leistung erreicht wird, die bei einem weniger reichen Gemisch zu erzielen wäre. Der übermäßige Brennstoffreichtum des Gemisches wäre an der gelblichen Färbung der aus den Auslaßkanälen schlagenden Flammen erkennbar, falls diese beobachtet werden können. Bei längerer Erfahrung und Übung kann man aus dem Aussehen der Abgase auf die Vergasereinstellung schließen; trotzdem bleibt das Auftragen einer Brennstoffverbrauchsschleife als Ergebnis einer Reihe von Beobachtungen das einzige Mittel, um einen einwandfreien und umfassenden Aufschluß über die Wirtschaftlichkeit im Brennstoffverbrauch der Maschine zu erhalten.

Die Länge des annähernd horizontal verlaufenden Teiles *B C* der Brennstoffverbrauchsschleife ist ein wichtiges Kennzeichen der Maschine und des verwandten Brennstoffes; denn dieser Teil zeigt den Leistungsbereich, innerhalb dessen eine gute Wirtschaftlichkeit gewahrt bleibt,

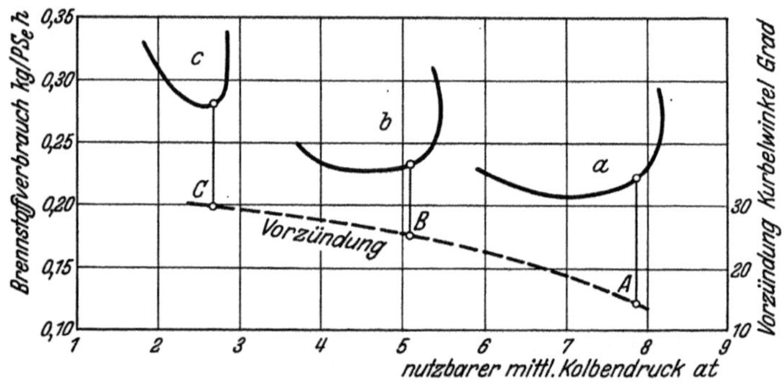

Abb. 63. Typische Brennstoffverbrauchsschleifen einer Vierzylindermaschine bei verschiedenen Drosselöffnungen.
a Drossel voll geöffnet (Vollast); *b* zwei Drittel Belastung; *c* ein Drittel Belastung. Drehzahl konstant 1000 Uml/min. Brennstoff: Benzin.

bevor im Punkt *C* die Grenze erreicht wird, wo das Mischungsverhältnis für eine schnelle und regelmäßige Verbrennung zu brennstoffarm ist. Die Kurve der Abb. 62 bezieht sich auf eine Einzylindermaschine. Bei einer Mehrzylindermaschine ist der Bereich der wirtschaftlichen Mischungsverhältnisse auf der brennstoffarmen Seite stets verhältnismäßig enger, da — wie in den Abschnitten 39 und 40 ausgeführt — immer eine gewisse Ungleichheit in der Brennstoffverteilung auf die einzelnen Zylinder herrscht. Sobald ein einziger Zylinder an Brennstoffmangel leidet, ist die Grenze des stetigen Laufes der Maschine erreicht, trotzdem der Mehrzahl der Zylinder sogar noch reiche Brennstoff-Luftgemische zugeführt werden mögen.

Die Kurven *a*, *b* und *c* der Abb. 63 geben verschiedene in Abhängigkeit von dem nutzbaren mittleren Kolbendruck aufgetragene Brennstoffschleifen einer Vierzylindermaschine wieder; sie sind alle bei der gleichen Drehzahl von 1000 Uml/min, aber bei verschiedenen Drosselöffnungen aufgenommen, so daß der Bereich der mittleren Kolbendrücke bei jeder Schleife anders ist. Bei der Kurve *a* ist kaum noch ein Gebiet konstanten Brennstoffverbrauches zu finden, das dem horizontalen

Teil der Kurve in Abb. 62 entspräche; statt dessen steigt der Brennstoffverbrauch rechts und links von dem Kleinstwert, der bei einem mittleren Kolbendruck von etwa 7 at liegt, bis zu den Kolbendrücken von 6,3 at bzw. 7,7 at gleichmäßig um 5 v. H. an. Die Drosselkurven *b* und *c* zeigen, daß die Möglichkeit, die Leistung durch Veränderung des Mischungsverhältnisses zu regeln, mit größerer Drosselung erheblich abnimmt; hier macht sich der mit größerer Drosselung zunehmende Gehalt an Abgasresten in der Gesamtladung des Zylinders geltend. Die Verbrennung wird hierdurch soweit verlangsamt, daß brennstoffarme Gemische mit ihren an sich schon kleinen Brenngeschwindigkeiten nicht mehr verarbeitet werden können.

Die Wirkung der Verdünnung der frischen Ladung mit Abgasen wird besonders deutlich durch die Kurve der erforderlichen Vorzündungen veranschaulicht; die Punkte *A*, *B* und *C* geben für jede der drei Drosselstellungen die Vorzündungen an, die bei chemisch genauem Mischungsverhältnis zur Erzielung der Bestleistung erforderlich sind. Der Zündzeitpunkt muß von 14° Kurbelwinkel vor Totpunkt (bei voll geöffneter Drossel) wegen der langsameren Brenngeschwindigkeit auf 30° Kurbelwinkel (bei Drosselung auf ungefähr ein Drittel der Höchstleistung) vorverlegt werden.

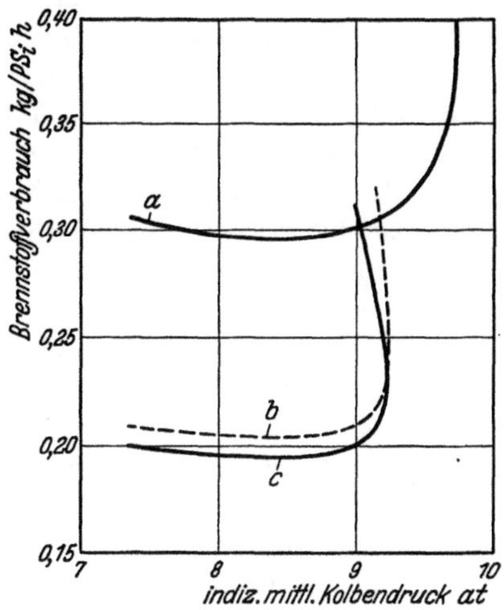

Abb. 64. Brennstoffverbrauchsschleifen verschiedener Brennstoffe an der Einzylindermaschine. Drehzahl 1500 Uml/min. Verdichtungsverhältnis 5 : 1. *a* Äthylalkohol; *b* Benzol; *c* Benzin.

Messungen des kleinsten Brennstoffverbrauches je Pferdekraftstunde besagen an sich nichts über den thermischen Wirkungsgrad; nur weil die Heizwerte je kg bei fast allen flüssigen Brennstoffen im wesentlichen gleich sind, kann man für praktische Zwecke die Brennstoffverbrauchszahl benutzen, um die Wirtschaftlichkeit der Wärmeumwandlung in der Maschine zu kennzeichnen. Dies wird durch Abb. 64 klar zum Ausdruck gebracht, in der Brennstoffverbrauchsschleifen für die Einzylindermaschine im Betrieb mit Äthylalkohol und Benzin beim gleichen Verdichtungsverhältnis von 5:1 wiedergegeben sind. Ebenso ist die Kurve für reines Benzol eingetragen worden, um zu zeigen, daß bei Benzin und Benzol, die nach Abb. 47 gleiche thermische Wirkungsgrade ergeben, der kleinste Brennstoffverbrauch in kg/PS$_i$h nicht gleich ist; wegen des Unterschiedes im Heizwert ist der Brennstoffverbrauch für Benzol etwa 4 v. H. größer. Es sei erwähnt, daß das Benzin selbst einen hohen Gehalt an aromatischen Bestandteilen besaß, so daß die Abweichung in den Heizwerten nicht dem vollen, in Zahlentafel 8 angegebenen Unterschied zwischen Paraffinen und aromatischen Brennstoffen entsprach. Wird der Brennstoffverbrauch statt in kg/PSh in l/PSh ausgedrückt, so wird der Brennstoffverbrauch bei Benzol 7 v. H. kleiner statt 4 v. H. größer; denn das spezifische Gewicht des Benzols betrug 0,88 gegenüber 0,78 bei dem Benzin.

Die Einheiten, auf die der Brennstoffverbrauch bezogen wird, und die Art des verwandten Brennstoffes sind daher äußerst wichtig. Obwohl der auf die Pferdekraftstunde bezogene Brennstoffverbrauch einen brauchbaren und leicht faßbaren Wert darstellt, bleibt die Feststellung des thermischen Wirkungsgrades das einzige Mittel, um unzweideutige Zahlenangaben über das Verhalten der Maschine selbst zu machen.

Trotz der Tatsache, daß in den Versuchen der Abb. 64 der geringste Brennstoffverbrauch bei einem Verdichtungsverhältnis von 5:1 für Alkohol 0,296 kg/PS_ih und für Benzin 0,195 kg/PS_ih betrug, war dennoch der thermische Wirkungsgrad des Alkohols — 33,5 v. H. — beträchtlich höher als der des Benzins mit 32 v. H. Der Unterschied im thermischen Wirkungsgrad ist auf die geringeren Arbeitstemperaturen bei Alkohol zurückzuführen; denn die außerordentlich hohe Verdampfungswärme dieses Brennstoffes übt eine starke Kühlwirkung während des Ansaug- und Verdichtungsvorganges aus, die sich bei allen Kreisprozeßtemperaturen bemerkbar macht. Der bereits im letzten Abschnitt erwähnte Einfluß dieser Kühlung auf den volumetrischen Wirkungsgrad kommt in der Tatsache zum Ausdruck, daß der indizierte mittlere Kolbendruck bei Alkohol bis zu den brennstoffreichsten Gemischen zunahm und einen Höchstwert von 9,7 at erreichte, während Benzin einen Höchstwert von 9,25 at bei einem Brennstoffverbrauch von 0,223 kg/PS_ih aufwies (vgl. Abb. 64).

Trotz der höheren Leistung und des besseren thermischen Wirkungsgrades kann Alkohol mit Benzin bei Verwendung in der gleichen Maschine wegen seines geringen Heizwertes und hohen Brennstoffverbrauches nur in Wettbewerb treten, wenn er zu ungefähr zwei Drittel des Preises von Benzin erhältlich ist. Indessen hat Alkohol den ausgleichenden Vorteil, daß er praktisch ein klopffreier Brennstoff ist. Jedenfalls ergibt er eine völlig befriedigende Verbrennung bei einem Verdichtungsverhältnis von 7,5:1. Es bietet daher einiges Interesse, zu untersuchen, wie weit sich das Bild ändert, wenn die Möglichkeit, Alkohol in Maschinen mit höherer Verdichtung verwenden zu können, voll ausgenutzt wird. In Abb. 65 ist die Brennstoffverbrauchsschleife für ein gewöhnliches Benzin bei einem Verdichtungsverhältnis von 4:1 der für Spiritus bei einem Verdichtungsverhältnis von 7:1 gegenübergestellt. Man ersieht, daß die kleinsten Brennstoffverbrauchszahlen 0,226 kg/PS_ih bzw. 0,271 kg/PS_ih betragen; die Höchstwerte der indizierten mittleren Kolbendrücke belaufen sich auf 8,6 at bzw. 12 at, so daß bei gleicher Maschinengröße die Leistung für Spiritus nahezu um 50 v. H. höher ausfällt. Bezieht man die Brennstoffverbrauchszahlen auf l/PS_ih, so liegen die Zahlenwerte für Spiritus und Benzin dichter beieinander; denn das spezifische Gewicht des Spiritus mit einem Wassergehalt von 5 v. H. betrug 0,815 gegenüber 0,78 für Benzin.

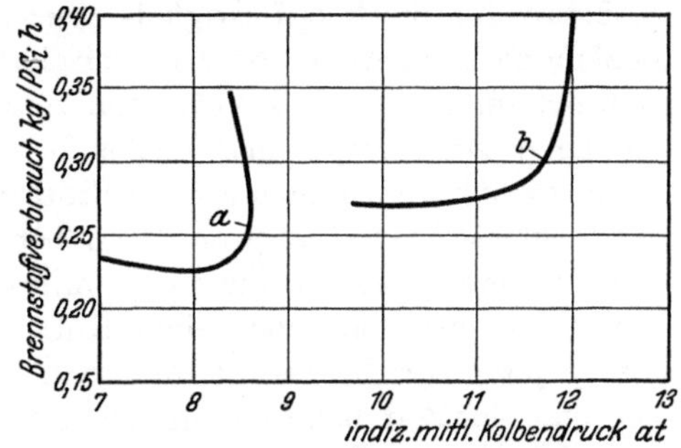

Abb. 65. Vergleich der Brennstoffverbrauchsschleifen für Benzin (*a*) bei Verdichtungsverhältnis von 4 : 1 und für Spiritus (*b*) bei Verdichtungsverhältnis von 7 : 1.

Als letztes Beispiel der Brennstoffverbrauchsschleifen sind in Abb. 66 vier Kurven für Benzol bei Verdichtungsverhältnissen von 4 : 1, 5 : 1, 6 : 1 und 7 : 1 gegenüber gestellt, um die Änderungen der Höchstleistung und des Wirkungsgrades mit dem Verdichtungsverhältnis zu veranschaulichen. Aus der Lage der horizontalen Kurventangenten ergeben sich Brennstoffverbrauchszahlen von 0,237 kg/-PS_ih bei einem Verdichtungsverhältnis von 4 :1, 0,205 bei 5 :1, 0,188 bei 6 :1 und 0,174 bei 7 :1. Mit diesen Zahlen und einem nutzbaren Heizwert des Benzols von 9735 kcal/kg lassen sich die höchsten thermischen Wirkungsgrade der Maschine berechnen, sie entsprechen der Abb. 39.

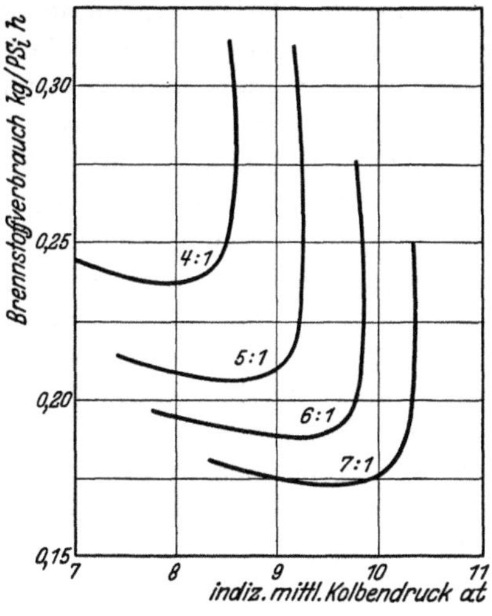

Abb. 66. Brennstoffverbrauchsschleifen bei verschiedenen Verdichtungsverhältnissen. Drehzahl 1500 Uml/min. Brennstoff: reines Benzol.

57. Ermittlung des höchsten nutzbaren Verdichtungsverhältnisses.

Obwohl Detonation in erheblichem Maße von der Maschinenbauart abhängt, bezweckt die Ermittlung des höchsten nutzbaren Verdichtungsverhältnisses im üblichen Sinne die Prüfung der Eigenschaften eines

Brennstoffs und nicht einer Maschine. Ein allgemein gültiger Wert des höchsten nutzbaren Verdichtungsverhältnisses und damit ein absoluter Maßstab für die Klopffestigkeit eines Brennstoffs läßt sich nur durch Beziehung auf gewisse reine chemische Stoffe aufstellen, die mit Sicherheit ein immer gleiches Verhalten zeigen. Selbst dann kann der tatsächliche Zahlenwert des höchsten nutzbaren Verdichtungsverhältnisses für den reinen chemischen Stoff nur für eine bestimmte Maschine unter gewissen festgelegten Betriebsbedingungen gelten. Die Frage, einen anderen Maßstab für die Klopffestigkeit eines Brennstoffes durch Beziehung auf Gemische reiner Kohlenwasserstoffe festzulegen, steht gerade jetzt zur Erörterung und wird im nächsten Abschnitt behandelt werden. Zur Zeit behilft man sich mit einer praktischen Skala, wobei man sich für eine Benzinmischung entschieden hat, die für alle vorkommenden Zwecke genügt und als ,,Vergleichsgemisch" für andere Brennstoffe dient.

Wie in Abschnitt 28 ausgeführt, hängt das Verdichtungsverhältnis, bei dem Detonation einsetzt, von der Drehzahl der Maschine, dem Mischungsverhältnis, der Zündeinstellung, der Bauart des Verbrennungsraumes und der Vorwärmung der einströmenden Ladung ab. Einige dieser veränderlichen Größen lassen sich durch Festlegung von ,,Normalversuchsbedingungen" ausscheiden; aber trotzdem können die Zahlenwerte des höchsten nutzbaren Verdichtungsverhältnisses immer nur für die besondere Maschine, an der die Prüfung durchgeführt wurde, Geltung haben. Ricardo hat in seiner E. 35 Maschine mit veränderlicher Verdichtung eine große Anzahl verschiedenster Brennstoffe untersucht; die Ergebnisse sind zusammen mit einigen von Callendar und seinen Mitarbeitern ermittelten Werten in Zahlentafel 12 auszugsweise wiedergegeben. Bei den Detonationsversuchen von Ricardo wurde eine einheitliche Drehzahl von 1500 Uml/min innegehalten. Mischungsverhältnis und Vorzündung wurden auf höchste Leistung eingestellt; die Brennstoffe wurden also in einer Gemischzusammensetzung untersucht, die bei den meisten Brennstoffen die größte Detonationsneigung ergibt. Die Austrittstemperatur des Kühlwassers wurde auf 60^0 C und die Wärmezufuhr an den Vergaser auf 16,3 kcal/min oder 0,0109 kcal je Umdrehung festgelegt. Callendar und seine Mitarbeiter verwandten für ihre Detonationsuntersuchungen eine Maschine gleicher Bauart. Die Versuchsbedingungen waren gleich mit der Ausnahme, daß die Vorzündung auf einen konstanten Wert von 30^0 vor Totpunkt eingestellt wurde; hierdurch sollte auch der veränderliche Einfluß der Zündung ausgeschaltet und gleichzeitig die Durchführung der Versuche vereinfacht werden. Da alle Versuche mit gleicher Drehzahl vorgenommen wurden, ist diese Abweichung von den Versuchsbedingungen Ricardos unerheblich.

Die Frage des Mischungsverhältnisses ist von großer Bedeutung. Dies wird durch Abb. 67 veranschaulicht, in der Kurve *a* die Abhängigkeit des höchsten nutzbaren Verdichtungsverhältnisses vom Mischungsverhältnis für ein typisches Benzin wiedergibt. Die größte Klopfneigung tritt bei dem Höchstleistungsgemisch mit 20 v. H. Brennstoffüberschuß auf. Brennstoffe, die metallische Klopfschutzmittel enthalten, und Cyclohexan haben die Eigenart, daß die Detonationsneigung bei etwas ärmeren Gemischen größer ist. Kurve *b* zeigt die Veränderlichkeit des höchsten nutzbaren Verdichtungsverhältnisses für Cyclohexan; Kurve *c* gibt die Beziehungen für ein gleiches Benzin wie in Kurve *a*, aber mit Äthyl-Brennstoffzusatz von 2 cm^3 je Liter Benzin wieder.

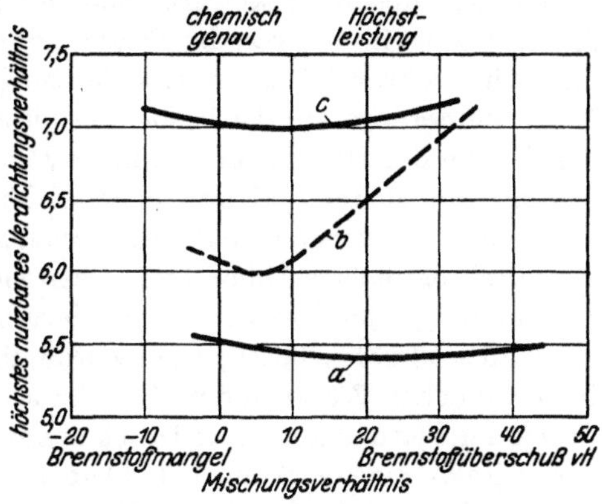

Abb. 67. Einfluß des Mischungsverhältnisses auf die Klopfneigung.
a Benzin; *b* Cyclohexan; *c* Das gleiche Benzin wie in *a* mit 0,2 v. H. Äthyl-Brennstoffzusatz.

Zur Bestimmung der Detonation sind drei verschiedene Methoden entwickelt worden, wenn man von einem einfachen Abhorchen des typischen metallischen Klopfgeräusches absieht: das Verfahren mittels „Schlagbolzen“[17], die Druckmessung mittels „Höchstdruckindikator“ und die Temperaturmessung mittels „Temperaturpfropfen“.

Nach den Ausführungen des Kapitels IV können beim Auftreten der Detonation örtliche Druckspitzen an den Zylinderwandungen entwickelt werden, die weit über die normalen Höchstdrücke hinausgehen. Diese scharfen Druckspitzen verwendet man bei dem Schlagbolzenapparat von Midgeley und Boyd, um einen schweren Stift von seinem Sitz zu schleudern und mit einer leicht nachgebenden Feder in Berührung zu bringen. Die Dauer der Berührung mit dieser Feder gibt ein rohes Maß für die kinetische Energie des Stiftes und damit auch für die Heftigkeit des Schlages, den die Detonationswelle gegen den Stift geführt hat. Durch die Berührung zwischen Feder und Bolzen wird ein elektrolytischer Stromkreis geschlossen; aus der Menge des entwickelten Gases kann man Anzahl und Dauer der Berührungen bestimmen. Der Apparat arbeitet sehr zufriedenstellend, wenn man die Heftigkeit und Dauer der Detonation von zwei verschiedenen Brennstoffen vergleichen will. Er hat den Nachteil, daß eine gewisse Stärke des Detonationsschlages erforderlich ist, um den Schlagbolzen von seinem Sitz zu heben; daher sind die Ergebnisse des Apparates zur Feststellung des Beginnes der

Detonation weniger befriedigend. Überdies ist es sehr schwierig, den Apparat mit seinen verschiedenen Teilen so genau einzustellen, daß sich im täglichen Gebrauch bei gleicher Stärke der Detonation dieselben gleichmäßigen Ergebnisse wie mit anderen Verfahren erzielen lassen.

Es ist mitunter recht wichtig, den „Beginn der Detonation“ mittels einer positiveren und zuverlässigeren Methode festzustellen, als durch das Abhorchen des charakteristischen Klopfgeräusches möglich ist; ein Abhorchen ist immer von der Person des einzelnen Beobachters abhängig und wird schwierig, wenn Hochleistungsmaschinen und geräuschvolle Flugzeugmotoren zur Untersuchung stehen. Bei diesen Maschinen ist der Beginn der Detonation mitunter von einem nicht klar feststellbaren Geräusch begleitet und nur an einer Erscheinung erkennbar, die man vielleicht als „rauhen Gang“ bezeichnen kann. In befriedigenderer Weise als durch einfaches Abhorchen lassen sich diese Schwierigkeiten durch Verwendung eines etwas abgeänderten Farnboro-Indikators, der in Abschnitt 53 näher beschrieben wurde, überwinden. Wird der Indikator in der üblichen Weise an den Zylinder angeschlossen und der Ausgleichsdruck der Leitung auf einen Druck eingestellt, der den normalen Höchstdruck im Zylinder z. B. um 7 at, 14 at oder 21 at überschreitet, so wird der Beginn der Detonation durch das gelegentliche Auftreten einer Druckspitze im Diagramm verzeichnet werden; die Häufigkeit dieser Druckspitzen hängt davon ab, um wieviel der Ausgleichsdruck der Leitung den normalen Höchstdruck im Zylinder überschreitet. Im „Royal Aircraft Establishment“ ist eine handliche Bauart dieses „Detonationsindikators“ entwickelt worden, bei der der Ausgleichsdruck in der Leitung auf allmähliche Zunahme eingestellt und seine augenblickliche Größe mittels Zeiger und Zifferblatt eines normalen Druckmanometers angegeben wird. Jedesmal, wenn der Zylinderdruck den Ausgleichsdruck überschreitet, springt ein Funken von der Spitze des Manometerzeigers auf die hinter ihm liegende Skala über. Das Maß der Detonation wird bei einer bestimmten Größe des Ausgleichsdrucks durch die Anzahl der Funken je Minute gekennzeichnet.

Die vierte Methode zur Bestimmung der Detonation beruht auf der Erscheinung, daß mit dem Beginn der Detonation auch eine Temperaturzunahme an der Oberfläche des Zylinderkopfes eintritt. Bei diesem Verfahren wird ein „Temperaturpfropfen“, der ein Platinwiderstandsthermometer oder ein Thermoelement enthält, in eine Zündkerzenbohrung eingeschraubt; der Temperaturanstieg zeigt die beginnende Detonation an, bevor noch irgendein Klopfgeräusch festgestellt werden kann.

Die Ansichten über die Zuverlässigkeit und Handlichkeit der verschiedenen Verfahren weichen voneinander ab; die Geeignetheit der Methode richtet sich tatsächlich ganz nach den jeweiligen Umständen. Bei der

E. 35 Ricardo-Maschine, die als erste für Vergleichsversuche zur Ermittlung des höchsten nutzbaren Verdichtungsverhältnisses entwickelt und deshalb vielfach verwendet wurde, läßt sich der Schlagbolzen aus baulichen Gründen nicht benutzen. Obwohl sich ein Höchstdruckindikator hätte verwenden lassen, hat man im allgemeinen hierauf verzichtet, weil die Abhorchmethode ganz zufriedenstellende Ergebnisse zeitigte. Ein geübter Beobachter kann durch die Abhorchmethode mit ziemlicher Sicherheit Messungen des höchsten nutzbaren Verdichtungsverhältnisses innerhalb einer Zahlengenauigkeit von 0,05 ausführen. Ein Vergleich mit der Abb. 14 zeigt, daß diese Genauigkeit einer Beigabe von ungefähr 2 v. H. Benzol oder etwa 0,1 cm^3 Äthyl-Brennstoffzusatz je Liter Benzin entspricht.

58. Detonation und „Octanzahl“.

Wiederholt wurde betont, daß vielleicht das wichtigste Kennzeichen für das motorische Verhalten eines leichtflüchtigen flüssigen Brennstoffes in der Eigenschaft der Klopffestigkeit besteht. Um die Güte eines Brennstoffs zu beurteilen, muß seine Klopffestigkeit angegeben werden. Als Maßstab der Klopffestigkeit wurden in den bisherigen Ausführungen die Zahlenwerte des höchsten nutzbaren Verdichtungsverhältnisses gewählt, die nach der in Abschnitt 28 angegebenen Definition an der E. 35 Ricardo-Maschine mit veränderlicher Verdichtung unter bestimmten Normalbedingungen ermittelt waren.

Nach diesen Zahlen des höchsten nutzbaren Verdichtungsverhältnisses kann man die verschiedenen Brennstoffe in eine Wertskala einordnen. Aber keinesfalls darf man hieraus den Schluß ziehen, daß auch eine andere Maschine unter abweichenden Betriebsbedingungen zufriedenstellend mit einem bestimmten Brennstoff arbeitet, weil ihr Verdichtungsverhältnis gleich dem höchsten nutzbaren Verdichtungsverhältnis des betreffenden Brennstoffes an der E. 35-Maschine ist. Das Verdichtungsverhältnis, bei dem die Detonation einzusetzen beginnt, hängt in hohem Maße von der Drehzahl der Maschine ebenso wie von einer großen Anzahl anderer Faktoren ab. Aus der Wertskala folgt nicht einmal, daß dieselben Brennstoffe in einer anderen Maschine die gleiche Reihenfolge in den Zahlenwerten des höchsten nutzbaren Verdichtungsverhältnisses wie in der E. 35-Maschine besitzen müssen.

Es ist daher von besonderer Bedeutung, daß die Klopffestigkeit eines Brennstoffes begriffs- und zahlenmäßig so festgesetzt wird, daß sie nicht nur für eine bestimmte Maschine Geltung besitzt. Ferner ist es wichtig, daß die Untersuchung der Brennstoffe an einer einfachen und möglichst billigen Prüfmaschine durch verhältnismäßig ungeübte Kräfte vorgenommen werden kann, statt eine so umfangreiche und kostspielige Versuchsanlage wie die E. 35-Maschine mit veränderlicher Verdichtung erforderlich zu machen.

Zuerst ist ein Maßstab der Klopffestigkeit zu bestimmen, der soweit als möglich von der einzelnen Maschine unabhängig ist. Dies erfolgt am besten durch Beziehung auf zwei reine Chemikalien, wobei der eine Stoff eine sehr hohe und der andere eine sehr niedrige Klopffestigkeit besitzt. Über die zweckmäßigste Wahl dieser beiden Stoffe ist viel gesagt und geschrieben worden; heute ist man allgemein der Ansicht, Iso-Octan als die obere Grenze der Klopffestigkeit und Heptan als die untere Grenze zu nehmen. Beide Stoffe, die zuerst von Dr. Graham Edgar[38] vorgeschlagen wurden, genügen der wichtigsten Grundbedingung, im Zustand hoher Reinheit erhältlich zu sein; sie haben den weiteren wichtigen Vorteil, daß die Verdampfbarkeit ihrer Gemische nicht sehr von der Leichtflüchtigkeit der mit ihnen zu vergleichenden Benzine abweicht.

Gemische aus Iso-Octan und Heptan besitzen je nach dem Octangehalt verschiedene Klopffestigkeiten; bei einem Iso-Octangehalt von 0 v. H. ist die Klopffestigkeit sehr gering, bei einem Gehalt von 100 v. H. wird praktisch die Klopffestigkeit eines nichtdetonierenden Brennstoffes erreicht. Als Kennziffer für die Klopffestigkeit eines beliebigen Brennstoffes wird dann der Octangehalt in dem Iso-Octan-Heptangemisch gewählt, das in seinen Klopfeigenschaften genau dem zu prüfenden Brennstoff entspricht. Dieser in Hundertstel ausgedrückte Octangehalt wird als „Octanzahl“ bezeichnet.

Auch diese „Detonationsskala“ ist als Maßstab für die Klopffestigkeit eines Brennstoffes natürlich nicht von der Prüfmaschine oder den Prüfbedingungen unabhängig; denn die Octanzahl des Vergleichsgemisches, das dem zu prüfenden Brennstoff genau entspricht, kann und wird von der Bauart der verwandten Maschine, der Zylindergröße, dem Verdichtungsenddruck, der Gemischwirbelung, der Drehzahl, den Zylinder- und Lufttemperaturen, der Vorzündung und dem Mischungsverhältnis abhängen.

Daher ist es nötig, in Verbindung mit der Octanzahlskala eine Einigung über die Prüfmaschine und die sonstigen Prüfbedingungen herbeizuführen. Zur Festlegung dieser „Normalbedingungen“ ist ein internationaler Ausschuß gebildet worden, der indessen seine Arbeiten noch nicht abgeschlossen hat. Heute besteht wohl kaum mehr ein Zweifel, daß mit der Zeit die Octanskala als Kennziffer für die Klopffestigkeit eines Brennstoffes allgemein anerkannt werden wird. Vielleicht wird es nötig sein, für Kraftwagen- und Flugzeugbrennstoffe verschiedene Normalbedingungen bezüglich der Prüfmaschine und -verhältnisse festzulegen; dies ist indessen lediglich eine Frage von Einzelheiten, die hier nicht näher erörtert zu werden braucht. Trotzdem ist von Interesse, die Beziehungen zwischen der Octanskala und der Wertskala der höchsten nutzbaren Verdichtungsverhältnisse in der E. 35-Maschine anzugeben. In Zahlentafel 32 sind die höchsten nutzbaren Verdichtungsverhältnisse an der E. 35-Maschine unter Normalbedingungen für eine Reihe von Iso-Octan-Heptangemischen und die Lage innerhalb verschiedener typischer Brennstoffklassen gegenübergestellt.

Zahlentafel 32. Zusammenhang zwischen Octanzahl und höchstem nutzbaren Verdichtungsverhältnis an der E. 35 Maschine unter Normalbedingungen.

Brennstoff	Octanzahl	Höchstes nutzbares Verdichtungsverhältnis
Reines Heptan	0	3,75
Minderwertige Kraftwagenbrennstoffe .	30	4,5
	40	4,75
Durchschnittliche Kraftwagenbrennstoffe	50	5,0
	60	5,3
	70	5,7
Fliegerbrennstoffe	75	5,95
	80	6,2
Hochleistungs-Fliegerbrennstoffe . . .	85	6,5
	90	6,8

Die obigen Beziehungen wurden durch unmittelbare Untersuchung der Iso-Octan-Heptangemische in der E. 35-Maschine ermittelt. Aus der Zahlentafel darf man nicht folgern, daß ein Brennstoff, dessen Octanzahl an Hand des Vergleichsgemisches in einer beliebigen Prüfmaschine z. B. zu 75 bestimmt wurde, bei einer Untersuchung in der E. 35-Maschine auch ein höchstes nutzbares Verdichtungsverhältnis von 5,95 besitzen muß. Wohlverstanden hängen die Beziehungen zwischen Octanzahl und höchstem nutzbaren Verdichtungsverhältnis von der chemischen und physikalischen Natur der Brennstoffe und von den Prüfbedingungen ab. Daher ist es so außerordentlich wichtig, Normalbedingungen für die Prüfmaschine und die Durchführung der Prüfung selbst zu schaffen; erst hiermit kann ein einheitlicher Maßstab zur Beurteilung der Klopffestigkeit der Brennstoffe allgemeine Geltung bekommen.

59. Wirkungsgrad des Verbrennungsraumes.

In Abschnitt 39 und 40 wurde bereits ausgeführt, daß der „wahre thermische Wirkungsgrad" eines Mehrzylindermotores als Maschine zur Umwandlung von Wärme in Arbeit durch die Ungleichmäßigkeit der

Brennstoffverteilung auf die einzelnen Zylinder in seiner Erkennbarkeit beeinträchtigt werden kann, falls der Wirkungsgrad aus dem kleinsten Brennstoffverbrauche je Pferdekraftstunde berechnet wird. Einen rohen Anhalt für den wahren Wirkungsgrad einer Maschine erhält man als „Wirkungsgrad des Verbrennungsraumes" aus der Bestimmung des Luftverbrauches je Pferdekraftstunde, da — wie in Abschnitt 40 ausgeführt — die vollständige Verbrennung von 1 kg Luft mit der entsprechenden Menge eines Kohlenwasserstoffbrennstoffes stets eine fast gleiche Wärmemenge ergibt. Nutzt eine Maschine die von ihr angesaugte Luftmenge voll aus, so besitzt sie einen guten Wirkungsgrad, soweit die einzelnen Zylinder in Frage kommen, obgleich diese an eine schlecht arbeitende Ansaugleitung gebunden sein mögen. Falls aber die Zylinder die angesaugte Luft mit schlechtem Wirkungsgrad ausnutzen, kann weder durch geschickte Ausbildung der Ansaugwege noch durch glückliche Umstände in der Ansaugleitung der Wirkungsgrad der Maschine günstig gestaltet werden.

Der Wirkungsgrad des Verbrennungsraumes hängt in der Hauptsache von den Detonationseigenschaften des Verbrennungsraums ab. Obwohl die Detonation in erster Linie eine Eigenschaft des Brennstoffes ist, wurde bereits in Kapitel IV darauf hingewiesen, daß auch die Bauart des Verbrennungsraumes von Einfluß ist. Zwei Maschinen können selbst bei dem gleichen Brennstoff und dem gleichen Verdichtungsverhältnis ein sehr verschiedenes Verhalten zeigen; als günstigste Bauart ist die anzusehen, welche bei einem gegebenen Brennstoff das höchste Verdichtungsverhältnis zuläßt. Unter diesem Gesichtspunkt verlangt der Wirkungsgrad eine gedrungene Form des Verbrennungsraumes, die gleichzeitig eine ausreichende, aber nicht übertriebene Wirbelung ermöglicht. Die Wirbelung selbst hängt wieder von der Größe und Anordnung der Einlaßventile ab.

Die Bezeichnung „Wirbelung" ist wiederholt in diesem Buch verwandt worden; der Leser sollte daher bereits eine Vorstellung der hierunter zu verstehenden Vorgänge besitzen, obwohl eine Definition dieses Begriffes noch nicht gegeben ist. Leider ist es kaum möglich, die Vorgänge durch eine befriedigende Definition zu erfassen, da man die Wirbelung als solche nicht messen, sondern nur die von ihr erzeugten Wirkungen beobachten kann. In Abschnitt 38 wurde von „geordneten Luftwirbeln" der Ricardo-Schiebermaschine mit Verdichtungszündung gesprochen; dabei wurden Zahlenwerte für das Maß der Luftwirbelung um die Zylinderachse als Vielfaches der Maschinendrehzahl angegeben. Diese Zahlenwerte wurden aus den Ablesungen eines im Zylinderkopf untergebrachten Anemometers ermittelt, wenn die Maschine von außen mit verschiedenen Drehzahlen angetrieben wurde. Wenn auch zugegeben werden muß, daß die Anemometerablesungen nicht die wahren Geschwindigkeiten der Luftbewegung im Zylinder ergaben, so lieferten sie zu mindestens doch Zahlenwerte, die in übereinstimmende Beziehungen mit der Brenngeschwindigkeit gebracht werden konnten, wenn Brennstoff in den Zylinder gespritzt wurde.

In einer Ventilmaschine oder bei einer Schiebersteuerung, deren Einlaßkanäle nicht tangential gerichtet sind, muß naturgemäß am Ende des Ansaughubes eine beträchtliche, unregelmäßige Wirbelbewegung der Gase im Zylinder herrschen, die im Verlauf des Verdichtungshubes zum Absterben kommt. Diese „turbulente" Bewegung wird durch die Eintrittsgeschwindigkeit der Luftladung erzeugt und ist der Strömungsgeschwindigkeit in den Einlaßventilen ungefähr proportional. Bei einer gegebenen Maschine ist diese Eintrittsgeschwindigkeit der Gase also der Maschinendrehzahl proportional. Da der größere Teil des Wärmeverlustes an die Zylinderwandungen durch Leitung und Berührung erfolgt, werden Geschwindigkeit und Größe der Wärmeabgabe ungefähr der Gaswirbelung und damit der Maschinendrehzahl proportional sein.

Gedrungenheit der allgemeinen Form des Verbrennungsraumes ist wichtig, um Taschen zu vermeiden, in denen sich ruhende Gase ansammeln und Detonation einleiten können. Bedeutung hat ferner die richtige Kühlung der Auslaßventilsitze und der Auslaßventile selbst. Von Einfluß ist schließlich noch die Lage der Zündkerze oder der Zündkerzen, um die jeder Bauart eigene Ventilanordnung und Wirbelung ausnutzen zu können. Eine gewisse turbulente Wirbelung ist wesentlich, um die Verbrennung zu beschleunigen, unverbrannten Brennstoff auf den oder in der Nähe der Wandungen hinwegzufegen und Detonation durch Nester ruhenden Gases zu verhüten. Die Versuche haben gezeigt, daß durch eine innerhalb gewisser Grenzen erhöhte Wirbelung Leistung, Wirkungsgrad und Wärmeabfluß an die Zylinderwandungen gleichzeitig miteinander zunehmen. Daß der thermische Wirkungsgrad und der Wärmeverlust gleichzeitig miteinander zunehmen sollen, scheint zunächst ein Widerspruch zu sein; diese auffallende Erscheinung wird aber verständlich, da durch die stärkere Wirbelung die schnelle Verbrennung eines größeren Teiles des Brennstoffes gewährleistet wird. Bei schwacher Wirbelung kann ein beträchtlicher Teil des Brennstoff-Luftgemisches so langsam zur Verbrennung kommen, daß seine Wärme erst spät im Ausdehnungshub zur Entwicklung gelangt und nur noch dazu dient, die mit den Abgasen durch das Auslaßventil abgeführte Wärme zu vermehren.

Andererseits ist es auch möglich, daß die Wirbelung zu stark wird. Eine zu kräftige Wirbelung beeinflußt den Wirkungsgrad in schädlichem Sinne, da der Wärmeverlust an die Zylinderwandungen vergrößert und — wahrscheinlich wichtiger — eine unmittelbar schädigende Wirkung auf die Verbrennung ausgeübt wird. Übermäßige Wirbelung kann rauhen

Gang herbeiführen; bei geordneten Luftwirbeln war es sogar möglich, die Verbrennung überhaupt zu unterdrücken. Man kann sich vorstellen, daß die Verbrennungskerne bei ihrem Abströmen von den Zündkerzenelektroden sofort wieder bis zum Erlöschen abgekühlt werden, bevor sie noch Zeit zur Entwicklung gefunden haben. Abb. 68 zeigt zwei Diagramme, die an der gleichen Maschine bei verschieden starken Wirbelungen aufgenommen wurden. Bei normalen Wirbelungsbedingungen und einer Vorzündung von 28° vor Totpunkt (Kurve *a*) stieg der Druck stetig um etwa 1,2 at je ° Kurbelwinkel an. Bei übermäßiger Wirbelung (Kurve *b*) betrug, trotzdem die Vorzündung auf 12° vor Totpunkt verkleinert wurde, die Geschwindigkeit des Druckanstieges über 3,5 at je ° Kurbelwinkel und hatte einen sehr harten Gang und geringere Leistung zur Folge. Was genau unter „hartem Gang" einer Maschine zu verstehen ist, ist ebenso schwierig zu definieren wie der Begriff der Wirbelung. Bei der Besprechung der Verbrennung in der Dieselmaschine in Abschnitt 38 wurde gesagt, daß man den harten Gang einer Maschine leichter durch Erfahrung auf dem Prüfstand kennenlernen als in Worten beschreiben kann; dies trifft in gleichem Maße auch auf die Benzinmaschine zu. Eine zu hart arbeitende Maschine läuft geräuschvoll, ohne unbedingt in der für Detonation charakteristischen Weise zu klopfen; ebenso findet ein gewisses allgemeines Erzittern statt, falls die Maschine nicht sehr fest auf dem Prüfstand aufgestellt ist. Läßt man den Zustand des harten Ganges längere Zeit bestehen, so ist damit zu rechnen, daß Schubstange und Hauptlager darunter leiden.

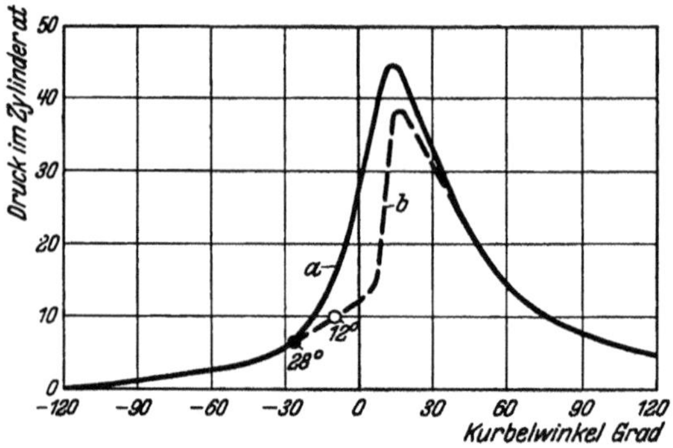

Abb. 68. Einfluß der Luftwirbelung im Zylinder auf die Brenngeschwindigkeit eines Benzin-Luftgemisches. *a* normale Wirbelung, Vorzündung 28°, Druckanstieg 1,2 at je ° Kurbelwinkel; *b* übermäßige Wirbelung, Vorzündung 12°, Druckanstieg 3,5 at je ° Kurbelwinkel.

Die gewünschte Weichheit des Ganges und seine Abhängigkeit von der Wirbelung ist ein Punkt großer Bedeutung. Von der mittleren Geschwindigkeit des Druckanstieges abgesehen, scheint die Weichheit des Ganges — bei einigen Bauarten ganz besonders — von der Geschwindigkeit des Druckanstieges bei dem ersten Einsetzen der Verbrennung abzuhängen. Abb. 69 zeigt zwei Schnitte des „Wirbelkopfes" nach Ricardo. Diese Bauart bezweckt, über die Schwierigkeit hinweg zu kommen, daß es in einer Maschine mit nebeneinanderstehenden Ventilen unmöglich ist, bis zum Ende des Verdichtungshubes genügend Wirbelung beizubehalten, wenn die Wirbelung ausschließlich durch die Eintrittsgeschwindigkeit der Gase verursacht wird. Bei dem Wirbelkopf von Ricardo ist der Übergangsquerschnitt *c* vom Hubraum des Kolbens zu dem eigentlichen, die Ventile enthaltenden Verbrennungsraum eingeschnürt. Während des Verdichtungshubes und besonders in seinem letzten Teil, wo die Zündung erfolgt, wird die Luft vom Hubraum durch die Einschnürung *c* hindurch in den Verbrennungsraum gepreßt, wo sie eine kräftige Wirbelung gerade in dem erforderlichen Augenblick hervorruft. Diese Wirkung wurde in einigen interessanten Versuchen[28] mit einem derartigen Wirbelkopf näher untersucht, indem man den Abstand *d* in Abb. 69 zwischen Zylinderkopf und Oberteil des Kolbens im Totpunkt veränderte; die Zündkerze *e* befand sich über dem Kolben in der angegebenen Lage. Abb. 70 gibt zwei Indikatordiagramme wieder, die bei dem Höchst- und bei dem Kleinstwert für den Abstand *d* aufgenommen wurden; das Verdichtungsverhältnis war in beiden Fällen auf gleiche Größe eingestellt. Obwohl die Geschwindigkeit des Druckanstiegs von ungefähr 14 at an in beiden Diagrammen gleich ist, verläuft der Druckanstieg von Beginn bis auf etwa 14 at doch sehr verschieden. Bei dem kleineren Abstand *d* (Kurve *b*) ist zunächst eine Verzögerung im Beginn des Druckanstieges und dann ein viel schnelleres Ansteigen festzustellen; diese Erscheinung ist zweifellos darauf zurückzuführen, daß die Flamme sich wegen der größeren Nähe des verhältnismäßig kühlen

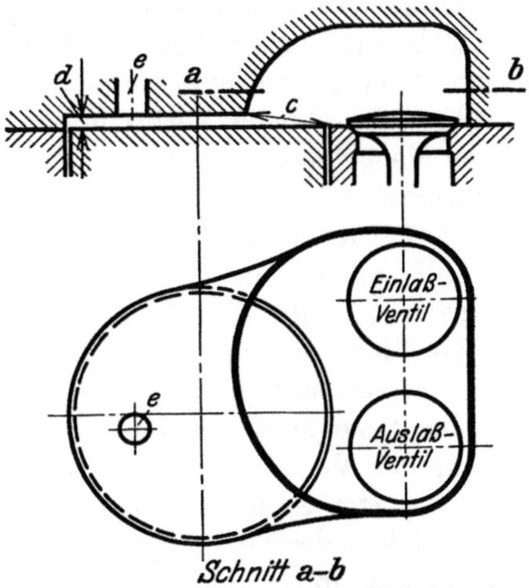

Abb. 69. Schnitt und Grundriß des Ricardokopfes. *c* Einschnürung; *d* Kolbenabstand im Totpunkt; *e* Zündkerze.

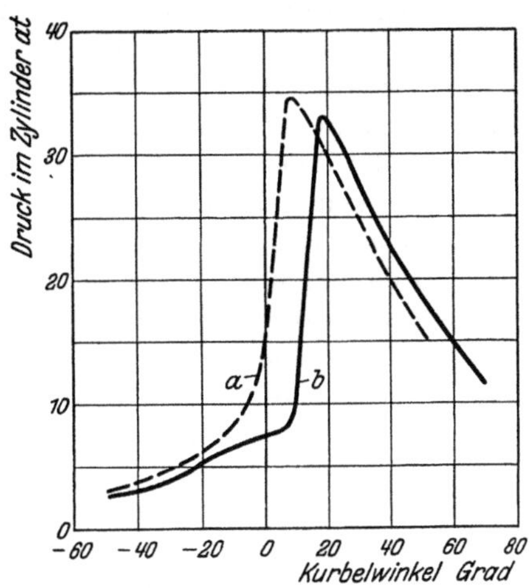

Abb. 70. Einfluß der Änderung des Kolbenabstandes *d* der Abb. 69. *a* Kolbenabstand 6,9 mm. *b* Kolbenabstand 0,56 mm.

Zylinderkopfes zunächst weniger schnell von der Zündkerze weg ausbreitet und die Schicht des brennenden Gases dünner ist. Während der letzten beiden mm der Kolbenbewegung wird dann brennendes Gas fächerartig mit hoher Geschwindigkeit in die Gemischmengen des Verbrennungsraumes geschleudert und in dem Hauptteil des Gemisches eine äußerst schnelle Verbrennung eingeleitet, die sich in einem sehr harten Maschinengang äußert. Im Gegensatz hierzu war bei größerem Abstande d der Maschinenlauf bemerkenswert weich, obwohl Verdichtungsverhältnis und Höchstdruck in beiden Fällen gleich waren.

Die Ergebnisse dieser Versuche mit einer besonderen Zylinderkopfbauart lassen nur eine beschränkte Verallgemeinerung zu; trotzdem sind sie hier angeführt worden, um die für die Praxis wichtige Tatsache zu veranschaulichen, daß harter Gang mit der Geschwindigkeit des Druckanstieges und in besonderem Maße mit dem Verlauf zu Beginn der Verbrennung vor oder kurz nach Totpunkt zusammenhängt. Harter Gang läßt sich daher beherrschen, wenn alle für die Geschwindigkeit der Verbrennung maßgebenden Faktoren richtig berücksichtigt werden.

In einem gedrungenen Verbrennungsraum, der nicht die eigenartige Bauart der Abb. 69 besitzt, hängt die Wirbelung während der Verbrennung außer von der Maschinendrehzahl von der Größe und Lage der Einlaßventile in Beziehung zur Form des Zylinderkopfes ab. Sind die Ventile so angeordnet, daß der Luft beim Eintritt in den Zylinder im Gegensatz zu einer allseitigen turbulenten Wirbelbewegung eine geordnete Wirbelung erteilt wird, so wird die Bewegung der Luft während des Verdichtungshubes erhalten bleiben und die Verbrennung nach dem Überspringen des Funkens fördern. Ob nun eine geordnete oder eine turbulente Wirbelbewegung der Luft erreicht wird, in beiden Fällen wird ein richtig entworfener Zylinderkopf, bei dem die Luftbewegung nicht behindert ist und das Verhältnis aus Oberfläche und Volumen klein bleibt, eine Verbesserung des Wirkungsgrades ergeben, da unverbranntes Gemisch nicht in der Nähe der kühlen Zylinderwandungen hängen bleiben und somit der Verbrennung entgehen kann.

Eine Erhöhung der Drehzahl hat einen doppelten Einfluß auf die Wirbelung, indem einmal die Anfangsgeschwindigkeit des Gases durch die Ventile erhöht und ferner die Zeit, während der die Anfangswirbelung zum Absterben kommen kann, verkleinert wird. Die rasche Zunahme der Detonation bei geringen Drehzahlen, die allen Maschinen gemein ist, ist z. T. auf die entsprechende Verringerung der Wirbelung zurückzuführen; denn dann liegen gerade die umgekehrten Verhältnisse wie vorher vor. Bei geringen Drehzahlen ist die Wahrscheinlichkeit größer, daß sich ruhende Gasnester in der Nähe der Auslaßventile bilden und hierdurch gerade die Bedingungen schaffen, die die Einleitung der Detonation fördern; ganz besonders gilt dies, wenn das Auslaßventil in einer Seitentasche des Verbrennungsraumes untergebracht und nicht gut gekühlt ist.

60. Untersuchung der Reibungs- und der Pumpverluste.

In Abschnitt 53 wurde festgestellt, daß der übliche Indikator kein genaues Instrument zur Bestimmung der indizierten Leistung ist. Man ist daher auf Messung der Bremsleistung und der „Verlustleistung“ angewiesen, um aus der Summe der beiden die indizierte Leistung zu ermitteln. Der Ausdruck „Verlustleistung“ soll in diesem Zusammenhang gebraucht werden, um den Unterschied zwischen nutzbarer und indizierter Leistung ebenso zu kennzeichnen, wie dieser bei einer Messung durch einen vollkommenen Indikator festgestellt werden könnte, falls es überhaupt einen solchen gäbe. Da es unmöglich ist, die Verluste zu messen, während die Maschine mit eigener Kraft läuft, ist es wichtig, zu untersuchen, wie weit die von der Maschine bei Antrieb von außen benötigte Leistung ein genaues Bild der Verluste sowohl bei Vollast als auch bei kleineren Belastungen ergibt.

Sehr wesentlich ist es, die Bestimmung der Verlustleistung durch Antrieb von außen sofort nach dem Betrieb mit eigener Kraft vorzunehmen. Von der gesamten Verlustleistung entfallen nahezu 60 v. H. auf Kolbenreibung; jede Abweichung von den normalen Arbeitsbedingungen — sei es in der Wandungstemperatur oder im Schmierzustand — kann zu großen Fehlern führen. Im Betrieb mit eigener Kraft wird der Ölspiegel der Zylinderwandungen „fleckig“; man hat festgestellt, daß bereits nach einigen Minuten äußeren Antriebes die von den Schubstangenköpfen abgeschleuderten, reinen Ölmengen zu einer Verringerung der Reibungsverluste unter den Wert bei Vollastkraftbetrieb führen. Von dieser allmählichen Änderung im Schmierzustand des Kolbens abgesehen, tritt unmittelbar nach dem Abstellen der Zündung eine Verminderung der Kolbenreibungsverluste auf, da die Gasdrücke und damit auch die Seitendrücke kleiner werden. Glücklicherweise wird diese Abnahme des Reibungsverlustes ungefähr durch eine gleichzeitige Zunahme der „Pumpverluste“ wieder ausgeglichen; unter „Pumpverlusten“ versteht man die Leistung, die erforderlich ist, um den Zylinder mit Arbeitsstoff zu laden und wieder zu entladen. Diese Pumpverluste sind bei Kraftbetrieb und bei Antrieb von außen verschieden, da der Druck im Zylinder im Augenblick des Öffnens der Auslaßventile sehr voneinander abweicht. Wird die Maschine von außen angetrieben, so entfällt der in Abschnitt 11 und 55 behandelte Einfluß der Bewegungsenergie der Abgase auf die Entleerung des Zylinders. In Abb. 71 sind zwei Schwachfederdiagramme für die Ausschub- und Ansaugehübe wiedergegeben; sie sind an der gleichen Maschine bei der gleichen Drehzahl von 2000 Uml/min aufgenommen worden. Die gestrichelte Kurve zeigt die Drücke bei Kraftbetrieb mit einem nutzbaren mittleren Kolbendruck von 6,3 at und die ausgezogene Linie die Zylinderdrücke bei Antrieb von außen. Der Unterdruck im Zylinder während des Ansaughubes hängt von der mittleren Gasgeschwindigkeit in den Einlaßventilen ab; diese betrug in dieser Maschine bei 2000 Uml/min 38 m/sek. Der Unterdruck war daher in beiden Fällen gleich. Der mittlere Überdruck im Zylinder während des Ausschubhubes kennzeichnet die zum Ausstoßen der verbrauchten Gase aus dem Zylinder benötigte Arbeit; er war bei

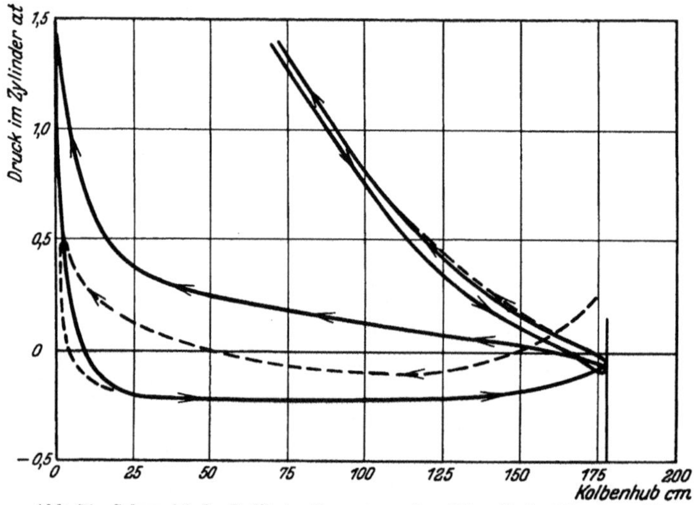

Abb. 71. Schwachfeder-Indikatordiagramme einer Einzylinder-Dieselmaschine mit Schiebersteuerung.
Ausgezogene Kurven: Druckverlauf bei Antrieb von außen.
Gestrichelte Kurven: Druckverlauf bei Kraftbetrieb mit einem nutzbaren mittleren Kolbendruck von 6,3 at.
Drehzahl in beiden Fällen: 2000 Uml/min. Verdichtungsverhältnis 14:1.

Kraftbetrieb praktisch gleich Null und betrug bei Antrieb von außen etwa 0,25 at. Wie bereits früher erwähnt, ist dieser Unterschied darauf zurückzuführen, daß bei Kraftbetrieb ein Zylinderdruck von ungefähr 3,5 at im Augenblick des Auslaßventilöffnens herrscht und die zunächst aus dem Zylinder stürzenden Gase eine beträchtliche Geschwindigkeit annehmen, welche die Ausströmung des Restes unterstützt. Der Zylinderdruck fiel — wie das Diagramm zeigt — im mittleren Teil des Auspuffhubes bei vollgeöffnetem Auslaßventil weit unter den atmosphärischen Druck, so daß Abgase aus dem Zylinder gesaugt wurden. Im Gegensatz hierzu hängt bei Antrieb von außen das Ausstoßen der Abgase ausschließlich von der Kolbenbewegung ab, so daß sich die ausgezogene Linie mit steigenden Drücken ergab.

Da alle Versuche bei konstanter Drehzahl durchgeführt wurden, ist es zweckmäßig, die verschiedenen Verluste als mittlere Kolbendrücke auf den Arbeitshub zu beziehen. In Abb. 71 können die gesamten Pumpenverluste während der Auspuff- und Ansaughübe unmittelbar zu 0,53 at bei Antrieb von außen und zu 0,28 at bei Kraftbetrieb bestimmt werden.

Ein Kleinstwert für den mechanischen Reibungsverlust läßt sich erzielen, wenn die Maschine mit abgenommenen Zylinderköpfen von außen angetrieben wird, sofern dies bei der Bauart möglich ist. Der Reibungsverlust wird bei normalen Antriebsbedingungen etwas größer als bei Antrieb mit abgenommenen Zylinderköpfen ausfallen, da während des Verdichtungshubes der Druck in der Ladung steigt; trotzdem bleibt er noch kleiner als bei Kraftbetrieb. Die Differenz zwischen den gesamten Antriebsverlusten und der Summe aus den Pumpverlusten und dem Kleinstwert des Reibungsverlustes dient zur Deckung des zusätzlichen Reibungsverlustes, der durch den Gasdruck bei Antrieb von außen verursacht wird, und der Verluste, die während der Verdichtung und Ausdehnung durch Undichtigkeiten und Wärmeabgabe entstehen. Undichtigkeiten können an dem Kolben oder an den Ventilen auftreten. Sie besitzen einen großen Einfluß in einer Maschine, die Überholung nötig hat; aber bei einer schnellaufenden, in einwandfreiem Zustand befindlichen Maschine dürften sie vernachlässigt werden können. Die Wirkung der Undichtigkeiten und des Wärmeverlustes macht sich darin geltend, daß die bei der Ausdehnung wiedergewonnene Arbeit kleiner als die bei der Verdichtung aufgewandte Arbeit ist. Der Betrag des Wärmeverlustes wird bedeutungsvoll bei gewissen Maschinenbauarten mit Hochverdichtung und Brennstoffeinspritzung, bleibt aber klein für Verdichtungsverhältnisse bis 7 : 1. Wie bereits angegeben, wird die Zunahme des Reibungsverlustes bei Kraftbetrieb ungefähr durch die Abnahme der Pumpverluste wieder ausgeglichen. Man kann daher annehmen, daß die Summe aus Bremsleistung und der Leistung, die erforderlich ist, um eine Benzinmaschine unmittelbar nach dem Vollastbetrieb von außen anzutreiben, einen so genauen Zahlenwert für die indizierte Leistung ergibt, wie er zur Zeit überhaupt erreichbar ist.

Die Richtigkeit dieser Verallgemeinerung und die Anteile, welche auf die verschiedenen Faktoren bei der durch Versuch festgestellten Antriebsleistung entfallen, müssen notwendigerweise bis zu einem gewissen Grade von den Besonderheiten der einzelnen Maschine und der Drehzahl abhängen. So hängt der Pumpverlust ebenso von den mittleren Ventilquerschnitten wie von der Drehzahl ab, während das Gewicht und die Bauart der Kolben auf die Reibung von Einfluß sind. Trotzdem mag es von Nutzen sein, einige typische Zahlenwerte für eine Benzin- und für eine Hochverdichtungsmaschine mit Einspritzung anzugeben.

Als Beispiel einer Benzinmaschine sei ein Flugzeugmotor mit einem Verdichtungsverhältnis von 5,3 : 1 gewählt. Bei einer normalen Betriebsdrehzahl von z. B. 2000 Uml/min kann man bei Vollastbetrieb mit einem nutzbaren mittleren Kolbendruck von rund 8,8 at rechnen. Wird die Maschine unter den gleichen Bedingungen bezüglich Drehzahl, Temperatur usw., sofort nach dem Abstellen der Zündung von außen angetrieben, so ist hierzu eine Leistung erforderlich, die ungefähr einem mittleren Kolbendruck von 1,3 at entspricht. Abb. 72 zeigt für Vollastbetrieb die wahrscheinliche Unterteilung der Verluste zwischen 1000 und 2000 Uml/min; die einzelnen Verluste sind in mittleren Kolbendrücken ausgedrückt. Bei Antrieb von außen ist der Pumpverlust bei 2000 Uml/min wahrscheinlich 0,15 bis 0,2 at größer und der Reibungsverlust um den

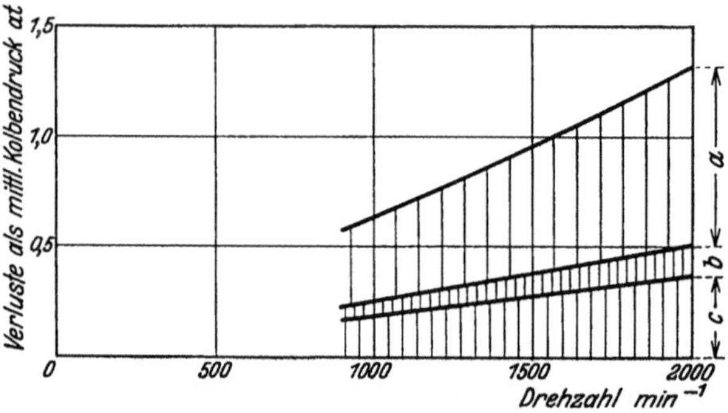

Abb. 72. Angenäherte Unterteilung der Verluste bei einem Flugzeugmotor unter Vollastbetrieb. Verdichtungsverhältnis 5,3 : 1. Brennstoff: Benzin. *a* Kolbenreibungsverluste; *b* Verluste durch Lagerreibung und Zubehörteile; *c* Pumpverluste.

gleichen Betrag kleiner. Im Drosselbetrieb nehmen die Pumpverluste entsprechend dem Schließen der Drossel und der Änderung der Drehzahl zu. Obwohl die Pumpverluste bei kleinen Drehzahlen ziemlich stetig zunehmen können, hat man beobachtet, daß bei hohen Drehzahlen nur eine geringe oder gar keine weitere Steigerung über die Größe des Pumpverlustes bei halbgeöffneter Drossel hinaus auftritt. Bei dieser Drosselstellung beträgt der Pumpverlust ungefähr das Doppelte des Verlustes bei vollgeöffneter Drossel; ein weiteres Schließen der Drossel kann bei Antrieb von außen sogar zu einer Verringerung des Leistungsbedarfes und des Pumpverlustes führen.

Der Grund für die angenäherte Unveränderlichkeit des Pumpverlustes bei kleinen Drosselöffnungen ist folgender. Obgleich die negative Arbeit während des Ansaughubes weit mehr als das Doppelte des Wertes bei voller Drosselöffnung betragen kann, wird dennoch ein großer Teil dieser Ladearbeit während der Verdichtung wiedergewonnen, weil für einen erheblichen Teil des Verdichtungshubes der Druck im Zylinder unter dem atmosphärischen Druck bleibt.

Bei Antrieb von außen ist es bei kleinen Drosselöffnungen möglich, daß während des Auspuffhubes etwas positive Arbeit in einer Größe geleistet wird, die ebenso wie alle Pumpverluste sehr von der Ventileinstellung abhängt. Die Tatsache, daß bei Antrieb von außen in kleinen Drosselstellungen unterhalb halbgeöffneter Drossel eine Verminderung des Leistungsbedarfes festgestellt ist, berechtigt nicht zum Schluß, daß das gleiche auch für die Maschine bei Kraftbetrieb gelten muß. Am zutreffendsten ist wahrscheinlich die Annahme, daß die gesamte Verlustleistung von halber Drosselstellung an abwärts konstant bleibt.

Bei der Hochverdichtungsmaschine mit Einspritzung weichen die Verhältnisse von denen der Benzinmaschine nach zwei Richtungen hin ab. Zunächst kann bei Antrieb von außen die Leistungsaufnahme — infolge des Wärmeverlustes während der Verdichtung und Ausdehnung bei den hohen Raumverhältnissen — erheblich größer als die Verlustleistung bei Vollastkraftbetrieb ausfallen. Ferner wird bei verringerten Belastungen nicht gedrosselt, so daß die Pumpverluste im wesentlichen konstant bleiben. Es mag eine kleine Erhöhung der Pumpverluste beim Ausschubhub auftreten, da die ersten Abgase eine geringere kinetische Energie erlangen; aber diese Zunahme beträgt selbst im Leerlauf nicht mehr als 10 v. H. der Pumpverluste bei Vollast. Der Reibungsverlust nimmt mit der Belastung ab; da im Gegensatz zu einer mit Drosselung arbeitenden Maschine keine ausgleichende Zunahme des Pumpverlustes auftritt, kann man annehmen, daß die gesamte Verlustleistung mit der Belastung statt einer Zunahme eine geringe Abnahme aufweist.

Bezüglich des Leistungsbedarfes bei Antrieb von außen scheint ein beträchtlicher Unterschied zwischen Hochverdichtungsmaschinen mit Schieber- und Ventilsteuerung zu bestehen. Als zahlenmäßiges Beispiel einer Schiebermaschine sei eine von Ricardo angestellte Untersuchung der Verluste in der Einzylindermaschine mit Verdichtungsverhältnis von 14 : 1 angeführt, an der auch die Schwachfederdiagramme der Abb. 71 aufgenommen wurden.

Abb. 73 gibt für diese Maschine die tatsächlich gemessenen Antriebsverluste zwischen Drehzahl von 1000 und 2200 Uml/min und ihre vermutliche Unterteilung auf Verluste während der Verdichtung und Ausdehnung, auf Reibungs- und auf Pumpverluste wieder. Bei 2000 Uml/min entsprach der gesamte Antriebsverlust einem mittleren Kolbendruck von etwa 2,32 at. Ricardo nimmt an, daß hiervon ungefähr 0,46 at auf den Wärmeverlust während der Verdichtung und Ausdehnung entfallen und daher nicht zu den Verlusten gerechnet werden können, die zwecks Ermittlung des indizierten mittleren Kolbendruckes zu dem nutzbaren mittleren Kolbendruck zuzuschlagen sind. Der Rest von 1,86 at setzt sich bei Antrieb von außen wie folgt zusammen:

Pumpverlust . . . . 0,53 at
Reibungsverlust . . . . . $1,23 + 0,1 = 1,33$ at.

Von den beiden Summanden des Reibungsverlustes stellt der erste den tatsächlich gemessenen Reibungsverlust ohne Gasdruck und der zweite den geschätzten Zuwachs durch die Verdichtungsdrücke dar. Der Pumpverlust von 0,53 at wurde bei Antrieb von außen mittels Schwachfederdiagramm gemessen. Eine ähnliche Messung bei Kraftbetrieb zeigte, daß der Pumpverlust auf 0,28 at durch Fortfall des auf

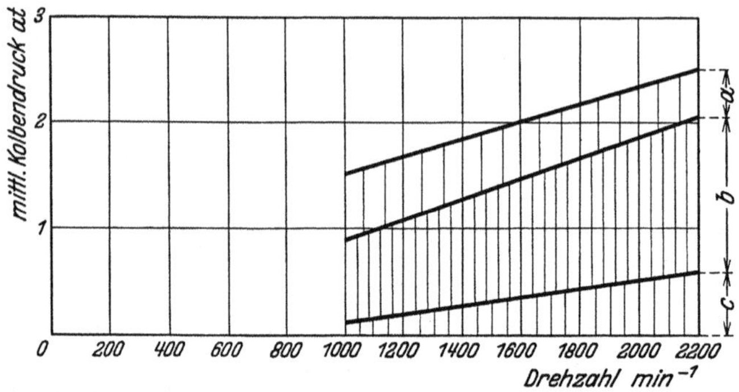

Abb. 73. Angenäherte Unterteilung der Antriebsverluste bei einer Hochverdichtungsmaschine mit Brennstoffeinspritzung. Einzylinder-Schiebermotor mit Verdichtungsverhältnis 14 : 1. *a* Verluste durch Wärmeabgabe während der Verdichtung und Ausdehnung; *b* Reibungsverluste; *c* Pumpverluste.

den Auspuffhub zurückzuführenden Anteiles zurückging; zu berücksichtigen bleibt ferner die zusätzliche Reibung, die durch die höheren Gasdrücke bei Kraftbetrieb auftritt; Ricardo hat diesen Betrag mit 0,07 at angenommen. Als wahrscheinliche Unterteilung der Verlustleistung bei Antrieb von außen und bei Vollastkraftbetrieb — in beiden Fällen bei 2000 Uml/min — ergeben sich die in Zahlentafel 33 zusammengestellten Werte.

Zahlentafel 33. Wahrscheinliche Unterteilung der Verluste bei Antrieb von außen und bei Vollast.
Einzylinder-Dieselmaschine mit einem Verdichtungsverhältnis von 14 : 1 bei 2000 Uml/min.

Verluste	bei Antrieb von außen	bei Vollast-kraftbetrieb
Pumparbeit	0,53 at (gemessen)	0,28 at (gemessen)
Reibung ohne Gasdruck . . .	1,23 „ (gemessen)	1,23 „ (gemessen)
Zuschlag für Gasdruck	0,1 „ (geschätzt)	0,17 „ (geschätzt)
Wärmeverlust während der Verdichtung- und Ausdehnung .	0,46 „ (als Differenz)	—
Summe	2,32 at (gemessen)	1,68 at (geschätzt)

Nach den Zahlenwerten der Zahlentafel 33 kann man also annehmen, daß in einer Schiebermaschine mit 2000 Uml/min der auf mittleren Kolbendruck umgerechnete Arbeitsbedarf bei Antrieb von außen um

0,64 at größer ist als die Differenz zwischen indizierten und nutzbaren mittleren Kolbendruck bei Vollastkraftbetrieb und gleicher Drehzahl. Andrerseits wiesen die Zahlenwerte einer mehrzylindrigen Ventilmaschine, die zunächst — entsprechend einer Benzinmaschine — mit einem Verdichtungsverhältnis von 5 : 1 und dann — entsprechend einer Dieselmaschine — mit einem auf 14 : 1 erhöhten Verdichtungsverhältnis bei gleichen Drehzahlen von 2000 Uml/min von außen angetrieben wurde, bei der Erhöhung der Verdichtung eine Zunahme des auf mittleren Kolbendruck umgerechneten Antriebsverlustes von nur 0,07 at auf. Dieses Ergebnis findet durch andere Versuche, die mit der in Abschnitt 50 erwähnten Einzylinderventilmaschine angestellt wurden, seine Bestätigung. Am Ende jenes Abschnittes wurde darauf hingewiesen, daß die Maschine auch als Benzinmaschine mit einem Verdichtungsverhältnis von 4,84 : 1 betrieben werden konnte; bei der normalen Betriebsdrehzahl von 1200 Uml/min ergab sich gegenüber den Antriebsverlusten bei dem niedrigen Verdichtungsverhältnis eine Zunahme des Verlustes bei dem hohen Verdichtungsverhältnis von 12 : 1 von nur 0,035 at. Bei den beiden Ventilmaschinen hatte also eine Erhöhung des Verdichtungsverhältnisses nur geringen Einfluß auf die Antriebsverluste.

Der große Unterschied in dem von Ricardo festgestellten Verhalten der Schiebermaschine muß auf den Wärmeverlust während der Verdichtung und Ausdehnung zurückgeführt werden, der zweifellos sowohl durch die geordnete Luftwirbelung als auch durch die Form des Zylinderkopfes ganz erheblich verstärkt wurde. Trotzdem bleibt der beobachtete Unterschied zwischen diesen beiden Maschinenarten überraschend groß.

Bei verringerten Belastungen bleibt aus den bereits angegebenen Gründen der Pumpverlust bei beiden Diesel-Maschinenarten konstant oder weist eine ganz leichte Zunahme auf. In der Schiebermaschine stieg er bei 2000 Uml/min zwischen einem nutzbaren mittleren Kolbendruck von 6,33 at und Leerlauf von 0,28 at auf 0,3 at an. Im Leerlauf muß der Reibungsverlust auf einen Betrag fallen, der nicht mehr viel von dem bei Antrieb von außen abweicht. Der Unterschied im Reibungsverlust zwischen Vollastkraftbetrieb und Antrieb von außen wurde zu 0,17—0,1 = 0,07 at angegeben. Daher kann angenommen werden, daß die Abnahme der Verlustleistung bei 2000 Uml/min zwischen Vollast von 6,3 at und Leerlauf ungefähr von der gleichen Größenordnung ist. Bei anderen Drehzahlen kann die wahrscheinliche Unterteilung der Verluste an Hand der Abb. 73 und Zahlentafel 33 geschätzt werden. Alle Zahlenwerte können jedenfalls nur dazu dienen, die allgemeinen Grundlagen, die für die Schätzung der Verluste einer bestimmten Maschine maßgebend sein sollten, zu veranschaulichen. Wie bereits ausgeführt, hängen die tatsächlichen Zahlenwerte bei einer einzelnen Maschine immer von der Bauart und der Ausführung ab.

61. Untersuchung der Wärmeverluste.

Bislang wurde ein hoher thermischer Wirkungsgrad als schätzenswerte Eigenschaft einer Maschine angesehen, weil er einen geringen Brennstoffverbrauch je Pferdekraftstunde zur Folge hat. Für die Notwendigkeit eines guten Wirkungsgrades spricht indessen noch ein anderer und sogar wichtigerer Grund. Eine Maschine von gegebener Größe und Drehzahl verlangt eine bestimmte Höchstmenge an Luft, um ihre volle Leistung zu entwickeln; durch die Verbrennung dieser Luft wird eine bestimmte Wärmemenge erzeugt. Ein Teil dieser Wärme wird in Arbeit verwandelt; alle Wärmemengen, die der Umwandlung entgehen, „bleiben — mit den Worten Ricardos — übrig, um Not und Kummer zu verursachen". Es kann sicherlich mit Recht behauptet werden, daß bei Hochleistungsmaschinen ein „Zusammenbruch" in der Mehrzahl der Fälle unmittelbar oder mittelbar auf ungenügende Beherrschung des Wärmeflusses zurückzuführen ist; die Maschine war nicht in der Lage, sich mit den schwierigen Wärmeverhältnissen abzufinden, die durch die nicht in Arbeit umgewandelten Wärmemengen geschaffen wurden, und vermochte nicht, die übermäßigen nicht in Arbeit umgewandelten Wärmemengen schadlos abzustoßen. Festsitzende oder verbrannte Kolben, geplatzte Zylinder, angefressene oder verbrannte Ventile sowie verzogene Ventilsitze sind unmittelbare Folgen übermäßiger Wärmebelastungen; ein Versagen der Schmierung ist in den meisten Fällen mittelbar auf übermäßige Temperaturen zurückzuführen, die eine Verschmutzung des Öles durch Schlamm und Ruß und im weiteren Verlauf eine Verstopfung der Ölleitungen und ein Auslaufen der Lager zur Folge haben. Ursache aller dieser Schwächen sind die 70 bis 80 v. H. der gesamten Wärmezufuhr betragenden Wärmemengen, welche die Maschine nicht hat in Arbeit umwandeln können. Auf den ersten Blick neigt man vielleicht zu der Ansicht, daß die Betriebssicherheit einer Maschine wenig davon abhängt, ob sich diese abzuführende Wärme auf 70 v. H. oder 80 v. H. der Wärmezufuhr beläuft. Um die Verhältnisse näher zu untersuchen, seien zwei Maschinen gleicher Größe betrachtet, denen gleiche Wärmemengen in der Zeiteinheit zugeführt werden. Beträgt der Nutzwirkungsgrad der einen Maschine 20 v. H. und der der anderen 30 v. H., so ist bei der Maschine mit dem höheren Wirkungsgrad nicht nur die Leistungsausbeute um 50 v. H. größer, sondern auch die abzuführende Wärme um 12,5 v. H. kleiner. Um gleiche Leistung bei diesen beiden Maschinen gleicher Größe zu erzielen, ist bei der Maschine mit dem höheren Wirkungsgrad nur eine Belastung von zwei Drittel ihrer Höchstleistung erforderlich. Die im Betriebe abzuführende Wärme ergibt sich bei ihr daher zu $\frac{2}{3} \cdot 87{,}5 = 58$ v. H. der Abwärme der andern Maschine. Mit anderen Worten, bei gleicher Leistung hat die Maschine mit dem schlechteren Wirkungsgrad nahezu die doppelte Abwärme abzustoßen, so daß bei ihr die Gefahr eines Versagens ganz erheblich größer ist. Ricardo hat festgestellt, daß unter den vielen Maschinen, die alljährlich zur Untersuchung durch seine Hände gehen, auf alle Fälle die Maschinen mit hohem Wirkungsgrad die schwierigen Dauerprüfungen erfolgreich zu überstehen vermögen und daß die üblichen Störungen durch verschmutztes Öl, festsitzende Kolbenringe und ausgebrannte Ventile durchweg bei Maschinen mit schlechtem Wirkungsgrad auftreten. Es kann nicht nachdrücklich genug betont werden, daß die Bedeutung eines hohen Wirkungsgrades nicht in der Brennstoffersparnis im Werte von einigen Mark, sondern in der Ersparnis von viele Hunderte von Mark kostenden Instandsetzungen oder Umbauten liegt; denn die gesamte Zuverlässigkeit des Betriebes und damit schließlich auch die Kosten der Maschinenhaltung sind eng mit der Frage des Wirkungsgrades der Maschine verknüpft.

Um die Aufgaben der Behandlung der Abwärme richtig zu verstehen, muß man den Lauf der Wärme vom Augenblick ihrer Erzeugung durch Verbrennung im Zylinder bis zu ihrem letzten Verbleib verfolgen. Von der gesamten zugeführten Wärme können der in Nutzarbeit des Kolbens umgewandelte Teil und der im Kühlwasser abgeführte Teil unmittelbar durch Messung nachgewiesen werden. Daher wird eine einfache Wärmebilanz häufig in der durch Zahlentafel 34 dargestellten Form gegeben; die Zahlenwerte sind typisch für eine Einzylindermaschine mit einem Verdichtungsverhältnis von 5:1 und einer Drehzahl von 1500 Uml/min.

Zahlentafel 34.
Wärmebilanz einer Maschine mit Verdichtungsverhältnis von 5:1 und 1500 Uml/min.

Wärmewert der indizierten Leistung	31,5 v. H.
Kühlwasserwärme	28,5 v. H.
Wärme in Abgasen, Strahlung usw. (als Differenz)	40,0 v. H.
Summe	100,0

Die Zahlenwerte der Zahlentafel 34 gelten für eine Einzylindermaschine bei einer bestimmten Drehzahl, einer bestimmten Gemischzusammensetzung und einem bestimmten Verdichtungsverhältnis; sie dürfen nicht beliebig verallgemeinert werden. Die an das Kühlwasser abgeführte Wärmemenge hängt bei der einzelnen Maschine sehr von der Größe der Flächen, die außerhalb des Bereichs der Auslaßventile noch vom Kühlwasser umspült werden, und von der Drehzahl ab; sie wird ferner durch das Mischungsverhältnis und das Verdichtungsverhältnis beeinflußt. In einer Mehrzylindermaschine ist sie im allgemeinen kleiner als in einer Einzylindermaschine unter sonst gleichen Bedingungen. Dies ist auf den engen Abstand der Zylinder und der Auspuffleitungen zurückzuführen, der für den einzelnen Zylinder ein kleineres Verhältnis der wassergekühlten Flächen hinter den Auslaßventilen zur Folge hat.

Professor A. H. Gibson[34] hat Zahlenwerte für den Anteil der Kühlwasserwärme bei verschiedenen Bauarten von Flugzeugmotoren und anderen Maschinen veröffentlicht. Hierbei wurde die Kühlwasserwärme je Minute als Teil der Nutzleistung ausgedrückt. Bei 1500 Uml/min und einem Verdichtungsverhältnis von 5 : 1 schwankte bei den verschiedenen Bauarten der Anteil der Kühlwasserwärme zwischen 0,8 und 0,9 der Nutzleistung. Nur bei einer Maschine überstieg die Kühlwasserwärme wesentlich die Nutzleistung. Hierbei handelte es sich indessen nicht um einen Flugzeugmotor, sondern um einen Kraftwagenmotor mit dem niedrigen Verdichtungsverhältnis von 4,2 : 1 und einem L-förmigen Zylinderkopf. In dieser Maschine betrug bei 1500 Uml/min das Verhältnis der Kühlwasserwärme zur Nutzleistung ungefähr 1,5. Gibson gibt ferner Versuchswerte von zwei luftgekühlten Einzylinder-Flugzeugmotoren mit einem Verdichtungsverhältnis von 4,6 : 1; das Verhältnis aus der an die Zylinderwandungen übergegangenen Wärmemenge zur Nutzleistung betrug 1,1.

Bei allen Mehrzylinder-Flugzeugmotoren muß die indizierte Leistung ungefähr 10 bis 15 v. H. größer als die Bremsleistung gewesen sein, so daß die an das Kühlwasser abgegebene Wärme — die niemals mehr als ungefähr 0,9 der Bremsleistung betrug — nicht mehr als 0,8 der indizierten Leistung ausmachte. Die von Gibson untersuchten Maschinen stammen aus den Jahren zwischen 1916 und 1919; in einer neuzeitlichen schnellaufenden Maschine mit hoher Verdichtung dürfte sich die an das Kühlwasser abgegebene Wärme auf nicht mehr als 60 v. H. der Bremsleistung oder 55 v. H. der indizierten Leistung belaufen. Wie bereits in Abschnitt 47 und weiter unten genauer ausgeführt, kann man annehmen, daß diese Unterschiede im Wärmeverlust an die Zylinderwandungen keinen nennenswerten Einfluß auf den thermischen Wirkungsgrad ausüben. Die Wärme, welche nicht auf das Kühlwasser übergeht, dient fast ausschließlich dazu, den Anteil der mit den Auspuffgasen abgestoßenen Abwärme zu vergrößern.

Bei allen Flugzeugmotoren und in einem geringeren Grade auch bei den Kraftwagenmotoren wird eine beträchtliche Wärmemenge unmittelbar durch die über die Maschine strömende Luft abgeführt, so daß sie nicht erst auf dem Umweg über den Kühler an die Luft abgegeben werden muß. Eine Maschine, die im Prüfstandsbetrieb bei Ausschaltung aller Luftströmungen eine Wärmemenge gleich 60 v. H. der Bremsleistung an das Kühlwasser abgibt, würde in einem Wind von 97 km/h Geschwindigkeit nur einen Kühler benötigen, der eine Wärmemenge gleich 52 v. H. der Bremsleistung an die Luft abzuführen vermag; bei größeren oder kleineren Windgeschwindigkeiten ändert sich die auf den Kühler entfallende Wärmemenge ungefähr proportional.

Um auf die Abhängigkeit der Kühlwasserwärme von der Drehzahl und dem Verdichtungsverhältnis zurückzukommen, so weisen die Gibsonschen Werte mit Erhöhung der Drehzahl eine kleine, aber übereinstimmende Verminderung der auf die Bremsleistung bezogenen Kühlwasserwärme auf. Diese Verringerung betrug für eine Drehzahlerhöhung von je 100 Uml/min nahezu 1,5 v. H. So fiel der Anteil der Kühlwasserwärme in einem Achtzylinder-Flugzeugmotor V-förmiger Bauart von 0,93 auf 0,85 bei einer Drehzahlerhöhung von 1000 auf 1600 Uml/min entsprechend einer Leistungssteigerung von 106 auf 166,5 PS_e. Wie bereits früher ausgeführt, ist die verhältnismäßig geringfügige Abnahme des Wärmeverlustes des Arbeitsstoffes je Arbeitsspiel darauf zurückzuführen, daß die Abkürzung der Zeit eines jeden Arbeitsspieles durch die Erhöhung der Gaswirbelung und damit der Geschwindigkeit des Wärmeverlustes ausgeglichen wird; denn die Gasgeschwindigkeiten nehmen proportional zur Drehzahl zu.

Über den Einfluß des Verdichtungsverhältnisses besagen die Gibsonschen Ergebnisse, daß mit größerem Verdichtungsverhältnis ein stetiger Abfall der auf die Bremsleistung bezogenen Kühlwasserwärme eintritt; bei einer Erhöhung des Verdichtungsverhältnisses von 4,5:1 auf 5:1, auf 5,5:1 und auf 6:1 sank die Kühlwasserwärme ganz gleichmäßig von 0,83 auf 0,69; alle Versuche wurden bei konstanter Drehzahl von 1600 Uml/min durchgeführt. Die Abnahme der Kühlwasserwärme bei den höheren Verdichtungsverhältnissen ist in der Hauptsache auf die Verminderung der an das Kühlwasser während des Auspuffhubes übergehenden Wärmemengen zurückzuführen. Je höher das Ausdehnungsverhältnis ist, um so besser ist auch der Wirkungsgrad des Kreisprozesses und um so kühler der Arbeitsstoff, wenn das Auslaßventil öffnet.

Bei sehr armen Brennstoff-Luftgemischen ist die höhere Temperatur der Abgase die Ursache, daß der Anteil der Kühlwasserwärme etwas zunimmt. Die Verbrennung wird langsam und unregelmäßig, sobald das Mischungsverhältnis aus Brennstoff und Luft kleiner als 80 v. H. des chemisch genauen wird. Die Verbrennung kann sich dann in den Auspuffhub hinein erstrecken, so daß der Wirkungsgrad sehr schlecht wird und bei Öffnung des Auslaßventils ein zu hoher Betrag an Wärme vorhanden ist, die nicht in mechanische Arbeit umgewandelt werden konnte.

Daher führt übermäßiger Brennstoffmangel der Gemische auch zu überhitzten Auslaßventilen. Nimmt der Brennstoffgehalt weiter ab, so daß die Verbrennung sogar bis zum Öffnen des Einlaßventiles andauert, so wird die einströmende frische Ladung an dem noch brennenden Abgasrest entzündet und hierdurch das bekannte „Vergaserknallen“ verursacht.

Für die praktischen Aufgaben des Entwurfes eines Kühlers für eine bestimmte Maschinengröße sind die obigen Zahlen, welche die je Minute abzuführende Wärme im Verhältnis zur Bremsleistung angeben, am zweckmäßigsten. Bei einer thermodynamischen Untersuchung ist es vorteilhafter, die indizierte Leistung zugrunde zu legen; denn für thermodynamischen Untersuchungen kommen nur Wärmeumwandlungen und -Verluste innerhalb der Zylinder in Betracht. Die Zylinder können einen sehr hohen Wirkungsgrad besitzen; trotzdem kann die gesamte Maschine einen sehr niedrigen Nutzwirkungsgrad aufweisen, wenn die tatsächlich an der Welle verfügbare Leistung durch hohe Reibungsverluste in den Lagern und großen Leistungsbedarf der Zubehörteile wie Öl- und Wasserpumpen verringert wird. Derartige Verluste werden natürlich bei Antrieb von außen (vgl. Abschnitt 52) aufgedeckt und bei Ermittlung der indizierten Leistung entsprechend berücksichtigt.

Um den Verbleib der durch die Verbrennung im Zylinder bei jedem Arbeitsspiel erzeugten Wärme zu verfolgen, sei daher von der einfachen Wärmebilanz der Zahlentafel 34 ausgegangen. Die als letzter Posten der Wärmebilanz angegebene Abgas- und Strahlungswärme wurde als Differenz aus gesamter Wärmezufuhr und den beiden ersten Posten ermittelt; hierdurch wird die Zahlentafel in der vorliegenden Form aus nachstehenden Gründen ungenau. Nimmt man z. B. an, daß der erste Posten den Wärmewert der Bremsleistung anstatt den der indizierten Leistung angegeben hätte, so wäre der durch Subtraktion gefundene Wert der Abgas- und Strahlungsverluste um den Unterschied zwischen indizierter und nutzbarer Leistung größer ausgefallen, obwohl der größte Teil der Kolbenreibungsverluste tatsächlich in Form von Wärme mit dem Kühlwasser abgeführt und daher in dem Posten der Kühlwasserwärme bereits enthalten ist.

Setzt man die indizierte Leistung in die Wärmebilanz ein, so sollte — da ein Teil des Unterschiedes zwischen indizierter und nutzbarer Leistung die Maschine in Form von Wärme verläßt — die Summe der Wärmemengen in Zahlentafel 34 um den Wärmewert des auf Kolbenreibung entfallenden Leistungsverlustes größer als die gesamte Wärmezufuhr des Brennstoffes je Zeiteinheit sein.

Ungefähr 40 v. H. der gesamten Verlustleistung entfallen entweder auf Pumpverluste oder werden als Reibungswärme von den Lagern ausgestrahlt; dieser Teil läßt sich in keinem Fall durch Messung bestimmen. Nur der auf Kolbenreibung entfallende Teil der gesamten Verlustleistung macht eine Berichtigung der Wärmebilanz nötig, falls er nicht zweimal in der Bilanz vorkommen soll. Streng genommen müßte man also, wenn die indizierte Leistung eingesetzt wird, von der gemessenen

Kühlwasserwärme den Wärmewert des Leistungsverlustes durch Kolbenreibung abziehen; denn in einer mechanisch vollkommenen Maschine, bei der die gesamte indizierte Leistung an der Kurbelwelle verfügbar wäre, würde die Kühlwasserwärme um diesen Betrag kleiner sein.

In der Praxis haben nur die indizierte Leistung und die tatsächlich an das Kühlwasser übergegangenen Wärmemengen Interesse. Von Bedeutung sind ferner die Beziehungen dieser beiden Posten zueinander und zu der gesamten Wärmezufuhr. Der letzte Posten der Zahlentafel 34 hat kein praktisches Interesse, und der obige Fehler ist bedeutungslos unter der Voraussetzung, daß man sein Auftreten und seine Größe kennt. Auf den Kolbenreibungsverlust entfällt in einer durchschnittlichen Maschine ungefähr 60 v. H. der gesamten mechanischen Verluste; er beläuft sich daher im Durchschnitt auf etwa 6 v. H. der indizierten Leistung oder etwa 2 v. H. der gesamten Wärmezufuhr.

Da in der Hauptsache nur die beiden ersten Posten der Zahlentafel 34 von praktischer Bedeutung sind, ist es einfacher und bequemer, die Wärmebilanz in der obigen Form beizubehalten und sich ihres leichten Fehlers bewußt zu sein. Die wichtige Frage der Abhängigkeit der indizierten Leistung von dem Wärmeverlust an die Zylinderwandungen ist bereits in Abschnitt 47 behandelt; dort wurde gezeigt, daß der Wärmewert der indizierten Leistung auch dann nur um etwa 4 v.H. der gesamten Wärmezufuhr zunehmen würde, falls es möglich wäre, eine Maschine bei streng adiabatischen Bedingungen unter Vermeidung jeden Wärmeverlustes an die Zylinderwandungen zu betreiben. Hierfür soll eine doppelte Begründung gegeben werden.

1. Ungefähr die Hälfte der nach Zahlentafel 34 28,5 v. H. der gesamten Wärmezufuhr betragenden Kühlwasserwärme — der genaue Wert beträgt 13,5 v. H. nach Zahlentafel 37 — wird an die Zylinderwandungen und Auslaßkanäle durch die heißen Gase erst nach Öffnung des Auslaßventiles abgegeben; würde man diesen Teil der Kühlwasserwärme völlig unterdrücken, so würde man lediglich den Betrag der Abgaswärme ohne irgendeine Wirkung auf die Leistung erhöhen.

2. Von den Wärmemengen, die an die Zylinderwandungen bereits vor Öffnung des Auslaßventiles abgegeben werden, entfallen etwa 10 v. H. der gesamten Wärmezufuhr auf Verluste während der Ausdehnung; der größere Teil hiervon wird erst im späteren Verlauf des Ausdehnungshubes an die Wandungen abgegeben, wenn die der Wärme ausgesetzten Wandungsflächen größer geworden sind. Nur ein ganz geringer Teil dieser erst spät während des Ausdehnungshubes abgegebenen Wärme hätte bei Unterdrückung des Wärmeverlustes noch in Arbeit verwandelt werden können, da das verfügbare Ausdehnungsverhältnis bereits zu klein gewesen wäre.

Der ungefähr noch 5 v. H. betragende Rest kann als die Wärmemenge angesehen werden, die vor einer merkbaren Ausdehnung verloren gegangen ist. Sie hätte in vollem Betrage zur Umwandlung in mechanische Arbeit mit einem dem Ausdehnungsverhältnis von 5 : 1 entsprechenden Wirkungsgrad zur Verfügung gestanden und hierbei eine Arbeit von $0{,}4 \cdot 5 = 2{,}0$ v. H. der gesamten Wärmezufuhr leisten können. Der Faktor 0,4 stellt hierin den Wirkungsgrad einer Ausdehnung im Verhältnis von 5:1 dar, wenn keine Abzüge für die negative Arbeit während der Verdichtung vorgenommen werden.

Nimmt man an, daß der tatsächliche Wirkungsgrad bei der Umwandlung der während der Ausdehnung verlorenen Wärme im Durchschnitt halb so groß wie oben, also 20 v. H., gewesen wäre, so ergibt sich für den Fall einer rein adiabatischen Arbeitsweise ohne jeden Wärmeverlust an die Wandungen die neue Wärmebilanz der Zahlentafel 35. Sie zeigt, daß der Wärmewert der indizierten Leistung 35,5 v. H. beträgt gegenüber 31,5 v. H. in Zahlentafel 34.

Zahlentafel 35. Wärmebilanz einer Maschine mit Verdichtungsverhältnis von 5 : 1 bei rein adiabatischer Arbeitsweise.

Wärmewert der indizierten Leistung nach Zahlentafel 34	31,5 v. H.
Zuschlag für die 5 v. H. betragenden und mit einem Wirkungsgrad von 40 v. H. umgewandelten Wärmeersparnisse während der Verbrennung	2,0 v. H.
Zuschlag für die 10 v. H. betragenden und mit einem durchschnittlichen Wirkungsgrad von 20 v. H. umgewandelten Wärmeersparnisse während der Ausdehnung	2,0 v. H.
	35,5 v. H.

Gesamter Wärmewert der indizierten Leistung	35,5 v. H.
Kühlwasserwärme	0,0 v. H.
Abgaswärme	64,5 v. H.
Summe	100,0

Nach den obigen Annahmen betrug bei einer Maschine mit dem Verdichtungsverhältnis von 5:1 und dem indizierten Wirkungsgrad von 31,5 v. H. der Wärmeverlust an die Zylinderwandungen und den Kolben während der Verbrennung 5 v. H. der Brennstoffwärme; der Wärmeverlust während der Ausdehnung wurde zu 10 v. H. und während des Ausschubes zu 13,5 v. H. angenommen. Zur Begründung dieser Zahlenwerte sind noch einige Ausführungen erforderlich.

Die für Verbrennung, Ausdehnung und Auspuff benötigte Gesamtzeit kann mit ziemlicher Genauigkeit zu 380° Kurbelwinkel angenommen werden. Dieser Zeitraum erstreckt sich von 10° vor Totpunkt, wo die Verbrennung richtig eingesetzt hat, bis auf 10° nach Ende des Auspuffhubes, wo das Auslaßventil bei normaler Ventileinstellung geschlossen hat. Diesen Zeitraum kann man in etwas willkürlicher Weise, aber dennoch mit genügender Genauigkeit in eine 30° dauernde Verbrennungsperiode, während der die Verbrennung nahezu bei konstantem Volumen vor sich geht, in eine 130° dauernde Ausdehnungsperiode und in eine 220° dauernde Ausschubperiode unterteilen. Während der Verbrennungsperiode besitzen die Gase sehr hohe Drücke und Temperaturen und befinden sich im Zustand heftiger Wirbelung. Die Geschwindigkeit des Wärmeverlustes durch Leitung und Berührung wird je Einheit der Oberfläche groß sein, hierzu kommt noch der Verlust durch Strahlung. Andererseits beträgt die den Gasen ausgesetzte Fläche bei einem Verdichtungsverhältnis von 5:1 nur ungefähr ein Drittel der Fläche bei Hubende oder die Hälfte der durchschnittlichen Oberfläche während der obigen Ausdehnungs- und Ausschubperioden.

Bis jetzt liegen noch keine zuverlässigen Messungen des Wärmeverlustes durch Strahlung an einer in Betrieb befindlichen Maschine vor; man kann aber mittelbar schließen, daß der Wärmeverlust durch Strahlung nicht sehr bedeutend sein kann. Ein Strahlungsverlust würde sich völlig auf den Beginn der Ausdehnung beschränken, da er der vierten Potenz der absoluten Temperatur proportional ist, und würde auch der Maschinendrehzahl umgekehrt proportional sein. Mit Bezug auf Zahlentafel 30 würde ein Verlust, der bei 975 Uml/min 4,0 v. H. der Brennstoffwärme beträgt, bei 1700 Uml/min auf 2,3 v. H. verringert werden. Dies hätte einen Zuwachs des Wärmewertes der indizierten Leistung um $1{,}7 \cdot 0{,}35 = 0{,}6$ v. H. zur Folge, da der Gesamtbetrag der Wärmeersparnis für eine Umwandlung mit einem Wirkungsgrad von 35 v. H. — entsprechend einem Ausdehnungsverhältnis von 3,8:1 ohne Abzüge für negative Verdichtungsarbeit — zur Verfügung stände. Nach Zahlentafel 30 betrug indessen die gesamte Zunahme des Wärmewertes der indizierten Leistung bei dieser Drehzahlsteigerung nur 0,2 v. H. Nimmt man an, daß die gesamte Zunahme auf Verminderung des Strahlungsverlustes zurückzuführen ist, so führt die Betrachtung zu dem Ergebnis, daß der Strahlungsverlust bei 1000 Uml/min nur 1 v. H. der gesamten Brennstoffwärme beträgt und bei 2000 Uml/min auf 0,5 v. H. fällt.

Nach den in Abb. 46 wiedergegebenen Ergebnissen, die Burstall an einer Maschine mit einem Verdichtungsverhältnis von 5:1 erzielt hat, ergab sich bei einer Drehzahlsteigerung von 1200 auf 1800 Uml/min eine Verbesserung des thermischen Wirkungsgrades von 0,32 auf 0,328. Nimmt man wieder an, daß diese Verbesserung ausschließlich auf eine Verminderung des Strahlungsverlustes zurückzuführen ist, so erhält man mit $\frac{0{,}008}{0{,}4} = 0{,}02$ den Wärmezuwachs in v. H. der gesamten Wärmezufuhr je Arbeitsspiel, der bei der höheren Drehzahl zur Umwandlung in Arbeit verfügbar war. Diese Versuche wurden mit einem chemisch genauen Leuchtgas-Luftgemisch im Mischungsverhältnis von 1:4,5 durchgeführt. Höchsttemperatur und Strahlungsverlust sind bei diesem Gemisch kleiner als bei einem Benzin-Luftgemisch; trotzdem bestätigen die Zahlen, daß der Strahlungsverlust verhältnismäßig unbedeutend ist.

Während der Ausschubperiode besitzen die Gase eine verhältnismäßig niedrige Temperatur von etwa 800 bis 1000° C, befinden sich aber wieder im Zustand kräftiger Wirbelung. Ganz besonders gilt dies in der Nähe des Auslaßventils, wo sich die Gase kräftig an den Wandungen scheuern und ein schneller Wärmeverlust an die metallischen Kanalflächen hinter dem Ventil stattfindet, die stets in den wasserumspülten Teil des Zylinders einbezogen werden.

Ricardo hat einige interessante Versuche mit einer Maschine angestellt, bei der Zylinderkopf und Zylindermantel einzeln durch getrennte Kühlwasserströme gekühlt wurden. Hierbei handelte es sich um einen Schiebermotor, dessen Auslaßkanäle am Zylindermantel angeordnet waren; die Wärmeaufnahme des Zylinderkopfes konnte daher nicht durch Wärmeabgabe der aus dem Zylinder strömenden, heißen Abgase beeinflußt werden. Andererseits besaß der Zylinderkopf eine kegelige Form und war sehr gut gekühlt, wobei die Abflußtemperatur des Kühlwassers konstant auf 50° C gehalten wurde. Die auf den Zylinderkopf entfallende Wärmeabfuhr war daher wahrscheinlich erheblich größer als bei den üblichen Bauarten, wenn man bei diesen von den hinter dem Auslaßventil abgegebenen Wärmemengen absieht. Zahlentafel 36 zeigt die Wärmebilanz bei diesen Versuchen, auch hier ist die Wärme in Abgasen, Strahlung usw. als Differenz ermittelt.

Zahlentafel 36. Wärmebilanz einer Schiebermaschine mit Verdichtungsverhältnis von 4,3 : 1 und 1500 Uml/min. Getrennte Kühlwasserzufuhr für Zylinderkopf und Zylindermantel.

Wärmewert der indizierten Leistung	29,4 v. H.
Kühlwasserwärme vom Zylinderkopf	4,8 v. H.
Kühlwasserwärme vom Zylindermantel	16,7 v. H.
Wärmeverluste durch Abgase, Strahlung usw. (als Differenz)	49,1 v. H.
Summe	100,0

Bei diesen Versuchen betrug das Verdichtungsverhältnis 4,3:1, so daß der Wirkungsgrad ziemlich weit unter dem in Zahlentafel 34 für eine Maschine mit einem Verdichtungsverhältnis von 5:1 als typisch angegebenen Wert lag. Bei dieser Sondermaschine war die Länge des wassergekühlten Teiles der Auslaßkanäle so klein als möglich gehalten; die Verminderung der durch die ausströmenden Abgase an das Kühlwasser abgegebenen Wärme kommt deutlich in dem geringen Betrag der gesamten Kühlwasserwärme zum Ausdruck, die sich trotz der niedrigen Kühlwasserausflußtemperatur nur auf 21,5 v. H. belief.

Auch bei dieser Maschine muß hinter den Auslaßschlitzen noch eine gewisse Wärmemenge an das Kühlwasser durch die heißen Abgase abgegeben worden sein; diese Wärmemenge ist indessen weit geringer als bei den üblichen Bauarten mit Ventilen im Zylinderkopf. Bei Ventilmaschinen schwankt die hinter dem Auslaßventil auf das Kühlwasser übergehende Wärmemenge in weiten Grenzen je nach der Bauart der Maschine und der Anordnung der Auslaßkanäle; es lassen sich daher nur rohe Durchschnittszahlen angeben, eine Wärmeabgabe von 4 v. H. der gesamten Wärmezufuhr erscheint als brauchbarer Mittelwert.

Die vermutliche Unterteilung der gesamten Kühlwasserwärme, die nach Zahlentafel 34 zu 28,5 v. H. gemessen war, zeigt Zahlentafel 37.

Zahlentafel 37. Angenäherte Wärmebilanz einer Ventilmaschine mit einem Verdichtungsverhältnis von 5 : 1.

Wärmewert der indizierten Leistung		31,5 v. H.
Kühlwasserwärme		
a vom Zylinderkopf während der Verbrennung . .	4,0	
b ,, ,, ,, ,, Ausdehnung . .	4,0	
c ,, ,, ,, des Auspuffes . . .	3,5	
d ,, Zylinder hinter den Auslaßventilen . . .	4,0	
e ,, Zylindermantel während der Ausdehnung	7,0	
f ,, ,, ,, ,, des Auspuffes . .	6,0	
		28,5 v.H.
Wärme in Abgasen, Strahlung usw. (als Differenz) . . .		40,0 v.H.
	Summe	100,0

Die Zahlenwerte der Zahlentafel 37 stützen sich auf die bisherigen Ausführungen sowie die nachstehenden allgemeinen Gesichtspunkte.

1. Von dem gesamten Wärmeverlust während der Verbrennung entfällt ein Viertel auf den Kolben, der die aufgenommene Wärme durch den Zylindermantel hindurch an das Kühlwasser weitergibt. Die Kolbenfläche stellt bei einem Verdichtungsverhältnis von 5:1 ungefähr ein Drittel der Oberfläche des Verbrennungsraumes dar; andrerseits liegt seine Oberflächentemperatur über der Temperatur des übrigen Zylinderkopfes, falls nicht eine besondere Kolbenkühlung vorgesehen ist.

2. Die Geschwindigkeit des Wärmeverlustes an den Zylinderkopf je Flächeneinheit beträgt während der Verbrennung ungefähr das Vierfache der durchschnittlichen Geschwindigkeit während des übrigen Teiles der Ausdehnung. Von der Ausdehnungsperiode wird angenommen, daß sie von 20 bis 150^0 nach Totpunkt dauert, wo das Auslaßventil öffnet. Die Ausdehnungsperiode dauert daher vier mal so lange als die Verbrennungsperiode.

3. Die während der Ausdehnung und des Auspuffes freigelegte

Oberfläche des Zylindermantels ist im Mittel ungefähr gleich der Oberfläche des Zylinderkopfes.

4. Der mittlere Temperaturunterschied zwischen den Gasen und den gekühlten Metalloberflächen ist während der Ausdehnungsperiode doppelt so groß wie während der Auspuffperiode.

Bezüglich der Unterteilung der Kühlwasserwärme in Zahlentafel 37 sei darauf hingewiesen, daß die Posten *a* und *b* sich nur auf den Zylinderkopf beziehen. Die gesamte Wärmeabgabe an Zylinderkopf und Kolben während der Verbrennung würde sich in Übereinstimmung mit Annahme (1) auf 5,33 v. H. belaufen. Die auf den Kolben übergegangene Wärme erscheint wieder in Posten *e* als Kühlwasserwärme vom Zylindermantel. Posten *a* und *b* sind entsprechend der Annahme (2) gleich eingesetzt.

Während der Auspuffperiode ist die Geschwindigkeit des Wärmeverlustes zu ungefähr der Hälfte des Wertes während der Ausdehnungsperiode angenommen worden; aber die Dauer der Auspuffperiode beträgt das 1,7fache der Zeit der Ausdehnungsperiode. Mit diesen Zahlenannahmen ergibt sich, daß sich die Posten $c:b$ und $f:e$ ungefähr wie 0,85:1 verhalten müssen.

Posten *e* setzt sich aus zwei Teilen zusammen. Der eine Teil besteht aus dem unmittelbaren Wärmeverlust des Arbeitsstoffes an den Zylindermantel in Höhe von 4,33 v. H., der ungefähr gleich dem Posten *b* sein muß, da die im Mittel freigelegte Oberfläche in beiden Fällen gleich ist; der andere Teil wird durch den Wärmeverlust an den Kolben in Höhe von 2,67 v. H. gebildet, der den Verlusten an den Zylinderkopf unter *a* und *b* entspricht.

Mit den angenommenen Zahlenwerten errechnet sich der gesamte Wärmeverlust des Arbeitsstoffes während der Verbrennungsperiode zu 5,33 v. H., während der Ausdehnungsperiode zu 9,67 v. H. und während der Auspuffperiode zu 15,5 v. H., wovon ungefähr 4 v. H. erst hinter den Auspuffventilen an die Wandungen abgeführt werden. Früher nahm man im allgemeinen an, daß ein Betrag von 10 v. H. und darüber von der gesamten Wärmezufuhr während der Verbrennungsperiode verloren ging; aber es kann kein Zweifel mehr bestehen, daß dieser Wärmeverlust erheblich überschätzt wurde. Wenn überhaupt irgendein Posten mit einem zu kleinen Wert in die Wärmebilanz eingesetzt sein sollte, so könnte dies nur von der der Auspuffperiode zugeschriebenen Wärmemenge behauptet werden; zieht man die relative Dauer und die freigelegten Flächen der einzelnen Perioden in Betracht, so ist, um eine logische Übereinstimmung aller Perioden zu wahren, ein Wärmeverlust von ungefähr 5 v. H. während der Verbrennung das äußerste, was man einsetzen kann. Um überhaupt einen Verlust in dieser Größe zu erhalten, mußte bereits eine Geschwindigkeit der Wärmeabgabe während der Verbrennung angenommen werden, die je Flächeneinheit vier mal so groß ist als der Mittelwert innerhalb der nächsten 130° Kurbelwinkel. Dieser verhältnismäßig geringe Wärmeverlust während der Verbrennung stimmt gut mit der Spanne in den Wirkungsgraden überein, die sich aus den durch Versuch beobachteten thermischen Wirkungsgraden und den errechneten Wirkungsgraden für die vollkommene Maschine ergibt, wenn die Eigenschaften des wirklichen Arbeitsstoffes voll berücksichtigt werden.

Die Unterteilung der Wärmezufuhr in nutzbringende und schädliche Wärmemengen ist bislang nur für Betriebsbedingungen bei vollgeöffneter Drossel und nahezu voller Belastung vorgenommen worden. Diese Bedingungen sind auch die wichtigsten, da hier die schädlichen Abwärmemengen am größten werden und am ehesten zu einem Zusammenbruch der Maschine führen können. Die Mehrzahl der Benzinmaschinen arbeiten indessen während des größeren Teils ihrer Lebensdauer unter Drosselbedingungen. Es ist daher zweckmäßig, zu untersuchen, wie weit die Wärmeverteilung durch Verringerung der Belastung beeinflußt wird. In Abb. 40 wurde gezeigt, daß der indizierte Wirkungsgrad einer Maschine im Drosselbereich bis zu 40 v. H. des Vollastdrehmomentes bei konstanter Drehzahl praktisch unverändert blieb, wenn die Vorzündung genügend vergrößert wurde, um die stärkere Verdünnung durch den Abgasrest und die hierdurch kleiner werdenden Brenngeschwindigkeiten auszugleichen. In Abb. 74 sind die gleichen Verhältnisse wiedergegeben. Der Wärmewert der indizierten Leistung, die Kühlwasserwärme und die Abgaswärme sind in ihrer Abhängigkeit von der Belastung der Maschine aufgetragen; die ausgezogenen Linien gelten für die jeweils beste Zündeinstellung und die gestrichelten Linien für eine konstante Vor-

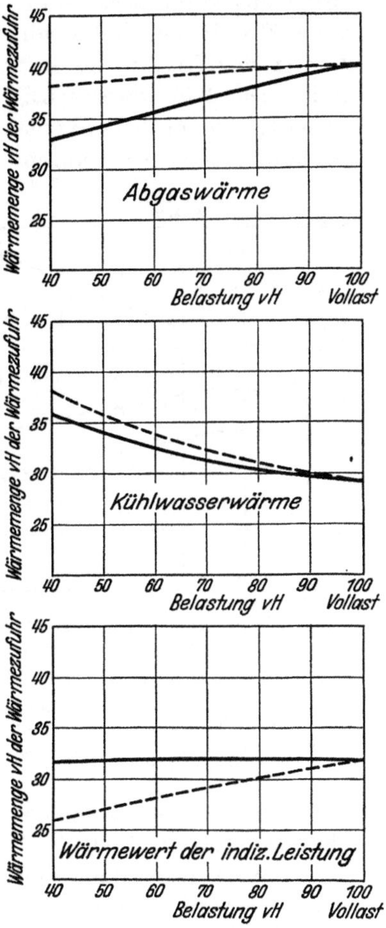

Abb. 74. Einfluß der Belastung auf die Wärmeverteilung.
Belastungsänderung durch Drosseln, Brennstoff: Benzin. Drehzahl 1500 Uml/min, Verdichtungsverhältnis 5: 1.
Ausgezogene Kurven: günstigste Zündpunkteinstellung bei jeder Drosselstellung.
Gestrichelte Kurven: konstante Zündpunkteinstellung mit dem Bestwert der Vollast.

zündung, die für die Vollastbedingungen am günstigsten war. Alle Wärmemengen sind in v. H. der gesamten Wärmezufuhr ausgedrückt.

Wurde die Vorzündung nicht entsprechend der zunehmenden Drosselung vergrößert, so fiel der Wärmewert der indizierten Leistung von 31,8 v. H. bei Vollast auf 26 v. H. bei der kleinsten Belastung von 40 v. H. der Vollast; bei bester Zündeinstellung blieb er praktisch konstant. Die Kühlwasserwärme nahm mit kleinerer Belastung sowohl bei bester wie auch bei konstanter Zündeinstellung wegen der höheren Temperaturen zu, die während der späteren Stufen der Ausdehnung und des Auspuffes herrschen; sie stieg von 29 v. H. bei Vollast auf 36 v. H. bzw. 38 v. H. bei der kleinsten Belastung. Die Abgaswärme fiel mit kleineren Belastungen von 40 v. H. bei Vollast auf 33 v. H. bzw. 38 v. H. bei kleinster Belastung.

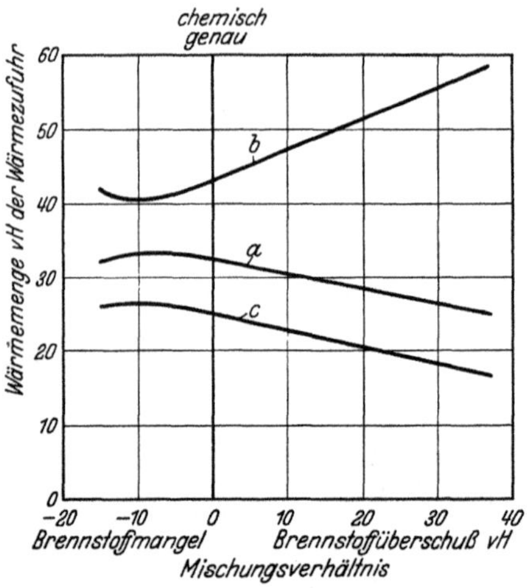

Abb. 75. Einfluß des Mischungsverhältnisses auf die Wärmeverteilung. Brennstoff: Benzin, Drehzahl 1500 Uml/min. Verdichtungsverhältnis 5,45 : 1
a Wärmewert der indizierten Leistung; *b* Abgaswärme; *c* Kühlwasserwärme.

Diese und die übrigen in diesem Abschnitt behandelten Ergebnisse sind mit Ausnahme der den Veröffentlichungen von Gibson entnommenen Versuche durchweg mit Brennstoff-Luftgemischen erzielt, deren Mischungsverhältnis der größten Wirtschaftlichkeit entsprach; die Gemische müssen also einen Brennstoffmangel von ungefähr 10 v. H. des zur vollständigen Verbrennung von Brennstoff und Luft erforderlichen Brennstoffgehaltes besessen haben. Es ist daher lehrreich, zu untersuchen, wie die Wärmeverteilung durch eine Änderung im Mischungsverhältnis beeinflußt wird; ebenso soll am Beispiel des Spiritus gezeigt werden, wie sich die Wärmeverteilung bei einem Brennstoff ändert, dessen thermische Eigenschaften von denen eines Durchschnittsbenzins stark abweichen.

Die Abhängigkeit vom Mischungsverhältnis wird durch Abb. 75 veranschaulicht. Die Form der Kurve für den Wärmewert der indizierten Leistung (Kurve *a*) verläuft ähnlich wie die Wirkungsgradkurve eines flüssigen Brennstoffes in Abhängigkeit vom Mischungsverhältnis; sie besitzt einen Höchstwert bei einem Brennstoffmangel von etwa 8 v. H. Die Kühlwasserwärme (Kurve *c*) wird in diesem Diagramm in v. H. der zunehmenden Wärmezufuhr dargestellt; die Kurve bringt daher nicht zum Ausdruck, daß mit reicherem Mischungsverhältnis auch der tatsächliche Betrag der an das Kühlwasser abgegebenen Wärme bis zu dem Höchstleistungsgemisch mit 20 v. H. Brennstoffüberschuß ansteigt, weil die Geschwindigkeit des Wärmeverlustes den Änderungen der mittleren Gastemperatur während eines Arbeitsspieles folgt. In Abb. 76 sind die tatsächlichen Wärmemengen der indizierten Leistung und des Kühlwasser in Abhängigkeit von der gesamten Wärmezufuhr an die Maschine aufgetragen. Es sei darauf hingewiesen, daß diese gesamte Wärmezufuhr aus dem Brennstoffverbrauch errechnet ist, so daß sie bei den reichen Gemischen nicht die tatsächlich im Zylinder entwickelte Anzahl von kcal darstellt. In den Abb. 75 u. 76 zeigt die oberste Kurve *b* die mit den Abgasen durch das Auslaßventil abgeführte Wärmeenergie, die sowohl die tatsächlich entwickelte Wärme als auch die potentielle Wärmeenergie der unverbrannten Bestandteile in den Abgasen umfaßt. Die gestrichelte Kurve *b'* der Abb. 76 läßt erkennen, wie groß der Anteil der tatsächlich entwickelten Wärme in den Abgasen ist, wobei angenommen wurde, daß die Wärme, die im Zylinder entwickelt werden kann, einen Höchstwert bei dem Höchstleistungsgemisch erreicht. Bei reicheren Gemischen tritt ein geringer Abfall in der Kühlwasserwärme infolge der kleineren Gastemperaturen und der unmittelbaren Wandungskühlung durch Verdampfung des Brennstoffüberschusses auf. Eine entspre-

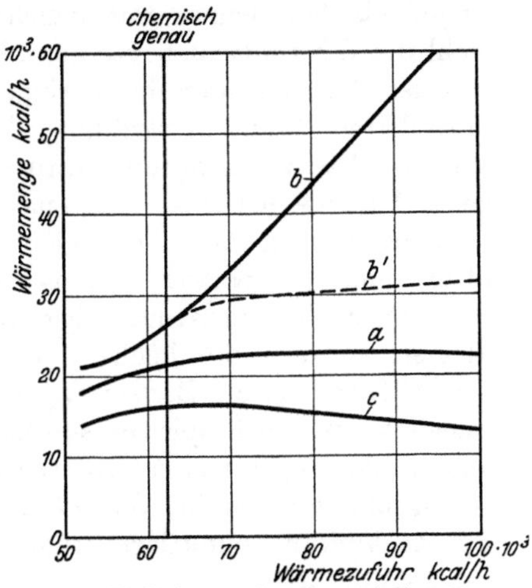

Abb. 76. Verbleib der im Brennstoff zugeführten Wärmeenergie bei verschiedenen Gemischzusammensetzungen.
Brennstoff: Benzin, Drehzahl 1500 Uml/min, Verdichtungsverhältnis 5,45:1.
a Wärmewert der indizierten Leistung, *b* Abgaswärme einschließlich Wärmeenergie der unverbrannten Bestandteile, *b'* Abgaswärme ausschließlich Wärmeenergie der unverbrannten Bestandteile, *c* Kühlwasserwärme.

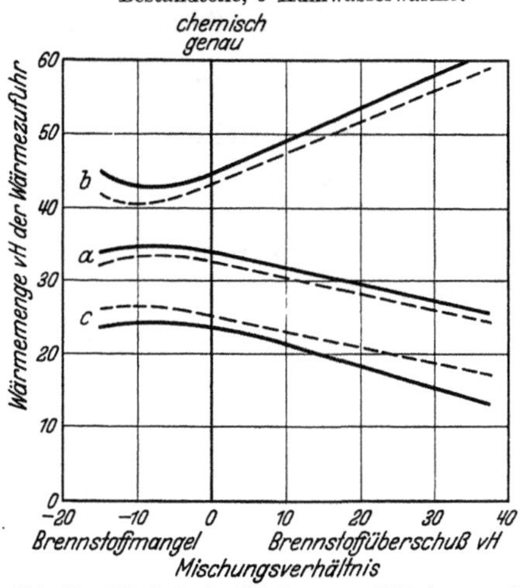

Abb. 77. Einfluß des Mischungsverhältnisses auf die Wärmeverteilung.
Drehzahl 1500 Uml/min, Verdichtungsverhältnis 5,45:1.
Ausgezogene Kurven: Spiritus.
Gestrichelte Kurven: Benzin (aus Abb. 75).
a Wärmewert der indizierten Leistung; *b* Abgaswärme; *c* Kühlwasserwärme.

chende Zunahme ist in der Abgaswärme zu verzeichnen. Bei Brennstoffen wie Spiritus fällt die Kühlwasserwärme bemerkenswert geringer als bei Benzin mit gleichem Verdichtungsverhältnis aus, obwohl die Leistungsausbeute ganz beträchtlich größer sein kann; auch hier ist die Wirkung der geringeren Gastemperaturen und der unmittelbaren Wandungskühlung durch Brennstoffverdampfung zu erkennen. Die Verdampfungswärme eines Spiritus mit 2,5 v. H. Wassergehalt* würde bei chemisch genauem Mischungsverhältnis einen Temperaturabfall in der Ansaugleitung von 85° C verursachen gegenüber einer Temperatursenkung von 20° C bei Benzin; ferner wird der höchste Temperaturanstieg während der Verbrennung um 100° C kleiner, so daß die höchste Verbrennungstemperatur um ungefähr 165° C tiefer als bei Benzin angenommen werden kann. Dieser Unterschied kommt bei Spiritus sowohl in dem höheren Wirkungsgrad als auch in den geringeren Wärmeverlusten an die Zylinderwandungen zum Ausdruck, wie die in Abb. 77 zum Vergleich mit den ausgezogenen Spirituskurven punktiert eingetragenen Benzinkurven aus Abb. 75 zeigen.

Anhang I.

Um den Wirkungsgrad eines Idealprozesses, bei dem ein Teil der Wärme dem Arbeitsstoff bei konstantem Volumen und der Rest bei konstantem Druck zugeführt wird, zu bestimmen, sei mit Abb. 5:

$$\frac{p_3}{p_2} = \alpha, \qquad \frac{v_3'}{v_3} = \beta \quad \text{und} \quad \frac{v_1}{v_2} = \varepsilon.$$

Dann ergeben sich:

$$\begin{array}{lll} \text{Wärmezufuhr während} & 2-3 & = c_v\,(T_3 - T_2) \\ \quad ,, \qquad\qquad ,, & 3-3' & = c_p\,(T_{3'} - T_3) \\ \text{Wärmeabfuhr} \qquad ,, & 4-1 & = c_v\,(T_4 - T_1), \end{array}$$

hieraus folgt:

$$\text{thermischer Wirkungsgrad} = 1 - \frac{c_v\,(T_4 - T_1)}{c_v\,(T_3 - T_2) + c_p\,(T_3' - T_3)}$$

Ferner gelten:

$$\frac{p_3}{p_2} = \alpha = \frac{T_3}{T_2} \text{ und } c_p = k \cdot c_v.$$

$$T_2 = T_1 \cdot \varepsilon^{k-1}$$

$$T_3 = T_2 \cdot \alpha \qquad = T_1 \cdot \alpha \cdot \varepsilon^{k-1}$$

$$T_{3'} = T_3 \cdot \beta \qquad = T_1 \cdot \alpha \cdot \beta \cdot \varepsilon^{k-1}$$

$$T_4 = T_{3'} \cdot \left(\frac{\beta}{\varepsilon}\right)^{k-1} = T_1 \cdot \left(\frac{\beta}{\varepsilon}\right)^{k-1} \cdot \alpha \cdot \beta \cdot \varepsilon^{k-1}$$

---

* Bei Spiritus mit 5 v. H. Wassergehalt würde ein weiterer Temperaturabfall von 10° C eintreten.

Setzt man diese Werte in den Ausdruck für den Wirkungsgrad ein, so vereinfacht sich dessen Gleichung zu

$$\eta = 1 - \left(\frac{1}{\varepsilon}\right)^{k-1} \cdot \frac{\alpha\beta^k - 1}{(\alpha - 1) + k \cdot \alpha \cdot (\beta - 1)}$$

Für $\beta = 1$ ist $v_{3'} = v_3$, und der Ausdruck geht über in den für den Wirkungsgrad des Gleichraumverfahrens der Abb. 2:

$$\eta = 1 - \left(\frac{1}{\varepsilon}\right)^{k-1}.$$

Für $\alpha = 1$ erhält man den Wirkungsgrad für das Gleichdruckverfahren, bei dem aber die rechte Spitze im Diagramm der Abb. 3 abgeschnitten ist und Punkt 4 senkrecht über Punkt 1 liegt:

$$\eta = 1 - \left(\frac{1}{\varepsilon}\right)^{k-1} \cdot \frac{\beta^k - 1}{k(\beta - 1)}.$$

Dieser Ausdruck kann als Wirkungsgrad des Idealprozesses der Dieselmaschine, wie sie zunächst in der Praxis entwickelt wurde, gelten. Aus den in Kapitel II angegebenen Gründen ist es zweifelhaft, ob heute noch ein Bedürfnis für einen derartigen Idealprozeß besteht. Wenn ein Idealprozeß benötigt wird, der auf das heutige Hochdruck-Einspritzverfahren der Praxis besser als das einfache Gleichraumverfahren der Abb. 2 paßt, sollte das Raum-Druckverfahren der Abb. 5 gewählt werden; denn bei der schnellaufenden Hochleistungsmaschine setzt die Einspritzung bereits vor dem Totpunkt ein, ein beträchtlicher Teil der Verbrennung geht immer bei konstantem Volumen vor sich.

Anhang II.

Die Leistung einer Maschine ist bestimmt durch den Ausdruck:

Leistung = konst × Wirkungsgrad × stündl. Brennstoffverbrauch × Heizwert des Brennstoffes.

Man kann entweder Gas oder Luft als Brennstoff ansehen und erhält die Beziehung:

$$\frac{\text{auf Luft bezogener Wirkungsgrad}}{\text{auf Brennstoff bezog. Wirkungsgrad}} = \frac{\text{stündl. Gasverbrauch}}{\text{stündl. Luftverbrauch}} \cdot \frac{\text{Heizwert des Gases}}{\text{Heizwert der Luft}}$$

Als Heizwert der Luft gilt die je m^3 Luft in einem chemisch genauen Gemisch erzeugte Wärmemenge; das chemisch genaue Mischungsverhältnis kann zu 1:4 angenommen werden. Daher beträgt der Heizwert des Gases das Vierfache des Heizwertes der Luft.

Ein Gemisch mit einem beliebigen Mischungsverhältnis kann als

Teil x des chemisch genauen Gemisches angesehen werden. Dann ergibt sich

$$\frac{\text{Gasverbrauch}}{\text{Luftverbrauch}} = \frac{0{,}2\,x}{1-0{,}2\,x}\,.$$

Bei der gleichen Gemischzusammensetzung ergibt sich der auf Gas bezogene Wirkungsgrad zu $(0{,}473 - 0{,}093\,x)$, da für $x = 1$ der Wirkungsgrad 0,38 beträgt.

Hieraus folgt der auf Luft bezogene Wirkungsgrad zu

$$(0{,}473 - 0{,}093\,x) \cdot \frac{0{,}8\,x}{1-0{,}2\,x}\,.$$

Anhang III.

Zahlentafel 38. Zahlenwerte ausgewählter flüssiger Brennstoffe.
Chemische Formeln s. Zahlentafel 6.

Brennstoff	Spezifisches Gewicht bei 15° C	Unter Heizwert		Verdampfungswärme	Chemisch genaues Mischungsverhältnis	Volumenverhältnis bei der Verbrennung	Verbrennungswärm. des chem. genauen Gemisches	Gesamte durch Verbrennung freiwerd. Energie des chem. genauen Gemisches
	kg/l	kcal/kg	kcal/l	kcal/kg	kg/kg	σ	kcal/m³ Norm.-zustand	kcal/m³ Norm.-zustand
Benzin „D“ . . .	0,758	10 430	7900	73	14,6	1,047	913,5	956,8
Pentan	0,629	10 890	6850	85	15,25	1,051	915,1	961,6
Hexan 80 v. H. rein.	0,683	10 690	7300	86	15,2	1,051	910,3	956,8
Heptan 97 v. H. rein	0,689	10 700	7370	75	15,1	1,056	911,9	963,2
Octan rein.	0,718	10 670	7660	71	15,05	1,058	903,9	956,0
Benzol rein	0,882	9 640	8500	95	13,2	1,013	923,1	935,9
Toluol 99 v. H. rein	0,868	9 730	8440	84	13,4	1,023	927,9	948,8
Xylol 91 v. H. rein	0,860	9 890	8500	81	13,6	1,03	923,1	950,4
Cyclohexan 93 v. H. rein	0,784	10 440	8190	86	14,7	1,044	913,5	953,6
Äthylalkohol rein .	0,790	6 540	5170	220	8,97	1,065	907,1	966,4
Äthylalkohol 95 v. H. rein	0,812	6 040	4900	246	8,4	1,065	873,5	929,5

Zahlentafel 39. Zahlenwerte ausgewählter gasförmiger Brennstoffe.

Brennstoff	Chemische Formel	Molekulargewicht	Unter Heizwert kcal/m³ Norm.-zustand	Unter Heizwert kcal/Mol	Mischungsverhältn. im chem. genauen Gemisch m³/m³	Volumenverhältnis bei der Verbrennung σ	Verbrennungswärme des chem. genauen Gemisches kcal/m³ Norm.-zustand
Leuchtgas im Durchschnitt	—	—	4 140	92 800	4,1	0,935	807,3
Wasserstoff	H_2	2	2 590	58 100	2,38	0,853	768,8
Kohlenoxyd	CO	28	3 020	67 620* (68 300)	2,38	0,853	892,2
Methan	CH_4	16	8 640	193 400* (193 000)	9,52	1,000	820,1
Äthan	C_2H_6	30	15 310	343 000	16,7	1,025	868,1
Propan	C_3H_8	44	22 320	500 000	23,85	1,040	898,5
Butan	C_4H_{10}	58	28 500	638 000	31,0	1,047	893,7
Äthylen	C_2H_4	28	14 600	327 000	14,3	1,000	957,8
Propylen	C_3H_6	42	20 710	464 000	21,45	1,022	924,2
Butylen	C_4H_8	56	27 330	612 000	28,6	1,035	925,8
Acetylen	C_2H_2	26	13 480	302 000	11,9	0,962	1045,9

* Diese jüngst veröffentlichten und sehr genauen Zahlenwerte für Methan und Kohlenoxyd weichen erheblich von den früher angenommenen Werten ab. Ihre Veröffentlichung ist zu spät erfolgt, so daß sie bei den Berechnungen dieses Buches, denen die in Klammern angegebenen Werte zugrunde gelegt wurden, nicht mehr verwandt werden konnten. Die neuen Zahlenwerte werden von Rossini (Journ. Bureau of Standards, Januar 1931) zu 212 790 ± 70 (oberer Heizwert) und zu 67 623 ± 30 angegeben.

Literaturverzeichnis.

1. Tizard: The Causes of Detonation. Proc. N. E. Coast Instn. of Engrs. and Shipbuilders. May 1921.
2. Tizard and Pye: Phil. Mag. July 1922.
3. Hopkinson: Proc. Inst. Mech. Engrs. 1908.
4. Wimperis: The Internal Combustion Engine. Rambush: Modern Gas Producers. Dowson and Latter: Producer Gas.
5. For some account of engine tests with oil gas, see Helmore, R. and M.* 1265.
6. Report of the Fuel Research Board, 1928/29. H. M. Stationery Office.
7. Empire Motor Fuels Committee Report. Proc. Inst. Aut. Engrs., vol. XVIII, part I, 1923.
8. Fenning and Tizard: Proc. Roy. Soc., A, vol. CXV. 1927.
9. Clerk, D.: Proc. Roy. Soc., A. vol. LXXVII. 1909.
10. See Dictionary of Applied Physics, article on specific heats of gases.
11. Midgley and Boyd: Journ. Indust. and Eng. Chem. 1922; Journ. Soc. Aut. Engrs. 1922.
12. R. and M. 1013 and 1062. Egerton: Journ. Inst. Petr. Techn. 1928, gives many references to work on detonation.
13. Proc. Roy. Institution. May 1928; Nature. July 7, 1928.
14. Moore: Journ. Soc. Chem. Industry. 1917 and 1920.
15. R. and M. 1062.
16. Tizard and Pye: Phil. Mag. May 1926.
17. See an article by King and Moss. Engineering. Aug. 23 and 30, 1929.
18. King and Moss: R. and M. 1318. Engineering. July 11 and 25, 1930 and Jan. 2, 1931.
19. Ricardo. Proc. Inst. Aut. Engrs. March 1930.
20. Burstall: Proc. Inst. Aut. Engrs., vol. XIX, p. 670. March. 1925. Also see vol. XXI, p. 628 and XXII p. 358. Dec. 1927.
21. For description see Proc. Inst. Aut. Engrs., vol. XVIII, pt. I or Engineering. Sept. 3 and 10, 1920.
22. Ricardo: Proc. Diesel Engine Users Assocn. March 1930.
23. See Proc. Inst. Civ. Engrs., vol. CLXII, pt. IV, and vol. CLXIII, pt. I. See also vol. CLXIX, p. 157.
24. The Gas, Petrol, and Oil Engine. 2 vols. Longmans, Green & Co.
25. The High-Speed Internal Combustion Engine. Blackie.
26. Taylor: Aeronautical Journal, 1927; and Proc. Inst. Aut. Engrs. 1927.
27. Wood: Proc. Inst. Mech. Engrs. 1923.
28. Glyde: The Automobile Engineer. Feb. 1930.
29. Glyde: Journal Inst. of Petr. Techn. Nov. 1930.
30. Withrow, Lovell and Boyd. Ind. and Eng. Chemistry. Sept. 1930, p. 945.
31. Burstall: Proc. Inst. Aut. Engrs., vol. XXII. Dec. 1927, p. 358.
32. Burstall: Proc. Inst. Aut, Engrs., vol. XXI, p. 628.
33. Technical Note No. 348. National Advisory Committee for Aeronatics, U.S.A.
34. Gibson: Proc. Inst. Aut. Engrs., vol. XIV, p. 243.
35. Goodenough and Felbeck: University of Illinois. Bulletin No. 139. 1923.
36. Partington and Shilling: The Specific Heats of Gases. Benn. 1924.
37. Rosencrans and Felbeck: University of Illinois. Bulletin No. 150. 1925.
38. Edgar: Industrial and Engineering Chemistry. Jan. 1927, p. 145.

* Reports and Memoranda of the Aeronautical Research Committee. H. M. Stationery Office.

Sachverzeichnis.

KOSMOS GmbH
Rud. Pawlikowski
Görlitz

S 445

Görlitz, den 27. Dezember 1939.

Die Entwickelung der Verbrennungskraftmaschine für feste Brennstoffe im Rupamotor

Es ist in Fachkreisen allgemein bekannt, daß Rud. Diesel bei der Konstruktion seines Motors von der Verwendung von Kohlenstaub ausging, daß er dann aber bei der leichteren Verwendung von damals sehr billigen Schwerölen verblieb und an der ursprünglichen Idee nach einigen mißglückten Versuchen nicht weiterarbeitete.

Der Brennstaubmotor benutzt zur Zündung des Kohlenstaubes die Hitze mechanisch komprimierter reiner Luft wie der Dieselmotor, nachdem dieser für die Verwendung fester Brennstoffe weiter ausgebildet wurde.

Es ist ein wesentliches Merkmal des Brennstaubmotors, daß er durch einige mitunter wenig kostspielige und auch äußerlich wenig in Erscheinung tretende Änderungen aus einem normalen Dieselmotor geschaffen werden kann und zwar so, daß der Motor sich auch fernerhin mit Öl wie ein Dieselmotor und darüber hinaus sogar mit schwerzündlichem Steinkohlenteeröl betreiben läßt.

Außer dem bekanntesten staubförmigen Brennstoff, dem Pulver aus Stein-, Braun- oder Holzkohle, können auch Torfstaub und alle brennbaren Pflanzenmehle aus Holzabfällen (Holzmehl), Reishülsen, Schalen von Früchten, wie Kaffee, Kakao, Baumwollkapseln, Nüssen, ferner die Preßrückstände der Ölgewinnung aus Oliven, Sojabohnen, Sonnenblumen, ja sogar aus Wiesenheu als Antrieb dienen.

Dieser Motor verwendet zum Einführen des losen Brennpulvers eine Schleuse. Sie wird während des Kolbensaughubes beschickt und am Ende der Kompression in den Arbeitszylinder eingeblasen. Die Zylinderseele und die Kolbenringe werden aus Hartbaustoffen und ganz dicht schließend ausgeführt. Bei einem Viertakt-Motor geht die Arbeitsweise folgendermaßen vor sich:

Der Kolben saugt nach Abb. 1 (Photo 916) durch das obere, hängende Ventil seine Frischluftladung in den Zylinder. Der hierdurch hervorgerufene schwache Unterdruck im Zylinder pflanzt sich in der Schleuse B (Beikammer genannt) fort, die durch Mundlöcher in offener Verbindung mit dem Arbeitszylinder A steht. Er saugt dadurch das Kohlenpulver in diese Beikammer ein, wenn gleichzeitig das Kohlenpulverhülsenventil sich öffnet, das konzentrisch um ein Mittelventil ausgebildet ist. Dieses Hülsenventil kann durch einen Hebel oder auch durch zwei Druckölkolben so lange angehoben werden, als eine dem Regler unterstellte Druckölpumpe von der Nockenwelle betätigt wird. Die Hubdauer und die Öffnungsweite des konzentrischen, das Kohlenpulver steuernden Hülsenventils werden so vom Regler bestimmt. Das Hülsenventil mißt also

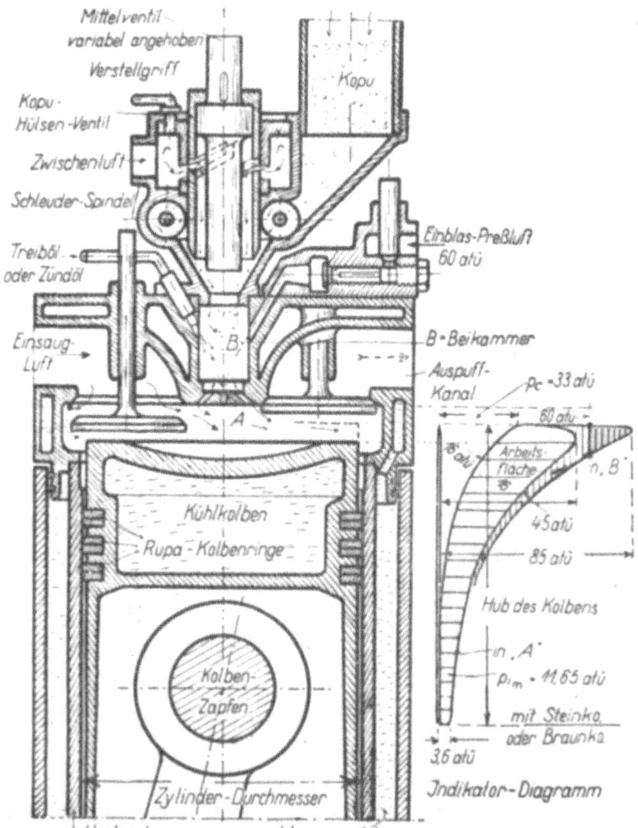

die durchgesaugte Menge des Kohlenpulvers aus dem Vorratsraum ab. In diesem sind zwei Schnecken zum Aufrühren des Pulvers beim Anlassen eingebaut. Der Ringraum zwischen dem Mittelventil und dem nachgeschleppten Kohlenpulverhülsenventil läßt eine kurze Zeit (entsprechend der Hublücke) etwas Außenluft über den Ventilsitz des Mittelventils streichen, so daß dieser Beikammerverschluß von Pulverresten gereinigt, abschließen kann, wodurch er dicht erhalten wird. Das Pulver schwebt nun als Staubwolke in der etwa 80mal so großen Beikammer, während der Kolben die von ihm angesaugte Luft im Zylinder verdichtet und dabei einen Teil derselben durch den offenen Mund in die Beikammer überdrückt.

Der Motor verdichtet also im Gegensatz zum Dieselmotor Luft und Brennstoffwolke gleichzeitig, hält jedoch beide bis zur Zündung getrennt.

Die Luft der Beikammer wird nun bei der Kompression ebenfalls dichter und heißer. Sie setzt dabei eine Teilmenge ihrer Kohlenpulverladung von selbst in Brand. Im Totpunkt steigt dadurch ihr Überdruck plötzlich an, und zwar von 32 auf ca. 80 Atü, welcher den heißen Kammerinhalt, zum Teil schon brennend, in den Arbeitszylinder einbläst.

Durch die Öldüse kann in der Beikammer, wenn Öl als Brennstoff verwendet wird, die bekannte Ölnebelwolke erzeugt werden, die ebenso durch Teilvorzündung am Ende der Kompression in den Zylinder eingeblasen wird. Der Motor kann sonach auch während des Ganges von Staubbetrieb auf Öl und umgekehrt umgestellt werden. Er läuft aus dem Stillstand sowohl mit jedem Brennpulver als auch wie ein Dieselmotor mit Brennöl an und besitzt weder äußeres Feuer oder Vorwärmung, noch elektrische Zündung.

Bei der Beurteilung des Staubmotors drängt sich zumeist in erster Linie die Frage auf, ob es möglich ist, auf längere Dauer in einem Verbrennungsmotor mit einem pulverförmigen Brennstoff zu arbeiten, da die Gefahr nahe liegt, daß sowohl der Brennstoff als auch seine oft härtere Asche sich an den Kolbenwandungen festsetzen, was zu Korrosionen und Verreibungen führen müßte.

In der Praxis haben sich hierdurch tatsächlich wesentlich geringere Anstände ergeben, als zu vermuten war, und die Vervollkommnung der Bauart hat diese anfänglichen Schwierigkeiten soweit verringert, so daß sie wirtschaftlich ohne Bedeutung geworden ist.

Eine Erklärung hierfür besteht darin, daß die geschmierte Zylinderfläche nur sehr geringe Mengen der heißen Brennpulver-Bestandteile annimmt, und daß ferner in Anbetracht der Feinheit des Staubes, der sich mit dem Schmiermittel vermengt, eine Wirkung eintritt, welche die der Graphitschmierung ähnelt.

Wichtig zur Einschränkung der Abnützung des Zylinderinneren ist eine zeckmäßige Kohlenauswahl. Nicht nur der Aschegehalt, sondern auch die Zusammensetzung und die physikalischen Eigenschaften der Asche sind von Einfluß. Aschearme Kohlen, mit wenig aggressiven Eigenschaften der Asche, sind am geeignetsten.

Auch eine entsprechende Mahlfeinheit ist zu fordern. Im allgemeinen genügt die bei Kohlenstaubfeuerungen übliche Vermahlungsfeinheit von 6 bis 10 Prozent Rückstand auf 5000 Maschen pro cm^2. Je aschereicher die Kohle ist, um so feiner muß sie gemahlen sein, um schnell genug im Motor durchzubrennen. Der Motor verarbeitet gashaltige Steinkohle mit 6 bis 10 Prozent Asche und Braunkohle mit 4 bis 7 Prozent Asche betriebssicher und gut. Selbst 34 Prozent aschehaltiges italienisches Lignit zündet gut durch. Die meisten Pflanzenmehle haben fast keine Asche und können als viel gröbere Pulver verarbeitet werden.

Die Laufbüchsen des Motors werden aus verschleißfesten Werkstoffen hergestellt. Zu ihnen werden die ,Kolbenringe passend in Härte und Materialgefüge bestimmt und in besonderer Weise gedichtet, gekühlt und geschmiert. Der erste Motor von 80 PS Leistung ist aus einem Dieselmotor durch Umbau entstanden und in der Maschinenfabrik Kosmos, Görlitz, schon 1919 mit Kohle in Betrieb gekommen. Er hat die Tausende von Forschungsbetriebsläufe von zwanzig Jahren ausgehalten. Seine Laufbüchse besteht aus normalem Gußeisen. Diese erste Büchse und der erste gußeiserne Kolben von 1916 arbeiten noch heute in diesem ersten Motor. Nur die Kolbenringe sind vielmals erneuert worden.

Die neuen Motoren werden jetzt mit Laufbüchsen aus sehr verschleißfestem Hartmetall ausgerüstet, die eine Betriebsbrauchbarkeit von mindestens 4000 bis 6000 Betriebsstunden gewährleisten. Sie sind einfache rohrartige Einsätze, die sich leicht auswechseln und vielmals noch nachschleifen lassen, ehe sie durch andere ersetzt werden müßten. Weil dieser Motor sowohl Kohlenstaub als auch Pflanzenmehl und ferner die leicht und schwerzündlichen Treiböle verarbeitet, kann er zutreffend weder als Kohlenstaubmotor, auch nicht als Staubmotor, also richtig nicht nach dem Brennstoff bezeichnet werden. Die Erfinderfabrik Kosmos, GmbH., Rud. Pawlikowski, Görlitz, hat ihn deshalb unter dem kurzen, für alle Sprachen geeigneten Namen

Rupa-Motor,

nach den ersten zwei Silben des Erfinders **Ru**dolf **Pa**wlikowski, bekanntgemacht. Dieser Name ist in ca. 2000 Zeitschriftbesprechungen aller Kulturstaaten allgemein angenommen worden.

Der Rupa-Motor stellt einen neuen Universalmotor für festen und flüssigen Brennstoff und das natürliche Entwickelungsendglied für die drei Aggregatzustände des gasförmigen, flüssigen und festen Brennstoffes dar.

Wie der Otto-Gasmotor aus Deutz, der Daimler-Benz-Motor aus Stuttgart, der Dieselmotor aus Augsburg, so kommt der Rupa-Motor, der Festbrennstoffmotor, wieder aus Deutschland und sichert hoffentlich unsere Weltgeltung im Motorenbau für weitere Jahrzehnte.

Batch number: 10682323

Printed by Printforce, the Netherlands